煤炭院校特色应用型本科系列教材
煤炭高等教育“十四五”规划教材

智慧煤矿安全监控技术

主　编　汝洪芳　吕宗宝　赵晓妍　佟智勇
副主编　张国维　宋婀娜　杨　钊　刘宏洋　孙　浩

中国矿业大学出版社
·徐州·

内 容 提 要

本书是黑龙江科技大学与黑龙江龙煤矿业控股集团合作立项建设的特色应用型本科教材，主要围绕人工智能、物联网、5G、大数据和云计算等新技术赋能智慧矿山建设，从智慧矿山建设内容、智能化煤矿安全监控系统建设入手，对智能传感器技术、监控系统供电电源、监控分站及数据采集技术、监控系统网络技术、井下人员定位与监测、煤矿电气设备在线监测、煤矿灾变监测与预测技术和煤矿监控新技术等内容进行了详细论述，并在其中加入了甲烷传感器设计、监控分站设计以及本安电源设计等实践训练内容，使理论与实践紧密结合。书中融入了教材编写成员多年来在煤矿安全领域的研究思想和成果。

本书可作为高等院校电气工程类、自动化技术应用类、矿山安全类、采矿工程类等相关专业高年级本科生及研究生教材，亦可作为从事智能化煤矿安全监控技术研究、应用和开发领域的科技工作者和高等院校师生的参考书籍。

图书在版编目(CIP)数据

智慧煤矿安全监控技术/汝洪芳等主编. —徐州：中国矿业大学出版社，2023.7

ISBN 978-7-5646-5455-9

Ⅰ. ①智… Ⅱ. ①汝… Ⅲ. ①智能技术—应用—煤矿—矿山安全—监测系统 Ⅳ. ①TD76-39

中国版本图书馆 CIP 数据核字(2022)第 107144 号

书　　名　智慧煤矿安全监控技术
主　　编　汝洪芳　吕宗宝　赵晓妍　佟智勇
责任编辑　仓小金
出版发行　中国矿业大学出版社有限责任公司
　　　　　　(江苏省徐州市解放南路　邮编 221008)
营销热线　(0516)83885370　83884103
出版服务　(0516)83995789　83884920
网　　址　http://www.cumtp.com　**E-mail**:cumtpvip@cumtp.com
印　　刷　徐州中矿大印发科技有限公司
开　　本　787 mm×1092 mm　1/16　**印张** 17.5　**字数** 448 千字
版次印次　2023 年 7 月第 1 版　2023 年 7 月第 1 次印刷
定　　价　48.00 元
(图书出现印装质量问题，本社负责调换)

前　言

我国煤炭资源丰富，煤炭在国家能源体系中始终发挥着基础性保障作用，是我国能源安全的压舱石。虽然煤炭在能源结构中的比例在减少，但近期以煤炭为主的格局不会改变。在发展新能源、可再生能源的同时，还要做好煤炭这篇大文章。

《中华人民共和国国民经济和社会发展第十四个五年规划和2035年远景目标纲要》提出：落实2030年应对气候变化国家自主贡献目标，制定2030年前碳排放达峰行动方案；锚定努力争取2060年前实现碳中和，采取更加有力的政策和措施。随着"双碳"目标的提出，以及物联网、大数据、云计算、人工智能等先进技术的发展和传统煤炭行业生产方式变革的需求，煤矿智能化建设成为煤炭企业转型创新发展的必然选择。构建"智能＋绿色"煤炭工业新体系，实现煤炭资源的安全、高效、智能、绿色开发和清洁高效利用，是我国煤炭工业新时期高质量发展的重要战略任务。

煤矿的智能化建设需要以先进、智能、高可靠的智能装备为基础，以智能化综合管控平台为支撑，以智能协同、实时交互为手段。在传统的煤矿安全生产监测与监控基础上，将人工智能、工业物联网、云计算、大数据等技术与现代煤炭开发利用深度融合，形成全面感知、实时互联、分析决策、自主学习、动态预测、协同控制的智能系统。因此，面对煤矿智能化进程的持续化推进，培养具有煤矿基础、智能生产、智能安控、智能运维的复合型新工科人才迫在眉睫。这方面的人才不仅包括电气工程类、自动化技术与应用类、采矿工程类、矿业安全类等在校大学生，还包括煤矿企业相关技术人员以及从事煤矿智能化技术与应用的相关人士。

本书由汝洪芳、吕宗宝、赵晓妍、佟智勇、张国维、宋婀娜、杨钊、刘宏洋、孙浩编写。具体分工为：第1、4、5章由汝洪芳编写；第2章，第3.1、3.2、3.4节由张国维编写；第3.3节、第7章由吕宗宝编写；第3.5～3.8节由佟智勇编写；第3.9～3.12节由杨钊编写；第6.1～6.7节由刘宏洋编写；第6.8、6.9节、第8章由赵晓研编写；第 9 章、第 10.4～10.5 节由宋婀娜编写；第 10.1～10.3 节由孙浩编写。全书由汝洪芳统稿，谢子殿、葛明臣主审。在编写过程中作者多次到鹤岗矿务局机电装备部、峻德煤矿、益新煤矿、振兴煤矿、兴安煤矿调研，得到了相关技术人员的大力支持和帮助。同时，焦文良、范红刚、王国新、韩龙、郭殿林、张娜等老师提供了技术支持，王珂硕、亢健铭、梁一乐、赵晖、张程帝、李作淘、符爽、闫旭、陈泽、相东昊、张亚坤等研究生对教材进行了完善和校对工作，这里一并向他们表示感谢。

由于编者水平所限，书中不当之处在所难免，敬请读者批评指正！

编者

2022 年 1 月

目 录

第 1 章　智慧矿山概述

煤炭是一次能源中最经济、可靠的资源，是可以实现清洁高效利用的能源，是我国能源安全的压舱石。《中华人民共和国国民经济和社会发展第十四个五年规划和 2035 年远景目标》提出：力争 2030 年前实现碳达峰，2060 年前实现碳中和。随着"双碳"目标的提出，以及物联网、大数据、云计算、5G、人工智能、区块链、遥感探测等先进技术的发展，以及传统煤炭行业生产方式变革的需求和从业人员的逐渐不足，煤矿智能化建设成为煤炭企业转型创新发展的必然选择。构建"智能＋绿色"煤炭工业新体系，实现煤炭资源的安全、高效、智能、绿色开发和清洁高效利用，是我国煤炭工业新时期高质量发展的重要战略任务。

1.1　智慧矿山概念

自从"智慧地球"的概念被提出后，煤矿行业由"智慧地球"的理念衍生出了适应于信息化潮流的"智慧矿山"概念，但许多学者都根据自己的观点，对"智慧矿山"进行了不同的定义。其中，中国智慧矿山联盟于 2012 年提出：智慧矿山是以矿山数字化、信息化为前提和基础，对矿山生产、职业健康、安全、技术支持与后勤保障等进行主动感知、自动分析、快速处理，最终实现安全矿山、无人矿山、高效矿山、清洁矿山的建设。

2017 年中华人民共和国国家质量监督检验检疫总局和中国国家标准化管理委员会发布了《智慧矿山信息系统通用技术规范》(GB/T 34679—2017)，该标准指出，"智慧矿山"是基于空间和时间的四维地理信息、泛在网、云计算、大数据、虚拟化、计算机软件及各种网络，集成应用各类传感感知、数据通信、自动控制、智能决策等技术，对矿山信息化、工业自动化深度融合，能够完成矿山企业所有信息的精准实时采集、高可靠网络化传输、规范化信息集成、实时可视化展现、生产环节自动化运行，能为各类决策提供智能化服务的数字化智慧体，并对人-机-环的隐患、故障和危险源提前预知和防治，使整个矿山具有自我学习、分析和决策能力。

将智慧矿山的理念和技术应用于煤矿，便形成了智慧煤矿。很多专家和政府文件中也使用了"智能化煤矿"的概念。王国法院士给出了"智能化煤矿"的定义："智能化煤矿是指基于现代煤矿智能化理念，将物联网、云计算、大数据、人工智能、自动控制、移动互联网、机器人装备等与现代矿山开发技术深度融合，形成矿山全面感知、实时互联、分析决策、自主学习、动态预测、协同控制的完整智能系统，实现矿井开拓、采掘、运通、分选、安全保障、生态保护、生产管理等全过程的智能化运行。"智慧煤矿总体构架如图 1-1 所示。

建设智慧矿山要求实现煤炭生产全要素的信息化、数字化，井下环境全天候感知和智能预警，实现采、掘、运、通各环节立体监控以及中央集控平台可视化展现与高效指挥调配，最

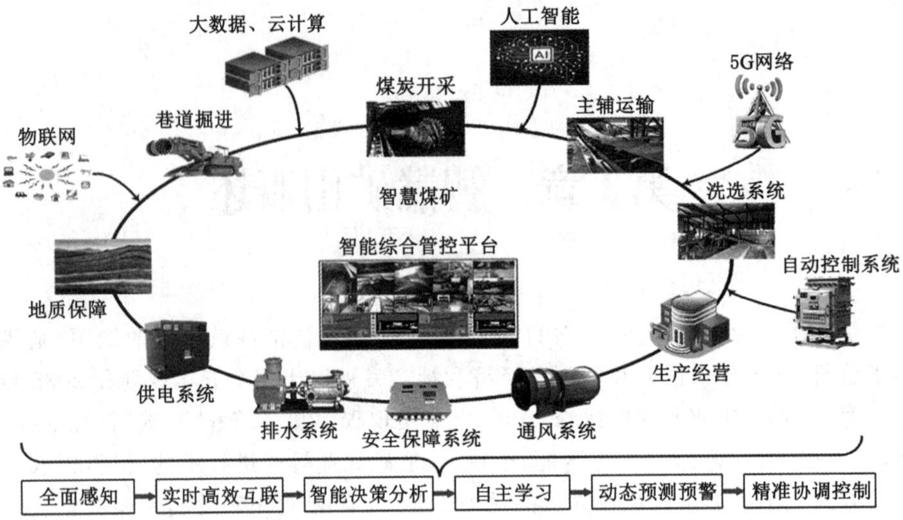

图 1-1　智慧煤矿总体构架图

终基于一套标准体系，构建一张全面感知网络，建设一条高速数据传输通道，形成一个大数据应用中心，开发一个业务云服务平台，面向不同业务部门实现按需服务。

1.2　煤矿智能化发展历程和趋势

1.2.1　矿山技术发展阶段

矿山技术的发展大体经历了四个阶段，就是原始开采阶段—机械化阶段—数字化信息化阶段—智慧化阶段。

(1) 原始开采阶段：人们主要通过手工和简单的工具镐刨、锹挖进行矿山的采掘活动，生产主要靠人力，效率极低。

(2) 机械化阶段：矿山在采掘、运输、提升以及生产辅助方面采用大量机械设备和爆破施工，生产效率得到大大提高，矿井用人数量大大减少。

(3) 数字化信息化阶段：计算机技术的飞速发展，给传统产业的发展带来了巨大机遇，“用信息技术改造传统产业，提升传统产业实现跨越式发展”也成为国家的战略，煤矿开展的“两化融合”“三网合一”等工作就是这一阶段的典型代表。从字面意义上来讲，数字化就是将“书面”信息转变成电子信息和数字信息；信息化主要是解决数据传输、数据呈现问题。

(4) 智慧化阶段：通过智能信息技术的应用，实现物物、物人、人人的全面信息集成和响应，形成主动感知、分析并快速做出正确处理的矿山系统。矿山企业的人、财、物的产、销、存等能够协同、自动运作，实现矿山企业的集约、高效、可持续发展。

1.2.2　智慧矿山发展阶段

从 20 世纪 80 年代中期到现在，我国煤矿先后经历了单机自动化矿山、综合自动化矿山、数字矿山、智能矿山几个阶段。随着物联网、云计算、人工智能等技术的发展，我国煤矿信息化的发展趋势将向矿山智慧化方向演化。就各阶段的信息化程度而言,单机自动化矿山的信息化程度较低,仅仅能够对单一设备或单一系统进行简单控制,属于信息化建设的初级阶段。综合自动化矿山采用多种信息处理、通信和控制方法,实现了多系统间的自动化控制,该阶段处于煤矿信息化建设的中级阶段。矿山物联网是矿山综合自动化向智慧矿山转型的一个过渡阶段。而智能化矿山阶段则融合物联网、大数据、人工智能和云计算等技术实现了矿山的人与人、人与物以及物与物的相联。

1. 单机自动化,实现"点上的无人作业"

20世纪80年代中期左右,随着微机技术的发展和普及,我国煤矿进入了单机自动化阶段。单片机因其强大的运算和逻辑控制能力迅速替代了晶体管和逻辑集成电路,成为自动化控制系统的核心控制元件,从而大幅度提高了煤矿自动化控制系统的安全性和可靠性,实现了对煤矿设备的实时控制,其主要用于掘进机、带式输送机、排水泵和通风机等设备的控制等。不但解决了传统控制器件体积大、成本高等问题,而且提升了控制设备的可靠性、安全性。这些技术的应用使得我国煤矿安全状况得到初步改善,百万吨死亡率也逐渐下降。但新技术的出现也衍生出新的问题,由于信息采集基本都是模拟信号,信息传输距离有限,信号噪声较大,所以都是本地采集、处理并直接用于单机就地控制。

到20世纪90年代中后期,随着数字信息技术和网络技术的发展,煤矿自动化开始出现单系统地面监控,如刮板输送机监测监控系统、安全监测系统等。每个矿山有几十个子系统,每个单系统单独布线,通信以数字程控调度为主,远不能满足自动化和监控需求,并且各系统独立工作,系统间无信息交换。

2. 综合自动化,实现"面上的少人作业"

2000年左右,随着通信、工业总线及工业以太网技术的普及,用统一的网络实现煤矿众多子系统集成的需求越来越大。国家能源集团神东煤炭集团大柳塔煤矿首先采用了双ControlNet总线,实现了将胶带运输、排水泵房、通风机监控等多个子系统集成在一个网络上传输的综合自动化系统。2004年,龙矿集团北皂煤矿首先采用百兆工业以太网环网实现煤矿综合自动化,然而由于井下网络流量不均匀分布,难以实现三网合一。2005年,兖矿能源集团有限公司兴隆庄煤矿尝试采用千兆工业以太网环网实现井下三网合一。在此基础上,郑煤集团按综合自动化运营模式,制定了一系列的操作规范和标准,从制度和标准方面保障综合自动化的安全运行。综合自动化实现了矿井瓦斯浓度、风速、风门等安全信息,煤仓煤位、水仓水位及主要机电设备生产工况参数等信息的采集、处理和统一传输,并且实现了信息的共享,进而对各个子系统现场设备进行远程控制。

综合自动化阶段虽然使煤矿信息化、自动化建设得到大力发展,但也表现出许多不足:① 感知手段单一;② 缺乏泛在感知网络;③ 重硬平台集成,轻软平台集成;④ 缺乏应用层信息融合;⑤ 多学科交叉不够;⑥ 标准建设不突出等。

3. 矿山物联网,实现了人与物、物与物相联

物联网的概念由麻省理工学院在1999年首先提出,美国、日本和欧盟各国均开展了物联网技术与产业的研究。在矿山领域,许多专家对矿山物联网的概念进行了探讨和界定,目前还没有统一的定义,但是对矿山物联网的架构、功能、目标等已基本达成共识。中国电子学会物联网专家委员会委员张申教授将工业和信息化部对物联网的定义加以引申,提出了矿山物联网的定义:矿山物联网是通信网和互联网的拓展应用和网络延伸,它利用感知技术

与智能装置对矿山物理世界进行感知识别，通过网络传输互联，进行计算、处理和知识挖掘，实现矿山人与物、物与物的信息交互和无缝连接，达到对矿山物理世界实时控制、精确管理和科学决策的目的，发展方向是矿山开采的无人化、智能化和智慧化。物联网技术推动了物物相联，为解决信息孤岛问题提供了手段。

4. 矿山智慧化，实现“全矿井少人化作业”

以人工智能为代表的新技术在算法、算力和大数据等方面取得了突破性进展，计算机在视觉、语音和自然语言处理的部分任务中的表现已经超越人类。5G 移动通信技术极大提升了海量多源信息的实时互联、共享能力。所以矿山智能化是物联网、云计算、人工智能发展到一定程度的必然产物，也被称为智慧矿山。智慧矿山将矿山地理、地质、矿山建设、矿山生产、安全管理、产品加工与运销、矿山生态等综合信息全面数字化，将感知技术、智能技术、信息技术、现代控制技术等与现代采矿及矿物加工技术紧密结合，构成矿山人与人、人与物、物与物相联的网络，动态详尽地描述并控制矿山安全生产与运营的全过程。由此可见，智慧矿山的基础是“感”但重在“知”，即通过矿山物联网技术，形成对矿山所有实体的泛在感知后，结合人工智能、云计算、大数据和增强现实等技术实现矿山安全生产过程和实体状态演变过程透明化，进而对矿山安全态势进行判识、预测和预警等。煤矿智能化建设技术架构如图 1-2所示。

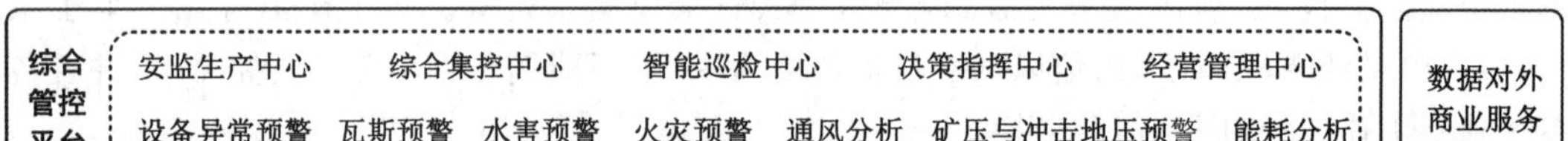

图 1-2　煤矿智能化建设技术架构

我国煤矿智能化总体尚处于初级阶段，煤矿智能化是一个不断发展的过程，智能化水平也是一个不断提高的过程。当前，存在煤矿智能化相关基础理论薄弱、核心关键技术瓶颈尚未取得突破、缺少煤矿智能化相关技术标准与规范、技术与装备研发滞后于企业发展需求、研发平台不健全、高端煤矿智能化人才匮乏等问题，制约着煤矿智能化发展。

为了加快推进我国煤矿智能化建设，促进煤炭工业高质量发展，2020 年 2 月，国家八部委联合下发《关于印发〈关于加快煤矿智能化发展的指导意见〉的通知》，通知中指出煤矿智能化建设主要目标为：

（1）到 2021 年，建成多种类型、不同模式的智能化示范煤矿，初步形成煤矿开拓设计、地质保障、生产、安全等主要环节的信息化传输、自动化运行技术体系，基本实现掘进工作面减人提效、综采工作面内少人或无人操作、井下和露天煤矿固定岗位的无人值守与远程监控。

（2）到 2025 年，大型煤矿和灾害严重煤矿基本实现智能化，形成煤矿智能化建设技术规范与标准体系，实现开拓设计、地质保障、采掘（剥）、运输、通风、分选、物流等系统的智能化决策和自动化协同运行，井下重点岗位机器人作业，露天煤矿实现智能连续作业和无人化运输。

（3）到 2035 年，各类煤矿基本实现智能化，构建多产业链、多系统集成的煤矿智能化系统，建成智能感知、智能决策、自动执行的煤矿智能化体系。

煤矿智能化的建设决不能一蹴而就，而应分阶段、分区域、分层次进行重点突破，以点带面。基于当前我国智能化煤矿的技术现状与生产需求，煤矿智能化建设大致分三阶段。

第一阶段，构建智能化煤矿管控平台，建立 5G 井下网络系统、企业云平台和大数据处理中心。搭建总体优化、区域分级、多点协同的开采、掘进及运输管控体系，实现数据融合互联。实现工作面无人操作，输送系统无人值守，安全监测全息保障，矿井系统智能化作业占比 40%，下井人员减少 30%，人均工效提高 25%。

第二阶段，建设以 VR/AR、智能引擎、无人驾驶、煤矿机器人技术为主的全矿井生产、虚拟维修、远程控制、实时调度的全流程、多要素快速运行体系，实现人机主动交互。矿井系统智能化作业占比 60%，下井人员减少 50%，取消所有值守岗位。

第三阶段，建设基于大数据分析及 AI 赋能、以人为本的全矿井活动“场景化、虚拟化、专业化”智慧生态体系，实现煤矿主要系统的自学习自决策。矿井系统智能化作业占比 80%以上，下井人员减少 80%，全面实现生产、生活、生态的协调统一。

1.2.3 煤矿智能化发展趋势

我国煤炭工业信息化的发展道路已经走过了 30 多年的历程，虽然取得了丰硕的成果，但仍存在一些问题。

（1）感知层问题

随着物联网技术的发展，信息技术的发展重点逐步下移，“物”端将产生巨大的变化。一是传感检测装置与装备，将逐步由简单智能装备演变为智慧“物”；二是大量智慧“物”的不断涌现，从信息的编码和描述上均会产生本质的变化，这就需要制定新的编码和信息统一描述方法；三是智能传感和泛在无线网络技术的飞速发展，要求传感装置的功耗和体积均要大幅度降低，以满足泛在、移动的需求；四是大量“物”产生的数据是海量的，全部实时上传数据中心，带宽条件不满足，也没有全部上传的客观需求，如何将“物”的计算能力提升也是亟待解决的问题。

（2）网络层问题

一是工业网络的安全性。物联网是一个开放的网络，如何在开放的网络中保证数据的安全性和可靠性一直是个难题。工业网络对安全性要求更高，如何提高工业物联网的数据安全性也是面临的问题之一；二是物联网条件下，节点的ID成为数据路由重要参数，如何解决多网融合、自治交互的开放协议、智能交互算法等需要进一步研究；三是数据缓存问题。物联网通过物体、传感设备与网络的关联来实现物体自动、实时的识别、定位、追踪和监控，并触发相关事件，面对持续采集或到达的数据流，物联网的移动终端间需要进行大量的数据交互，在节点缓存空间有限的条件下，如何设计合理的节点缓存管理机制，在提高消息投递成功率的同时，减少网络开销、降低终端能耗。

(3) 平台层问题

“十三五”期间，面向矿山安全生产行业特征的物联网云交互服务平台有了长足的发展，然而单一的云计算架构暴露出来的问题也日益明显，无法满足日益增长的煤矿智能化的需求。需要研究具有实时特性，适合矿山安全生产需求的实时边缘云协同、云计算的服务架构。

(4) 应用层问题

缺乏基于人工智能驱动的物联网与大数据聚合的数据分析、设备管理与智能调度应用系统；缺乏矿山“人、机、环、管”高效运行协同管控系统；缺乏矿山特种设备远程在线诊断与综合服务系统；缺乏基于大数据的矿山安全态势分析与预测预警系统；缺乏矿山安全生产状态演化的实时再现、智能交互、动态分析及可视化系统。

针对上述问题，借助人工智能、大数据、物联网和云计算等新技术，煤矿信息化技术的发展呈现出了以下几方面趋势：

(1) 自制设备的大量涌现

具备自主学习和进化功能的煤矿机器人、新型智能检测装置、智能网关等边缘计算设备，将根据需求自动执行安全生产任务，并从独立的智能设备转变为协作智能设备群，最终将形成采、掘、机、运、通、排等系统协同运转的智能体系。

(2) 煤矿的透明化与精准控制

数字孪生技术应用于煤矿“人、机、环、管”各环节，实现多学科交叉融合，采用各领域知识与机理、大数据和人工智能技术形成煤矿上述各环节的透明化，利用人、机智能协同实现煤矿的精准控制和各种灾害的预警防控。

(3) 边缘计算与云平台协同

根据简单问题边缘化、复杂问题集中化原则，边缘计算设备由于受能耗和计算资源等的限制，将主要承担较为简单的数据计算，而计算量大、耗能高的任务则由云平台来完成。边缘计算和云平台协同为自治设备状态管理与煤矿各环节透明化与精准控制提供重要支撑。

(4) 智能 APP 大量涌现

在数字孪生、专家系统和云边协同计算等技术的基础上，矿山各种生产要素的历史和当前状态以及发展演化趋势，将以智能 APP 的方式精准、实时地呈现给相关的矿山生产者和管理者。大量涌现的智能 APP 为煤矿安全生产和新兴智能化管理提供了创新型的解决方案。

1.3 煤矿智能化建设主要内容

“双碳”目标的提出，正在带来一场广泛而深刻的经济社会系统性变革。在这一目标下，尽管煤炭作为主体能源的地位不会改变，但在一定程度上也将逼迫煤炭行业必须加快绿色低碳转型、加速实现高质量发展，所以对于如何智能化建设煤炭行业，加速科技创新和产业转型也变得更为迫切。

1.3.1　主要原则

（1）分类建设，分级达标。针对我国煤矿智能化建设基础与生产条件复杂多样、发展不平衡不充分等现状，坚持分类建设和分级达标相结合，建立健全智能化煤矿建设、评价、验收与奖惩机制，全面推进煤矿智能化建设。

（2）因矿施策，培育典型。创新智能化煤矿建设与管理模式，重点突破适用于不同条件的智能化技术与装备，培育建设一批智能化示范煤矿，形成可复制、可推广的建设模式和经验，发挥智能化示范煤矿的带动作用。

（3）系统规划，全面推进。加强煤矿智能化顶层设计，科学制定实施煤矿智能化建设与升级改造方案，加大煤矿智能化技术资金投入、人才投入和政策支持力度，提升煤矿智能化技术装备的成熟度与可靠性，全面提升煤矿智能化水平。

（4）以人为本，安全高效。坚持把煤矿减人、增安、提效和提高职工的幸福感与获得感作为智能化煤矿建设的根本目标，通过实施新一代信息技术提高煤矿智能化水平，促进煤矿安全、质量、效率与效益的稳步提升。

1.3.2　主要内容

智能化煤矿应基于工业互联网平台的建设思路，采用一套标准体系，构建一张全面感知网络，建设一条高速数据传输通道，形成一个大数据应用中心，面向不同业务部门实现按需服务。煤矿智能化系统结构如图 1-3 所示。

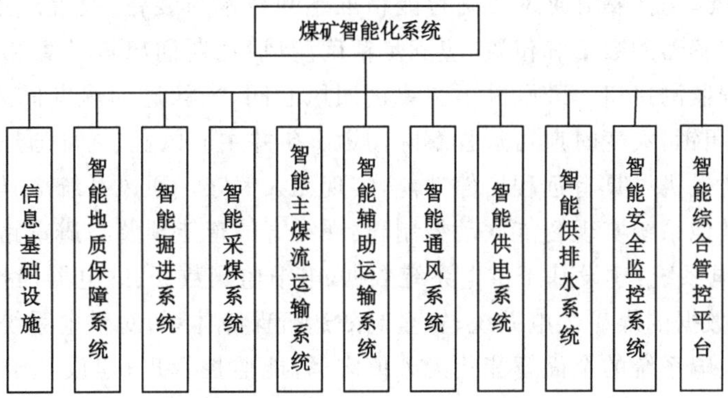

图 1-3　煤矿智能化系统结构图

（1）信息基础设施：统筹建设网络系统和数据中心，打通数据传输和利用通道，统一规划网络和数据安全系统。网络基础设施建设包括但不限于办公区网络、生活福利区网络、工业控制网络、视频监控网络、安全监控网络、无线网络和融合调度通信系统，鼓励逐步开展5G＋矿山物联网系统建设，建设多系统融合的无线接入网关；建设大数据服务中心，统一数据采集、传输、存储和访问接口标准。

(2) 智能地质保障系统:将地质数据与工程数据进行深度融合,采用地质数据推演、地质数据多元复用、地质数据智能更新等方法,研究建立实时更新的地质与工程数据高精度融合模型,实现矿井地质信息的透明化。

(3) 智能掘进系统:根据矿井掘进地质条件与工艺要求,因地制宜确定合理的掘进技术与装备,配套高效的辅助作业系统,逐步实现掘支平行作业;鼓励应用智能探测、自动定向及导航、巷道断面自动截割成形、自动锚护、高效除尘等先进技术与装备,使掘进工作面生产系统具有智能感知、自主决策和自动控制的功能,实现掘进系统少人或无人、系统高效协同运行。

(4) 智能采煤系统:根据煤层赋存条件、工作面设计参数、产能指标等要求,建设不同模式的智能化采煤工作面。薄煤层和中厚煤层采用智能化无人开采模式;大采高工作面采用人-机-环智能耦合高效综采模式;放顶煤工作面采用智能化操控割煤+人工干预辅助放煤模式、复杂条件智能化+机械化开采模式。鼓励条件适宜的工作面应用基于地质模型的智能化开采实践。

(5) 智能主煤流运输系统:① 采用带式输送机进行主煤流运输的矿井,主煤流系统中带式输送机应具备运行工况检测及故障智能预警等功能。鼓励应用基于AI煤量智能识别,人员违规作业智能监测,大块煤、堆煤、异物识别与预警等功能,实现带式输送机的智能运输。② 采用立井箕斗进行煤炭提升的矿井,提升系统具备提升速度、提升重量等智能监测功能,具备智能装载与卸载功能,且能够与煤仓放煤系统实现智能联动控制;应具备完善的智能综合保护功能,实现立井箕斗提升的自动化远程控制。

(6) 智能辅助运输系统:针对井工矿轨道运输、无轨胶轮车等运输方式,建设具有智能规划、任务分配功能的辅助车辆智能调度管理系统,逐步实现物料运输、人员运输等辅助运输车辆的智能管控、智能规划路径与智能调度。

(7) 智能通风系统:采用通风系统智能精准感知技术与装备,设置风速、风量、瓦斯、一氧化碳、粉尘等传感器的数量和位置,应满足精确测风、瓦斯涌出量计算和环境状态识别的需要,并提供远程监测接口。鼓励井下主要进回风巷间、采区进回风巷间采用自动风门,正常通风时期可靠闭锁,灾变时期可远程解除闭锁。矿井主通风机、局部通风机具备远程集中控制功能,局部通风机可具有远程启停功能,实现无人值守。通风系统应具备故障自诊断与预警功能,并与其他系统实现智能联动控制,实现灾害的智能预警与避灾路线智能规划。

(8) 智能供电系统:建设基于供电系统数据、电缆监测数据、继电器保护数据、故障监测数据和电能计量数据的煤矿供电系统、安全高效运行保障体系,对供电系统进行全面监测与分析,实现煤矿供电系统的全面智能化无人值守、智能监控管理;建设基于大数据分析的智能供电决策系统,实现故障的预判和预处理、快速故障隔离;建设煤矿能耗监测和智能化能耗优化调度系统,动态调节煤矿大型用电耗能设备的供电方案和作业计划,降低煤矿整体能耗水平,优化能耗成本。

(9) 智能供排水系统:① 建设基于压力、液位、流量、温度等智能排水系统,实现主排水系统设备的智能运行,智能排水系统可按照水量实现排水用电自动削峰填谷,智能优化排水方式,实现能耗自评估和故障自诊断,具备智能报警、智能统计分析排水量等功能。② 建设主供水智能控制系统,实现主供水系统设备的智能运行,供水用电自动削峰填谷及管网调配自动选择最优电量;通过水泵运行等参数的监测,实现水泵控制及监测的智能化,实现对系统异常低压现象的预警；通过多传感器和各系统数据融合实现按需供水，并能实现对用水量的预分析功能。③ 建设污水智能处理系统，通过监测水泵及管路的运行参数、设备状态、运行时间等信息，实现能耗及产能分析和故障诊断；通过监测污水处理系统的各流程环节，及时调节污水处理的各项参数，降低系统运行成本，保证污水排放质量达标。

（10）智能安全监控系统：建设井下融合通信系统及配套装备，实现煤矿安全监控系统、人员定位管理系统、通信联络系统、智能视频分析系统、智能通风系统、供电监控系统、冲击地压监测系统、水文监测系统等系统的统一承载、共网传输，进行人、机、环的安全检测与防护，提高安全监控、人员定位、通风、供电、应急广播等系统的抗电磁干扰水平；建设具备水、火、瓦斯、顶板、粉尘等灾害监测与防治的综合防控系统，具备重大安全事件的应急处置管理能力，可依据灾变发展趋势，自动触发排水、灭火与除尘等系统；建设基于综合监测的灾害防治平台，具备灾害风险监测预警、智能分析模拟、应急救援辅助指挥、事故原因分析、矿井灾变状态下避灾路线智能规划等功能。

（11）智能综合管控平台：基于模块化、组件化的技术架构设计思路，建设智能综合管控平台，集成各业务系统数据及感知层数据，运用新一代信息技术建设业务中台和数据中台，形成具有自感知、自决策、自执行的智能化平台，为上层业务应用提供统一的数据汇聚与技术支撑。建设智能生产服务和调度平台、业务综合管理系统、煤矿智能化综合协同控制平台，实现矿井各业务系统的数据共享服务与智能协同管控。

1.4　煤矿智能化关键技术

我国井工煤矿煤炭产量约占总产量的 85%，最大开采深度已达到 1 500 m，智能化开采是减少井下灾害对作业人员造成伤害的有效途径，而井下复杂、恶劣的作业环境严重制约了煤矿智能化建设，亟须开展以下煤矿智能化关键核心技术攻关：

（1）加强低功耗、高精度、高可靠、集成化、微型化智能传感器的研发，重点突破核心芯片、软件等基础共性技术，逐步形成全矿井全息泛化的高精度智能感知场。提高智能化煤矿井上下信息采集密度，增加信息采集种类，统一信息采集标准，增强信息处理能力，提高信息采集、处理、分析、决策的时效性。

（2）推进智能化煤矿物联网技术与通信技术、大数据、云计算等技术的融合发展，积极开发具有高带宽、低功耗、低时延、大容量、自治愈等特性的无线自组网通信技术与装备，对煤矿井下末端网络进行全覆盖，配合煤矿井下受限空间、强干扰、复杂巷道网络条件下的多传感信息融合技术和低时延、高速率、大容量共网传输通信技术，满足井下安全生产各类感知节点接入、信息传输与交互的需要。5G 技术的大带宽、低时延和广连接能够解决煤矿智能化开采中的大数据同步传输、远程实时控制和多传感器集中接入的难题，云计算、AI 和工业互联网的结合能够充分调动计算资源，高效挖掘和利用数据综合智能优化决策，实现煤炭智能化开采各系统的协调高效运行。

（3）研发基于随掘、随采、随钻的智能探测技术与装备，积极开发物探、钻探、化探为一体的矿山地质综合探测技术，实现采掘工作面前方地质体的无人、动态、智能、超前、精细探测，推进煤矿井下智能钻探技术与装备研发，实现井下地质探测的地面远程可视化操控，搭建多源、全方位信息透明的煤矿三维地理信息云平台，实现地质、测量、采掘、通防、机电运输、安全监测监控等动态信息的综合协调管理。

(4) 研发井下巷道智能掘进、支护、超前探测、除尘等一体化成套技术与装备，实现巷道掘进—支护的协同作业，提高巷道掘进设备的自动化、智能化水平，大幅减少井下掘进工作面作业人员数量，提高巷道掘进速度，实现煤矿井下巷道的智能、少人、高速掘进，切实解决煤矿采掘接替紧张的局面。

(5) 加强井下综采设备的精准定位、导航等关键技术攻关，切实提高综采设备与围岩的智能自适应控制水平，研发综采设备群智能自适应协同推进技术与装备，创新综采工作面智能开采新模式，实现井下综采工作面的安全、高效、绿色、智能化、少人化开采。

(6) 加快推进井上下主辅运输系统的智能化、少人化管理，推广图像识别、永磁驱动、变频控制等技术在主运输系统的应用，大幅减少主运输系统作业人员，降低煤流线运输能耗，实现井上下全煤流运输的无人值守与经济协同运行；大力推广应用井下人员、车辆定位、导航技术，积极推进无人驾驶技术在煤矿井下的应用，研发适用于不同运输场景的井上下智能辅助运输系统，实现井上下人员、物料、设备的运输路线智能规划、自动运输、协同管理。

(7) 大力推进水、火、瓦斯、粉尘、顶板等灾害发生机理与防治技术攻关，有效提高围岩环境监测信息的可靠性及灾害预警的准确性，积极落实井下“无人则安”的煤炭开发理念，大力研发风量智能解算与自适应调节、积水水位智能监测与抽排、瓦斯智能监测与预警、智能综合降尘、围岩动力灾害预警与防治等技术与装备，实现井下灾害的智能监测、预警与防治系统的智能联动。

(8) 加快推进重介质选煤装备的智能化、加药系统的无人化及分选设备综合管理的少人化，重点研发千万吨级智能分选设备与控制系统，进行分选设备的智能化、模块化管控，实现煤矿分选系统的视频监控智能化、自动配煤精准化、设备状态可视化、3D 控制立体化、调速节能自动化。

(9) 加强煤矿井下智能供电技术与装备研发，积极推广井下高压远距离供电技术，构建扁平、开放、多元、互动、高效的智能供电系统；加强井下大型设备故障自诊断与健康管理系统开发，实现井下设备的在线诊断与远程运维；大力推进绿色无污染液压支架用液压液的技术攻关，推广应用高压远距离供液技术，构建井下智能综合保障平台，实现井下供液、供电、供风等的智能化与联动控制。

(10) 面向智能化煤矿建设的一体化感知、分析、决策、集中控制、展示等需求，加快构建开放、安全、数据易于获取和处理的智能化煤矿大数据共享与应用平台，满足对煤矿底层子系统、传感器、智能设备等数据信息的无缝接入与深度融合处理，同时为上层应用业务模块提供数据共享与系统联动控制支撑；通过构建实时、透明、清晰的矿山采、掘、机、运、通等全系景象平台，实现对智慧煤矿各子系统的集成操控，解决煤矿智能化建设过程中数据兼容性差、可靠性差、子系统割裂等问题。

1.5 智能安全监控系统建设内容

智能安全监控系统是智慧矿山建设的重要系统之一，在煤矿安全生产中起到基础保障的作用。其智能化建设内容主要包括：智能融合安全监控系统、煤矿安全监控系统、动目标精确定位系统、智能电力监控系统、冲击地压监测系统、水害预警系统、智能火灾监控系统、智能粉尘灾害监控系统等。

智能融合安全监控系统:建设智能融合安全监控系统,实现井下环境监控、人员定位、无线通信系统、应急广播、有线调度系统、通风监控、水文监测、供电监测、视频监测等多功能的一站式高度集成、统一承载,系统数据通过“一网”接入高速环网传输通道,实现多个子系统的井下融合联动。

煤矿安全监控系统:采用激光检测、低功耗无线自组网、多系统融合联动等技术与装备,建设具备激光、红外等先进检测传感器、无线传感器、多参数一体化传感器等先进设备的监控系统,实现煤矿井下重点区域移动固定结合的全覆盖监测,实现系统低功耗、超远距离传输、高抗干扰功能。并通过大数据分析,构建煤与瓦斯突出、火灾预警模型,实现瓦斯及火灾的超前预警。

动目标精确定位系统:采用精确定位技术,实现井下人、车等目标的精确定位、人员状态分析、考勤、调度管理,满足井下复杂巷道的全覆盖需求,具备轨迹数据展示及分析功能。

智能电力监控系统:运用机器人、先进传感、双网双系统冗余热备等技术,建设智能供电监控系统。系统具备地面调度中心对煤矿井上下各级变电所内的高开、移变、高爆、馈电等供电设备的遥测、遥控、遥信、遥调、遥视五遥功能;具备故障录波与谐波分析功能,实现设备故障可追溯;能够实现变电所环境、安防、消防一体化监控,具备远程对讲、视频联动功能,智能识别、切换至故障位置;系统配备智能巡检机器人,能够代替人工巡检作业,实现关键供电场所的智能化监控与无人值守。

冲击地压监测系统:采用多种技术对冲击地压相关参数进行实时监测,实现煤矿井下冲击地压的智能预测、预警。

水害预警系统:建设多参数实时水文动态监测系统,实时在线监测井下水位、水压、水量等指标,具备井下水害智能预测、预警功能,并与排水系统联动。

智能火灾监控系统:建设束管监测、分布式光纤测温等系统,实现对井下采空区自然发火情况的实时监测、数据分析及上传;在电气设备、带式输送机等易发生火灾的区域,建设烟雾、一氧化碳等综合火灾监测设备,配备智能喷淋、自动喷粉喷气等自动消防灭火装置;实现火灾参数的智能监测、分析、预测、预警及联动控制。

智能粉尘灾害监控系统:实现对粉尘浓度的实时监测、数据分析、上传及超限自动报警,在矿井粉尘易超限区域,建设呼吸性粉尘及总尘监测设备、智能喷雾装置及智能降尘装置,实现粉尘浓度智能监测及远程降尘控制。

本章习题

1. 请简述智慧矿山的概念。
2. 简述煤矿智能化建设的主要目标和主要原则。
3. 简述煤矿智能化建设的主要内容。
4. 智能安全监控系统建设内容主要包括哪几部分?

第2章 煤矿安全监控系统概述

我国工业安全事故中，煤炭工业的安全事故较为频发且性质严重。煤矿是一个复杂的巨系统，由于其生产环境特殊，容易发生瓦斯爆炸、火灾、透水等重大灾害。煤矿开采技术复杂，容易发生安全责任事故，这些都严重制约煤矿安全生产。煤矿监控系统对环境、通风、供电、排水、运输、矿山压力、火灾、水灾、煤与瓦斯突出、大型机电设备运行状况、人员状况等进行监测与监控，减少了井下作业人员，有效保障了煤矿的安全生产，提高了矿井的生产率和设备利用率。并且《煤矿安全规程》中规定“所有矿井必须装备安全监控系统”。所以煤矿安全监控系统是煤矿安全、高效生产的重要保证，是智慧煤矿“减人、提安、增效”建设的重要组成部分，对智慧煤矿安全监控技术研究具有重要意义。

2.1 煤矿安全监控系统发展现状及趋势

2.1.1 煤矿安全监控系统发展背景

矿井安全监控技术是伴随着煤炭工业发展而逐步发展起来的，据记载，世界上最早见诸学术报告的瓦斯爆炸事故是发生于1675年英国某煤矿的一次瓦斯爆炸；第一次伤亡超过百人的瓦斯爆炸事故发生于1825年的英国某煤矿，死亡102人；第一次伤亡超过千人的瓦斯爆炸事故发生于1906年的法国某煤矿，死亡1 099人。由此可见，在测量措施和安全措施没有完备以前，由于巨大的破坏力，煤矿瓦斯爆炸已经成为当时社会瞩目的安全问题。

正是由于煤矿瓦斯爆炸事故的危害巨大，瓦斯监测仪器伴随着对瓦斯安全问题的研究而出现。19世纪初，英国化学家戴维发明了第一种监测瓦斯仪器——安全灯，它利用火焰的高度来测量瓦斯浓度。这种安全灯由于构造简单、性能可靠、使用寿命长，一直被沿用了100多年。1925年日本发明了光学瓦斯检定器，它是根据瓦斯气体对光线的折射率与空气的折射率不同的原理，由同一光源发出的两束光，分别经过充有空气的参考气室与充有待测量气样的测量气室后再次相遇时将产生干涉条纹，待测量气样中瓦斯浓度不同，干涉条纹的位置也不相同，根据干涉条纹的位置即可测定瓦斯浓度。据记载，1943年美国最早研制了使用纯钮丝催化元件的催化型瓦斯传感器。随后，日本在钮丝催化元件上加上涂有催化剂的载体小珠，制成最早的载体催化元件。1958年法国Cherchar研究所成功研制利用氧化铝为载体，钯、钍为催化剂的载体催化元件，获得了较好的测量性能。从此，催化型瓦斯传感器进入了发展过程中的全盛时期，并得以普及应用。

20世纪60年代以后，主要产煤国家都把发展催化型仪器作为瓦斯检测的主要方向。同时，从1960年开始，随着微型计算机技术、传感器技术、半导体材料技术以及通信技术的发展,国外煤矿安全监测已经不单单是自动监测矿井瓦斯浓度参数,而是集多种安全状态参数于一体的监测系统。

2.1.2　煤矿安全监控系统发展现状

1. 国外安全监控系统发展现状

国外煤矿安全监控系统是集环境安全、生产控制、调度运输等功能为一体的复合系统,主要经历了几代产品的发展。

第一代产品,20世纪60年代,采用空分制传输信息,这是国外最早应用于煤矿安全监控的信息传输方法。如法国的CTT63/64煤矿监测系统、英国煤矿的运输机控制系统等。

第二代产品,20世纪60年代后期,采用(信道)频分制来传输信息,大大减少了传输电缆芯数。其中,最具代表性且至今仍有影响的是德国西门子公司的TST系统和FH公司的TF200系统。

第三代产品,20世纪80年代初期,采用时分制来传输信息,集成电路的出现推动了以时分制为基础的煤矿监控系统。这一时期,英国的MINOS煤矿监控系统在胶带输送、井下环境监测、供电供水监测和选煤厂监控等方面的应用取得了成功,形成了全矿井监测监控系统。这一系统的成功应用,开创了煤矿自动化技术和煤矿监测监控技术发展的新局面。

第四代产品,20世纪80年代后期,以分布式微处理机为基础的安全监控系统,采用计算机技术、大规模集成电路技术、数据通信技术及计算机网络等现代高新技术,最具代表性的是美国MSA公司的DAN6400系统。

第五代产品,20世纪90年代,以光纤通信技术为基础的安全监控系统。利用光纤高速数据通道将地面中心站与井下分站连接起来,提高了信息传输速度,扩大了系统容量。如德国AEG-TELEFUNKEE公司将光纤通信用于GEAMATIC2900i矿井监控系统中。

2. 国内安全监控系统研究与发展现状

20世纪70年代中期,我国在煤矿安全生产中开始使用瓦斯报警断电仪,将单纯的瓦斯检测发展为瓦斯超限报警及工作面断电,使煤矿生产中因瓦斯影响造成安全事故的问题大为缓解,煤矿安全生产出现了新面貌。随后又出现了风电甲烷闭锁装置,该装置在采掘生产中遇停风、甲烷超限时都将强迫工作面断电,并且在局部通风机没有恢复通风、甲烷浓度没有下降之前,即使人为也送不上电。这种装置使煤矿安全生产技术又迈上了一个新台阶。

20世纪80年代初期,我国先后从法国、波兰、德国、美国、英国等引进一批安全监控系统,如CCT63/40系统、CMC-20系统、TF200系统、SCADA系统、MINOS系统等安装于阳泉市、淮南市、抚顺市、鸡西市等地的煤矿。这些系统在我国煤炭行业中发挥了巨大作用,有效促进了国内安全监控技术与装备的起步与发展,也为我国研制矿用监控系统提供很好的借鉴作用。

20世纪80年代中期以后,在引进国外监测监控系统的同时,通过消化、吸收并结合我国煤矿的实际情况,结合先进的计算机技术、大规模集成电路技术、数据通信技术及网络技术等,我国先后研制出KJ2、KJ4、KJ8、KJ10、KJ13、KJ19、KJ38、KJ66、KJ75、KJ80、KJ93等监测监控系统。这些系统当时在我国煤矿得到广泛运用,对煤矿安全生产和管理起到了十分重要的作用。但当时相当一部分监测监控系统由于其技术水平低、功能和扩展性能差、现场维修维护和技术服务跟不上等,面临进一步升级换代。随着电子技术、计算机软硬件技术的迅猛发展和企业自身发展的需要，国内各主要科研单位和生产厂家又相继推出了KJ90、KJ95、KJ101、KJF2000、KJ2000和KJG2000等监测监控系统以及MSNM、WEBGIS等煤矿安全综合化和数字化网络监测管理系统。这些系统在软硬件功能、稳定性、可靠性等方面都有很大的提升，在煤矿安全生产中发挥了重要作用。

2002年，国家安全监察局在推广铁法瓦斯治理现场会上提出“先抽后采、监测监控、以风定产”十二字方针，这对指导煤矿安全生产，特别是防止瓦斯事故的发生有重要意义；2004年，《煤矿安全规程》第一百五十八条规定“高瓦斯矿井、煤(岩)与瓦斯突出矿井，必须装备矿井安全监控系统”；2006年，修订为“所有矿井必须装备矿井安全监控系统。矿井安全监控系统的安装、使用和维护必须符合本规程和相关规定的要求”。至此，煤矿安全监控系统强制在煤矿企业全面铺开。此后相继出台了《煤矿安全监控系统通用技术要求》(AQ 6201—2019)、《煤矿安全监控系统及检测仪器使用管理规范》(AQ 1029—2019)等系列标准，极大促进了煤矿安全监控系统技术的发展以及系统的规范化正常运行。但随着我国矿井开采环境、开采方式及智能化建设的不断发展与变化，煤矿安全监控系统仍然存在如下一些问题。

(1) 系统稳定性、准确性有待提高

传统安全监控系统稳定性不高主要有三个方面的原因：一是安全监控系统使用频率方式传输检测信号，易受线路干扰引起“冒大数”而产生伪数据；二是监控设备防护等级普遍采用IP54设计，只能避免偶尔溅水影响，无法确保在淋水的环境中可靠运行；三是设备抗干扰等级不高，随着矿井大型自动化开采设备、变频设备、无线设备的大量使用，环境中干扰源不断增加，对监控设备抗干扰提出了更高要求。

(2) 设备智能化程度低、融合联动难度大

系统使用的模拟量类型传感器采用频率信号传输数据，仅能输出单一数据信息，无法掌握更多的运行信息。传感器的安装位置、运行状态、类型、量程、保养维护等参数均无法获取；另外，传感设备主要依靠通信电缆与监控分站连接，不支持自组网，缺乏传感层面信息融合与区域智能分析评估控制，存在布线复杂、受空间限制明显、灵活性差等问题。而且传感器检测只能完成点参数的检测，无法实现大范围分布式监测与控制，存在较大的感知盲区。

(3) 通信协议不标准，兼容性及系统网络结构可靠性差

由于现有厂家的监控系统几乎都采用各自专用通信协议，缺乏标准的接口和协议，使系统在设备兼容、扩展性方面较差。其次，现有监控系统数据传输慢和冗余差，极易发生数据传输中断，无法实现设备间互联互控、区域危险快速控制。系统响应速度慢，不能及时地反映井下的突发事件。

(4) 系统数据挖掘利用少，智能分析结果欠缺

一是未能有效实现“采煤、掘进、机电、运输、通风、分选”生产多环节间自适应调节与动态优化平衡，设备利用率不足、设备保养维护不到位现象十分突出，直接影响生产成本。二是未实现安全与生产系统的协同，控制模式单一、生产连续性差。如何利用预警技术实现超前控制，在安全可控条件下连续生产是亟须解决的问题。三是数据之间关联分析缺少，出现异常情况时，仅能依据单点进行异常控制，无法对关联或附近的多点数据进行关联分析，异常处理时间长。

(5) 系统自诊断功能少，故障分析时间长

随着监控系统功能的不断增加，传感器等井下设备数量巨大，系统不具备故障自诊断功

能,大大增加了维护工作量。而且,未实现数字化升级的系统,不具有调校识别、设备类型识别、双机备份识别、数据库链接识别等功能,遇到问题主要依赖人工进行数据分析,因此,处理效率低,问题难以很快定位,甚至影响正常生产。

(6) 不同系统之间缺少融合联动,数据难以共享

随着自动化、智能化矿山建设需求的不断提出,各类监测监控系统在煤矿相继建设起来,但各系统数据传输格式和接口协议缺乏行业标准和规范,各个系统之间数据无法共享,导致异构系统无法接入,“信息孤岛”现象严重,难以实现多网、多系统的融合和应急联动功能。不具备 GIS 图功能,无法直观、真实反映井下各设备的位置及状态。

(7) 安全监管手段少

缺乏可靠信息化手段实现煤矿安全隐患、隐蔽致灾因素的动态识别与闭环管理,以及质量标准化监督、重点工作区域安全状况的动态评估。缺乏面向矿山、监管机构、第三方机构且具有统一、开发、协同特征的互联网+智能矿山平台、专业服务平台、政府监管平台。

(8) 系统的部分性能指标有待提升

系统虽符合现有煤矿安全监控系统标准的技术要求,但是巡检周期、异地断电时间、后备电源维持时间、最大传输距离、传输误差等性能指标,远不能满足监控系统智能化建设的技术要求。

(9) 加密存储要求

系统数据库尚不具备加密存储的要求,监控数据可能被篡改,对煤矿监察部门的执法监察造成一定的困难,存在安全隐患。

2.1.3　煤矿安全监控系统发展趋势

随着人工智能、大数据、云计算、5G 等新技术的发展和使用,以及《煤矿安全生产智能监控系统设计规范》(GB 51024—2014)、《智慧矿山信息系统通用技术规范》(GB/T 34679—2017)等煤矿智能化规范的出台,《煤矿安全规程》《煤矿安全监控系统及检测仪器使用管理规范》《煤矿安全监控系统通用技术要求》等标准的修订,还有国家煤矿安监局 2016 年下发的《煤矿安全监控系统升级改造技术方案》的通知、2020 年国家发展改革委等八部委下发《关于加快煤矿智能化发展的指导意见》的通知以及《煤矿智能化建设指南(2021 年版)》的发布,煤矿安全监控系统智能化建设成为未来的发展趋势。

(1) 数据采集设备智能化

在微型计算机正朝着高速度、高性能、低成本发展的同时,传感器也向着低功耗、高精度、高可靠性、集成化、微型化、多功能的智能传感器方向发展。智能传感器不但能进行外界信号的测量和转换,还具有记忆、存储、解析及统计处理功能,以及自诊断、自校正、自调零功能。一方面,随着 ARM 技术的发展、数字信号处理技术的成熟及电子芯片的集成度越来越高,产品的稳定性得到明显提升。另一方面,随着物联网技术的发展,在泛在网络环境下,传感器的无线网络化是必然趋势。网络化的传感器可以方便地接入网络,实现即插即用;传感器配置将更简单,不再需要配置传感器类型、量程等信息。另外,传统煤矿安全监控系统中分站的主要功能包括传感器信息采集、执行器功能、控制器功能、通信网关功能。在物联网环境下,传统传感器转变为无线智能传感器,执行器转变为无线控制执行器,控制器主要实现瓦斯风电闭锁等控制功能。因此,由于泛在网络的实现、传感器和执行器的网络化,传统

分站将逐步消亡，并被逻辑分站所取代。

（2）系统框架与通信协议标准化

目前大部分型号的煤矿安全监控系统的架构在原理上是相同的，但接口协议不是统一的，所以要采用统一的通信协议和规范。将广播、有线电话、无线电话等各种通信联络系统融合为一个整体，实现各种通信联络系统的一体化，建立统一的通信联络平台，实现统一调度、统一发布、相互融合的一体化通信联络系统。同时，监控系统应用软件也应逐步向实时多任务化、组态化、智能化、图形化、开放化和标准化的方向发展。

（3）数据传输数字化

随着煤矿开采规模、开采深度的不断变化，煤矿开采地质条件变得越来越复杂，煤矿安全监控系统点数增多，线路变长，各种干扰及影响系统运行的因素增多。因此，频率信号传递单一信息已经不能满足发展的需要，必须升级为数字信号。一是数字信号在传输过程中，可以加入必要的校验码，避免传输数据字节过多，避免在线路传输过程中由于干扰因素引起数据变化而产生异常。通过有效的校验，可以杜绝系统“冒大数”现象的发生。二是数字信号在传输过程中，可以搭载多种信息，如传感器的类型、状态、故障原因、调校、生产日期、软件运行时间、软硬件版本等信息，增加系统自诊断分析能力。三是数字化升级后，传感器可以直接和断电仪进行通信，在需要快速断电的区域，传感器信息无须经过分站或中心站判断后才进行断电控制，断电仪可实现快速断电。

（4）支持多网多数据融合

建设智能融合安全监控系统，实现井下环境监控、人员定位、无线通信系统、应急广播、有线调度系统、通风监控、水文监测、供电监测、视频监测等多功能的一站式高度集成、统一承载，系统数据通过“一网”接入高速环网传输通道，实现多个子系统的井下融合联动。

（5）加强数据分析功能

目前矿井监控系统对数据的分析只是简单的阈值超限判断，缺少对数据的深入发掘和综合应用。虽然近年来，许多煤矿都配备了综合信息平台，但大都停留在数据信息汇总层面上，还达不到综合应用的效果。智能安全监控系统使用图像识别、深度学习等技术，一是可以通过分析事故原因及其所表现出来的各种征兆现象，智能判断出不安全类型及其原因；二是通过对大量数据的学习和分析，进行瓦斯涌出、火灾、水灾、冲击地压、顶板等事故的智能预测和预警，实现对煤矿生产中存在的危险源进行辨别、风险评价、危险源监测、风险预警，以降低风险发生的可能性，遏制事故的发生。三是加强对伪数据标注和异常数据分析，以及融合条件下的大数据分析，对数据进行有效利用。四是可与全国安全生产信息大数据平台对接，推动矿山等高危行业企业建设安全生产数据采集上报与信息管理系统，改造升级在线监测监控系统。

2.2 煤矿安全监控系统概念与组成

在煤矿安全生产过程中，影响煤矿安全生产的因素主要包括矿井环境参数和机电设备运行参数两大类。无论是哪类参数出现异常，都有可能影响矿井的安全生产，这就需要对相关矿井参数进行实时、连续、准确的监测和控制。

2.2.1　煤矿安全监控系统概念

监控系统就是利用传感器将被监控对象中的物理参量(如气体浓度、温度、压力、风速等)转换为电量(如电压、电流)，再将这些代表实际物理参量的电量送入输入装置中转换为计算机可识别的数字量，并以数字、图形或曲线的方式显示出来。同时计算机还将采集到的数据进行存储，随时进行分析、统计和显示并制作成各种报表；如果需要对被监控的对象进行控制，则由计算机中的应用软件根据采集到的物理参量的大小和变化情况与系统要求的设定值进行比较判断，然后在输出装置中输出相应的电信号，推动执行装置(如调节阀、电动机)动作从而完成相应的控制任务。

煤矿安全监控系统具有对矿井生产各环节的各类参数进行采集、传输、存储、处理、显示、打印、声光报警、控制等功能，可有效监测甲烷浓度、一氧化碳浓度、风速、风压、温度、烟雾等环境参数以及馈电状态、风门状态、风筒状态、局部通风机开停、主要通风机开停等工况参数，并实现甲烷超限声光报警、断电和甲烷风电闭锁控制等安全保护功能。

2.2.2　煤矿安全监控系统组成

煤矿安全监控系统是两级或三级管理的集散控制系统，通过中心站和分站实现“集中管理、分散控制”的目的。系统主要由地面监控主机、数据库服务器、网络终端、图形工作站、通信接口、系列监控分站、各种传感器、控制执行器，以及传输光缆和双绞线等部分组成。每个分站负责某几路传感器信号的采集和某个执行机构的控制，中心站负责数据的处理、储存、传输。中心站、分站、计算机网络之间的通信，传感器到分站的数据传输，分站到执行或控制装置信号的传输，都是通过传输信道实现的。煤矿安全监控系统结构如图 2-1 所示。

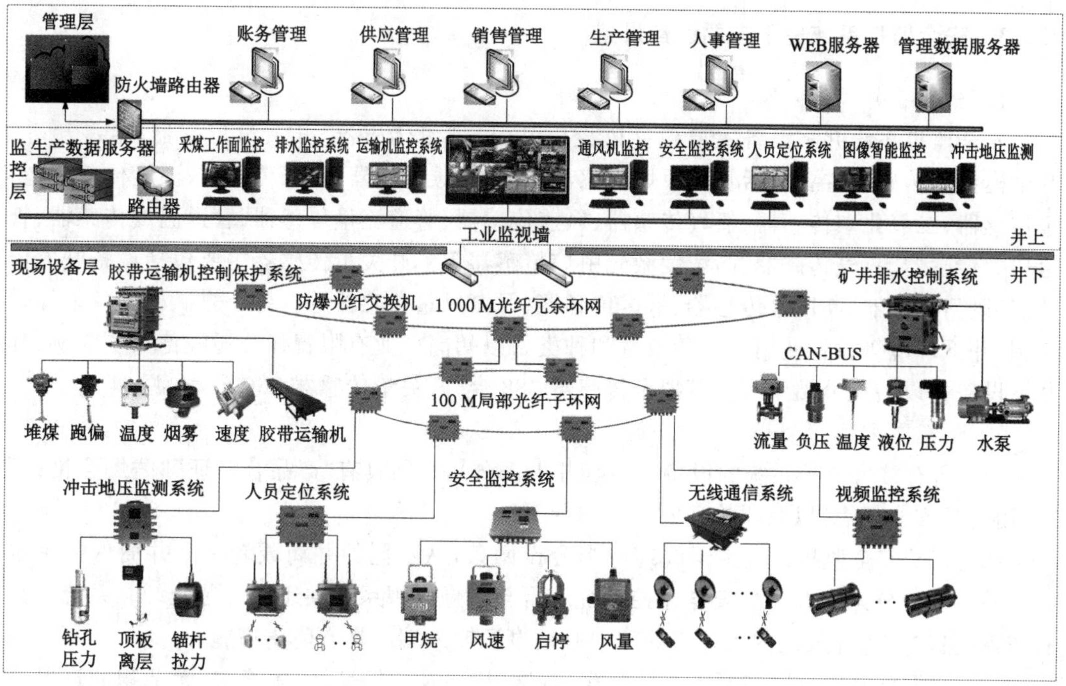

图 2-1　全矿井煤矿安全监控系统结构图

地面中心站：由监控主机（至少2台，实现双机热备）、数据库服务器、WEB服务器，以及各种外部设备等硬件和应用软件组成。主要功能是接收监测信号、校正、报警判别、数据统计、存储、打印输出、人机对话、管理网络连接等，并通过显示屏、多屏幕对监测参数或状态进行显示，同时对其进行综合分析判断，并将相关实时数据上传到监管部门等。当某些环境参数超过预定值时，系统自动报警，并可向井下发出控制信号，切断影响区域的电源，防止事故发生。

监控分站：是煤矿安全监控系统的关键配套设备，负责接收来自传感器的信号，并远距离传送给中心站，同时接收来自中心站的信号等。分站还可以实现对各类传感器的数据采集、实时处理、存储、显示、控制等功能。具有线性校正、超限判别、逻辑运算等简单的数据处理能力，能对传感器输入的信号和中心站传输的信号进行处理，并控制执行装置工作。同时分站还具有红外遥控、初始化设置功能，可独立使用，实现瓦斯断电仪和瓦斯风电闭锁装置的全部功能。

传感器：负责采集各种参数并送到传输系统，传感器直接关系到监控内容和数量以及监测数据的准确度。因此，必须选择可靠、稳定、准确的传感器。传感器主要包括模拟量传感器和开关量传感器，其中模拟量传感器主要用于监测各种环境参数，如瓦斯、一氧化碳、风速、温度、负压以及电流、电压、速度、位移、流量等。开关量传感器主要用于监测设备开停、设备运转状态等，如各种机电设备开停、机电设备馈电状态、风门开关状态等。

执行装置：使用矿用电缆与分站相连，接收来分站或中心站的控制信号，并将控制信号转换为被控物理量，执行开、停、断电的控制功能。如控制设备开停，控制断电器动作以及状态，调节运转等。

传输介质：主干网环网采用光纤，支网可采用双绞线，满足矿井巷道多分支特点，结构灵活。

2.2.3 安全监控系统井下主要设备设置

1. 设备组成

安全监控系统井下设备主要包括监控分站、模拟量传感器、开关量传感器、电源箱等。其中模拟量传感器主要包括管道甲烷传感器、一氧化碳传感器、负压传感器、温度传感器、粉尘传感器、二氧化碳传感器、氧气传感器、风速传感器、管道流量传感器、管道温度传感器、管道压力传感器、氧气传感器、高浓度激光甲烷传感器等。开关量传感器主要包括设备开停传感器、风门传感器、断馈电传感器、烟雾传感器、风筒风量传感器等。各个煤矿根据井下开采范围、井下环境等设置使用设备的数量和种类。以鹤岗矿业有限责任公司峻德煤矿为例，其井下设备共设监控分站61台，模拟量传感器388台，开关量传感器266台，电源61台。

2. 设置要求

（1）所有接入监控系统的设备、电缆（井下部分），必须具有“产品合格证”“防爆合格证”“矿用产品安全标志”以及联检证明。

（2）煤矿安全监控系统主干线缆应当分设两条，从不同的井筒或者一个井筒保持一定间距的不同位置进入井下。安全监控系统不得与图像监视系统共用同一芯光纤。系统应具有防雷电保护，入井线缆的入井口处和中心站电源输入端应具有防雷措施。

（3）井下分站应设置在便于人员观察、调试、检验及支护良好、无滴水、无杂物的进风巷道或硐室中，安设时应垫支架，距巷道底板不小于300 mm，或吊挂在巷道中。

(4) 模拟量传感器应设置在能正确反映被测物理量的位置。开关量传感器应设置在能正确反映被监测状态的位置。声光报警器应设置在经常有人工作便于观察的地点。

(5) 甲烷、温度、一氧化碳传感器应垂直悬挂，距顶板(梁)不得大于 300 mm，距巷道侧壁不小于 200 mm；风速传感器应设置在巷道前后 10 m 内无分支风流、无杂物，能准确计算测风断面的地点；风门开关、设备开停、烟雾、负压传感器应设置在能准确、可靠反映监测点实际情况的位置。

(6) 隔爆兼本质安全型等防爆电源，宜设置在采区变电所，严禁设置在断电范围内。隔爆兼本质安全型防爆电源严禁设置在下列区域：① 低瓦斯和高瓦斯矿井的采煤工作面和回风巷内；② 煤与瓦斯突出矿井的采煤工作面、进风巷和回风巷；③ 掘进工作面内；④ 采用串联通风的被串采煤工作面、进风巷和回风巷；⑤ 采用串联通风的被串掘进巷道内。

(7) 安装断电控制时，应根据断电范围要求，提供断电条件，并接通井下电源及控制线。断电控制器与被控开关之间应正确接线。

(8) 为防止甲烷超限断电时切断安全测控仪器的供电电源，安全测控仪器的供电电源必须取自被控开关的电源侧，严禁安装在被控开关的负荷侧。

(9) 安全监控设备之间必须使用专用阻燃电缆或光缆连接。严禁与调度电话电缆或动力电缆等共用，电缆与电缆、电缆与其他设备连接时，必须使用与电气性能相符的接线盒。

2.3　煤矿安全监控系统的要求

2.3.1　一般要求

(1) 矿井应装备煤矿安全监控系统。

(2) 煤矿安全监控系统应 24 h 连续运行。

(3) 煤矿安全监控系统及设备应符合 AQ 6201 的规定，传感器稳定性应不小于 15 d。采掘工作面气体类传感器防护等级不低于 IP65，其余不低于 IP54。突出矿井在采煤工作面进、回风巷，煤巷，半煤岩巷和有瓦斯涌出的岩巷掘进工作面回风流中以及采区回风巷、总回风巷设置的甲烷传感器必须是全量程或者高低浓度甲烷传感器，宜采用激光原理甲烷传感器。

(4) 煤矿安全监控系统传感器的数据或状态应传输到地面主机。

(5) 煤矿应按“矿用产品安全标志证书”规定的型号、安全标志编号选择监控系统的传感器、断电控制器等关联设备。

(6) 煤矿安全监控系统应支持多网、多系统融合，实现井下有线和无线传输网络的有机融合。煤矿安全监控系统应与上一级管理部门联网。

(7) 矿长、矿技术负责人、爆破工、采掘区队长、通风区队长、工程技术人员、班长、流动电钳工、安全监测工下井时，应携带便携式甲烷检测报警仪或甲烷检测报警矿灯。瓦斯检查工下井时应携带便携式甲烷检测报警仪和光学甲烷检测仪。

(8) 煤矿采掘工、打眼工、在回风流工作的工人下井时宜携带甲烷检测报警矿灯。

(9) 煤矿安全监控系统应具有伪数据标注及异常数据分析，瓦斯涌出、火灾等的预测预警，多系统融合条件下的综合数据分析，可与煤矿安全监控系统检查分析工具对接数据等大数据分析与应用功能。

(10) 煤矿安全监控系统应具有在瓦斯超限、断电等需立即撤人的紧急情况下,可自动与应急广播、通信、人员位置监测等系统应急联动的功能。

2.3.2 环境与技术要求

煤矿井下是一个特殊的工作环境,有瓦斯等易燃、易爆气体,有硫化氢等腐蚀性气体,并且井下环境潮湿、空间狭小、矿尘大、电磁干扰严重、电网电压波动大、工作场所分散且距离远,因此,煤矿安全监控系统不同于一般的工业监控系统。这主要体现在以下几方面:

(1) 电气防爆

一般工业监控系统往往工作在非爆炸性环境中,而煤矿监控系统工作在有瓦斯和煤尘等爆炸性环境的煤矿井下,因此,煤矿监控系统的设备必须是防爆型电气设备。

(2) 传输距离远

一般工业监控对系统的传输距离要求不高,仅为几百米,甚至几千米,而煤矿监控系统的传输距离需要达到 10 km。

(3) 电网电压波动大,电磁干扰严重

由于煤矿井下空间小,设备之间距离近,采煤机、运输机等大型设备启停和架线电机车火花会造成严重电磁干扰。因此,煤矿监控系统必须加强抗干扰设计。

(4) 工作环境恶劣

煤矿井下除有瓦斯等易燃易爆气体外,还有一氧化碳、硫化氢等有毒且有腐蚀性气体,矿尘大、潮湿、有淋水、空间狭小。因此,矿井监控设备要有防尘、防潮、防腐、防霉、抗机械冲击等措施。

(5) 传感器(或执行机构)宜采用远程供电

一般工业监控系统的电源供给比较容易,不受电气防爆要求的限制,而煤矿监控系统的电源供给要受到电气防爆要求的限制。由于传感器及执行机构往往设置在工作面等恶劣环境中,不宜就地供电,多采用分站远距离供电。

(6) 不宜采用中间继电器

煤矿井下工作环境特殊,监控距离远,维护困难,若采用中间继电器则会延长系统传输时间。由于中间继电器是有源设备,故障率较无中间继电器系统高,若采用远距离供电时,还需要增加供电芯线。因此,不宜采用中间继电器。

鉴于煤矿环境的特殊性,直接用一般工业监控的理论和技术解决矿井监控的问题是行不通的,必要研究适合煤矿监控系统的理论和技术。

2.3.3 防爆要求

根据使用环境的不同,电气设备的防爆等级划分为两大类:Ⅰ类和Ⅱ类。Ⅰ类防爆级别针对煤矿井下电气设备,即主要用于含有甲烷混合物的爆炸性环境。Ⅱ类防爆级别针对的是除甲烷外的其他各种爆炸性混合物环境中的工厂电气设备。如果矿井中除甲烷外,还有其他可燃性气体或蒸气时,则电气设备必须满足Ⅰ类和Ⅱ类防爆技术要求。根据所采取的防爆措施,《爆炸性环境 第1部分:设备 通用要求》(GB/T 3836.1—2021)把防爆电气设备分为隔爆型、增安型、本质安全型、正压型、充油型、充砂型、无火花型、气密型、浇封型和特殊型。

防爆电气设备的防爆标志内容包括：防爆型式＋设备防爆类别＋（气体组别）＋温度组别，防爆型设备在外壳上的总标志为"Ex"。

隔爆型：具有隔爆外壳的电气设备称为隔爆型电气设备。隔爆外壳既能承受内部混合性气体被爆产生的爆炸压力，又能防止内部爆炸火焰和高温气体窜出隔爆间隙点燃外壳周围的爆炸性混合物，标志为"d"，也就是在"Ex"之后再增加附加标志"d"。

增安型：在正常运行条件下不会产生电弧、火花或可能点燃爆炸性混合物的高温电气设备，在其结构上采取措施，提高安全程度，以避免在正常或规定的过载条件下出现电弧、火花或可能点燃爆炸性混合物的高温电气设备，称为增安型电气设备，标志为"e"。

本质安全型：在正常工作或规定故障状态下，产生的火花和热效应均不能点燃爆炸性气体混合物的电路称为本质安全电路。电气设备内部的所有电路均为本质安全的，则其为本质安全型电气设备。本质安全型电气设备按安全程度的不同分为 ia 型和 ib 型。对于经常存在爆炸性混合物的场所，应采用 ia 型。煤矿井下不经常存在爆炸性混合物，应采用 ib 型设备。如井下分站的防爆标志为"Exib Ⅰ"，即Ⅰ类防爆等级、本安型电气设备。

正压型：具有正压外壳的电气设备称为正压型电气设备。正压外壳是指向外壳内通入保护性气体，保护性气体的压力高于周围爆炸性环境的压力，以阻止外部爆炸性混合物进入壳内，标志为"p"。

充油型：将全部部件或可能产生电火花或过热的部分部件浸在油内，使其不能点燃油面以上或壳外的可燃爆炸性混合物的电气设备称为充油型电气设备，标志为"o"。

充砂型：外壳内部充填砂粒材料，使其在规定的条件下外壳内产生的电弧、传播的火焰、壳壁或砂粒材料表面的过热温度，均不能引燃该设备周围爆炸性混合物的电气设备称为充砂型电气设备，标志为"q"。

无火花型：在正常运行条件下不会点燃周围爆炸性混合物，且一般不会发生有点燃作用故障的电气设备称为无火花型电气设备，标志为"n"。

气密型：具有气密外壳的电气设备。该外壳用熔化、挤压或胶粘的方法进行密封，防止壳外的气体进入壳内，使之与引燃源隔开，标志为"h"。

浇封型：将电气设备有可能产生点燃爆炸性混合物的电弧、火花或高温的部分浇封在浇封剂中，避免这些电气部件与爆炸性混合物接触，从而使电气设备在正常运行或认可的过载和故障情况下均不能点燃周围的爆炸性混合物。浇封型电气设备有整台设备浇封的，也有部分浇封的，标志为"m"。

特殊型：在结构上不属于上述基本防爆类型或上述防爆类型的组合，而采取其他特殊措施，经充分试验又确实证明，具有防止引燃爆炸性气体混合物能力的电气设备，标志为"s"。

2.4　煤矿安全监控系统执行相关标准

煤矿安全监控系统相关标准全面规范了安全监控系统的设计、生产、选型、安装、使用和维护管理，保证了安全监控系统的正常运行，这些标准是煤矿安全生产和智能化建设发展的基础和指南，现有煤矿安全监控系统执行的部分相关标准如下：

(1)《煤矿安全规程》(2022 版)

(2) 原国家煤矿安监局关于印发《煤矿安全监控系统升级改造技术方案》的通知(煤安

监函[2016]5号)

(3) 国家发展和改革委员会、国家能源局、中华人民共和国应急管理部、原国家煤矿安监局、工业和信息化部、财政部、科学技术部、教育部关于印发《关于加快煤矿智能化发展的指导意见》的通知(发改能源〔2020〕283号)

(4)《煤矿智能化建设指南》(2021年版)

(5)《智慧矿山信息系统通用技术规范》(GB/T 34679—2017)

(6)《煤矿安全生产智能监控系统设计规范》(GB 51024—2014)

(7)《煤炭工业矿井设计规范》(GB 50215—2015)

(8)《煤矿安全监控系统及检测仪器使用管理规范》(AQ 1029—2019)

(9)《煤矿安全监控系统通用技术要求》(AQ 6201—2019)

(10)《煤矿安全生产监控系统通用技术条件》(MT/T 1004—2019)

(11) 国家安全生产监督管理总局办公厅关于印发《煤矿安全生产在线监测联网备查系统通用技术要求和数据采集标准(试行)》的通知(安监总厅规划(2016)138号)

(12) 原国家煤矿安监局《关于加强煤与瓦斯突出事故监测和报警工作的通知》(安监总煤装[2013]28号)

(13) 国家安全生产监督管理总局关于印发《煤矿井下安全避险"六大系统"建设完善基本规范(试行)》的通知(安监总煤装[2011]33号)

(14)《煤矿瓦斯抽放规范》(AQ 1027—2006)

(15)《煤炭工业矿井监测监控系统装备配置标准》(GB 50581—2020)

(16)《煤矿安全生产监控系统软件通用技术条件》(MT/T 1008—2006)

(17)《煤矿通信、检测、控制用电工电子产品通用技术要求》(MT 209—1990)

(18)《爆炸性环境　第1部分:设备 通用要求》(GB/T 3836.1—2021)

(19)《爆炸性环境　第2部分:由隔爆外壳"d"保护的设备》(GB/T 3836.2—2021)

(20)《爆炸性环境　第3部分:由增安型"e"保护的设备》(GB/T 3836.3—2021)

(21)《爆炸性环境　第4部分:由本质安全型"i"保护的设备》(GB/T 3836.4—2021)

(22)《煤矿用非色散红外甲烷传感器》(AQ6211—2008)

(23)《煤矿用高低浓度甲烷传感器》(AQ6206—2006)

(24)《煤矿用低浓度载体催化式甲烷传感器》(AQ 6203—2006)

(25)《煤矿甲烷检测用载体催化元件》(AQ 6202—2006)

(26)《瓦斯抽放用热导式高浓度甲烷传感器》(AQ 6204—2006)

(27)《煤矿用电化学式一氧化碳传感器》(AQ 6205—2006)

(28)《煤矿监控系统线路避雷器》(MT/T 1032—2007)

(29)《矿用光纤接、分线盒》(MT/T 1033—2007)

(30)《矿用信息传输接口》(MT/T 1007—2006)

(31)《煤矿用温度传感器通用技术条件》(MT/T 381—2007)

(32)《矿用分站》(MT/T 1005—2006)

(33)《矿用信号转换器》(MT/T 1006—2006)

(34)《煤矿用信息传输装置》(MT/T 899—2000)

(35)《技术及信息系统安全法规汇编》(公安部编印)

2.5 智能安全监控系统性能与技术要求

2.5.1 性能需求

为保证安全监控系统能够长期、安全、稳定、可靠运行，系统应满足以下性能需求。

1. 监测与监控信息的完备性

(1) 具有对甲烷、风速、压差、一氧化碳、温度等模拟量监测，对馈电状态、设备开停、风筒开关、烟雾等开关量监测和累计量监测功能；

(2) 具有甲烷浓度超限声光报警和断电/复电控制功能；

(3) 具有风、瓦斯、电闭锁功能，具有断电状态监测功能；

(4) 具有中心站手动遥控断电/复电功能，且断电/复电响应时间应不大于系统巡检周期；

(5) 具有异地断电/复电功能；

(6) 具有备用电源和自检功能。

2. 系统处理的准确性和及时性

系统应准确与及时地对所监测的信息进行处理，并完成相关控制功能。在监控系统设计和开发过程中，要充分考虑系统当前和将来可能承受的压力，使系统的处理能力和响应时间能够满足矿井对信息处理的需求。

3. 系统的开放性和可扩充性

系统在开发过程中，应该充分考虑系统的开放性和可扩充性要求，便于系统的更新、升级以及与其他监控系统兼容。

4. 系统的易用性和易维护性

煤矿安全监控系统是直接面对用户的，但是用户可能对计算机及监控系统相关设备并不是非常熟悉。因此要求监控系统易安装、易学习、易理解、易操作，各种提示信息准确、术语规范，并能提供联机帮助。考虑到系统实施完成后系统的操作与维护的方便性，系统应具备较强的可管理性和易操作性，便于系统管理人员能够尽快熟练地掌握该系统的操作和管理技术，以保证系统能安全可靠地运行。

5. 系统的标准性

系统在设计开发使用过程中涉及许多计算机硬件、软件，这些都要符合国际主流、国家和行业标准。要采用具有良好发展前途的开发环境，且开发系统须有易读性、可操作性和可移植性。

6. 数据自动备份

系统中涉及的数据是矿井企业中相当重要的信息，系统要提供方便的手段进行数据备份，以便于系统维护人员进行日常安全管理和系统意外崩溃时数据的恢复等工作。

7. 系统的响应速度

系统的响应速度应达到实时要求并能够及时反馈信息。

2.5.2 技术要求

1. 通用技术要求

(1) 应具有模拟量、开关量和累计量监测功能。

(2) 应具有声光报警、模拟量和开关量手动与自动控制功能。

(3) 应具有备用电源，当电网停电后，系统应能对主要监控量继续监控，且持续监控时间不少于 2 h。

(4) 应具有自检功能，可对分站、电源、传感器、电缆等设备进行诊断，能报警和记录并自动切断故障支路。有完善的多级口令保护功能。

(5) 系统主机应双机备份，并具有手动切换功能，自动切换功能可选。

(6) 应具有实时数据存储和各种统计数据存储能力。数据存储时间长、查询和报表功能丰富。

(7) 应具有系列化、多用途监控分站，分站应功能丰富，具有甲烷断电仪及甲烷风电闭锁装置的全部功能。有完善的数据停电保存能力，确保监测数据和设置数据信息不会丢失。配有智能口，可接入各种类型传感器及设备。

(8) 分站及传感器全面实现了智能化和红外遥控调校、设置。分站模拟量和开关量端口可任意互换，并支持多种信号制，有实时数据存储能力。

(9) 应具有三级断电控制和超强异地交叉断电能力(中心站手控、分站程控和传感器就地控制)。具有断电回馈信息比较，若异常则报警。

(10) 应具有齐全的传感器种类，全面满足新的传感器系列行业标准，具有稳定性高、寿命长、功耗低、传输距离远等特点。

(11) 应具有完善的故障闭锁功能，当与闭锁有关的设备未投入正常运行或发生故障时能切断与之有关设备的电源并闭锁。

(12) 应具有模拟量实时曲线和历史曲线显示功能。

(13) 应具有柱状图显示功能，以便直观地反映设备开机率。

(14) 应具有模拟动画显示功能，以便形象、直观、全面地反映安全生产状况。

(15) 应具有系统设备布置图显示功能，以便及时了解系统配置、运行状况。

(16) 应具有报表、曲线、柱状图、模拟图、初始化参数等召唤打印功能，定时打印功能可选，以便报表分析。

(17) 应具有人机对话功能，以便系统生成、参数修改、功能调用、命令输入。

(18) 系统分站应具有初始化参数掉电保护功能，以防分站停电后，初始化参数丢失。

(19) 应具有网络通信功能，以便实时监测监控煤矿安全生产相关信息。

(20) 应采取抗干扰措施。地面设备应具有防静电措施，应具有防雷措施，防止雷电击毁设备，引起井下瓦斯爆炸。

(21) 电源波动适应范围。地面 90% ～110%额定电压；井下 75%～110%额定电压。

2. 智能化建设要求

(1) 根据矿井煤层赋存条件及灾害类型，应建设完善的瓦斯灾害防治、水灾防治、火灾防治、顶板灾害防治、冲击地压防治等灾害防治系统，对上述灾害进行智能监测、预测、预警，并将相关灾害信息集成在智能安全监控系统中，实现基于多种灾害互联、互动、互监、智能预警、避灾路线智能规划等综合防治。

(2) 智能安全监控系统能够与人员单兵装备进行实时互联，能够通过单兵装备对井下作业人员进行灾害信息的预报、预警。

(3) 宜建设智能灾害联合监测与防治仿真系统，具备事故风险智能分析模拟、应急救援辅助指挥功能，可自动提供灾害范围、灾害发展趋势及最佳处理措施，自动进行避灾路线规划与事故原因分析。

(4) 具有瓦斯灾害的矿井：① 应建设完善的瓦斯智能感知系统，对工作面、掘进头等瓦斯易集聚区域进行智能监测，监测数据实现自动上传与分析；② 应实现瓦斯监测与通风系统联动控制，能够根据瓦斯监测数据进行风量、风速的智能调控；③ 应实现瓦斯监测与工作面生产系统、供电系统联动控制，能够根据瓦斯监测数据进行瓦斯超限影响区域的自动停机、智能断电。

(5) 具有水害的矿井：① 应针对主要含水层建立水文地质智能动态观测系统，实现水文地质数据的智能感知及水害危险的智能分析、预测与预警；② 应实现水害监测与排水系统的智能联动控制，能够根据水文地质数据监测结果进行智能排水。

(6) 具有煤层自然发火危险的矿井，应建立完善的束管监测或光纤测温等系统，实现对井下煤层自然发火危险的实时监测。

(7) 矿井电气设备、带式输送机等易发生火灾的场所，应设置火灾智能感知装置及防灭火系统，以实现火灾监测与防灭火系统的智能联动。

(8) 矿井应根据顶板条件，建立完善的顶板灾害监测系统，对工作面、巷道等矿山压力、位移等进行智能感知。

(9) 矿井应根据煤层顶、底板条件，建立完善的灾害监测系统，对工作面顶板压力、巷道围岩应力、岩层移动等进行智能感知，并建立监测数据分析与评价模型，能够基于监测数据进行顶板灾害的智能预测与预警。

(10) 具有冲击地压危险的矿井，应建立基于微震监测、地音监测等技术的冲击地压监测、预测与预警系统，对冲击地压危险区域进行实时监测，根据监测结果实现冲击危险性的智能预测与预警。

(11) 具备粉尘浓度自动监测功能，实现对粉尘浓度的实时监测、数据分析、上传及超限自动报警，并与喷雾洒水除尘装置形成联动。在矿井粉尘易超限区域，应设有智能除尘装置，具有基于煤尘监测数据的智能除尘和远程集中控制功能，实现远程集中控制。

(12) 矿井宜建设风险管控、应急管理与应急救援系统，具有对重大应急事件、重大卫生安全事件的应急处置管理能力。

本章习题

1. 简述煤矿安全监控系统概念。
2. 煤矿安全监控系统的组成有哪些？并简述各部分功能。
3. 井下安全监控系统的主要设备有哪些？
4. 电气设备按防爆等级分为哪几类？并简述各类概念。
5. 根据防爆采取的措施，防爆电气设备主要有哪几种？
6. 什么是隔爆型电气设备、本质安全型电气设备？

第3章　智能传感器技术

传感器是感知外界信息并将其按一定规律转换成便于处理和控制的信息的装置，被认为是“人类感官”的工程模拟物。人类通过视觉、听觉、嗅觉、味觉、触觉五种感官感知外界事物的信息，是人类大脑的信息源。而各类传感器采集客观事物的信息，是物联网系统的信息源。传感器相当于人类感官的延伸、扩展和替代，实现了物的感知，以及物物互联、人物互联的物联网，“感”和“知”在人工智能等新技术快速发展的今天，还蕴含了智能和智慧的含义。所以智能传感器技术是“智慧地球”的核心基础技术，是智慧物联网产业发展的需要，同时也是新兴产业发展的基础与核心，是高新科技技术产业可持续发展的基本保障。

3.1　矿用传感器概述

在煤矿安全监控系统中所需监测的物理量大多数是非电量，如甲烷、风速、温度等。由于井下环境复杂，这些物理量无法直接进行远距离传输，必须将其变换为便于传输、存储和计算机处理的电信号。为此，就需要使用传感器将被测量的非电量信号转变为电信号。矿用传感器是矿山自动化、信息化、数字化、智能化系统的感觉器官，是全面智能感知、实时互联、分析决策、自主学习、动态预测、协同控制的煤矿智能系统的第一环节，是煤矿智能化建设的基础和前提。先进可靠的智能传感器技术是煤矿安全、高效生产的重要保证。

3.1.1　矿用传感器的应用现状

自 20 世纪 70 年代以来，我国对煤矿生产全过程掘进、采煤、运输、生产环境、固定设备等进行了大规模技术改造。煤矿自动化技术得以普遍应用，大大促进了矿用传感器技术的发展，并在各个生产环节有了长足进步。

(1) 采掘机械化

随着综采机械化的发展，目前国内综采机械化程度达到了 80%左右，广泛使用了电牵引机械化工作面。综采设备电气控制与检测普遍采用了电压、电流检测，部分采煤机也配备了速度、功率、轴温等传感器及监测器。如采煤机配备双向倾斜度、煤岩分界、油量、油温、油压、轴承温度、电压、电流、振动等传感器，并与微机组成智能故障诊断模式。对采煤机液压支架、输送机、转载机进行自动化控制与检测，使工作面平巷的机械化、自动化水平和工作效率显著提高。

(2) 矿井运输自动化

我国井下运输主要有轨道运输和胶带运输。其中，轨道运输系统开发有轨道运输监测系统，采用 PLC 和微机控制，应用矿车速度、矿车位置、累计里程、电池容量、电池电压、超速报警以及架线电压检测等传感器。对于胶带运输，目前能够实现多条胶带输送机集中控制、监测和综合保护，配备有打滑、跑偏、断带、纵撕、物料探测、堆煤、烟雾、温度、速度、防尘洒水等门类齐全的保护装置。

(3) 矿井生产环境监控

随着我国开采技术水平和安全要求的提高，"六大系统"(监测监控系统、人员定位系统、紧急避灾系统、压风自救系统、供水施救系统、通信联络系统)技术的推广，所有矿井都装备了安全监控系统，使用了温度、瓦斯浓度、水位、一氧化碳、风速、负压、烟雾、风门开关等几十种传感器。随着矿井环境、生产监测监控系统技术的发展以及安全监控系统的普及，极大促进了矿用传感器技术的发展。

(4) 矿山固定设备

矿用提升机、绞车、水泵、通风机、压风机等大型设备属于矿井固定设备，对于矿井安全生产非常重要。目前，对于提升机和绞车等设备，使用了行程位置传感器，提升机深度指示器，提升机过卷保护器，电压、电流变送器，功率变送器和防爆磁性开关等。另外，通风机、水泵微机监测系统和压风机自动化监测系统使用了电压、电流、功率变送器，负压、风速、转速、水泵效率检测、水仓水位、压力、温度、自动风门等传感器。

矿用传感器不同于普通的传感器，受煤矿井下使用环境、要求及标准的约束，大部分矿用传感器既需要计量，又需要防爆，只有满足这些条件并获国家指定部门检验认证的传感器才能下井应用。目前已经推广使用的矿用传感器通常可根据传感器的应用类型分为煤矿井下环境参数检测类传感器和生产设备状态监测类传感器两大类。

矿用传感器已解决了煤矿安全生产中的一些问题，一定程度上满足了掘进工作面、采煤工作面、回风巷、排水、矿山压力、提升运输、大型机电设备等对环境参数及设备状态监测的需求，减少了瓦斯与煤尘爆炸、火灾、顶板等灾害的发生。有效减少了井下作业人员，降低了重大恶性事故发生的概率，这些传感器的使用对提高生产效率和增强矿山安全水平起到了非常重要的作用。但同时随着科学技术的发展与社会的进步，尤其是矿山物联网技术的发展，对高性能矿用传感器需求也更加迫切。

3.1.2　矿用传感器的发展趋势

矿用传感器不但要致力于现有传感器在矿井中的应用开发与改造，也应该根据现场需求研究一些新型的传感器。考虑矿井生产现场对传感器的可靠性、防爆、耐冲击、防水、防尘等要求，采用新材料、新技术研究方便拆装、体积小、重量轻的先进新型矿用传感器，将为矿山危险源致灾的前兆检测预报提供技术基础，从而提高主动干预消除各种危险源的技术水平。在当今集成传感器、智能传感器发展趋势及物联网应用不断推动的大背景下，矿用传感器也面临着发展的新机遇。

(1) 低功耗

大多数传感器工作时需要电源，随着无线传感网络、物联网的发展，迫切需要开发低功耗传感器及无源传感器。采用电池、太阳能或其他能量采集器进行供电就可使低功耗传感器正常工作，既节省电能又可以扩大传感器的应用范围。低功耗化设计不仅包括传感器本身，还包括相应的信号处理电路。

(2) 数字化

将传感器的模拟信号转换为数字量，并交由微处理器对信号进行处理后，容易实现标准的转换，能通过数字滤波的方法削减噪声，能采用频率映射等方法实现特定信号分量识别与提取，能通过数据融合等方法消除多参数的交叉灵敏，从而使传感器具有高的信噪比和分辨率。

(3) 基于新材料、新原理、新技术的传感器

传感敏感材料是传感器技术的重要物质基础，各种物理、化学和生物现象以及效应是传感器工作的基础，所以发现新现象与新效应并将它们应用于传感器技术领域，是研制各种新原理传感器的重要理论基础。随着材料科学的进步，传感器种类也越来越多，传感敏感技术不断得到提升。除了早期使用的半导体材料、陶瓷材料以外，光导纤维以及超导材料的开发，都为传感器的发展提供了物质基础。现在诸如 SnO_2、ZnO、In_2O_3、WO_3、V_2O_5与碳等各种纳米材料（纳米阵列、纳米带、纳米棒、单纳米线晶体管、石墨烯、碳纳米管）的气体敏感特性也得到了众多研究者的重视。微传感器将是物联网中应用最多的一种传感器。离子束、电子束、分子束、激光束和化学刻蚀等 MEMS 微纳加工工艺已越来越多地用于传感器领域。随着各种纳米材料研究的不断深入，微纳米技术成为物联网发展的新动力，基于纳米材料及微纳加工工艺的微传感器将不断涌现。

(4) 集成化

传感器的集成化是指将信息提取、放大、变换、传输以及信息处理和存储等功能在同一基片上实现。集成传感器的主要优势体现在：系统尺寸小，重量轻，批量化生产成本低，抗干扰性强，内部各功能单元间匹配性好，可以节省各功能单元装配、调试带来的成本与误差，对于复杂的系统上述优点将尤为突出。

(5) 智能化

智能传感器是一种具有高级功能的集成传感器，通常由常规传感器、微处理器、数字电路和接口电路等部分组成。智能传感器是微电子技术、计算机技术和自动测试技术相结合的产物，可利用集成电路工艺和 MEMS 加工技术将传感器敏感元件与功能强大的电子线路集成在一个芯片上。它不仅具有信息提取、转换等功能，还具有数据处理、双向通信、信息记忆存储、自动补偿及数字输出等功能。随着人工智能、信息处理技术（如多传感器信息融合技术、模糊理论等）的进一步发展，智能传感器将具有更高级的分析、决策及自学习功能，将可完成更复杂的检测任务。集成化的智能传感器具有体积小、成本低、功耗小、速度快、可靠性高、精度高等优点。

煤矿井下需要多种气体传感器以检测环境气体成分，如氧气、二氧化碳、一氧化碳、硫化氢、甲烷等。多传感器阵列/系统通过多个敏感单元或传感器获得了更多的敏感信息种类和数量，获得充分的数据后经过处理挖掘能够对环境进行更加全面和准确的描述。因此集成的网络化矿用电子鼻等智能传感器将更能适应包括矿山井下在内的各种现场应用。多气体传感阵列、矿用电子鼻将是多气体矿用传感器的发展目标之一，矿用电子鼻将是基于集成气敏传感器阵列和多传感器信息融合技术的气体（气味）识别系统。

(6) 网络化

网络化是指大量的静止或移动的传感器以自组织和多跳的方式构成网络，智能传感器与通信网络技术相结合，形成网络化智能传感器。随着计算机技术和网络通信技术的飞速发展，传感器的通信方式从传统的现场模拟信号方式转为现场级的全数字通信方式，即传感

器现场级的数字化网络方式。网络传感器的敏感元件信号经数字化处理后，由网络处理单元根据程序的设定和网络协议封装成数据帧，就近通过网络与网络上有通信能力的节点直接进行通信。它同时也可以接收网络上其他节点的数据和命令，实现对本网络传感器节点的操作。网络化智能传感器使传感器由单一功能、单一检测向多功能和多点检测发展，从被动检测向主动进行信息处理方向发展，从就地测量向远距离实时在线测控发展。传感器可以就近接入网络，传感器与测控设备间无须点对点连接，大大简化了连接线路，节省了投资，也方便了系统的维护和扩充。

3.1.3 矿用传感器防爆

对用于具有爆炸危险环境的传感器，必须取得防爆合格证，在煤矿井下爆炸性环境中工作的传感器必须符合国家规定的防爆标准，即符合《矿用一般型电气设备》(GB/T 12173—2008)。通常把传感器看成是煤矿电气设备的一部分或者是其中的一类，并参照对电气设备的防爆安全规定对传感器的样品进行防爆检验。通常参考《爆炸性环境 第1部分：设备通用要求》(GB/T 3836.1—2021)作为传感器的防爆设计制造与检验标准。

在含有甲烷混合物的爆炸性环境中使用的传感器，必须满足Ⅰ类防爆技术要求。在除甲烷外的其他各种爆炸性混合物环境中使用的传感器，要符合Ⅱ类防爆技术要求。如果矿井中除甲烷外，还有其他可燃性气体或蒸气时，则电气设备必须满足Ⅰ类和Ⅱ类防爆技术要求。传感器具体属于哪种防爆设备，见第2章防爆要求。

3.2 传感器技术基础

3.2.1 传感器的组成

传感器(transducer/sensor)是一种检测装置，能检测到被测量的信息，并能将检测到的信息，按一定规律变换成为电信号或其他所需形式的信息输出，以满足信息的传输、处理、存储、显示、记录和控制等要求。

传感器一般由敏感元件、转换元件、信号调整与转换电路和辅助电路组成，如图3-1所示。

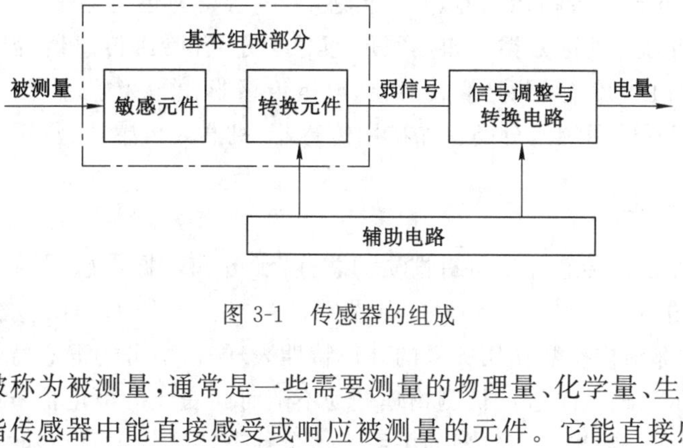

图3-1 传感器的组成

输入信号常被称为被测量，通常是一些需要测量的物理量、化学量、生物量。

敏感元件是指传感器中能直接感受或响应被测量的元件。它能直接感受被测量，并输出与被测量成确定关系的信号。常见的敏感元件有热敏电阻器、压敏电阻器、光敏电阻器、力敏元件、气敏元件、湿敏元件等。

转换元件是指传感器中能将敏感元件的感受或响应的被测量转换成适于传输或测量的电信号部分，即它将敏感元件输入的非电量转换为电参量。它可以直接感受被测量(一般为非电量)，输出与被测量成确定关系的电量，如热电偶和热敏电阻，也可以不直接感受被测量，而只感受与被测量成确定关系的其他非电量，例如差动变压器式压力传感器，并不直接感受压力，而只是感受与被测压力成确定关系的衔铁位移量，然后输出电量。一般情况下使用的都是后面这种传感器。

信号调整与转换电路，它的作用是把来自传感器的信号进行转移和放大，使其更适合于做进一步处理和传输，多数情况下是将各种电信号转换为电压、电流、频率等便于测量的电信号，对其进行信号处理，即对经过调理的信号进行滤波、调制和解调、衰减、运算、数字化处理等。常见的信号调整与转换电路有放大器、电桥、振荡器、电荷放大器、滤波器等。另外，传感器的基本部分和信号调理电路，还需要辅助电路提供电源。

3.2.2 传感器的分类

传感器的种类繁多，往往同一种被测量可以用不同类型的传感器来测量，如压力可用电容式、电阻式、光纤式等传感器来测量；而同一传感器又可以测量多种物理量，如电阻式传感器可以测量位移、温度、压力及加速度等。实际中，传感器可按照被测量、工作原理、材料、应用等加以分类。

(1) 按照被测量进行分类。传感器分为物理量、化学量、生物量三大类，通常根据具体被测量分为位移、压力、速度、温度、流量、气体成分、离子浓度等传感器。

(2) 按照转换原理分类。传感器分为物理传感器、化学传感器和生物传感器。

(3) 按照工作机理可分为结构型和物性型两大类。结构型传感器是依靠传感器结构参数的变化实现信号变化的，从而检测出被测量，其按照能源转换细分为机械式、磁电式、电热式等。而物性型传感器则是利用传感器中某些材料本身的物性变化实现被测量的变换，主要是以半导体、电介质、磁性体等作为敏感材料的固态传感器。根据物性效应，物性型传感器可细分为压阻式、压电式、压磁式、磁电式、热电式、光电式、电化学式等。

(4) 按照所使用的主要敏感材料分类，可将传感器分为陶瓷传感器、半导体传感器、金属材料传感器、高分子聚合物传感器、光纤传感器、复合材料传感器等。

(5) 按照传感对象进行分类。如按照传感对象分，有胎压传感器、温度传感器、气体传感器、水质传感器、心电传感器、地震传感器、电压传感器、电流传感器等。

(6) 按照传感器应用领域分类。如矿用传感器、机器人传感器、汽车传感器等。

3.2.3 传感器的特性

传感器的特性是指传感器所特有性质的总称，了解和掌握传感器的基本特性是正确选择和使用传感器的前提条件。传感器的基本特性是指传感器的输出与输入之间关系的特性，它是传感器内部结构参数作用关系的外部特性表现，一般分为静态特性和动态特性。

静态特性表示当输入系统的被测物理量为不随时间变化的恒定信号或变化非常缓慢的信号时，系统的输入与输出之间呈现的关系。衡量静态特性的主要技术指标有测量范围、精确度、灵敏度、线性度、迟滞、重复性、分辨率、稳定性和静态误差等。

（1）测量范围

测量范围常指测量仪器所能测量的最小输入量和最大输入量的范围。测量上限值与测量下限值的代数差称为量程。如低浓度甲烷传感器的量程为 0～4%CH_4，风速传感器的量程为 0.3～15 m/s。

（2）线性度

线性度(linearity)是指传感器输出量与输入量之间关系的线性程度。理想的传感器输出量与输入量之间应具有线性关系，而各种实际的传感器输出量与输入量之间都是非线性的，如图 3-2(a)所示。这就要求对传感器进行线性化处理，即用一条直线去逼近传感器的实际工作曲线。图 3-2(b)所示为采用通过起点和满量程点的直线，图 3-2(c)所示为通过起点的直线。

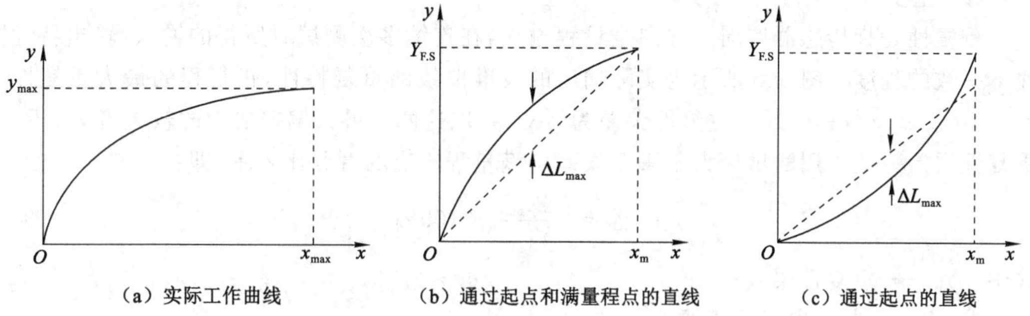

图 3-2　线性度

不难看出，用输出与输入呈线性关系的直线拟合实际工作曲线，将会带来误差。为了描述传感器输出/输入曲线的非线性程度，一般用所测得的输出/输入标准曲线与理论拟合直线的偏差与满量程输出值的百分比来表示，并称之为线性度或非线性误差，线性度不但与传感器实测输出/输入曲线的非线性程度有关，而且与所选择的拟合直线有关。其线性度可用下式表示：

$$\gamma_L = \pm \frac{\Delta L_{max}}{Y_{F.S}} \times 100\% \tag{3-1}$$

式中　γ_L——非线性误差，即线性度；

ΔL_{max}——最大非线性绝对误差；

$Y_{F.S}$——满量程输出量。

（3）灵敏度

灵敏度(sensitivity)是指传感器的输出增量与输入增量之比，即：

$$S_\Delta = \Delta y / \Delta x \tag{3-2}$$

灵敏度可以用拟合直线的斜率来表示，如图 3-3 所示。很明显，曲线越陡峭，灵敏度越大。一般希望传感器的灵敏度越高越好，在全量程的范围内是恒定的，即输入/输出特性为线性。但要注意，灵敏度越高，就越容易受外界干扰的影响，系统的稳定性就越差。

（4）迟滞

迟滞(delayability)，也叫回程误差，是指在相同测量条件下，传感器在正(输入量由小增大)、反(输入量由大减小)行程期间输出和输入特性曲线不重合,也就是说,对应于同一大小的输入信号,传感器正、反行程的输出信号大小不相等,如图 3-4 所示。

迟滞指标的计算方法如下式所示:

$$\gamma_H = \frac{\Delta H_{max}}{Y_{F.S}} \times 100\% \tag{3-3}$$

式中 γ_H——回程误差;

ΔH_{max}——最大非线性绝对误差;

$Y_{F.S}$——满量程输出量。

迟滞特性是传感器静态下一个重要的性能指标,它反映了传感器某些部分存在着不可避免的缺陷,如传感器机械部分存在的摩擦、间隙不当、松动、灰尘积累和元件磨蚀等,这些缺陷会引起能量的吸收和消耗。

(5) 重复性

重复性是指传感器按同一方向全量程输入,在连续多次测试时所得的输入/输出特性曲线不一致的程度。图 3-5 所示为实际输出的校准曲线的重复特性,正行程的最大重复性偏差为 ΔR_{max1},反行程的最大重复性偏差为 ΔR_{max2},取这两个最大偏差之中的较大者为 ΔR_{max}。重复性误差一般采用输出最大不重复误差与满量程输出的百分比表示,即:

$$\gamma_R = \frac{\Delta R_{max}}{Y_{F.S}} \times 100\% \tag{3-4}$$

式中 γ_R——重复性误差;

ΔR_{max}——最大不重复误差;

$Y_{F.S}$——满量程输出量。

检测系统输出特性的重复性主要由检测系统机械部分的磨损、间隙、松动、部件的内摩擦、积尘以及辅助电路老化等原因造成。

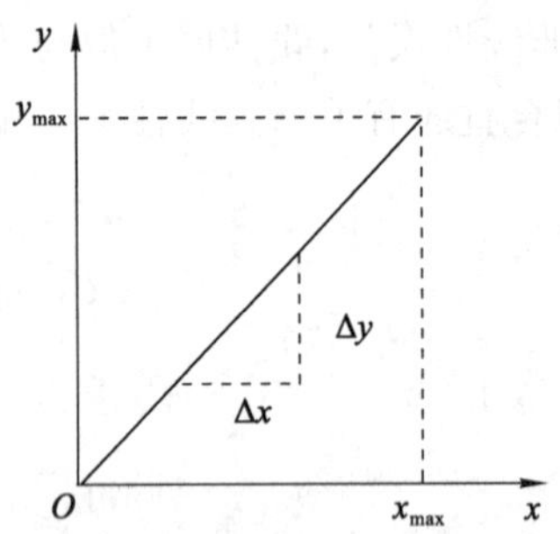

图 3-3 灵敏度

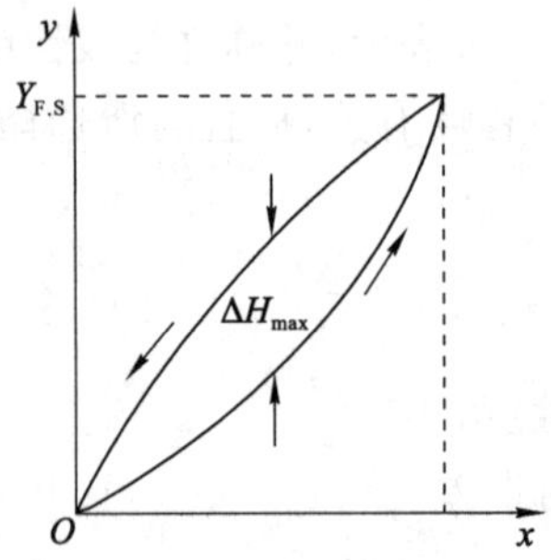

图 3-4 迟滞特性

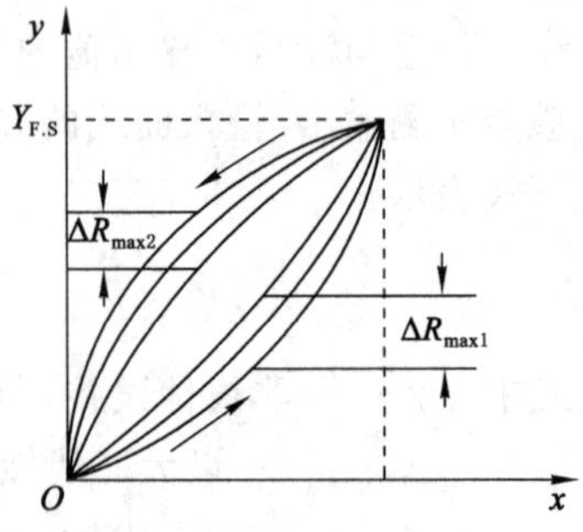

图 3-5 重复性

(6) 精度

任何传感器的测量结果都是被测物理量的近似表示,传感器精度表示传感器的测量结果与被测实际值的接近程度。精度一般是在校验或标定的过程中确定的,此时,实际值的测量是靠其他更精确的仪器或工作基准给出的。传感器精度 A 表示传感器在规定条件下允许的最大绝对误差相对于传感器满量程输出的百分数,可表示为:

$$A = \frac{\Delta A}{Y_{F.S}} \times 100\% \tag{3-5}$$

式中　ΔA——测量范围内允许的绝对误差；

$Y_{F.S}$——满量程输出量。

3.2.4　矿用传感器要求

(1) 防爆。在煤矿井下含有甲烷混合物的爆炸性环境中使用的传感器，必须满足Ⅰ类防爆技术要求，防爆标志为“ExibⅠ”型。

(2) 防护等级。IP54 级以上。

(3) 传输距离。传感器与关联设备的传输距离不小于 2 km。

(4) 声光报警功能。当检测值超过预设的报警值时，声光交替报警。

(5) 传感器具有自属性上报功能。上电后自动将传感器类型、地址、报警值上下限等信息上传给分站，不用分站或上位机设置。

(6) 心跳功能。表明分站与传感器通信是否正常。

(7) 传感元件故障自诊断。当传感元件故障或者是与端子接触不良时，显示“Err”字样，并把故障状态上传到分站。

下文介绍的矿用传感器性能指标中，均满足上述要求，将不再赘述。

3.3　瓦斯传感器

煤矿瓦斯是煤矿井下开采过程中不断从煤和围岩中涌出的各种气体的总称，主要成分是甲烷，占 90%以上，因此瓦斯即指甲烷。甲烷是易燃易爆气体，煤矿瓦斯燃烧爆炸将引起矿井火灾、设备损坏、人员伤亡等，对矿山危害巨大。甲烷浓度检测对于防止瓦斯爆炸具有重要的意义，当环境中甲烷浓度大于或等于报警浓度时，甲烷传感器发出声光报警信号；当环境中甲烷浓度大于或等于断电浓度时，切断被控区域的全部非本质安全型电气设备的电源并闭锁；当甲烷浓度低于复电浓度时解锁。因此，甲烷传感器是矿井安全监控系统中必需的最重要设备之一。

目前甲烷检测的方法有很多种，如催化燃烧式、热导式、光学式、红外吸收式等，实际应用时可以根据使用场所、测量范围等要求，选择不同检测原理的甲烷传感器。

3.3.1　催化燃烧式甲烷传感器

(1) 载体催化元件结构及检测原理

催化燃烧式甲烷传感器的检测原理是：传感元件（含敏感元件，下同）表面的甲烷，在催化剂的催化作用下，发生无焰燃烧，放出热量，使传感元件升温，进而使传感元件电阻变大，通过测量传感元件电阻阻值变化就可测出甲烷气体的浓度。

目前国内外生产使用的低浓度甲烷传感器几乎都是采用载体热催化元件。载体热催化元件一般由一个带催化剂的敏感元件（俗称黑元件）和一个不带催化剂的补偿元件（俗称白元件）构成，其结构如图 3-6 所示。白元件与黑元件的结构尺寸完全相同，但白元件表面没有催化剂，仅在测量桥路中起补偿作用。

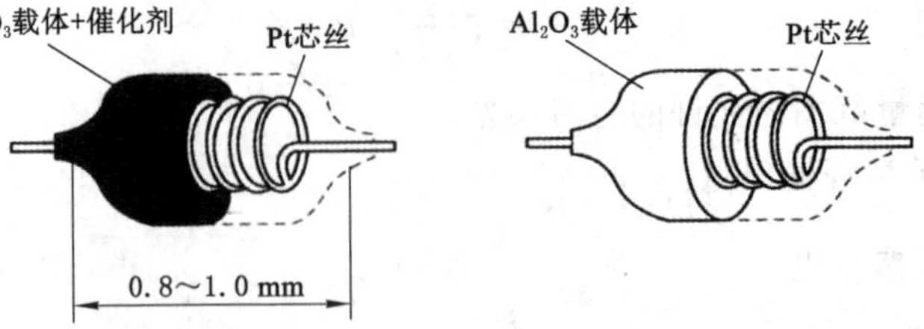

（a）带催化剂的载体敏感元件　（b）不带催化剂的载体补偿元件

图 3-6　载体催化元件结构图(黑白元件)

黑元件由铂丝线圈、Al_2O_3 载体和表面的催化剂组成。其中铂丝线圈用来给元件加热，提供甲烷催化燃烧所需要的温度，同时甲烷燃烧放出的热量使其升温，通过测量其电阻变化，就可测得空气中甲烷浓度。Al_2O_3 载体用来固定铂丝线圈，增强元件的机械强度。涂在元件表面的铂(Pt)和钯(Pd)等重金属催化剂，使吸附在元件表面的甲烷无焰燃烧。其反应方程式为：

$$CH_4 + 2O_2 \xrightarrow[\Delta]{Pt、Pd} 2H_2O + CO_2 + 890.34\ kJ \tag{3-6}$$

(2) 检测电路

甲烷无焰燃烧放出的热量使黑元件升温，从而使铂丝线圈的电阻增大，通过电桥可测得由于甲烷无焰燃烧使铂丝线圈电阻增大的值。当然，由于环境温度的变化也会使铂丝线圈的电阻发生变化。为克服环境温度变化对甲烷浓度测量的影响，在电桥中引入了与黑元件结构尺寸完全相同的白元件。检测电路如图 3-7 所示。由于白元件表面没有催化剂，甲烷不会在白元件表面燃烧，白元件铂丝线圈的电阻变化仅与环境温度有关。由于黑元件与白元件处于电桥同一侧的两臂，通过的电流相等(不考虑电压测量电路的漏电流)。因此，在甲烷(可燃性气体)浓度为零的新鲜空气中，其电阻相等即 $R_1 = R_2$，这时，电桥处于平衡状态，输出电压 U_{out} 为零。若环境温度发生变化或通过黑白元件的电流发生变化，黑白元件电阻也将发生变化，但变化后的黑白元件电阻仍相等，不会使电桥失衡。因此，白元件具有环境温度补偿作用。

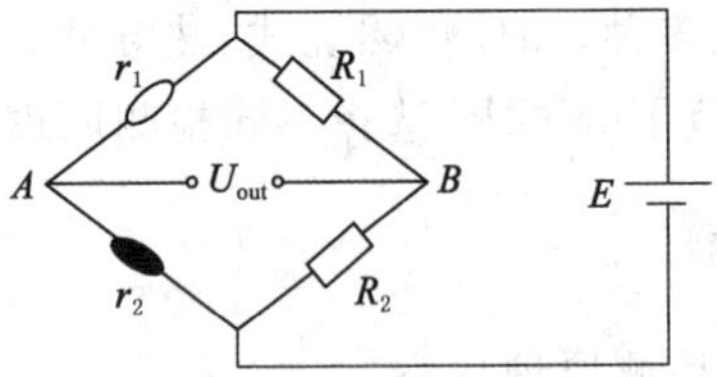

图 3-7　催化元件检测电路

当空气中甲烷浓度不为零时，吸附在黑元件表面的甲烷在黑元件表面催化燃烧，燃烧放出的热量与甲烷浓度(在浓度小于 9.5%的低浓度情况下)成正比，在燃烧热量的作用下，黑元件温度上升，黑元件铂丝电阻也随之增大(增大量用 Δr_2 表示)。因此，在低浓度情况下，通过测量 Δr_2 的变化，就可以测得空气中的甲烷浓度。

在图 3-7 所示电桥中，若用 E 表示恒压源，用 U_{out} 表示电桥输出电压，则有：

$$U_{out} = \frac{(\Delta r_2 + r_2)}{r_1 + (\Delta r_2 + r_2)}E - \frac{R_2}{(R_1 + R_2)}E \tag{3-7}$$

因为 $R_1 = R_2$，$r_1 = r_2$，$r_2 \gg \Delta r_2$，所以

$$\begin{aligned} U_{out} &= \frac{r_2}{2r_2 + \Delta r_2}E + \frac{\Delta r_2}{2r_2 + \Delta r_2}E - \frac{1}{2}E \\ &\approx \frac{r_2}{2r_2}E + \frac{\Delta r_2}{2r_2}E - \frac{1}{2}E \\ &= \frac{E}{2r_2}\Delta r_2 \end{aligned} \tag{3-8}$$

由于 E、r_2 为常数，设 $K_1 = E/2r_2$ 也为常数，因此电桥输出电压 U_{out} 正比于黑元件电阻变化 Δr_2，即 $U_{out} = K_1 \Delta r_2$。

若用 a 表示铂丝电阻温度系数，ΔH 表示甲烷燃烧热量，h 表示黑元件热容量，D 表示甲烷扩散系数，C 表示被测环境中的甲烷浓度，Q 表示甲烷分子燃烧热，R_0 表示铂丝 0 ℃时的阻值，则有：

$$\Delta r_2 = a(\Delta H/h)R_0 = a(DCQ/h)R_0 \tag{3-9}$$

由于 a、h、R_0 与黑元件材料、性质、结构尺寸有关，元件出厂后为常数，D 和 Q 为常数。因此，在上式中可用常数 K_2 表示，即：

$$\Delta r_2 = K_2 C \tag{3-10}$$

$$U_{out} = K_1 K_2 C \tag{3-11}$$

所以，在低浓度情况下，电桥输出电压与空气中甲烷浓度成正比。

(3) 影响载体催化元件的主要因素

图 3-8 所示为热催化元件的输出特性曲线。曲线表明，甲烷浓度在 0～5%范围内，输出信号与甲烷浓度呈线性关系；当甲烷浓度在 9.5%时，曲线出现拐点；以后随甲烷浓度的增大，输出信号不断下降，出现高浓度和低浓度输出信号相同的现象，即“元件双值性”。该现象产生的原因是当元件接触高浓度可燃气体时，高浓度甲烷气样缺氧使燃烧不完全，可能会出现两种不同的情况：

① 当可燃气体浓度在爆炸范围内时，可燃气体燃烧效果好，产生的热量最高，元件在 1 300 ℃左右高温下，催化剂可能会迅速挥发和烧结，其晶格发生变化，因而载体可能被烧裂。

② 当可燃气体浓度在爆炸范围上限以上时，由于氧气缺少而导致可燃气体过剩，形成不完全燃烧的状况，不完全燃烧生成物不完全是二氧化碳和水，而是含有一氧化碳和水以及炭粒沉积在多孔的载体和催化剂上，改变了催化剂的组分，因此，灵敏度下降。所以热催化原理的甲烷检测器只能测量低浓度可燃气体。

载体热催化元件的催化剂铂、钯、钍等与硫、磷、铅、氯、硅等的化合物作用，使其催化活性逐渐降低，称为催化剂中毒。催化剂中毒过程的实质是毒物与催化活性物质之间发生了某种物理化学作用，从而使元件的活性表面受到破坏或者覆盖。使用时应首先了解使用环境中有毒物质的存在情况以及元件本身的抗毒气性能，以保证元件正常工作。目前，除依靠本身增加抗中毒性能外，常用加装过滤装置将中毒物质过滤掉的方法，常用的过滤剂有活性炭、硅胶、分子筛等。

煤矿用低浓度甲烷传感器，一般采用催化燃烧式甲烷传感器，采用矿用本质安全型，防

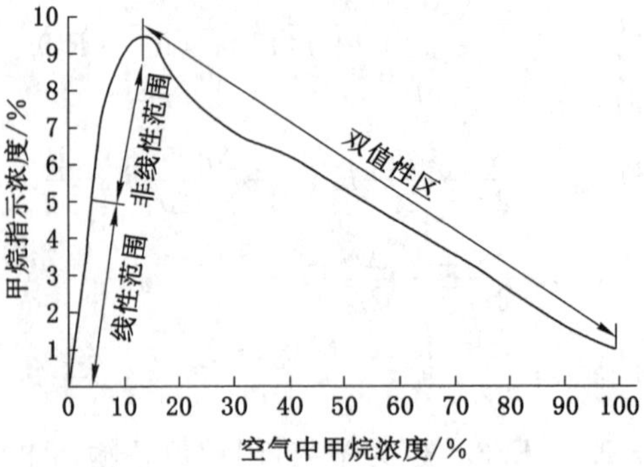

图 3-8　载体热催化元件的输出特性

爆标志“Exib Ⅰ”设计，测量范围在 0～4%CH_4，它可以连续自动地将井下甲烷浓度转换成标准电信号输送给关联设备，并具有显示甲烷浓度值、超限声光报警、断电功能及超高浓度断电保护载体催化元件等功能。适宜在有瓦斯煤尘爆炸危险的煤矿井下采掘工作面、机电硐室、回风巷道等地点固定使用。

催化燃烧式低浓度甲烷传感器具有简单实用、价格便宜、功耗低、性能较稳定等优点，但也有一些缺点，如量程小(0～4%)、反应慢(30 秒)、调校期短(15 天)、寿命短(约 1 年)且易发生催化剂中毒和高浓度甲烷中毒等。

3.3.2　热导式甲烷传感器

1. 检测原理

热导式甲烷传感器的检测原理是：利用甲烷的热导率高于新鲜空气的热导率的物理性能，通过热敏元件测量甲烷空气混合物热导率的变化，进而测得甲烷空气混合物浓度的变化。

某种气体的热导率与气体相对分子质量 m、热运动的平均速度 $\bar{v}$、气体摩尔定容热容 C_{v_m}、绝对温度 T 以及实验常数 C 有关。即：

$$\lambda = f(m,\bar{v},C_{v\_m},T,C) \tag{3-12}$$

混合气体热导率可以粗略认为是各组分热导率的平均值，即：

$$\lambda_c = \sum_{i=1}^{n} n_i \lambda_i \tag{3-13}$$

式中　λ_c、λ_i——混合气体和第 i 种气体的热导率；

n_i——第 i 种气体的体积分数。

设空气中含甲烷(CH_4)的体积分数为 m，甲烷的热导率为 λ，空气的热导率为 λ_a，甲烷和空气混合气体热导率为 λ_c，则：

$$\lambda_c = \lambda m + \lambda_a(1-m) \tag{3-14}$$

$$m = (\lambda_c - \lambda_a)/(\lambda - \lambda_a) \tag{3-15}$$

需要注意的是，上述混合气体热导率计算公式和热导率与温度的关系式都是近似关系式，在一些情况下，气体热导率并不符合上述关系。

由于混合气体的热导率是组成它的气体组分及各组分体积分数的函数，测出它的热导率差，即可测出混合气体的组成，由式(3-15)可看出，只要测出 λ_c，就可测出 m 值。热导型原理甲烷检测器就是根据矿井空气的热导率随甲烷含量不同而变化，测出其变化即可测定甲烷等气体含量。但直接测量气体的热导率是比较困难的，一般是借助于某种热敏元件将混合气体中甲烷含量的变化所引起的热导率变化转换成电阻值的变化。矿井空气中主要气体成分的热导率见表 3-1。

表 3-1　几种气体的相对热导率(相对于空气)　　　单位：W/(m・K)

气体	0 ℃	100 ℃	200 ℃	300 ℃	400 ℃	500 ℃	600 ℃
空气	1.000	1.000	1.000	1.000	1.000	1.000	1.000
氮气	0.996	0.993	0.997	0.999	0.998	0.994	0.988
氧气	0.987	1.026	1.049	1.062	1.065	1.062	1.056
二氧化碳	0.621	0.745	0.832	0.893	0.933	0.959	0.975
甲烷	1.244	1.500	1.723	1.911	2.066	2.192	2.296
乙烷	0.742	1.027	1.271	1.474	1.638	1.769	1.874
丙烷	0.619	0.874	1.092	1.271	1.415	1.529	1.619
一氧化碳	0.961	0.962	0.970	0.975	0.976	0.974	0.970
氢气	7.371	6.918	6.692	6.548	6.435	6.336	6.252

由表 3-1 可以看出，气体的热导率随温度的增大而增大，环境温度的变化也将影响热导式甲烷传感器的测量精度。因此，热导式甲烷传感器必须对环境温度进行补偿，并保持气室温度恒定。由于纯被测气体或高浓度的被测气体的热导率与空气的热导率相差较大，所以测量高浓度时精度高。如果被测气体浓度较低，其热导率与空气的热导率相近，则输出信号较弱，其灵敏度和分辨力很小，因此，这类传感器不适用于低浓度环境。

2. 检测电路

测量热导率的元件有金属丝热电阻、半导体热敏电阻、固体热导元件等，测量电路如图 3-9 所示，R_1 测量元件，R_2 为补偿元件，分别接在电桥电路的两个臂上，测量元件与补偿元件结构、形状、电参数完全相同，测量元件置于与被测气体连通的气室中，而补偿元件置于密封的空气室中。在新鲜空气中，当测量元件与补偿元件输入同样电流后，由于 $R_1=R_2$，产生的热量相同，所以电桥平衡，输出电压为零。当气室中通入甲烷空气混合气体时，由于甲烷空气混合气体的热导率比空气大，R_1 传导出的热量大于 R_2，故 R_1 与 R_2 上出现了温度差，两元件也就产生了一个与温差适应的热态电阻差，即 $R_1 \neq R_2$，电桥失去平衡，电桥输出一个与被测气体浓度变化成正比的电信号，电信号输出大小与电阻阻值变化有关，而阻值的变化与气体热导率有关，气体热导率又与气体含量有关。因此根据电桥输出信号大小，通过标定即可获得甲烷气体浓度数值，实现对气体浓度的检测。

在煤矿中，基于载体热催化原理的传感器适于检测爆炸下限以下浓度范围的可燃性气体，热导式瓦斯检测仪器主要用于测定高浓度瓦斯。在高瓦斯和煤与瓦斯突出矿井，常采用载体催化与热导组合式高低浓度甲烷传感器，即 0～4%浓度范围内用催化元件测量，4%～100%浓度范围内用热导元件测量。传感器在转化点转化时的附加误差不超过 1.0%CH_4。

热导式甲烷检测仪器具有测量范围宽、功耗小的优点，也不存在载体催化元件受高浓度

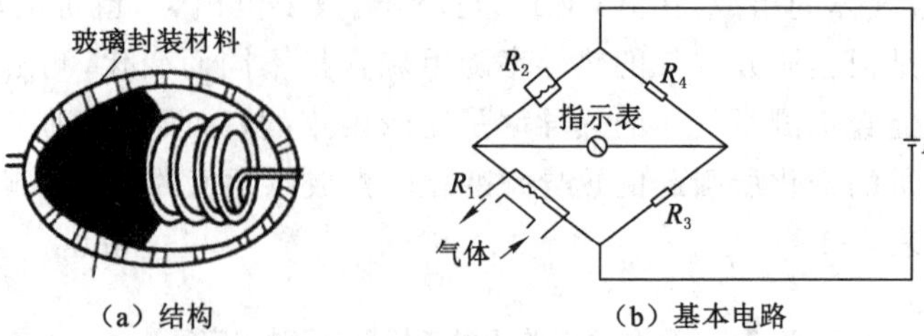

图 3-9　气体热导元件及检测电路

瓦斯冲击产生激活及中毒的问题，使用寿命长。但其也存在一些缺点：① 易受到其他气体的干扰，因该类传感器对于空气之外的气体均敏感，所以时常会有一定的误差。② 测量值受环境温度等其他因素影响较大，不易补偿。所以该类型传感器的零点和灵敏度需要定期调校。

3.3.3　激光甲烷传感器

1. 检测原理

激光甲烷传感器属于光学类气体传感器，其原理是使用光谱吸收原理来测量甲烷气体浓度。不同气体的分子结构不同，吸收的光子频率也大不相同，当激光器中光穿过气体，与气体分子结构所对应的那部分光能量则会被吸收。一种分子会选择性地吸收一定频率的光，这被称为是分子的选择性吸收。某种气体吸收一定频率的光子后发生能级跃迁，分子由稳态跃迁至激发态，由于激发态的不稳定，不久分子又向稳态跃迁，同时释放出该频率的光子，但是，此时光子的方向与原方向不同，造成了该种频率光子的损失，形成了光谱里的暗线，即吸收谱线。由于每种气体吸收光谱不同，故可通过检测气体的吸收光谱便可确定气体种类和浓度。

甲烷最主要的光谱吸收峰集中在 2.3 μm 和 3.3 μm，但是采用铅盐激光器实现该技术的难度高，制作工艺也较为复杂，且造价昂贵。而近红外低强度的吸收峰 1.33 μm 和 1.66 μm 通过光谱测试也找到了甲烷气体的吸收谱线，对应此谱线的光电探测和分布反馈式半导体激光器(DFB)光源相对来说都已经较为成熟。在 1.33 μm 处存在水分子吸收带，此现象会对甲烷气体检测结果带来影响，并且激光气体检测技术由于需要光纤作为传输介质，而低损耗光纤适合传输的激光波长范围在(1.0～1.7 μm)，故多数情况下，选择 1.66 μm 的吸收光谱作为甲烷气体的中心波长。

在非色散红外吸收法中，气体对红外辐射的吸收遵循朗伯-比尔(Lambert-Beer)吸收定律：

$$I = I_0 \exp(-\alpha c L) \tag{3-16}$$

式中　I_0——红外辐射的初始光强；

I——红外辐射被气体吸收后的光强；

α——瓦斯气体对光的吸收系数；

c——被测甲烷气体的浓度；

L——红外辐射光通过甲烷气体层的长度。

由式(3-16)可知，通过检测红外辐射经气体吸收后的辐射强度，就可以计算出被测气体的浓度。

红外甲烷传感器与激光甲烷传感器的基本原理都是基于朗伯-比尔定律，通过检测透射光的衰减量来求解气体浓度。两者的主要区别在于：① 红外传感器使用的是中心波长为 3.3 μm 的红外 LED，激光甲烷传感器使用的是中心波长为 1.66 μm 的 DFB 激光器。② 甲烷气体在 3.3 μm 处具有更高的吸收特性，激光甲烷传感器之所以采用 1.66 μm 光源主要是考虑目前的光纤只能传输 0.8～1.7 μm 的光，如果不在此范围内，信号衰减和噪声强度都会增加。③ 红外甲烷传感器使用宽带 LED 光源，通过特定波长的滤光片来得出所需要波长，而激光甲烷传感器采用带宽为 10 MHz 的 DFB 窄带光源，由于滤光片的带宽范围很大，通常在 4.96 THz 左右，一些不需要的光也在此范围内，所以激光甲烷传感器具有更好的抗干扰能力和选择性。

2. 检测方法

光谱吸收式甲烷传感器有以下两种检测方法。

(1) 差分吸收检测技术

差分吸收检测技术的工作原理是：光源发出的光束被分成两路，一路带有被测气体吸收后的信息；另一路带有未经被测气体吸收后的信息，称为参考信息。光源的不稳定以及光电器件的时漂、温漂对两路信息的影响相同，故信号信息与参考信息将只是气体浓度的函数，从而消除光源的不稳定以及光电器件零漂的影响。

(2) 谐波检测技术

谐波检测技术基本原理是：当一束输入平行光通过充有甲烷气体的气室，如果光源光谱覆盖一个或多个气体吸收线，且光谱分布带宽远远小于气体吸收线带宽，通过对光源的注入电流进行正弦调制，光源频率和输出光强也将受到相应调制。随着对光源注入电流的调制，光源频率受到相应调制而变化，此时，光谱吸收系数不再是一个常数，而是一个随调制频率变化的函数。一次谐波分量主要由强度调制引起，幅度大小正比于光源的平均功率，与气体浓度无关。而通过检测二次谐波可以获得气体浓度信息。用二次谐波和一次谐波的比值作为系统的输出，可以消除光源波动等共模噪声。通过对光源的调制实现对甲烷气体的二次谐波检测，可以克服现有仪器受光路干扰较大的缺点。

差分吸收法虽然也具有很强的克服光路干扰的能力，但系统的固有噪声无法消除，灵敏度不会达到很高。谐波检测可以有效消除各种系统噪声和各种干扰，并且具有更高的灵敏度，是一种较先进的气体浓度检测方法。

3. 矿用激光甲烷传感器工作原理

激光甲烷传感器的设计原理采用可调谐激光吸收光谱和谐波检测方法(TDLAS)，采用分布反馈式半导体激光器(DFBLD)作为光源。当被测环境中的甲烷气体以扩散方式进入传感器探头吸收气室，激光器以固定频率发射激光，当激光器发出的波长在甲烷气体某一吸收峰附近时，通过温控调节和电流调制将激光器发出的波长控制在相对应的甲烷气体吸收峰处。然后加入正弦波和三角波叠加后的调制信号对激光波长进行调制，激光透过气室到达光电二极管，将光信号转化为电信号，然后对该电信号进行前置放大滤波，再通过锁相放大以及温度等参数补偿计算出气室中甲烷气体的浓度，并将结果显示出来，同时发送到与之相连的井下监控分站，实现甲烷监测、就地数字显示和声光报警。该传感器主要由供电电源、传感头及放大器、A/D 转换器、温控模块、遥控器及红外接收头、高性能处理器系统以及显示电路和频率(或电流)信号输出及断电输出电路等部分组成。原理框图如 3-10 所示。

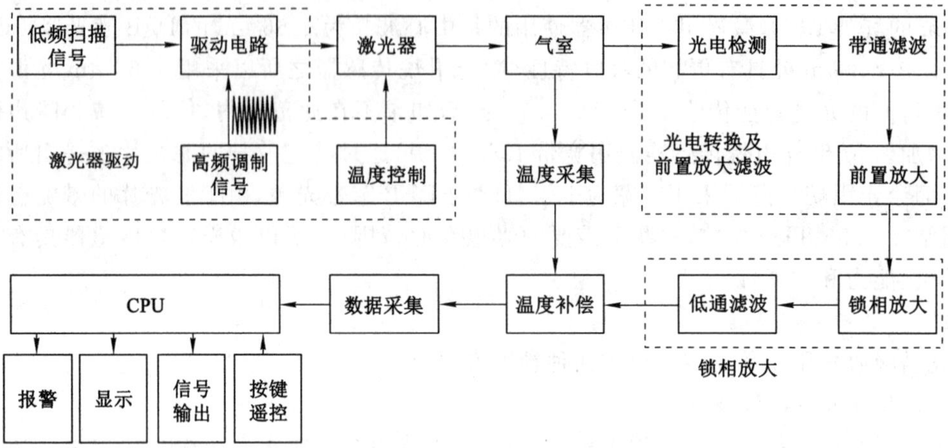

图 3-10　激光甲烷传感器的原理框图

激光甲烷传感器用于检测煤矿甲烷浓度具有几个明显优势:一是全量程检测,浓度检测范围为 0～100%;二是在检测过程中不受水汽及背景气体影响,也不会释放气体,不会对井下气体环境造成影响,精度高;三是元件调校周期长,稳定性最长可达 1 年;四是元件不会受其他气体影响而出现中毒现象,使用寿命长,可连续使用 5 年以上。

4. 性能指标

按照《煤矿用非色散红外甲烷传感器》(AQ 6211—2008)标准,以及 2016 年国家煤矿安全监察局下发的《煤矿安全监控系统升级改造技术方案》的通知要求,结合升级后的煤矿安全监控系统,GJG100J 激光甲烷传感器性能指标分别如下:

(1) 防护等级。IP65。

(2) 防爆型式。矿用本质安全型,防爆标志:Exib I。

(3) 测量范围。(0～100%)CH_4。

(4) 测量误差。0.00～1.0(≤±0.06%CH_4);1.00～100 ≤±真值的 6%CH_4。

(5) 报警范围。0.1%～100%CH_4测量范围内任意设置。

(6) 报警方式。声强≥85 dB,能见度>20 m。

(7) 工作电压。9～25 VDC。

(8) 工作电流。≤100 mA(18 VDC)。

(9) 响应时间。<20 s。

(10) 工作温度。0～40 ℃。

(11) 湿度范围。≤95%(+25 ℃)。

(12) 输出信号。频率:200～2 000 Hz;电流:4～20 mA;485 信号:2 400 bps。

(13) 传输距离。频率信号传输距离≥2 000 m,数字信号传输距离≥6 000 m。

3.3.4　实践训练——高低浓度甲烷传感设计

1. 实训目的和意义

(1) 了解《煤矿安全规程》《煤矿用非色散红外甲烷传感器》《煤矿用高低浓度甲烷传感器》《煤矿用低浓度载体催化式甲烷传感器》《煤矿甲烷检测用载体催化元件》等规程和标准。

(2) 了解煤矿安全监控系统中，瓦斯传感器的重要性、瓦斯传感器主要功能、瓦斯传感器设置地点、报警、断电、复电浓度和断电范围。了解不同瓦斯传感器的原理、测量范围、使用地点，以及在不同位置需要采用哪种传感器，既满足煤矿安全监控系统要求，又在实际煤矿使用中具有高性价比。

(3) 掌握电子线路的设计方法，综合使用"电路原理""电子技术基础""现代检测技术""单片机原理及接口技术"等课程内容。

(4) 了解煤矿井下用电气设备与普通地面电气设备的主要区别，掌握矿用甲烷传感器的基本要求和设计原则。

(5) 掌握电路仿真技术以及 PCB 制版技术。

2. 设计要求

(1) 本质安全型

甲烷传感器在爆炸性混合物环境中使用，在正常或规定故障状态下，产生的火花和热效应均不能点燃爆炸性气体混合物。所以甲烷传感器必须为Ⅰ类防爆本质安全型。

(2) 稳定性和防护性

煤矿井下环境存在粉尘、潮湿、淋水等，并且需要不间断监测瓦斯浓度，所以传感器稳定性应不小于 15 天，采掘工作面传感器防护等级不低于 IP65，其余不低于 IP54。

(3) 不间断供电

外部本安电源供电，并具有备用电源。当电网停电后，保证对甲烷浓度继续监控，备用电源应能保证系统连续监控时间不小于 4 h。

3. 使用软件

Altium Designer 20、Multisim 17。

4. 性能指标

(1) 测量范围。0～4.00%CH_4，0～40.00%CH_4，0～100%CH_4。

(2) 测量误差。<±10%×显示值。

(3) 报警范围。0.1%～9.9%CH_4。

(4) 声电报警。声级>85 dB，红色 LED 闪光。

(5) 工作电压。9～18 VDC。

(6) 工作电流。<95 mA。

(7) 响应时间。<20 s。

(8) 工作温度。0～40 ℃。

(9) 输出信号。脉冲频率：200～1 000 Hz，200～5 200 Hz。

(10) 遥控距离。>4 m。

5. 传感器硬件设计

(1) 传感器硬件组成

甲烷传感器电路由甲烷传感器探头、信号处理电路、数据显示、数据传送、报警、遥控接收、电源电路等组成,其组成框图如图 3-11 所示。

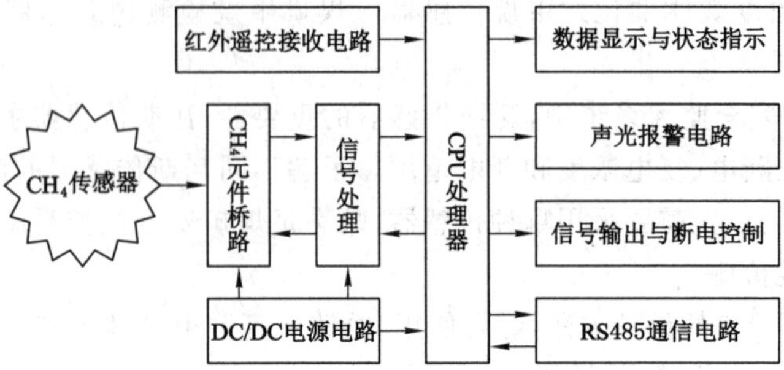

图 3-11 甲烷传感器硬件框图

传感器信号处理电路为甲烷传感器探头提供一个稳定的恒流,当环境中有甲烷时,甲烷在传感器的黑元件上产生无焰燃烧产生热量,使元件中的铂丝阻值增大,经信号处理电路处理后送中央处理器进行运算,并由显示电路显示浓度值。同时在信号输出电路中产生相应的频率输出或电流输出,如检测的甲烷含量超过设定的报警阈值时进行声光报警。遥控接收电路接收来自遥控器的设置信息,对传感器进行标定或报警阈值的设定。电源电路将来自外部的 9～24 V 电源,转换为 5 V 电压供传感器的各功能电路使用。

(2) CH_4传感器信号处理电路

传感器信号处理电路功能是将相应的瓦斯含量转换为对应的频率量送到 CPU 中进行处理,电路由传感器桥路、恒流电路、比较电路、分流电路组成。

甲烷传感器信号处理电路如图 3-12 所示。恒流源电路由电流取样电阻 R_3、基准电压源 W_1、R_8、PT_2、C_3、电压比较器 U_{1A}、电流调整管 Q_1 组成,此电路主要为黑白元件提供一个稳定的工作电流,电流的大小可根据黑白元件的技术参数决定,调整 PT_2 可改变电流的大小。

低浓度测量时,传感器桥路由黑元件 R_H、白元件 R_B,电阻 R_1、R_2、电位器 PT_1 组成,输出黑白元件中间与电位器滑动端输出送至运算放大器 U_{1A} 两个输入端进行比较,运算放大器的输出送至 CPU 的 INT_0。当探头在纯净的空气中时,调节 PT_1,使运算放大器 U_{1A} 的正输入端稍高于负输入端,放大器输出为 5 V(高电平),工作时 CPU 向 CH_4-CON 端发出一个高脉冲,三极管 T_1 导通,此时黑元件中的电流由 T_1 全部分流,黑元件冷却,阻值降低,此时 A 点电压高于 B 点电压,运算放大器的输出变低,CH_4-CON 端变为低电平后,三极管 T_1 关闭,电流通过黑元件 R_H,R_H 的阻值在激励电流作用下逐渐升高,当 A 点的电压低于 B 点电压时,运算放大器 U_{1B} 的输出端升高。环境中无甲烷时,A 点电压降低的速率是不变的,当环境中有一定量的甲烷时黑元件阻值升高速度加快,A 点电位降低速度也加快,只要在 CPU 中测量对应管脚低电平时间就可计算出对应的甲烷浓度。传感器信号处理电路各点波形图如图 3-13 所示。

高浓度测量时,由传感器的白元件 R_B、R_3、R_9、PT_3、R_{10} 组成测量电桥,当环境中的瓦斯

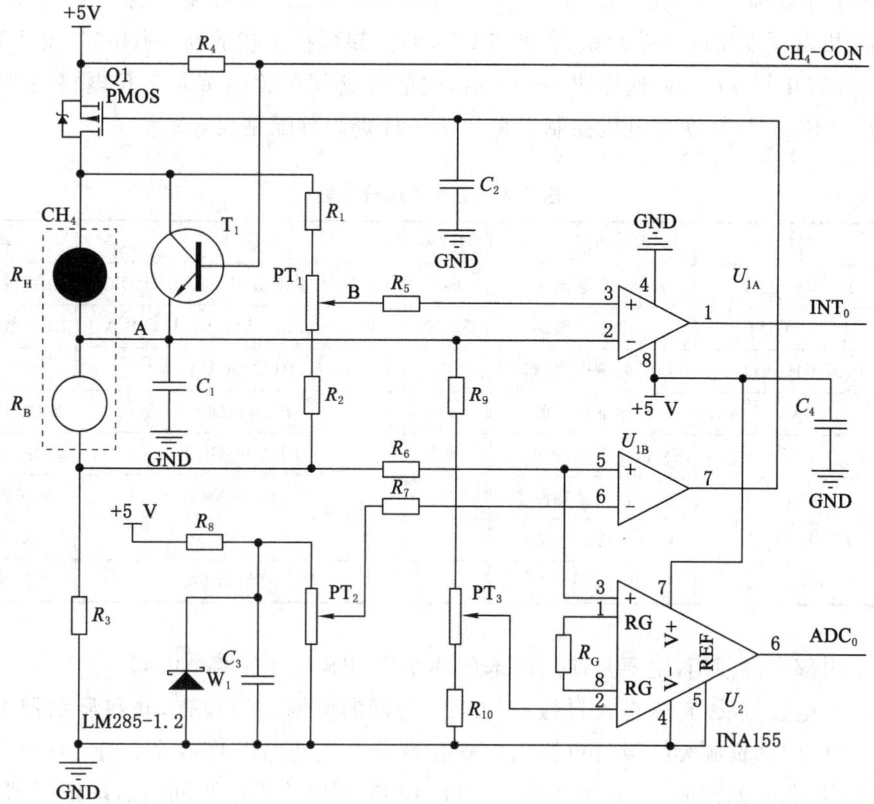

图 3-12　甲烷传感器信号处理电路图

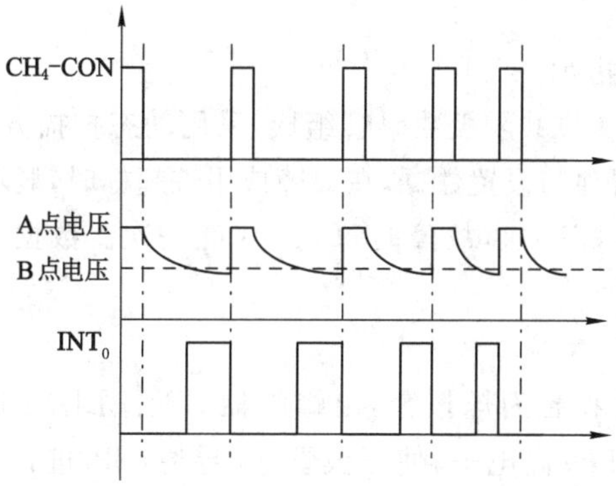

图 3-13　传感器信号处理电路各点波形图

含量浓度升高时(大于 10%),白元件 R_B冷却速度加快,阻值减小,电桥失去平衡,差动电压由仪表放大器 U_2 放大后送 CPU 的 ADC_0进行采样,转换为数字量,调整 R_G的大小可改变仪表放大器的放大倍数。

(3) 中央处理器及资源分配

中央处理器为 STC12C5A60S2,STC12C5A60S2/AD/PWM 系列单片机是 STC 生产的单时钟(机器周期 1T)的单片机,是高速、低功耗、超强抗干扰的新一代 8051 单片机,指令代码完全兼容传统 8051,但速度快 8～12 倍,内部集成 MAX810 专用复位电路,2 路 PWM,8 路高速 10 位 A/D 转换对电机控制。单片机硬件资源分配见表 3-2。

表 3-2　硬件资源分配表

管脚	端口	功能	管脚	端口	功能
1	P1.5-F-OUT	频率输出	26-29	P4.4 P4.5 P4.1 P4.6,DIG4-DIG1	LED 数码管位选
2	P1.6-SOUT	声音报警	30-37	P0.7-P0.0,DP G F E D C B A	LED 数码管段选
3	P1.7-CH_4-CON	信号处理电路脉冲	39	P4.2-GOUT	光报警
5	RXD	程序下载接收	40	P1.0-ADC0	高浓度瓦斯采集
7	TXD	程序下载发送	41	P1.1-K_OUT	开关量输出
8	INT_0	CH_4含量脉宽测量	42	P1.2-RXD2	485 数据接收
9	INT1-RF_IN	红外遥控接收数据	43	P1.3-TXD2	485 数据发送
25	P2.7-LED_ZT	状态指示灯	44	P1.4-PWM-OUT	电流输出控制

CPU 内部资源使用,主要是使用内部的两个定时器与外部两个中断。

CPU 上电复位后,首先进入自检,对 CPU 内部的资源进行检查,并在显示器上显示相应状态,CPU 内部资源无故障时再调入设置参数并开始正常工作,CPU 向 CH_4-CON 端口发送脉冲,使 T_1开始定时,T_1定时到后使 CH_4-CON 端降为低电平同时启动定时器 T_0 开始计数,直到 INT_0产生中断,停止 T_0计数,经计算 T_0的计数值可算出 CH_4含量。

INT_1连接外部的红外接收器电路的输出端,当有红外遥控数据时,INT_1产生中断并测量脉冲的高低电平的宽度,由此计算接收的数据并根据此数据转到相应的功能程序。中央处理器电路如图 3-14 所示。

(4) 数据显示与状态指示

数据显示电路由一块 4 位共阴极数码管组成,采用动态扫描方式。在正常工作时显示甲烷含量,在设置时显示设置项与设置数据,在故障或甲烷超标时,显示故障或超标状态,指示灯 LED_2 在正常工作时每 1 s 亮一次,故障时每 0.5 s 亮一次。数据显示与状态指示如图 3-15 所示。

(5) 声光报警电路

报警电路有声音报警和光闪烁报警,由蜂鸣器 SP_1、LED_3-LED_6 完成报警功能。当有故障或甲烷超限时,SOUT 变高电平,使三极管 T_2 导通,SP_1进行声音报警,同时 GOUT 以 1 s 为周期发占空比为 50 的脉冲,4 个 LED 闪烁。声光报警电路如图 3-16 所示。

(6) 信号输出电路

① 模拟量输出电路

模拟量输出电路可输出频率量也可输出电流量,电路由 PWM、直流电压、电流转换、功率驱动、输出保护电路组成。输出电流或频率时由设置时选择的工作模式确定,工作模式见表 3-3。

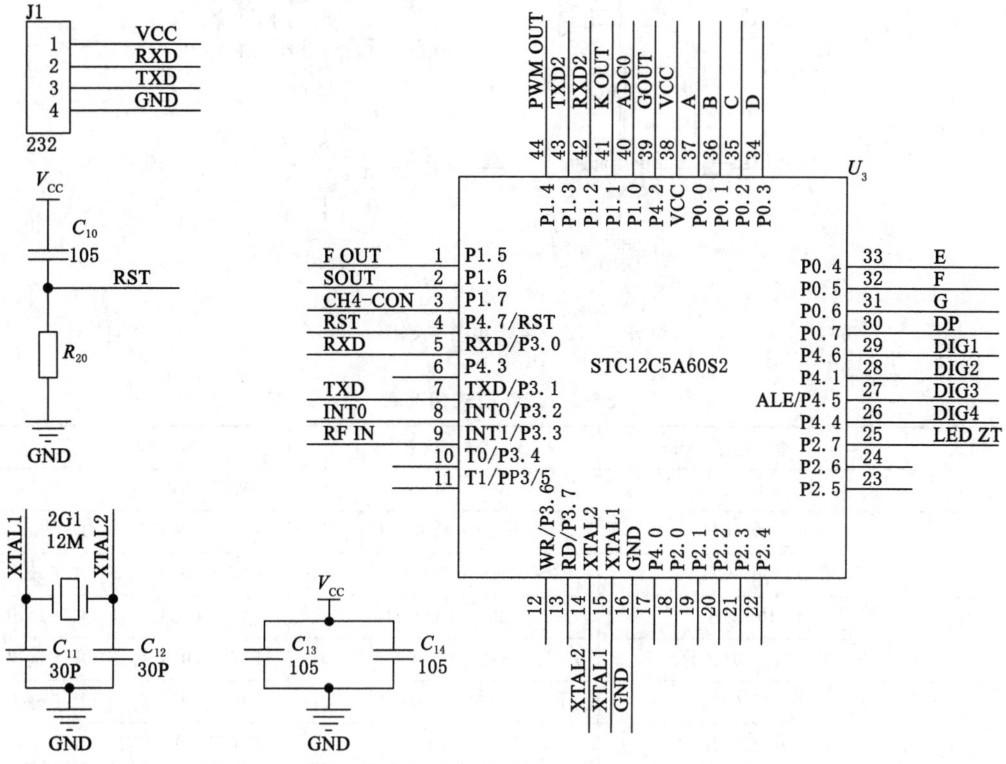

图 3-14　中央处理器电路图

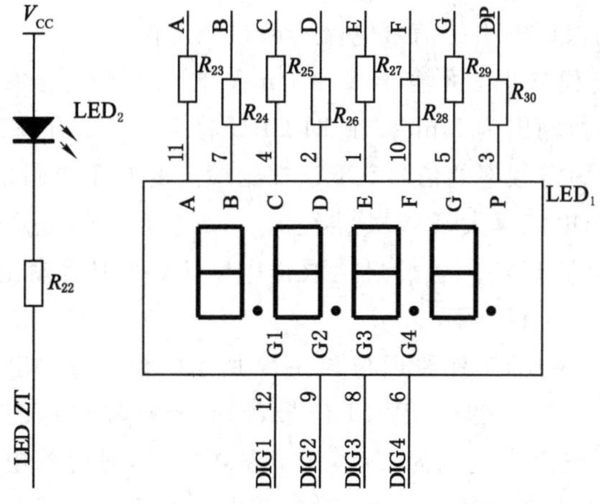

图 3-15　数据显示与状态指示图

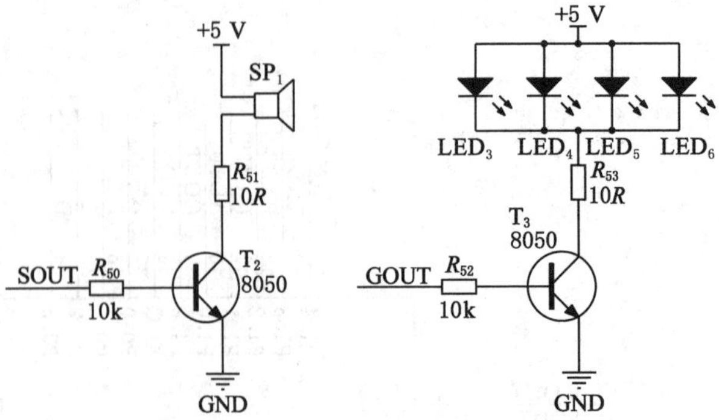

图 3-16　声光报警电路图

表 3-3　工作模式情况表

模式	检测范围	输出频率	说明
一	0～100%CH_4	0～5 000 Hz	PWM_OUT 高，F_OUT 输出
二	0～100%CH_4	0～200～1 000 Hz	PWM_OUT 高，F_OUT 输出
三	0～100%CH_4	180～780 Hz	PWM_OUT 高，F_OUT 输出
四	0～10%CH_4	200～1 000 Hz	PWM_OUT 高，F_OUT 输出
五	0～4%～10%CH_4	200～1 000～2 000 Hz	PWM_OUT 高，F_OUT 输出
六	0～4%CH_4	5～15 Hz	PWM_OUT 高，F_OUT 输出
七	0～4%CH_4	1～5 mA	F_OUT 高，PWM_OUT 输出

当工作在频率输出模式时，CPU 将 PWM_OUT 升高，F_OUT 根据设置的方式可在不同的检测范围时输出不同的频率，当 F_OUT 是高电平时，运算放大器输出为高，三极管 T_4 截止，输出无电流，当 F_OUT 为低电平时，运算放大器输出为低，T_4 导通，最大电流由电流采样电阻 R_{35} 确定，从而保证输出的信号电流不超过限定值。

当工作在模拟输出模式时，可输出 1～5 mA 的电流信号。CH_4 浓度为零时，输出 1 mA，CH_4 浓度为 4%时，输出为 5 mA。此时 CPU 将 F_OUT 升高为高电平，PWM_OUT 输出为可改变占空比的固定频率的信号，CPU 根据检测的 CH_4 含量的多少确定输出频率的占空比，占空比越小输出电流越大，PWM 波经 R_{31}～R_{33}、C_{30}、C_{31} 滤波后加到运算放大器的同相输入端，由运算放大器 U_{4B}、三极管 T_4、取样电阻 R_{35} 处理后输出相应的电流。频率输出与模拟量输出电路如图 3-17 所示。

开关量输出电路(图 3-18)工作原理与图 3-17 所示的模拟量输出工作原理相同，不同的是 K_OUT 输出的不是连续可变的 PWM 信号，而是根据输出状态只输出两种占空比的 PWM 信号，输出关闭时输出占空比为 T_1%的 PWM 信号，对应的电流是 1 mA，输出打开时，输出的是占空比为 T_2%的 PWM 信号，对应的电流为 5 mA。

(7) RS-485 通信电路

RS-485 通信电路，无论工作在何模式，RS-485 始终处于工作状态，电路由 232 转 485 芯片 MAX485、保护电路组成。MAX485 功能是将单端的 TTL232 信号转换为差动的

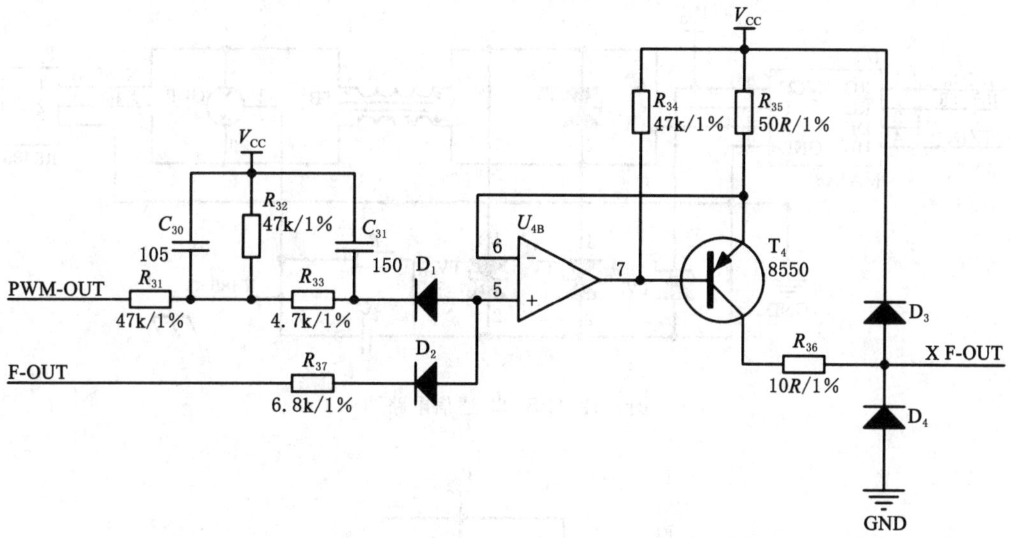

图 3-17　频率输出与模拟量输出电路图

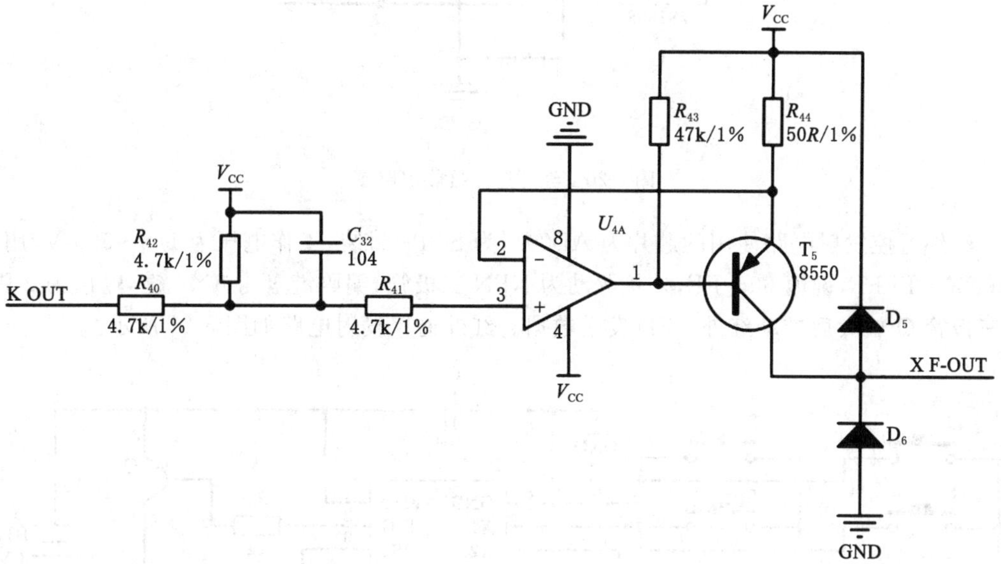

图 3-18　开关量输出电路图

485 信号，保护电路由 TV_4、放电管担任差模保护，TV_5、TV_6、共模电感为共模保护，TV_3 为电源保护，防止 485 芯片损坏后使 V_{CC} 升高导致其他芯片损坏。485 通信电路如图 3-19所示。

(8) 红外接收与发送电路

红外遥控接收电路是一体化红外接收头，可接收 38 kHz 调制的红外信号，经内部的红外接收管、放大器、限幅及解调电路处理后，将接收信号转换为数字信号送 CPU 的 INT_1 端口。红外遥控接收电路如图 3-20 所示。

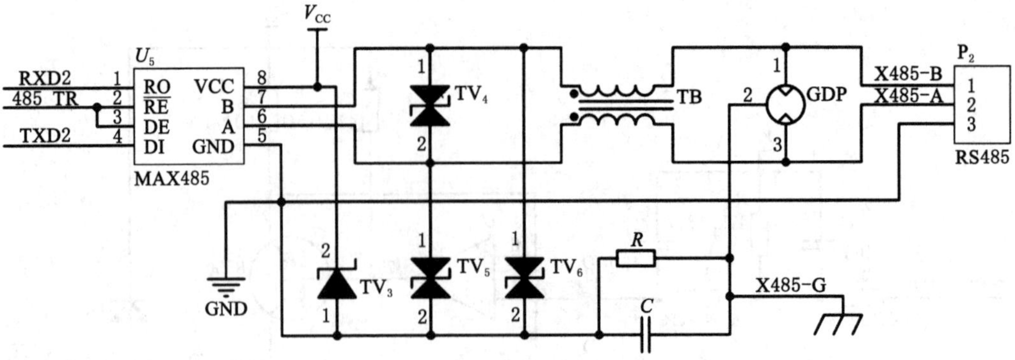

图 3-19 RS-485 通信电路图

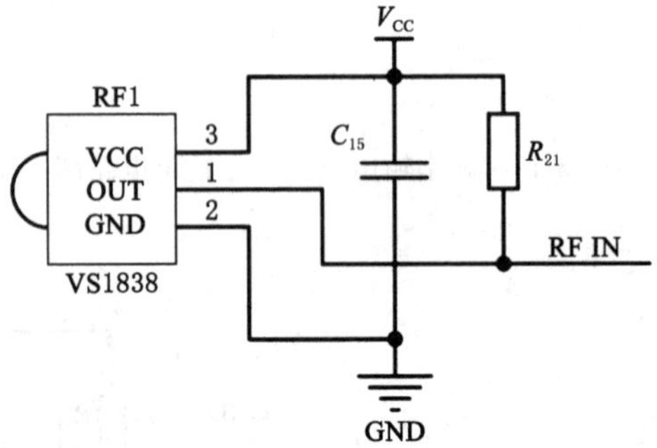

图 3-20 红外遥控接收电路图

红外遥控发射电路使用的芯片为 AD001，为 SOP8 封装，工作电压为 1.8～5.5 V，用户码 0000～FFFF，键值 00～FF，外接驱动为 NPN 三极管，编码键盘为 8×8 键，输出为 2 脚，经三极管 Q 放大后推动红外 LED 发送数据。红外遥控发射电路如图 3-21 所示。

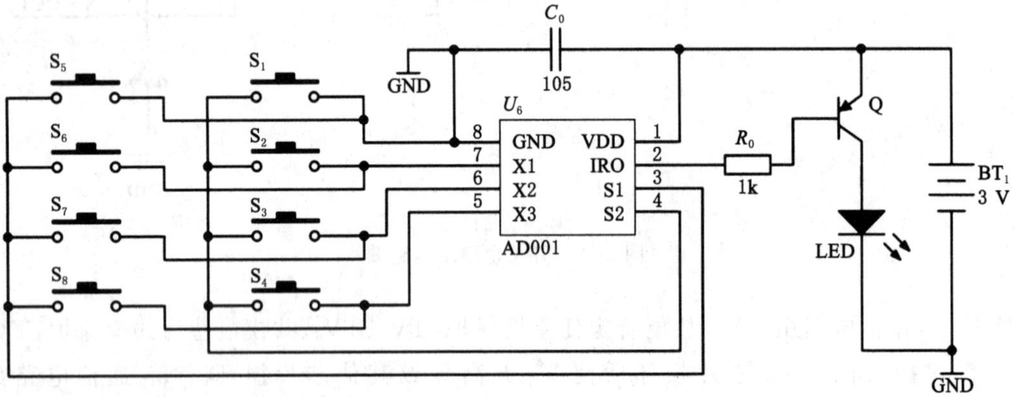

图 3-21 红外遥控发射电路图

(9) 电源电路

电源电路采用 TPS54360 电源芯片，输入电压 4.5～60 V，工作电流 3.5 A，工作频率 100 kHz～2.5 MHz，具有过热、过流保护，外部电源 9～24 V 经电源芯片 DC/DC 降压后稳定在 5 V，此电压供 CPU 及外围电路工作，+5 V 电源供传感器及信号处理电路使用。电源电路如图 3-22 所示。

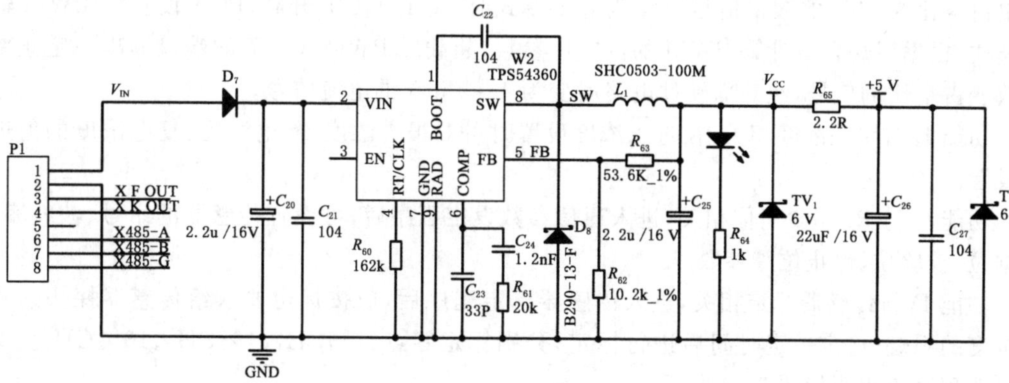

图 3-22　电源电路图

6. 软件设计

软件部分有低浓度甲烷采集程序、高浓度甲烷采集程序、标度变换程序、显示程序、报警判断程序、参数设置程序、数据输出程序、主程序等。以下就几个主要程序作简单说明。

(1) 甲烷浓度采集程序

甲烷浓度采集程序有两个程序模块，一个是低浓度采集程序，另一个是高浓度数据采集程序，程序根据采集的甲烷浓度实时转换，结合甲烷信号处理电路图 3-12。

低浓度甲烷采集转换是测量 INT_0 低电平时间，0%～3.99%CH_4 及 4%～9.99%CH_4，INT_0 低电平时间与甲烷浓度具有一定的函数关系，程序首先向 CH_4-CON 管脚发送一个高脉冲，INT_0 变低，T_0 开始计数，高脉冲消失后，黑元件开始工作，由于 CH_4 的存在，黑元件温度上升，使 A 点电压开始下降，当低于 B 点电压时，INT_0 升高，T_0 停止计数，一个测量周期完成，此时只要用 T_0 计数值计算出对应的频率值就可以计算低浓度瓦斯含量，当甲烷浓度大于等于 10%时，采用热导方式测量高浓度甲烷浓度，电桥 R_B、R_3、R_9、R_{10}、PT_3 的输出电压经 U_2 放大送到 CPU 的 ADC_0 进行采样，数据经计算后换算为 10%～99.9%的浓度值。

(2) 显示程序

显示程序采用动态扫描方式，位选用 P4.6、P4.1、P4.5、P4.4 端口，段选用 P0.0-P0.7，首先使 P4.6(DIG1)变低，通过端口 P0 送第一位显示数据，延时 10 ms，P4.6 升高，P4.1 降低；送第二位显示数据至 P0，延时 10 ms，P4.1 升高，P4.5 降低；送第三位显示数据到 P0，延时 10 ms，P4.5 升高，P4.4 降低；送第四位显示数据到 P0，延时 10 ms，P4.4 升高；至此 4 位数据显示完成。LED_2 在正常工作时，1 s 闪烁一次，故障或甲烷超限时，0.5 s 闪烁一次。

(3) 报警程序

报警程序在甲烷浓度超过设定的值时由程序启动声光报警，当甲烷浓度低于返回值时停止报警。

(4) 参数设置程序

参数设置程序有以下几个方面。

功能 A 与输出信号相关，进入输出信号模式设置时，在方式 1～6 都是频率输出模式，

PCA 设置成频率输出方式，自动重装载方式。程序根据检测甲烷浓度范围及输出频率范围再根据当前甲烷浓度计算出对应的定时参数设置定时器，CPU 的 PCA 将自动向对应的 IO 发出占空比为 50%的频率信号。电流输出模式时，将 F_OUT 升高，PCA 设置为 PWM 输出模式，根据甲烷含量计算 PWM 的占空比参数，装载后 PWM_OUT 的端口输出一定频率可改变占空比的信号，经外部硬件电路后变为 1～5 mA 的电流信号。

功能 B 与甲烷浓度相关，在进入浓度设置时可对报警浓度、断电浓度、复电浓度的值进行设置。

功能 C 与 RS-485 通信相关，进入通信参数设定程序后，可设置传感器的站号、波特率、数据位、校验位、停止位等参数。

功能 D 与传感器标定相关，进入传感器标定程序后，应按标定要求给传感器探头通相应浓度的甲烷，稳定一定时间后进行标定，分别标定零点、1%CH_4、4%CH_4、10%CH_4。参数设置程序流程图如图 3-23 所示。

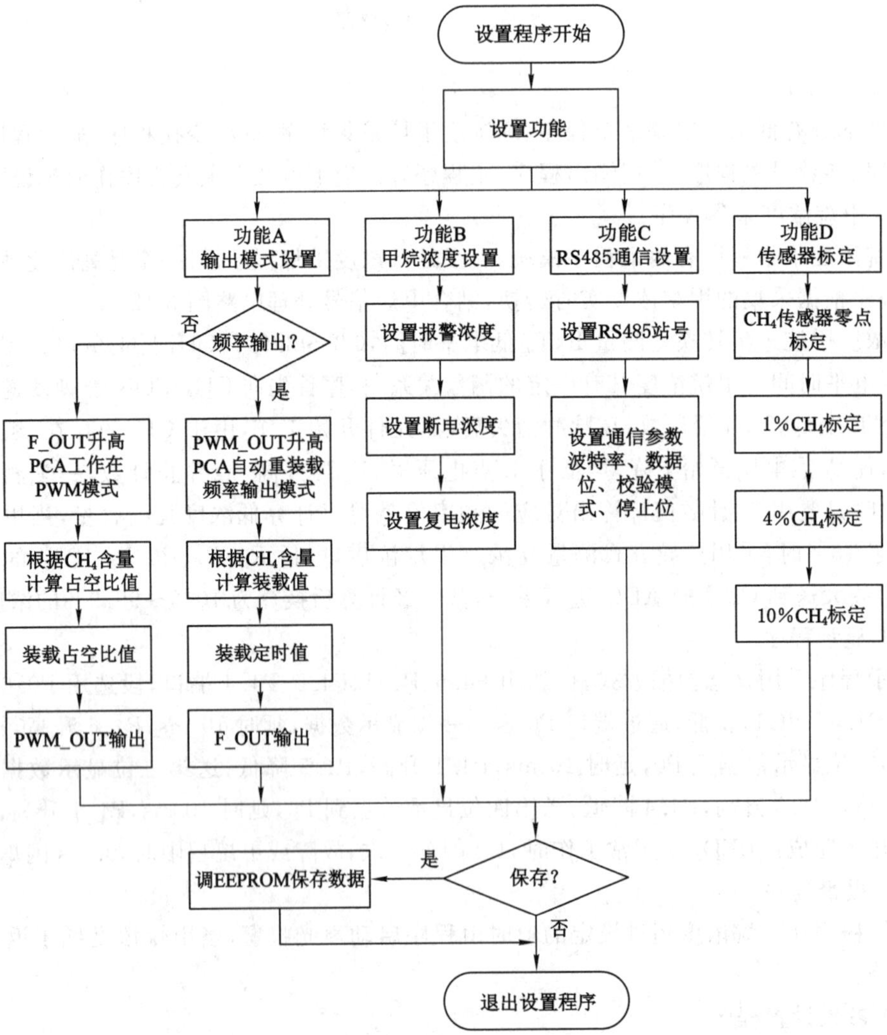

图 3-23　参数设置程序流程图

(5) 数据输出程序

数据输出程序主要是根据设置的输出模式设置不同的硬件资源，并根据当前甲烷浓度计算相应的参数。如当模式 4 时，检测甲烷含量为 0～10%CH_4，输出为 200～1 000 Hz，可算出 PCA 的重装载值对应为 1 200 H 和 39 AH，其他装载值可根据 Y=1 200H－E57H/3E8H。频率输出方式有连续输出方式，也有分段输出方式，根据不同模式进行分段计算参数。

当模式 7 为电流输出模式时，甲烷测量范围为 0～4%CH_4，输出电流为 1～5 mA，则此时将 F_OUT 升高，PWM_OUT 输出一定频率可调占空比的脉冲，通常 1 mA 的占空比与 5 mA的占空比要进行测试，最终确定参数，在此范围的可进行计算。数据输出程序流程如图 3-24所示。

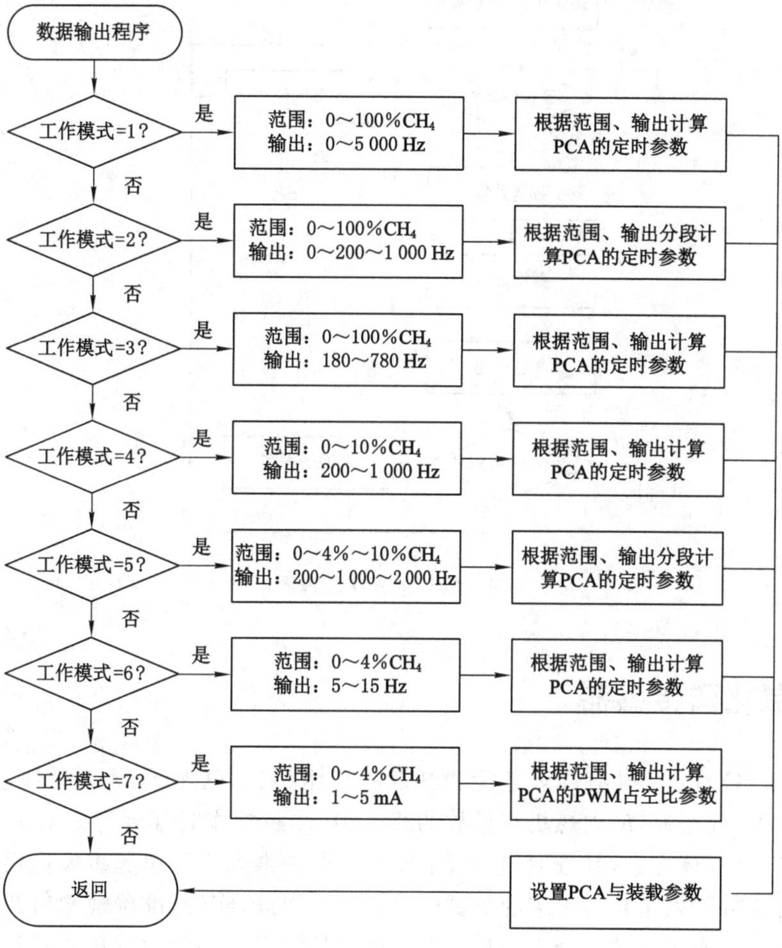

图 3-24　数据输出程序

(6) RS-485 通信程序

RS-485 通信程序可通过设置关闭与开启，当处于工作状态时，一直接收总线的数据，如有主机发的数据中的地址与本地址相同，则完全接收，并根据主机命令向总线发送相应的数据。

(7) 主程序

主程序完成的功能有 CPU 初始化、自检、控制、接收遥控消息、调用各功能模块子程序进行反复运行,主程序流程图如图 3-25 所示。

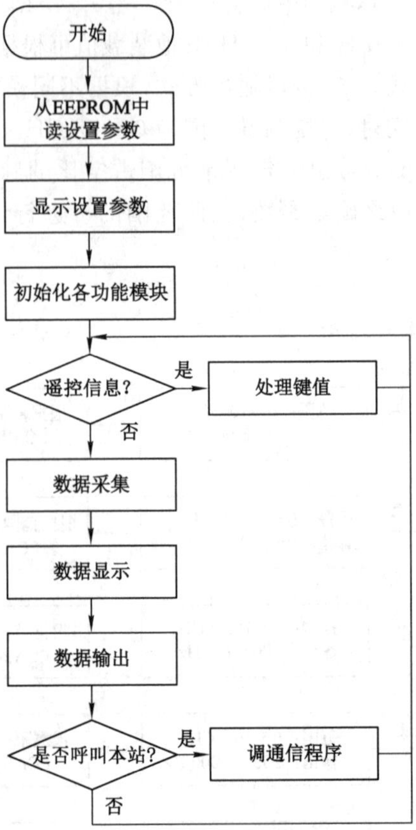

图 3-25　主程序流程图

3.4　一氧化碳传感器

一氧化碳(CO)是一种有爆炸危险和剧毒的气体,它无色无味、无刺激性、比重比空气轻。井下煤的不完全燃烧、内燃机车排放的废气中、炸药爆炸时都会产生 CO。CO 是煤矿井下主要的有害气体之一,其浓度的高低是导致人员中毒死亡而引起重大伤亡事故的重要因素,也是煤矿井下发生自燃火灾的重要标志之一。因此,实时、准确地测出井下一氧化碳的浓度,对保障煤炭工业的安全生产具有十分重要的意义。一氧化碳传感器是矿井监测中主要的传感器之一,对井下巷道、竖井掘进面及使用柴油发动机设备的地方必须进行一氧化碳监测。

3.4.1　检测原理

矿用一氧化碳传感器有电化学式 CO 传感器、催化型可燃气体 CO 传感器和红外气体 CO 传感器。这里以常用的定电位电解式气体传感器为例,介绍电化学式 CO 传感器。

定电位电解式原理为：使电极与电解质溶液的界面保持一定电位进行电解，通过改变其设定电位，有选择地使气体进行氧化或还原反应，从而能定量检测气体成分。

定电位电解式电化学 CO 传感器的结构如图 3-26 所示，主要由工作电极、对比电极、参比电极、过滤器、透气膜、电解液、电极引出线、壳体等组成。在作用电极和对比电极之间加以恒定电位，一氧化碳气体通过外壳上的气孔经透气膜扩散到工作电极表面上时，在工作电极的催化作用下，进行电化学氧化或还原反应，参加反应的电子流入(还原)或流出(氧化)工作电极。当 CO 气体进入传感器后，则发生氧化还原反应：

阳极：　　$CO+H_2O \longrightarrow CO_2+2H^++2e^-$

阴极：　　$O_2+4H^++4e^- \longrightarrow 2H_2O$

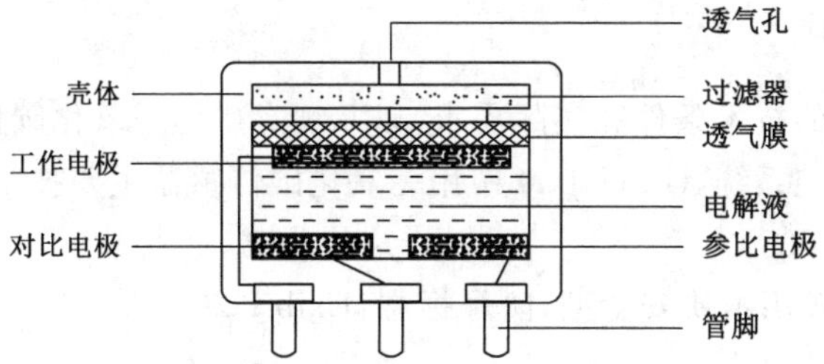

图 3-26　定电位电解式电化学 CO 传感器结构图

在电极电场作用下，与 CO 浓度相对应的电子由工作电极到达对比电极，从而在两极间产生扩散电流。电解电流与气体浓度之间的关系如下式表示：

$$I=(nFADC)/d \tag{3-17}$$

式中 I——电解电流；

n——每摩尔气体产生的电子数；

F——法拉第常数；

A——气体扩散面积；

D——扩散系数；

C——电解质溶液中电解的 CO 气体浓度；

d——扩散层厚度。

从上式可以看出，电解电流与气体浓度成正比，并由电极引出，经电子线路放大、转换后检测气体浓度。这种方法的传感器还可用于检测其他可燃性气体和有毒气体。

3.4.2　一氧化碳传感器工作原理

常用的矿用 CO 传感器 GTH1000，属于电化学式传感器，其整体框图如图 3-27 所示，一氧化碳敏感元件响应一氧化碳气体，在恒电位控制电路作用下，产生与气体浓度成比例的电流，该电流经放大电路放大后送 A/D 转换电路转换成数字信号，单片机从 A/D 转换器读取电压值，经过单片机软件计算得到气体浓度值，并在数码管上显示，同时输出频率信号或电流信号。该信号送往井下系统分站，送达分站的一氧化碳浓度信号经通信接口装置和电缆送到地面控制中心站，实现井下一氧化碳浓度的连续实时监控。如果被检测气体浓度超过传感器的报警设定值，则发出声光报警提示。

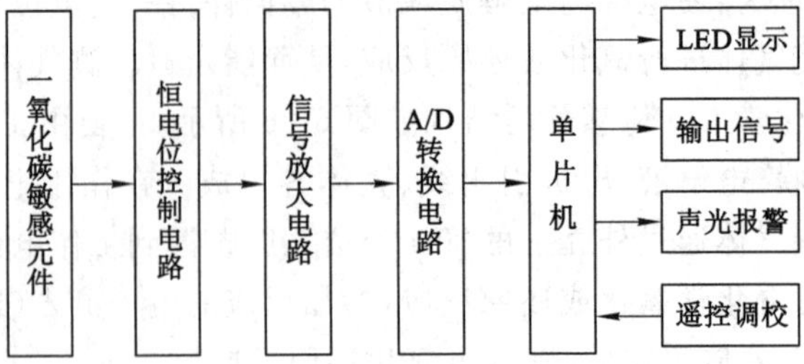

图 3-27　一氧化碳传感器整体框图

3.4.3　主要技术指标

根据矿用传感器的技术条件和实际需求，以及现有矿用一氧化碳传感器的技术要求，结合升级后煤矿安全监控系统，GTH1000 矿用一氧化碳传感器主要技术指标如下：

(1) 防护等级。IP65。

(2) 防爆型式。矿用本质安全型，防爆标志：Exib I。

(3) 工作方式。扩散式。

(4) 测量范围。$(0\sim1\ 000)\times10^{-6}$CO。

(5) 测量误差。$(0\sim100)\times10^{-6}$CO，测量值的$\pm4\%$；$(100\sim500)\times10^{-6}$CO，测量值的$\pm5\%$；$(500\sim1\ 000)\times10^{-6}$CO，测量值的$\pm6\%$。

(6) 报警范围。在$(0\sim1\ 000)\times10^{-6}$内任意设置报警点，其报警显示值与设定值的差值不超过$\pm2\times10^{-6}$。

(7) 报警方式。声强≥80 dB，能见度>20 m。

(8) 工作电压。9～25 VDC。

(9) 工作电流。≤18 mA/24 VDC 。

(10) 响应时间。<35 s。

(11) 输出信号。频率 200～2 000 Hz；电流 4～20 mA；RS485 信号。

(12) 传输距离。传感器使用电缆的单芯截面积为 1.5 mm^2 时，传感器与关联设备的最大传输距离为 2 km。

3.5　粉尘传感器

煤炭开采过程中，伴随着大量粉尘的产生，作业人员长期工作在粉尘污染的作业环境中，会导致尘肺病，严重危害作业人员的身体健康。另外，若粉尘浓度过高还存在爆炸的危险。因此，粉尘监测是掌握现场粉尘状况的重要手段，是尘害防治和科学管理的重要环节，对煤矿安全生产具有重要意义。

3.5.1　检测原理

目前，煤矿测尘使用的仪器主要有基于取样法和非取样法两种类型。取样法测量原理简单，但对采样操作要求高，只能周期性测量，灵敏度低，自动化程度低，测量低浓度粉尘用时长，很难用于在线监测。非取样法主要有电气法、声学法和光学法等，其中光学法最为简单可取，根据其原理研制的工业测尘仪也得到了普遍应用。本节主要介绍光吸收式和散射式粉尘传感器。

(1) 光吸收式粉尘传感器

含有粉尘的气体对平行光束的吸收符合朗伯-比尔吸收定律，通过测量吸收系数就可以得到粉尘浓度(单位体积内气体中所含固体粉尘的质量)。这在前文中已经进行了具体介绍，在此不再赘述。其表达式可写为：

$$c = \frac{1}{\alpha L}\ln\frac{I_0}{I} \tag{3-18}$$

式中　I_0——平行光束入射光通量；

I——出射光通量；

α——常数，可以通过对选定好的样品物质标定来得到，它满足下面的关系式：

$$\alpha = KLN_{\mathrm{p}}A_{\mathrm{p}} \tag{3-19}$$

式中　L——光束在含有粉尘的气体中所经过的路程长度；

N_{p}——单位体积粉尘固体微粒子数；

A_{P}——粉尘固体微粒子平均投影面积，对于同一种物质的粉尘，其 K 值为一常数。

根据以上原理，光吸收式粉尘传感器可采用双光路结构，如图 3-28 所示。光源发出的光由分束镜分为强度相等的两束——测量光束和参考光束。测量光束穿过粉尘区域后由光电接收装置接收，参考光束则直接由光电接收装置接收并转换为电信号。通过计算机对两个电信号做差分运算，就可得到粉尘浓度值。

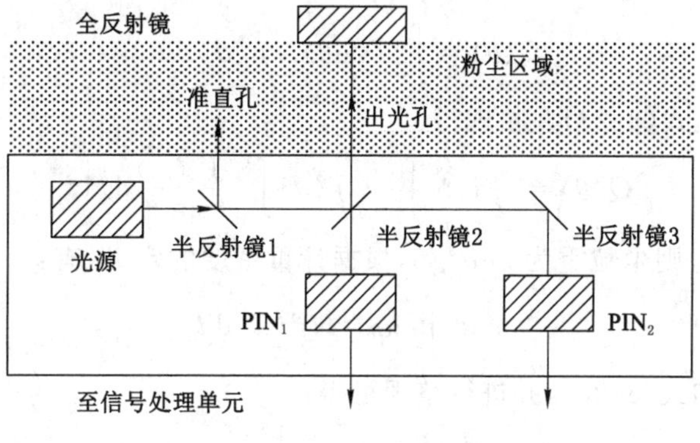

图 3-28　粉尘测量光路原理

(2) 光散射式粉尘传感器

含尘气流可以认为是空气中散布着固体颗粒的气溶胶，当光束通过含尘空气时，会发生吸收和散射，从而使光在原来传播方向上的光强减弱。光在散射性介质中的传播规律主要与入射光的波长、尘粒的形状和大小以及其粒径分布有关。光散射性质取决于下列因素：① 衍射参数 α。α 表示颗粒的半径 r 与光的波长 λ 的比例关系，即为颗粒的周长与光的波长 λ 之比，数学表达式为：$\alpha=2\pi r/\lambda$。② 颗粒的复折射指数 n。③ 散射角 θ，即入射光与散射光之间的夹角。

颗粒散射光的特性主要取决于衍射参数 α。当 $\alpha\leqslant l$ 时，颗粒的大小尺寸远比波长小，散射光强符合瑞利定律，即散射光强度与 r^6/λ^4 成正比。当 $\alpha \approx l$ 时，散射光强符合米氏定律，散射光强与颗粒粒径、波长 λ 之间存在十分复杂的关系。当 $\alpha \geqslant l$ 时，颗粒粒径远远超过波长(大颗粒粉尘)，大部分工业粉尘都属于这一范围。大颗粒粉尘散射光强与光波长 λ 无关，而与颗粒浓度及颗粒的照射面积成正比。

按经典的米氏散射理论，对粒径较大的颗粒，任意角 θ 下散射光强度在空间的分布可按 Fraunhofer 衍射理论计算：

$$I(\theta) = \frac{\pi^2 d^4}{16\lambda^2 L^2} I_0 \left[\frac{2J_1^2(x)}{x}\right] \tag{3-20}$$

式中 L——散射颗粒到观察点的距离；

J_1——一阶贝赛尔函数；

λ——散射光波长，$x=(\pi d\sin\theta)/\lambda$；

d——颗粒粒径；

I_0——散射光原始光强。

由式(3-20)可知，在任意空间立体角 θ_1 到 θ_2，单个粉尘颗粒的散射光强为：

$$I(\Delta\theta) = 2\pi\int_{\theta_1}^{\theta_2} I(\theta)L^2\sin\theta \mathrm{d}\theta = \frac{\pi}{2} I_0 d^2 \int_{\theta_1}^{\theta_2} \frac{J_1^2(x)}{\sin\theta}\mathrm{d}\theta \tag{3-21}$$

假设粉尘气流内粉尘的粒度分布函数为单位体积内的粉尘总数 N，则在 d 到 $d+\Delta d$ 内的粉尘数 $\mathrm{d}N = Nf(d)\mathrm{d}d$，因此，在 θ_1 到 θ_2 环状立体角内，粉尘粒径 d 到 $d+\Delta d$ 内所有粉尘产生的散射光强为：

$$\mathrm{d}I(\Delta\theta) = I(\Delta\theta)\mathrm{d}N = I(\Delta\theta)Nf(d)\mathrm{d}d \tag{3-22}$$

则在 θ_1 到 θ_2 环状立体角内所有粉尘产生的散射光强为：

$$Q(\theta) = \int_0^\infty I(\Delta\theta)Nf(d)\mathrm{d}d \tag{3-23}$$

将式(3-21)代入式(3-23)并整理得：

$$Q(\theta) = \frac{\pi}{2} I_0 N \int_0^\infty d^2 f(d) \int_{\theta_1}^{\theta_2} \frac{J_1^2(x)}{\sin\theta}\mathrm{d}\theta\mathrm{d}d \tag{3-24}$$

设尘粒密度为 ρ，则尘粒重为 $\pi\rho d^3/6$，根据计重密度的定义，有：

$$c = \int_0^\infty \pi\rho d^3 Nf(d)\mathrm{d}d \tag{3-25}$$

结合式(3-24)和式(3-25)，并进行整理可得：

$$c = \frac{\rho\int_0^\infty \pi\rho d^3 Nf(d)\mathrm{d}d}{3I_0\int_0^\infty d^2 f(d)\int_{\theta_1}^{\theta_2}\frac{J_1^2(x)}{\sin\theta}\mathrm{d}\theta\mathrm{d}d} \times Q(\theta) \tag{3-26}$$

令

$$K = \frac{\rho\int_0^\infty \pi\rho d^3 Nf(d)\mathrm{d}d}{3I_0\int_0^\infty d^2 f(d)\int_{\theta_1}^{\theta_2}\frac{J_1^2(x)}{\sin\theta}\mathrm{d}\theta\mathrm{d}d} \tag{3-27}$$

则式(3-26)变为：

$$c = K \times Q(\theta) \tag{3-28}$$

式中 c——粉尘质量浓度，$\mathrm{mg/m^3}$；

$Q(\theta)$——散射角为 θ 方向的散射光强；

K——光散射比例系数。

由式(3-27)可以看出，该系数与粉尘粒度分布和粉尘密度相关，在工业上，一般是根据现场粉尘而确定的某一常数。

3.5.2 光散射式粉尘传感器工作原理

常用的矿用粉尘浓度传感器 GCG1000，采用的是光散射原理。其原理图如图 3-29 所示，含尘空气在风扇的吸引下进入吸引口，经导流装置（遮掉外部光线）进入检测器暗室。暗室内的平行光与受光部的视野成直角交叉构成灵敏区（图中斜线部分），粉尘通过灵敏区时，其 90°方向散射光透过狭缝射进来，由光电倍增管接收并转换成光电流，经光电流积分电路转换成与散射光成正比的电信号，通过放大电路和 A/D 转换电路输入单片机，单片机计算出粉尘的质量浓度并显示和信号输出。

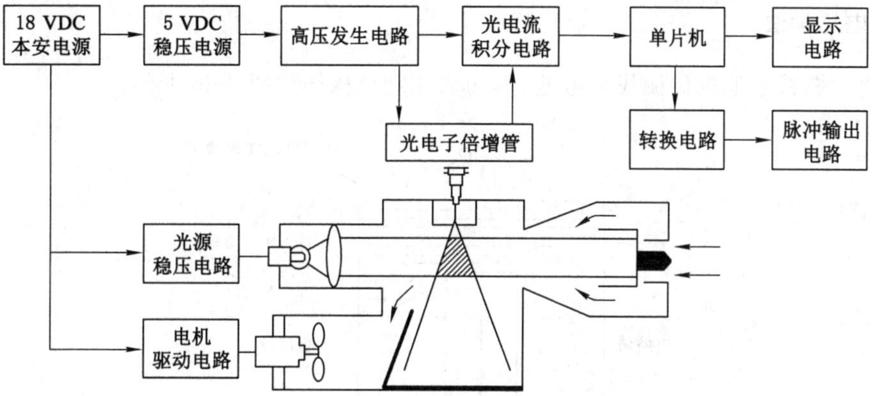

图 3-29　光散射式粉尘传感器工作原理框图

3.5.3 性能指标

根据《直读式粉尘浓度测量仪通用技术条件》(MT/T 163—2019)和《GCG1000 型粉尘浓度传感器》(Q/LGKJ003—2009)技术标准和实际需求，以及现有矿用粉尘传感器的技术要求，结合升级后煤矿安全监控系统，GCG1000 矿用粉尘传感器主要技术指标如下：

(1) 适用于含有瓦斯或煤尘爆炸危险的煤矿井下或其他粉尘作业场所粉尘的连续监测，同时也适用于其他公共场所的环境监测。

(2) 防爆形式。矿用本安型，防爆标志：Exib I。

(3) 测量范围。0～1 000 mg/m^3。

(4) 测量误差。±15%。

(5) 报警范围。可任意设置报警点。

(6) 工作电压。9～25 VDC。

(7) 工作电流。≤250 mA。

(8) 输出信号制式。频率：200～1 000 Hz；电流：1 mA/5 mA；485 信号：2 400 b/s。

(9) 传输距离。传感器使用电缆的单芯截面积为 1.5 mm^2 时，传感器与关联设备的最大传输距离不小于 2 km。

3.6 氧气传感器

氧气是人类赖以生存所必需的物质，约占空气含量的 21%。煤矿井下环境相对封闭，还常伴有瓦斯、一氧化碳等有毒气体涌出，必须不间断向煤矿井下输入新鲜空气，以保证煤矿开采的安全进行。当空气中的氧浓度降至 17%以下时，人会产生不良的生理反应，如呼吸困难、乏力等种种不适反应。当氧气浓度降到 12%以下时，人就会因缺氧窒息死亡。《煤矿安全规程》规定：采掘工作面的进风流中氧气浓度不得低于 20%，二氧化碳浓度不超过 0.5%。所以对矿井环境中的氧气含量进行检测具有重要意义。

氧气的检测方法主要有：电化学法和电磁法。

3.6.1 电化学法

电化学燃料电池也称伽伐尼电池，其测氧原理结构图如图 3-30 所示。

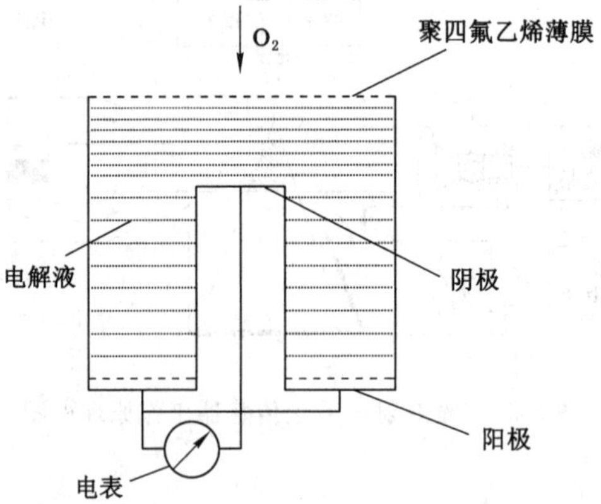

图 3-30 伽伐尼电池测氧仪结构图

电池内有两个电极和电解液，阴极用的是铂(Pt)或金(Au)，阳极用的是铅(Pb)或锌(Zn)，电解液为氢氧化钾(KOH)。被测氧气透过聚四氟乙烯薄膜渗入阴极，经过薄膜间电解液层时，在阴极上产生如下化学反应：

$$O_2+2H_2O+4e^- \longrightarrow 4OH^-$$

电解液中的 OH^- 在阳极上产生的化学反应为：

$$Pb+4OH^- -4e^- \longrightarrow PbO_2+2H_2O$$

总反应式为：

$$Pb+O_2 \longrightarrow PbO_2$$

从上面反应式可以看出，一个失去电子，另一个得到电子，如果在两极间加上负载就会有电流输出，电流的大小取决于透过薄膜的氧气量的多少，测量出电流的数值即可获得氧气的浓度，从而达到测定氧气浓度的目的。

伽伐尼电池测氧仪，通过传感器将氧浓度转变成电信号，输入调节回路转换后，送到

A/D 转换，再送至电表显示。应用该原理的仪器，就传感器来说，不需要外接电源，另外阴极不参加反应过程，也不消耗电解液，只消耗阳极材料铅。

该测氧仪测氧准确、迅速，在一定范围内线性好，对除腐蚀性以外的气体无干扰影响。但根据测量原理可知，透过薄膜的氧气量与氧气分压有关，故大气压力变化对测值有影响，应进行气压变化校正。仪器使用于开采深度较深的矿井时，需要对仪器测量值进行修正。为了解决气压对检测值的影响，可以用压力传感器测定大气压力，补偿偏差，也可用毛细管扩散控制机构，限制气压变化对测值的影响。除压力影响外，温度变化也会使测值产生误差，性能好的测氧仪都设有专门线路以抵消温度变化的影响。

3.6.2　电磁法

(1) 磁风原理

在外界磁场的作用下，物质会被磁化呈现出一定的磁特性。物质在外磁场中被磁化，其本身会产生一个附加磁场。当磁导率 $\mu>1$ 时，体积磁化率 k 为正；当磁导率 $\mu<1$ 时，体积磁化率 k 为负。$\mu>1$ 的介质处于磁场中，产生的附加磁场与外磁场方向相同，会受到磁场的吸引，表现出顺磁性，称为顺磁性物质；$\mu<1$ 的介质处于磁场中，产生的附加磁场与外磁场方向相反，则受到磁场的排斥，表现出逆磁性，称为逆磁性物质。气体介质处于磁场中也会被磁化，而且根据气体的不同也分别表现出顺磁性或逆磁性，常见气体的磁化率如表 3-4 所示。如 O_2、NO_2 等是顺磁性气体，H_2、N_2、CO_2、CH_4 等是逆磁性气体。

表 3-4　常见气体的体积磁化率

气体	分子式	$K\times10^{-6}$/(C. G. S. M)	气体	分子式	$K\times10^{-6}$/(C. G. S. M)
氧气	O_2	+146	乙烯	C_2H_4	+3
一氧化碳	CO	+53	乙炔	C_2H_2	+1
空气	—	+30.8	二氧化氮	NO_2	+9
甲烷	CH_4	−1	氧化亚氮	N_2O	+3
氮气	N_2	−0.58	二氧化碳	CO_2	−0.84
氢气	H_2	−0.164	水蒸气	H_2O	−0.58

(2) 检测电路

氧气是顺磁性物质，其磁化率比其他气体大很多。顺磁性气体能被磁场吸引，随着温度升高，氧的磁性减弱，即氧具有热磁效应。基于这一物理现象，可以测定氧气浓度。图 3-31 为热磁效应氧气传感器工作原理图。传感器制成环形室，环形室中有玻璃制成的连通管。在连通管上绕有两组加热电阻丝 R_1 和 R_2，接于直流电桥中，其中 R_1 接在永久磁铁两极之间。

当混合气体中不含氧气时，连通管两端压力相同，气流不流经横向测量管，$R_1=R_2$，电桥平衡。当待测气体中含有氧气时，由于氧的顺磁性，气体在磁场作用下吸入连通管，并被加热。由于热磁效应，氧受热后顺磁性减弱，被加热的气体受到排斥，在连通管内形成被称为“磁风”的连续气流，气流速度取决于氧的浓度。受气流影响，电阻丝温度发生变化，导致电桥失去平衡，用输出电压信号可测量氧气的浓度。

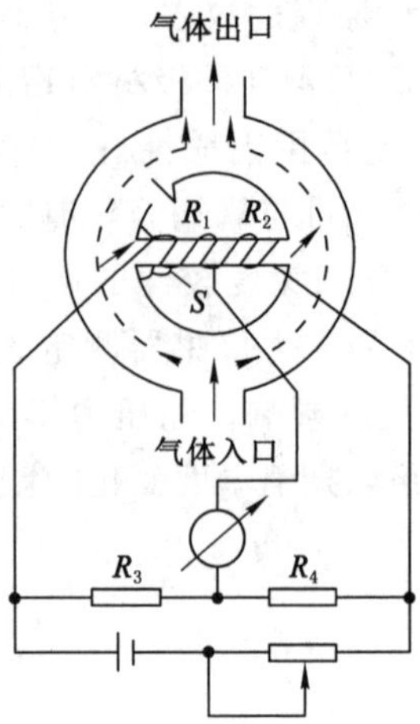

图 3-31　热磁效应氧气传感器

3.6.3　性能指标

根据《煤矿用电化学式氧气传感器技术条件》(MT/T 447—1995)技术条件和实际需求,以及现有矿用氧气传感器的技术要求,结合升级后的煤矿安全监控系统,GYH25 矿用氧气传感器主要技术指标如下:

(1) 防护等级 IP65。

(2) 防爆形式。矿用本安型,防爆标志:Exib I。

(3) 测量范围。0~25.0%O_2。

(4) 测量误差。±5%满量程。

(5) 分辨率。0.1%O_2。

(6) 响应时间。≤30 s。

(7) 报警范围。可调,出厂时设定为 15.0%O_2,报警误差:±0.1%O_2。

(8) 报警方式。声强≥80 dB;光可见度>20 m。

(9) 工作电压。9~25 VDC。

(10) 工作电流。≤85 mA。

(11) 输出信号。频率:200~1 000 Hz。

(12) 传输距离。传感器使用电缆的单芯截面积为 1.5 mm^2时,传感器与关联设备的最大传输距离不小于 2 km。

3.7　风速传感器

矿井通风的主要目的是保证井下各作业地点有足够的风量,同时也将有毒、易燃、易爆气体及矿尘等有害物质排出井下,以确保煤矿安全生产。风量是单位时间内通过井巷断面的空气体积,是矿井通风系统的重要参数之一,它等于井巷的断面积与通过井巷的平均风速的乘积,矿井的风速检测是煤矿安全生产的重要内容之一。矿用风速传感器根据工作原理不同，主要有以下几种类型：超声波风速传感器、热电偶式风速传感器、激光多普勒风速传感器和孔板流量计风速传感器等。这里仅介绍超声波风速传感器工作原理。

3.7.1 检测原理

超声波涡街风速传感器也叫超声波旋涡式风速传感器，是基于超声原理实现的，在无限界流场中，垂直于流向插入一根非流线型阻力体（即旋涡发生体）。在一定的雷诺数范围内，当流体流过旋涡发生体时，在其下游会产生两排内旋的、互相交替的旋涡列（即卡门涡街），如图 3-32 所示。

根据卡门涡街理论，在雷诺数 $Re=200\sim50\ 000$ 范围内，由旋涡发生体产生的旋涡个数（频率）与流速成正比，与旋涡发生体的直径成反比。即：

$$f = S_t \frac{v}{d} \tag{3-29}$$

式中　f——旋涡频率，Hz；

S_t——斯特拉哈尔系数（雷诺数在 200～50 000 范围内，S_t 为常数）；

v——气流速度，m/s；

d——旋涡发生体直径，mm。

由式(3-29)可知，只要准确测出旋涡频率 f，就可以间接测得风速大小。

超声波风速传感器是利用穿过空气的超声波被旋涡调制，从已调制波中检出旋涡频率来测定风速的。如图 3-33 所示，F、S 为一对谐振频率相同的超声波换能器，分别安装在旋涡发生体下游的管壁上。F、S 的轴线，发生体的轴线和管道的轴线相互垂直。F 为发射换能器，发出等幅超声波，S 为接收换能器，接收被旋涡调制了的超声波。

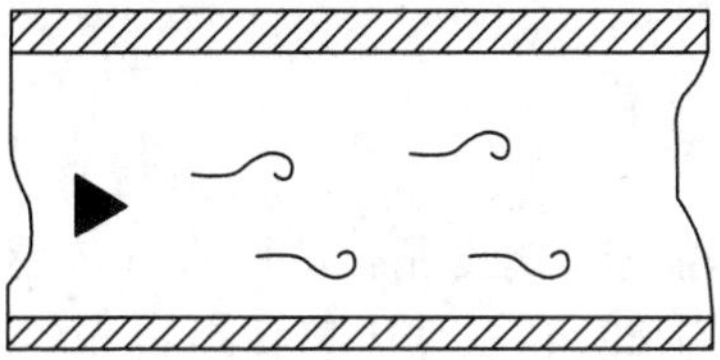

图 3-32　卡门涡街形成示意图

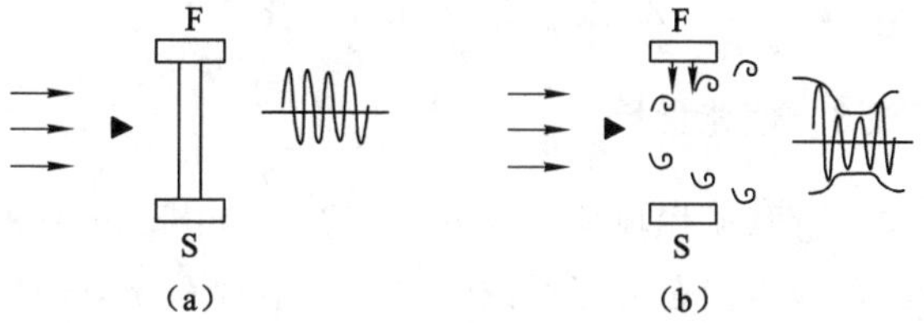

图 3-33　旋涡调制图

当无旋涡通过超声波束时，接收换能器 S 接收到等幅波信号。

$$P = P_0 \sin(2\pi f_c t) \tag{3-30}$$

式中　P——接收波幅值；

P_0——超声波幅值；

f_c——超声波频率。

当有旋涡与超声波相遇时，由于旋涡内部的压力梯度和旋涡的旋转运动，导致超声波发生折射、反射和吸收效应，使接收到的信号幅度减小。

$$P = P_0 [1 + M\sin(2\pi f t)]\sin(2\pi f_c t) \tag{3-31}$$

式中　M——调制度；

f——旋涡频率。

旋涡通过声束而下一个旋涡未到达之前，接收到的信号又恢复常态，接收到原来幅值的波束。因此，只要有一个旋涡通过超声波，声波就被调制一次。超声波调制频率（幅度变化频率）就是要测量的旋涡频率。从接收换能器上检测出超声波束幅度变化次数即可测得风速值。

3.7.2 超声波风速传感器工作原理

常用的矿用风速传感器 GFW15 利用涡街原理。传感器的原理如图 3-34 所示，高频晶体振荡器产生的信号经分频得到与超声波换能器频率相匹配的信号，后经功率放大器放大，驱动发射换能器 F。根据压电效应原理，发射换能器 F 将等幅连续的电信号转换成超声波束发射出去，接收换能器 S 把接收到的已调制超声波信号转换成电信号。该信号经放大、包络检波，检出涡街信号，经整形滤波后输出矩形波送单片机。单片机处理后输出风速值，由数码管显示，同时输出 200～1 000 Hz 频率信号。

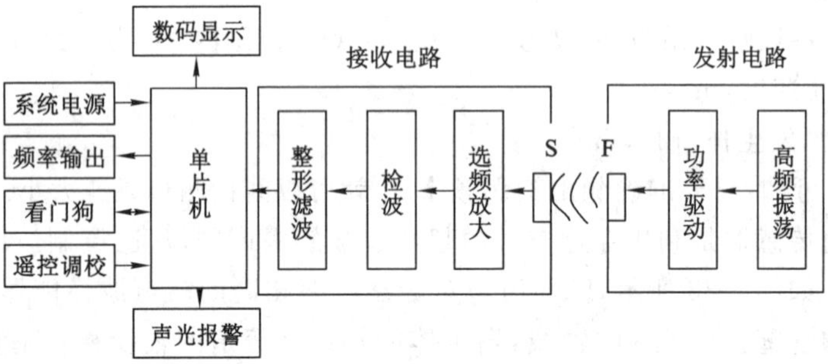

图 3-34　风速传感器原理框图

3.7.3 性能指标

按照《矿用风速传感器》(MT/T 448—2008)和实际需求，以及现有矿用氧气传感器的技术要求，结合升级后的煤矿安全监控系统，GFW15 矿用风速传感器主要技术指标如下：

(1) 防爆类型。矿用本质安全型，防爆标志：Exib I。

(2) 测量范围。风速 0.4～15.0 m/s。

(3) 允许误差。≤±0.3 m/s。

(4) 工作电压。9～24 VDC。

(5) 工作电流。≤ 60 mA。

(6) 信号输出。200～1 000 Hz。

(7) 最大传输距离。传感器到分站的最大传输距离为 2 km。

3.8 温度传感器

对煤矿井下各个关键点和采掘工作面的温度进行实时检测，不仅涉及是否适宜作业人员劳动，还涉及设备安全监测及火灾监测等。《煤矿安全规程》规定，当采掘工作面空气温度超过 26 ℃、机电设备硐室超过 30 ℃时，必须缩短超温地点工作人员的工作时间，并给予高温保健待遇。当采掘工作面的空气温度超过 30 ℃、机电设备硐室超过 34 ℃时，必须停止作业。新建、改扩建矿井设计时，必须进行矿井风温预测计算，超温地点必须有降温设施，温度检测是保证煤矿安全生产的重要监测内容之一。

矿用温度传感器主要有光纤温度传感器、红外温度传感器、半导体温度传感器。

3.8.1　光纤温度传感器

光纤温度传感器是基于各种不同的光学现象或者光学性质实现温度测量的，如光强变化、干涉现象、折射率变化、透光率变化等。半导体感温元件的透射光强随被测温度的增加而减少，在光纤的一端输入恒定光强的光源，因半导体的透射能力随被测温度的变化而变化，故在光纤的另一端接收元件所接收的光强也将随温度变化而变化。通过测量接收元件的输出电压，便可测定温度。

光纤温度传感器一般分为两类：一类是利用光纤本身的某种敏感功能而使光纤起到测量温度的作用，属于功能型。光纤既感知信息，又传输信息。另一类是光纤只起到传输光的作用，必须在光纤端面加装其他敏感元件，如光纤光栅等，才能构成新型传感器，属于传输型。

3.8.2　红外温度传感器

红外温度传感器原理是普朗克黑体辐射理论，即任何物体只要温度高于绝对零度，就会不断产生红外辐射，温度越高，辐射频率越大。只要知道物体的温度 T 和比辐射率 ε，就能计算出它所发射的辐射功率 P。若知道物体所发射的辐射功率，则可求出它的温度。

$$P = \varepsilon\delta T^4 \tag{3-32}$$

式中　δ——斯特藩-玻尔兹曼常数，$\delta = 5.669\,7\times10^{-12}\ \mathrm{W/(cm^2 \cdot K^4)}$；

ε——比辐射率，绝对黑体 $\varepsilon = 1.0$，非绝对黑体 $0 < \varepsilon < 1.0$；

T——物体的热力学温度，K。

红外测温用检测元件有热敏电阻和光敏电阻两种，它是一种非接触式测温仪表，其原理如图 3-35 所示。图中 R_b 是红外敏感元件，接收红外辐射能；R_c 是补偿元件，被罩壳隐蔽起来，不吸收红外辐射能；E_b 和 E_c 组成偏压电源。R_b 接收红外辐射能，其阻值下降，电桥失去平衡，输出电压信号耦合到前置放大器放大，经处理和转换环节，由显示器显示，或送到报警电路进行报警。R_b 阻值下降或输出电压信号的强弱由红外辐射能量决定，而接收的红外能量多少则与被测点温度高低有关，仪器显示的数据直接反映被测点温度值。

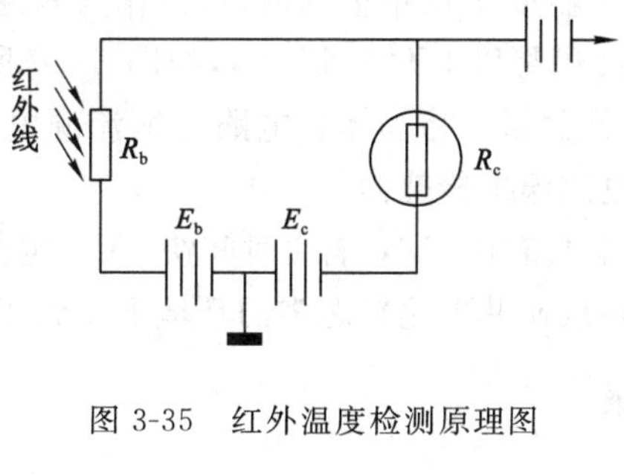

图 3-35　红外温度检测原理图

红外测温具有测量灵敏度高、反应速度快、测温范围广、非接触式测温、不影响被测介质的温度场分布的优点，是发展测量技术、遥感技术及空间科学的重要手段，在矿井火灾监测与预报、设备温升测量等方面具有很好的应用前景。

3.8.3 半导体温度传感器

利用半导体材料制成的PN结型温度传感器称为半导体温度传感器。它的感温部分是利用二极管或者晶体管的PN结正向电压相对于温度的关系特性。

PN结正向电流与正向电压之间的关系为：

$$I = I_s(T)e^{V/V_T} \tag{3-33}$$

式中 I——PN结正向电流，mA；

$I_s(T)$——与温度有关的反向饱和电流，mA；

e——电子电荷；

V——PN结正向电压，mV；

V_T——温度电压当量，mV。

$$V_T = KT/e \tag{3-34}$$

式中 K——玻尔兹曼常数；

T——阻挡层温度，即PN结温度，K。

将式(3-34)代入(3-33)，并两边取对数得：

$$V = \frac{KT}{e}\ln\frac{I}{I_s(T)} \tag{3-35}$$

由此可见，PN结导通方向的电压随其温度增加而增加，同时V还与$I_s(T)$有关，不是温度T的单值函数，为此，假定有电流I_2和I_1分别通过两个PN结，并且$I_2=N I_1$，两个由统一材料制成的PN结$I_s(T)$相同，则：

$$V_2 = \frac{KT}{e}\ln\frac{I_2}{I_s(T)} \tag{3-36}$$

$$V_1 = \frac{KT}{e}\ln\frac{I_1}{I_s(T)} \tag{3-37}$$

$$\Delta V = V_2 - V_1 = \frac{KT}{e}\ln\frac{I_2}{I_1} \tag{3-38}$$

$$V_{ab} = V_2 - V_1 = \frac{KT}{e}\ln N \tag{3-39}$$

这样PN结正向电压差是温度T的单值函数，可以作为测温元件。而在实际应用中，利用两个晶体管的基极-发射极代替以上两个PN结，如图3-36所示。利用晶体管特性和外接电路条件能获得较好的线性关系。将晶体管电路与恒流源电路、放大电路等组合在一起集成于芯片上，就成为集成电路温度传感器。

半导体PN结温度传感器具有体积小、响应时间快、在一定范围内线性度较好、功耗低、抗干扰能力强等优点，因而在煤矿井下比较恶劣的环境下得到了较好的推广应用。

3.8.4 热电阻式温度传感器

热电阻是利用金属等材料的电阻率随温度升高而变化的原理进行测温的。采用金属材

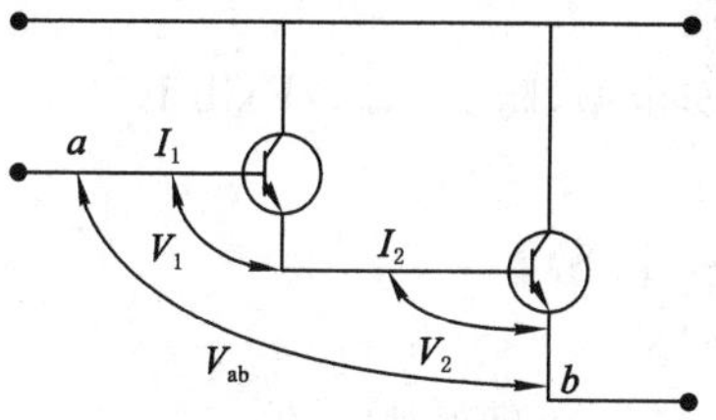

图 3-36　晶体管 PN 结测温原理图

料制作的温度敏感元件称为热电阻,利用半导体材料制成的温度敏感元件称为热敏电阻。热电阻式温度传感器基本原理是热量的变化引起电阻阻值的改变,测量电桥输出差值信号,差值信号的大小反映待测温度的大小。通过对温度值与输出值大小之间关系的标定,即可测得温度的大小。其测量原理如图 3-37 所示。

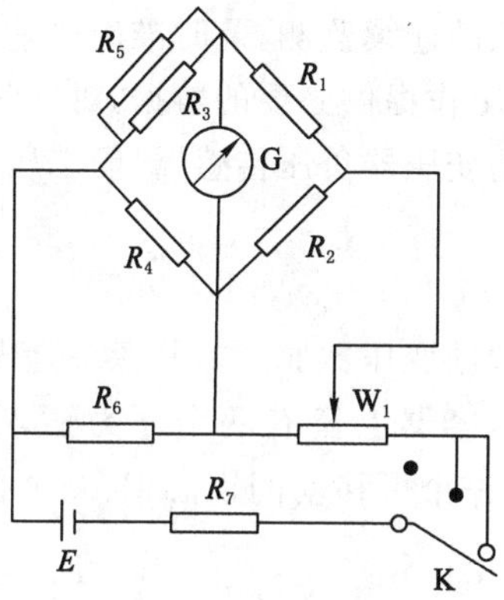

图 3-37　热电阻测温原理图

常用的矿用温度传感器 GWD100,属于热电阻温度传感器,其感温探头选用 PT100 温感元件,将测得的温度通过总线输入至单片机,单片机将测得的温度值进行处理,获得高精度的测量结果,送 LED 数码显示,同时以频率信号送给监控系统,如果超限温度设定值,发出声光报警提示。整体框图如图 3-38 所示。

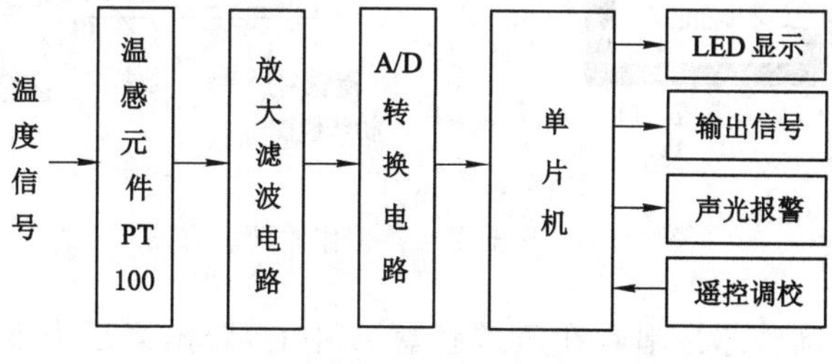

图 3-38　温度传感器测温原理框图

3.8.5　性能指标

按照《煤炭用温度传感器通用技术条件》(MT/T 381—2007)和实际需求,矿用温度传感器 GWD100 的技术指标如下：

(1) 防爆类型。矿用本质安全型，防爆标志：Exib I。

(2) 测量范围。0～100 ℃。

(3) 基本误差。≤± 2.5%(F.S)。

(4) 工作电压。9～24 VDC。

(5) 信号输出。频率：200～1 000 Hz，对应：0～100 ℃。

(6) 最大传输距离。传感器到分站的最大传输距离为 2 km。

3.9 负压传感器

煤矿开采需要依据“先抽后采，监测监控，以风定产”原则进行，这就要求开采过程必须通风可靠、风量充足、风流稳定、设施完好。矿井的风压是矿井通风的一个重要参数。通过矿用负压传感器可以实现对风压的连续监测，及时准确地掌握井下风量的变化，为矿井的通风管理、风量的调配等通风安全工作提供必要的数据，对预防事故的发生具有重要意义。

矿用负压传感器主要有差动变压器负压传感器、固态压阻型负压传感器两种。

3.9.1 差动变压器负压传感器

负压(压差)传感器应用了差动变压器原理。其探头是由压差膜盒和差动变压器封装在一个容器内组成的差压变换器，容器上留有两个压力输入孔以传递压力，其工作原理如图 3-39 所示。差动变压器是由一个可移动的铁芯 B、一个初级线圈 N_1、两个次级线圈 N_2 和 N_3 组成。

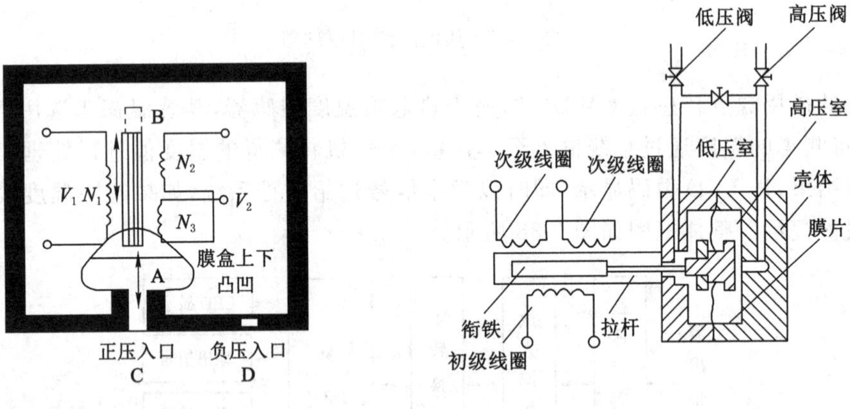

图 3-39 差压变换器工作原理示意图

差动变压器的活动铁芯是串联在压差膜盒 A 中心部分，当压力发生变化时，压差膜盒 A 产生轴向位移，带动了铁芯 B 上下移动，其位移量的大小正比于外加压力。这样，便引起差动变压器次级电压的变化，从而实现了压力和电量之间的转换。压差膜盒在压差作用下产生的轴向位移为：

$$\Delta W = \Delta p\delta \tag{3-40}$$

式中 ΔW——压差膜盒的轴向位移量；

Δp——压差膜盒所受压差；

δ——压差膜盒的灵敏度。

当线圈的原边送入低频交流信号时，由于副边线圈的两个同名端相接，故输出电压为：

$$U_{OUT}=V_1-V_2 \tag{3-41}$$

当磁芯处于中心位置时，$V_1=V_2$，输出电压为0。

若磁芯偏离中心位置时，副边两个线圈的感应电压变化量 $\Delta V_1=\Delta V_2$，故输出值 U_{OUT}：

$$U_{OUT}=V_1+\Delta V_1-(V_2-\Delta V_2)=2\Delta V \tag{3-42}$$

压差膜盒是一个同时受正压和负压作用的薄膜盒体，是压差敏感元件，其在正、负压差作用下，铁芯杆差动变压器次级输出电压应与铁芯位移呈线性关系，而其铁芯的位移量的大小正比于外加压力。所以通过差动变压器输出电压的变化，间接反映出压力的变化。

3.9.2 固态压阻型传感器

这种传感器是利用半导体的固态压阻效应来实现压力测量的。压阻效应是指半导体材料（硅晶体）在压力作用下，晶格发生变化，导致其电阻率发生变化。其传感元件结构示意图如图3-40所示。在硅膜片上按照一定的晶向位置扩散一个长 L、宽 W 的长方形四端力敏电阻，力敏电阻示意图如图3-41所示。

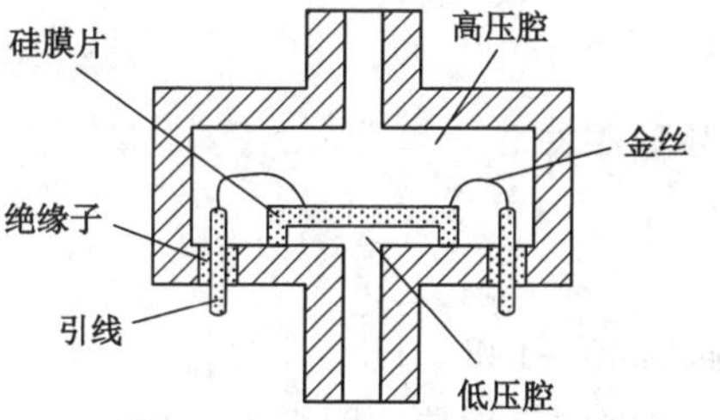

图3-40 传感元件结构示意图

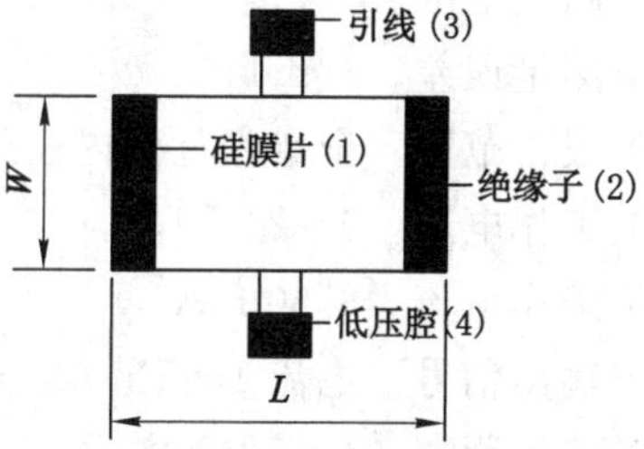

图3-41 力敏电阻示意图

在力敏电阻1、2端加电压 U 时，在3、4两端有电压 U_{OUT} 输出。当气体压差作用在硅膜片上时，膜片发生弯曲变形，产生应力。由于半导体材料的压阻效应，在应力的作用下力敏电阻率发生变化，从而使其电阻值发生变化，电压 U_{OUT} 也随之变化。其变化关系式如下：

$$U_{OUT}=\frac{\Delta R_p}{R_0}\cdot\frac{W}{L}\cdot U \tag{3-43}$$

式中 ΔR_p——由于应力而产生的力敏电阻变化量，Ω；

R_0——应力为零时的力敏电阻值，Ω。

ΔR_p 基本上正比于作用在硅片上的气体压差，且与力敏电阻的晶向位置和所在位置的压阻系数呈正比关系。由于应力产生的几何尺寸的变化量 ΔW、ΔL 远小于 ΔR_p，可以忽略不计。这样根据检测电压 U_{OUT} 的变化就可得到所对应的气体压差值。

常用的矿用负压传感器GPD100，属于固态压阻型传感器，压敏元件将检测到的正压、负压转换为一定比例关系的电压信号，经放大电路、A/D转换电路后，送到单片机处理，获得高精度的测量结果，送LED数码显示，同时以频率信号送给监控系统，如果超过限值，发出声光报警提示，通过红外遥控还可以调整零点、调换制式等，其整体框图如图3-42所示。

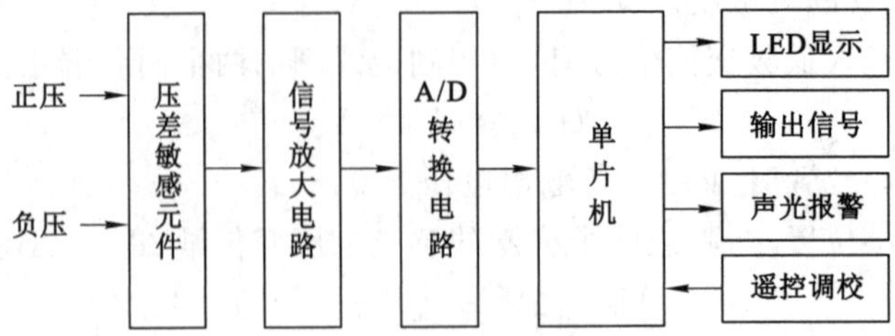

图 3-42　负压传感器原理框图

3.9.3　性能指标

按照《矿用压差传感器通用技术条件》(MT/T 393—1995)和实际需求,矿用负压传感器 GPD100 的技术指标如下:

(1) 防护等级。IP65。

(2) 防爆类型。矿用本质安全型,防爆标志:Exib I。

(3) 测量范围。0～100 kPa。

(4) 测量误差。≤±1%。

(5) 报警范围。全量程范围内任意设置上、下限报警点。

(6) 工作电压。9～24 VDC。

(7) 工作电流。≤60 mA。

(8) 输出信号。电流 1～5 mA,4～20 mA;频率 200～1 000 Hz。

(9) 传输距离。传感器至关联设备或配接设备之间的最大传输距离为 2 km。

3.10　开关量传感器

煤矿安全监控系统中,除了对甲烷、一氧化碳、氧气、粉尘、风速、温度、负压等环境参数进行连续监控外,还要对矿井主要机电设备的运转状态、风门状态、风筒状态、烟雾等开关量进行监测。通过开关量传感器,实现煤矿主要设备的集中自动监测,全面掌握全矿设备的生产、工作状态等。

3.10.1　设备开停传感器

矿用设备开停传感器主要用于监测煤矿井下机电设备的开停状态,如采煤机、运输机、提升机、破碎机、局部通风机、泵站、风机等,并把检测到的设备开停信号转换成各种标准信号传输给矿井监测系统,可实现地面对全矿电气设备开停状态的集中连续自动监测。也可作为统计各种机电设备运转好坏、运转时间长短及设备利用率的依据。

常用的 GKT5L 矿用设备开停传感器,采用本质安全结构,使用时将传感器固定在被测设备的供电电缆的外皮上,由专门的电源为其供电。其工作原理是通过测试电缆周围有无磁场来确定有无电流通过,从而确定设备的开停状态。井下机电设备一般为三相供电,利用传感器的电感线圈贴近电缆中一相芯线，可测得微弱的电磁感应信号，该信号经放大检波、信号变换、信号输出等，将设备的开、停信息传给分站，再由分站传到地面。其原理框图如图 3-43 所示。

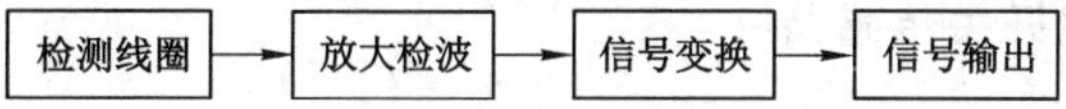

图 3-43　设备开停传感器工作原理框图

GKT5L 矿用设备开停传感器主要技术指标如下：

(1) 防护等级。IP65。

(2) 防爆类型。矿用本质安全型，防爆标志：ExibⅠ。

(3) 工作电压。8～18 VDC。

(4) 工作电流。≤10 mA。

(5) 被测设备电流载量。≥5 A。

(6) 被测设备供电电缆范围。电缆外径：ϕ16～80 mm。

(7) 电缆品种。橡套、钢网、铠装及屏蔽等。

(8) 工作方式。直接卡固在供电电缆外皮上，连续工作。

(9) 输出信号。电压：0/5 V；数字方式：RS-485。

(10) 运行显示。数码管显示“0”为设备关闭，显示“1”为开启。

3.10.2　矿用风门开闭状态传感器

矿用风门开闭状态传感器是磁性驱动的位置开关传感器，安装在井下巷道的各级风门上，进行风门开闭状态的监测，为通风管理提供风门状态信息。

现在常用的 GFK60 矿用风门开闭状态传感器，是一种磁性驱动的接近开关，它将触发磁铁装在风门上面，而把开关组件干簧管安装在对应的门框上。

当风门关闭时，触发磁钢紧靠开关组件干簧管，由磁力产生磁场使开关组件干簧管维持闭合状态，这时由舌簧开关输出一闭合信号给监测系统分站或向地面传输信号的载波设备，经数据线在地面中心站显示风门“关”状态。

当风门打开时、触发磁钢离开了舌簧开关，开关组件即输出一断开信号给监测系统分站或向地面传输信号的载波设备，经数据线在地面中心站显示风门“开”状态。

GFK60 矿用风门开闭状态传感器技术指标如下：

(1) 能长时间连续监测煤矿井下各风门的开闭状态且具有语音提示、灯光提示报警功能。

(2) 防爆类型。矿用本质安全型，防爆标志：Exib I。

(3) 工作电压。9～25 VDC。

(4) 工作电流。≤200 mA。

(5) 输出信号。电流：1 mA/5 mA(负载 0～1 000 Ω)；频率：200 Hz/450 Hz/700 Hz/1 000 Hz；数字信号：RS-485。

(6) 响应时间。≤1 s。

(7) 动作距离。60 mm。

(8) 动作距离误差。≤10%。

(9) 传输距离。传感器至关联设备的传输距离不小于 2 km。

3.10.3 矿用风筒风量开关传感器

矿用风筒风量开关传感器是矿井风筒通风安全监测的新型装置,该开关主要用于煤矿井下用帆布或橡胶等柔性材料风筒的安全监测。它安装在风筒上,离出风口 5 m 处,该开关是监控系统分站及类似监控设备的配接设备,用来进行风筒工作状态的遥测。

现常用的 GFT6 矿用风筒风量开关传感器采用磁簧管原理。工作时,当风筒内的风量充足时,感应环展开,感应环上的磁铁接近主机,使主机内的干簧开关动作,风量指示灯点亮并输出一个相对应的 1 mA 电流信号和触点信号;当风筒内的风量不足时,感应环合拢,感应环上的磁铁远离主机,使主机内的开关反方向动作,风量指示灯点亮并输出一个相对应的 5 mA 电流信号和触点信号。用户可根据自己的需要通过设置主机内的跳线方式来选择风量充足时是输出常开信号还是常闭信号,这样也相应地确定了风量不足时是输出常闭信号还是常开信号。

GFT6 矿用风筒风量开关传感器主要技术指标如下:

(1) 防护等级。IP65。

(2) 防爆类型。矿用本质安全型,防爆标志:Exib I。

(3) 响应时间。≤2 s;

(4) 输出信号。电流:1 mA/5 mA;数字信号:RS-485。

(5) 工作电压。9~24 VDC。

(6) 工作电流。≤80 mA。

(7) 传输距离。传感器至关联设备的最大传输距离为 2 km。

3.11 其他传感器

矿井全面监控是保障煤炭安全高效生产的需求,也是提高矿山安全生产水平的发展方向。矿井全面监控主要体现在对矿井环境、生产安全和机电设备运行状况等进行监控,物联网技术为这一趋势提供了新的技术支持。

矿井全面监控涉及矿井的环境安全、轨道运输、胶带运输、提升运输、矿山压力、大型机电设备、供电、排水、通风安全、火灾监控等各个关键方面。

在环境安全与通风方面,不仅需要甲烷、一氧化碳、氧气、二氧化碳、硫化氢、温度、风速传感器,还需要其他传感器对风门、风窗、风筒状态进行监控,对主要通风机开停与局部通风机开停状态进行监控;在轨道运输监控方面则需要对电动转辙机状态、机车位置、运行方向、运行速度等进行监测感知;在提升运输监控系统方面则需要对相应的罐笼位置、速度、安全门状态、摇台状态、阻车器状态进行监测;在供电监控系统方面需要电网电压、电流、功率、功率因数、馈电开关状态、电网绝缘状态等传感器;在排水监控系统方面应对水仓水位、水泵开停、水泵工作电压、电流、功率、阀门状态、流量、压力等进行监测;在矿山压力监测系统方面需对甲烷涌出量、工作面煤壁温度、电磁发射进行检测,煤岩体声发射传感技术也是常采用的手段；而对于大型机电设备健康状况监控系统方面一般需要对机械振动、油质污染、温度等进行传感检测；为减小顶板事故造成的危害，可以利用顶底板位移量、移近速度、加速度、地音传感器等检测矿山应力；矿山突水的监测则可采用矿山压力、水文水质、微震、电位及电磁辐射这五个方面的传感检测技术来实现。

矿用设备开停状态传感器用于监测矿井主要的机电设备的启停、电源的通断、活动部件的极限位置等，其输出都是开关量。并可将其转换成各种标准信号传输至地面，对机电设备开停状态进行连续监测。

矿用状态传感器的原理有直接式和间接式两类。直接式也称为接触式，是指在电气上与被测设备直接相连，从供电网络上直接获取信号，用电流互感器、电压互感器检测有无电信号输出等。间接式也称为非接触式，是指在电气上与被测设备无直接连接，通常根据光电原理、电磁感应原理、测温原理、霍尔原理、磁滞伸缩等实现检测。如电磁感应型矿用设备开停传感器则是通过测量机电设备馈电的电缆周围有无磁场存在，来间接监测设备的工作状态。馈电状态传感器则是检测断电和馈电状态的传感器，主要用于监测电缆芯线是否带电，实质上是测量电压或电场的传感器。接触式馈电开关状态传感器多采用电压互感原理将高压变成低压，进而通过测量电、光、磁等信号并传输到馈电开关之外及煤矿监测监控系统中。在接触式馈电状态传感器中，其传感器直接与电缆内的铜线连接，传感器外部再采用隔爆箱加以密封隔断。

位移的测量所涉及的范围相当广泛，常用的有电感式、电容式、电位式、电涡流式、差动变压器式、旋转变压器、光电编码器、光栅、磁栅等基于多种原理的位移传感器。小位移常用应变式、电感式、差动变压器式、涡流式、霍尔等原理的传感器检测，而大的位移常用感应同步器、光栅、容栅、磁栅等传感技术来测量。根据传感器的变换原理，常用的位移测量传感器可分为电阻式、电感式、电容式、磁电式和光电式等。如差动变压器式位移传感器就是一种应用广泛的位移传感器。矿井地下水水位的监测可采用超声波位移传感器。

矿山压力监测的传感器主要包括振动弦式、半导体压阻式、金属应变片式、差动变压器式等。振动弦式传感器目前被广泛使用，半导体压阻式压力传感器有可能成为未来应用的方向。

由于地下水的导通与流动往往会导致水温的变化，可采用矿用温度传感器监测矿井地下水的水温变化来预测预报突水事故发生的可能性。

矿用震动传感器主要有速度传感器、加速度传感器。通常采用灵敏度高的加速度传感器、动圈式电磁拾震器，目前使用较多的是动圈式电磁拾震器。震动传感器主要是用打钻的方式在目的区进行安装，记录周围震源震动情况，获得矿山微震事件及其衍生数据。微震监测系统可用于岩爆、矿柱、地下开采、地表岩移及塌陷、突水等潜在危险源的检测与预报。

随着传感技术的不断发展，以及成本的逐步降低，很多传感器已得到较大范围的应用，一些新型传感器不断出现并在矿井中得到推广。如高清摄像与影像传感器，各种基于激光传感器、各种加速度与陀螺仪等惯性微传感器，光纤传感器等都具有极大的应用潜力。

3.12 智能传感器

3.12.1 智能传感器概念和结构

智能传感器系统是一门现代综合技术,是当今世界正在迅速发展的高新技术,至今还没有形成统一确切的定义。智能传感器概念最初是在美国宇航局开发宇宙飞船过程中提出的,因为人们不仅需要知道宇宙飞船在太空中飞行的速度、位置、气压、空气成分等,而且宇航员在太空中进行各种实验也需要大量传感器,这就需要处理众多从传感器采集的各种数据,即使用一台大型计算机也很难同时处理如此庞大的数据,并且这些数据在宇宙飞船上操作显然是行不通的。因此,宇航局的专家们就希望传感器本身具有信息处理的功能,于是把传感器和微处理器结合在一起,这样在 20 世纪 70 年代末就出现了智能传感器。

国内众多学者广泛认为:传感器与微处理器赋予智能的结合,兼有信息检测与信息处理功能的传感器就是智能传感器(系统)。也就是说,智能传感器是具有信息采集、信息处理、信息交换、信息存储等功能的多元件集成电路,是集传感单元、通信芯片、微处理器、驱动程序、软件算法等于一体的系统级产品。

智能传感器基本结构如图 3-44 所示,一般包含传感单元、计算单元和接口单元。传感单元、微处理器和信号电路等封装在同一个壳体内。传感单元负责信号采集,计算单元根据设定对输入信号进行处理,再通过网络接口与其他装置进行通信。

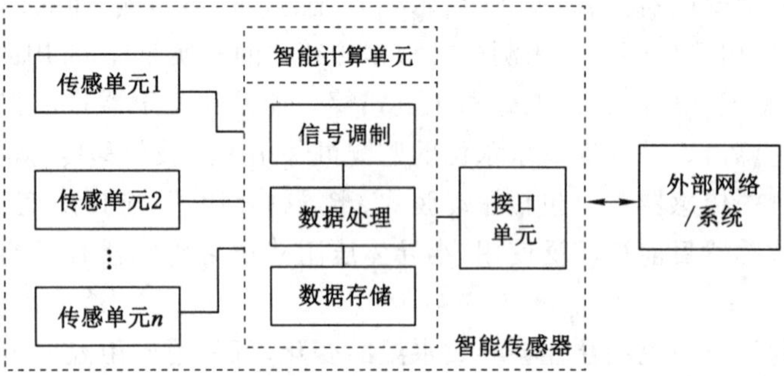

图 3-44 智能传感器基本结构

3.12.2 智能传感器功能和特点

智能传感器的功能是通过模拟人的感官和大脑的协调动作,结合长期以来测试技术的研究和实际经验而提出来的。它是一个相对独立的智能单元,它的出现对原来硬件性能的苛刻要求有所减轻,而靠软件帮助可以使传感器的性能大幅度提高,同时采用集成电路工艺和芯片以及强大的软件来实现,大大降低了传感器本身的价格。智能传感器的功能和特点如下:

(1) 逻辑判断、统计处理功能。智能传感器能对检测数据进行分析、统计和修正,能进行非线性、温度、噪声、响应时间、交叉感应以及缓慢漂移等误差补偿,还能根据工作情况调整系统状态，使系统工作在低功耗状态和传送效率优化的状态。

（2）自校零、自标定（输出值对应的输入值）、自校正（输出特性的变化）功能。智能传感器可以通过对环境的判断和自诊断进行零位和增益参数的调整，可以借助其内部检测线路对异常现象或故障进行诊断。操作者输入零值或某一标准值后，自校准模块可以自动进行在线校正。

（3）软件组合，设置多模块化的硬件和软件。用户可以通过操作指令，改变智能传感器的硬件模块和软件模块的组合方式，以达到适合多种应用场合的目的，完成不同的功能，实现多传感器、多参数的复合测量。

（4）人机对话功能。智能传感器与仪表组合在一起，配备各种显示装置和输入键盘，使系统具有灵活的人机对话功能。

（5）数据存储、记忆与信息处理功能。可以存储各种信息，例如装载历史信息、数据的校正、参数的测量、状态参数的预估。对检测到的数据随时存取，大大地加快了信息的处理速度。

（6）双向通信和标准化数字输出功能。这也是智能传感器关键标志之一，智能传感器系统具有数字标准化数据通信接口，通过 RS232、RS485、USB、I^2C 等标准总线接口，能与计算机接口总线相连，相互交换信息。

（7）复合敏感功能。我们观察周围的自然现象，常见的信号有声、光、电、热、力、化学等。智能传感器具有复合功能，能够同时测量多种物理量和化学量，给出较全面反映物质运动规律的信息。

（8）智能传感器的集成化。由于大规模集成电路的发展使得传感器与相应的电路都集成到同一芯片上，可以对传感器模拟信号进行归一化处理，对于传感器的零漂、温漂和零位可以通过自校单元定期自动校准，又可以采用适当的反馈方式改善传感器的频响，使传感器性能得到较大改善。

智能感知是煤矿智能化建设的前提条件，加强低功耗、高精度、高可靠、集成化、微型化智能传感器的研发和使用，融合图像识别、振动感知、声音感知、射频识别、电磁感应等技术，实现矿山环境数据、采矿装备状态信息、工况参数、移动巡检数据等的全面采集。形成全面感知、实时互联、分析决策、自主学习、动态预测、协同控制的智能系统，促进煤矿智能化建设的产业化升级。

本章习题

1. 简要说明传感器基本组成和每部分的作用。
2. 衡量传感器静态特性的主要技术指标有哪些？
3. 简述矿用传感器的防爆要求。
4. 催化燃烧式甲烷传感器的检测原理是什么？
5. 激光甲烷传感器的检测原理是什么？
6. 定电位电解式一氧化碳传感器的检测原理是什么？
7. 光散射式粉尘传感器的工作原理是什么？
8. 超声波风速传感器的工作原理是什么？

9. 简述光纤温度传感器检测原理及分类。

10. 常用的矿用开关量传感器有哪几种?

11. 智能传感器由哪几部分组成?

12. 根据“高低浓度甲烷传感器设计”实训内容,按本书技术指标自行设计“矿用高低浓度甲烷传感器”,要求画出设计的电路图,并制作成实物。

第 4 章　智能化矿用监控分站

煤矿智能化系统建设要求接入相应的智能化设备，有些传统设备需要进行智能化升级。随着微型计算机朝着高速度、高性能、低成本发展，传感器也向着低功耗、高精度、高可靠性、集成化、微型化、多功能的智能传感器方向发展。监控分站是被测被控量相对集中区域设置的数据采集和控制装置，分站接收传感器采集的信号，并将分站采集到的传感器数据通过网络传输到地面中心站，在地面中心站和传感器之间起到承上启下的作用。所以作为连接地面中心站和井下传感器的中间设备，监控分站的智能化升级是煤矿智能化运行的重要一环。

4.1　矿用监控分站概述

监控分站是煤矿安全监控系统的重要组成设备，主要负责采集井下环境参数和监控设备的工作情况，执行地面监控中心站及井下其他分站发送来的控制命令，是矿井监控系统的前端设备。它以微处理器为核心，能够对井下多种环境参数诸如瓦斯、风速、氧气、一氧化碳、温度湿度和设备开停状态等进行连续监测，并根据通信协议上传各种采集数据到地面中心站，能够实现地面中心站对分站发出报警和断电控制功能。除此之外，监控分站还具有线性校正、超限判别、逻辑运算等简单的数据处理能力，对传感器输入的信号和地面中心站传输来的信号进行处理，具有控制执行器工作的能力。当与地面中心站的连接出现故障时，其断电控制功能不受影响，分站可独立工作。监控分站系统结构图如图 4-1 所示。分站的具体功能有以下几方面。

4.1.1　数据采集及显示功能

(1) 分站具有模拟量信号(甲烷、风速、风压、一氧化碳、温度等)采集与显示功能，模拟量输入信号应优选数字信号。

(2) 分站具有开关量采集功能。具有馈电状态、风筒开关、风门开关、烟雾等开关量采集及显示功能。

(3) 分站具有累计量采集功能。具有瓦斯抽放等累计量的采集功能，累计量的计算与显示由地面主机完成。

4.1.2　对设备的控制功能

(1) 故障闭锁功能

当与闭锁控制有关的设备未投入正常运行或者故障时，必须切断该监控设备所监控区

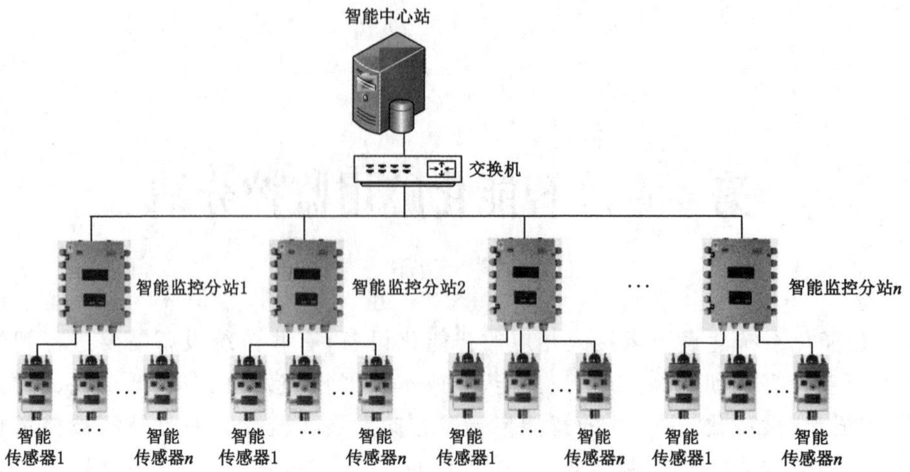

图 4-1 监控分站系统结构图

域的全部非本质安全型电气设备的电源并闭锁；当与闭锁控制有关的设备工作正常并稳定运行后，自动解锁。

(2) 甲烷电闭锁声光报警和断复电控制

甲烷浓度达到或超过报警浓度时，可控制声光报警器进行声光报警，并切断被控设备电源并闭锁，当甲烷浓度低于复电浓度时，自动解锁。

(3) 甲烷风电闭锁功能

局部通风机停止运转或风筒风量低于规定值时，进行声光报警，同时切断供风区域的全部非本质安全型电气设备的电源并闭锁；当局部通风机或风筒恢复正常工作时，自动解锁；局部通风机停止运转，掘进工作面或回风流中甲烷浓度大于 3.0%CH_4时，应对全部非本质安全型电气设备进行闭锁使之不能启动。当掘进工作面或回风流中甲烷浓度低于 1.5%CH_4时，自动解锁。

4.1.3 参数设置及信号指示功能

(1) 具有与传输接口双向通信及工作状态指示功能。

(2) 具有自诊断和故障指示功能。

(3) 具有初始化参数设置和掉电保护功能。初始化参数可通过主站或编程器输入和修改(如传感器配接通道号、量程、断电点、报警上限和报警下限等)。

4.1.4 断电保护功能

分站有备用电源或外接备用电源。当电网停电后，应能对甲烷、风速、风压、一氧化碳、局部通风机开停、风筒状态等主要监控量继续监控。

4.1.5 防爆功能

用于爆炸性环境的分站应是防爆型，其输入输出信号应满足下列要求：外接断电控制器的分站的输入、输出信号应是本质安全的；内置断电控制器的分站，除控制隔爆开关的断电信号外，其他输入输出信号应是本质安全的。

4.2　实践训练——智能监控分站设计

4.2.1　实训目的和意义

(1) 了解《煤矿安全规程》《煤矿安全监控系统通用技术要求》等规范和标准，并了解煤矿安全监控系统中，监控分站的组成、主要功能以及其在煤矿安全监控系统的重要作用。

(2) 掌握电子线路的设计方法，综合使用"电路原理""电子技术基础""现代检测技术""传感器技术与应用""单片机原理及接口技术"等课程内容。

(3) 结合煤矿安全监控系统的特点，掌握矿用电子线路的设计与普通电子线路设计的主要区别，以及矿用监控分站设计原则和基本要求。

4.2.2　设计要求

(1) 数据采集和显示功能

要具有模拟量信号、开关量信号、累积量信号采集功能。

(2) 对设备的控制功能

要具有故障闭锁功能、甲烷风电闭锁功能，并且具有闭锁声光报警和断复电控制。

(3) 防爆功能

用于爆炸性环境的分站应是防爆型，其输入输出信号应满足下列要求：外接断电控制器的分站的输入、输出信号应是本质安全的；内置断电控制器的分站，除控制隔爆开关的断电信号外，其他输入输出信号应该是本质安全的。

(4) 电气隔离

分站设计时 CPU 电路与外围电路隔离，通信线路与其他信号线路隔离。

(5) 不间断供电

外部本安电源供电，并具有备用电源。当电网停电后，保证对甲烷浓度、风速、风压、一氧化碳浓度、主要通风机、局部通风机开停、风筒状态等主要监控量继续监控。在电网停电后，备用电源应能保证系统连续监控时间不小于 4 小时。

4.2.3　使用软件

Altium Designer 20、Multisim17。

4.2.4　技术指标

(1) 防爆类型。矿用本安型，标志"Exib I"。

(2) 防护等级。IP65。

(3) 本安供电。9～24V DC，耗能不大于 500 mA。

(4) 输入信号。电压信号：0～1 V，1～5 V，0～10 V；电流信号 1～5 mA，4～20 mA；频率信号：5～15 Hz，200～1 000 Hz、0～5 000 Hz；通信接口的数字量。

(5) 输出信号。模拟量信号 1～5 mA，4～20 mA；开关量信号：1 mA/5 mA。

(6) 信号输入输出误差。模拟量输入与输出处理误差、累积量输入处理误差均应不大于0.5%。

(7) 传输距离。传感器及执行器至分站之间的最大传输距离应不小于 2 km。

(8) 分站自控断电时间。≤2 s。

(9) 外接信号容量。分站所能接入传感器、执行器的数量宜在 2、4、8、16、32、64、128 中选取,可以配接各种类型的传感器。

(10) 分站具备风电瓦斯闭锁、开关量关联报警断电、瓦斯抽放等功能。

(11) 分站输入、输出端口通用,由软件设置端口类型(模拟量、开关量、频率量)。

(12) 分站初始模块化,组态灵活,具有良好的开放性和灵活性。

(13) 分站至系统主干网络支持断电/断线续传功能。

(14) 分站抗电磁干扰等级:浪涌 4 级、脉冲群 4 级、电磁辐射 3 级。

4.2.5 智能监控分站组成

监控分站可分为本质安全型与防爆型两种类型,本质安全型监控分站内部由输入信号接口、微处理器、输出信号接口、通信模块等组成,供电需要本质安全电源提供能源,本质型监控分站具有体积小、重量轻的优点,缺点是需要外部提供专用的本质安全电源和后备电源。防爆型监控分站内部除有输入信号接口、微处理器、输出信号接口、通信模块外,还有电源变换器、后备电池等器件,特点是数据采集、处理、控制、传输、供电、后备电源一体化,但其显著的缺点就是体积大、重量沉、对外接口数量受限。因此现代的矿用监控分站都采用本质安全型与供电分开设计的方式,这种方式具有安装方便、移动灵活、成本低等显著优点。

监控分站主要由信息输入模块、信息采集模块、数据处理与存储模块、信息输出模块、信息显示模块、信息传输模块等电路组成。监控分站的基本组成框图如图 4-2 所示。监控分站将矿井下的前端传感器(甲烷、一氧化碳、温度、风速等)的信息通过信息输入电路进行相应的变换送到信息采集电路,信息传送到分站的微控制器中,微控制器对信息处理加工后,一方面存储一些必要信息,另一方面送显示器显示,同时经信息传输电路将各输入的信息打包传送到中心站,如信息异常时可进行声光报警,通知值班人员采取相应的措施。智能化监控分站还可以自行执行相应的动作从而快速切断故障。

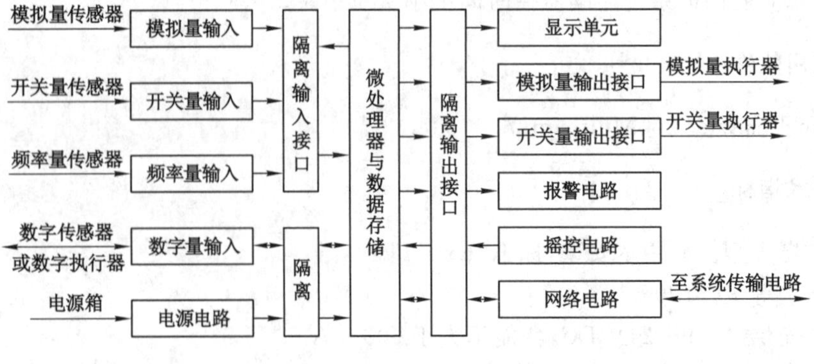

图 4-2 智能化监控分站组成框图

信息输入模块由输入接口电路、电子选择开关、滤波电路、光电隔离电路、信号放大电路等组成，电路具有本质安全隔离、抗电磁干扰等能力。

信息输入模块是一种软件、硬件组态的智能化接口，可输入模拟量、开关量、频率量，外接传感器无须考虑接口的区别，只要按要求接入即可，可用遥控器或设置软件对输入的接口进行设置，设置参数包括输入量类型、传感器名称、测量范围等参数。① 当输入量是连续的模拟量（1～5 mA、4～20 mA、1～5 V、0～10 V）时，通过软件设置，硬件将数据切换到相应的 IO，CPU 根据设置数据对模拟量进行采集，并按设置范围进行运算处理；② 当输入量是开关量时，监控分站的软件只对输入量最低与最高值设定的阈值判断输入的是高电平还是低电平，从而处理相应的程序；③ 当输入量是一个频率量（如甲烷传感器测量范围为 0～4% CH_4，输出的频率是 200～1 000 Hz）时，监控分站的软件会根据设置的参数对输入频率的周期进行测量，并算出频率，从而算出对应的甲烷含量。④ 当输入量是数字量时（具有数字量输出的传感器）监控分站可通过隔离的数据通信接口与最多 128 个传感器进行通信，通信方式为 RS-485 或 CAN 总线模式。

微处理器与信息存储电路由 32 位单片机、存储器、接口电路等组成，可完成对信号的采集、处理、控制、数据传输等功能。

显示单元由 LCD 显示器、接口电路等组成，正常时滚动显示各传感器发送来的数据和电源状态、通信指示、故障指示、开关量显示等，在数据超限时，可弹出报警窗口进行声光报警，并将报警信息保存和上传。

模拟量输出接口只提供电流型输出类型，根据设置可输出 1～5 mA 或 4～20 mA，在硬件上采用隔离、滤波等方式提高抗干扰能力。

开关量输出接口有两种类型，一种是继电器无源触点输出，另一种是光电隔离输出。继电器输出可驱动功率较大的负载，不能高速变换电平。光电隔离输出只能带较轻的负载，可高速输出信号。

遥控接收电路是由专门的红外接收芯片对红外遥控器发来的数据进行接收与解码，并将解码值发送到微控制器的 IO 口，微控制器接收遥控值后，根据按键值转到相应的程序完成传感器的配置、断电点、报警值、分站的站号等参数的设置。

网络接口电路有 RS-485 接口、CAN 接口和工业以太网接口 3 种类型，通常情况下 RS-485 和 CAN 通信接口对接各传感器，以太网接口对接地面中心站。三种通信口可通过软件遥控器设置，485 接口可设置为主站或从站，CAN 接口可设置 ID（一般情况下工程技术人员只需设置站号），以太网接口可设置 IP 等网络参数。

电源电路是将外部 9～24 V 供电变换为监控分站内部各电路模块使用的电压等级，对 CPU、存储器供电还需要隔离措施，以保证 CPU 存储的数据安全可靠。

4.2.6　矿用监控分站微控制器

监控分站使用的微控制器一般都采用单片机，目前常用的单片机有很多种，从当初的 4 位发展到 8 位、32 位，甚至更高。国内单片机使用比较多的是 51 系列、AVR 系列、MSP430 系列、PIC 系列，以及近几年深受开发者喜爱的 STM32 系列单片机。可以说种类繁多、数量庞大，不同的领域主流的单片机有所不同，设计开发可根据需求自行选择。

STM32 系列单片机是由 ST 公司推出的高性价比芯片，是 ARM Cortex-M 内核的 32 位微控制器，主要特点是拥有双 12 位 ADC，多路 UART、SPI、CAN、USB 等外围接口。目前，ST已经推出了基本型、增强型、USB基本型、互补型等一系列芯片，功能越来越强大，广泛应用在交通运输、UPS电源、充电桩、功率转换器、计算机等方面。

由于STM32系列单片机不但具有丰富的硬件资源、广泛的技术支持，而且还具有高性能、低成本、低功耗的特点，故本监控分站使用STM32F103单片机作为主控制器。其硬件资源分配如图4-3所示。

(1) 模拟量输入。模拟量输入共使用2个ADC输入端口，分别是ADC_IN0、ADC_IN1，外部信号由16路模拟开关选择，输入信号经隔离、放大后分别送ADC_IN0、ADC_IN1，一共可选择16通道的模拟量，通道15、通道16用来监测输入电压VE和变换后的V5V，其余14个量可用来监测现场的传感器的输出。

(2) 模拟量输出。由于STM32F103的中低版本没有DAC，模拟量的输出采用串行DAC方案，PIN23～PIN28作为串行DAC的数据、控制端。

(3) 开关量输出。开关量输出PC0～PC3为模拟量通道切换，I_CON1～I_CON2为电流量程切换，V_CON1～V_CON3为电压量程切换。

(4) 数据通信类。数据通信类有3个串口，串口1用来设置分站或下载程序，串口2作为RS-485通信，串口3作为LCD显示数据通信。SPI1作为以太网通信和无线网通信，两芯片的选通信号分别是W55_CS和SX_CS，只有选通信号有效时芯片才能通过SPI与CPU传输数据。CAN接口外扩隔离式CAN收发器与外部网络通信。I^2C1接口外扩一片AT24C64，用来存储设置参数。主晶振采用8 MHz有源晶振，可提高抗干扰性能。

RS232通信电路主要功能是监控分站使用前设置时，可通过此电路与PC机相连下载设置参数。电路的电平转换芯片用一片MAX232，将TTL电平转换为EIA232电平，此芯片只使用一组正电源即可获得正负信号的EIA电平。RS232通信电路如图4-4所示。

4.2.7 智能监控分站输入通道

监控分站的输入通道是信息进入分站的门户，监控分站输入的信息通常有电压信号(0～1 V，1～5 V，0～10 V)、电流信号(1～5 mA，4～20 mA)、频率信号(5～15 Hz，200～1 000 Hz，0～5 000 Hz等)、开关信号(高电平、低电平)、数字信号(RS-485)，除满足数据采集的要求外，还应具有IO通用性、强抗电磁干扰性、高可靠性等要求。

为满足监控分站能外接不同厂家各类型传感器并能同时接收不同类型的输入信号，输入通道每一接线端都可通过电压、电流、频率信号，并通过软件设置或遥控器设置进行组态。本方案中采用16路增强型模拟开关，由微控制器的ADC的一个通道进行转换。智能监控分站输入通道如图4-5所示。

1. 模拟多路开关

在数据采集系统中，经常需要对多参数进行多路采集。如果每一路都单独采用各自的输入回路，即每一路都采用放大、采样/保持和A/D等环节，不仅使系统成本成倍增加，而且会导致系统体积庞大，对系统的校准也带来很大困难。对多参数进行多路采集，通常采用公共的采样/保持及A/D转换电路(有时甚至可将某些放大电路共用)，要实现这种设计，这就需要有多路模拟开关的支持。

多路模拟开关有机械式、电磁式和电子式三大类。纯机械式开关在现代数据采集系统中已很少使用。电磁式多路开关主要是指各种继电器、干簧管等，其中干簧继电器体积小，

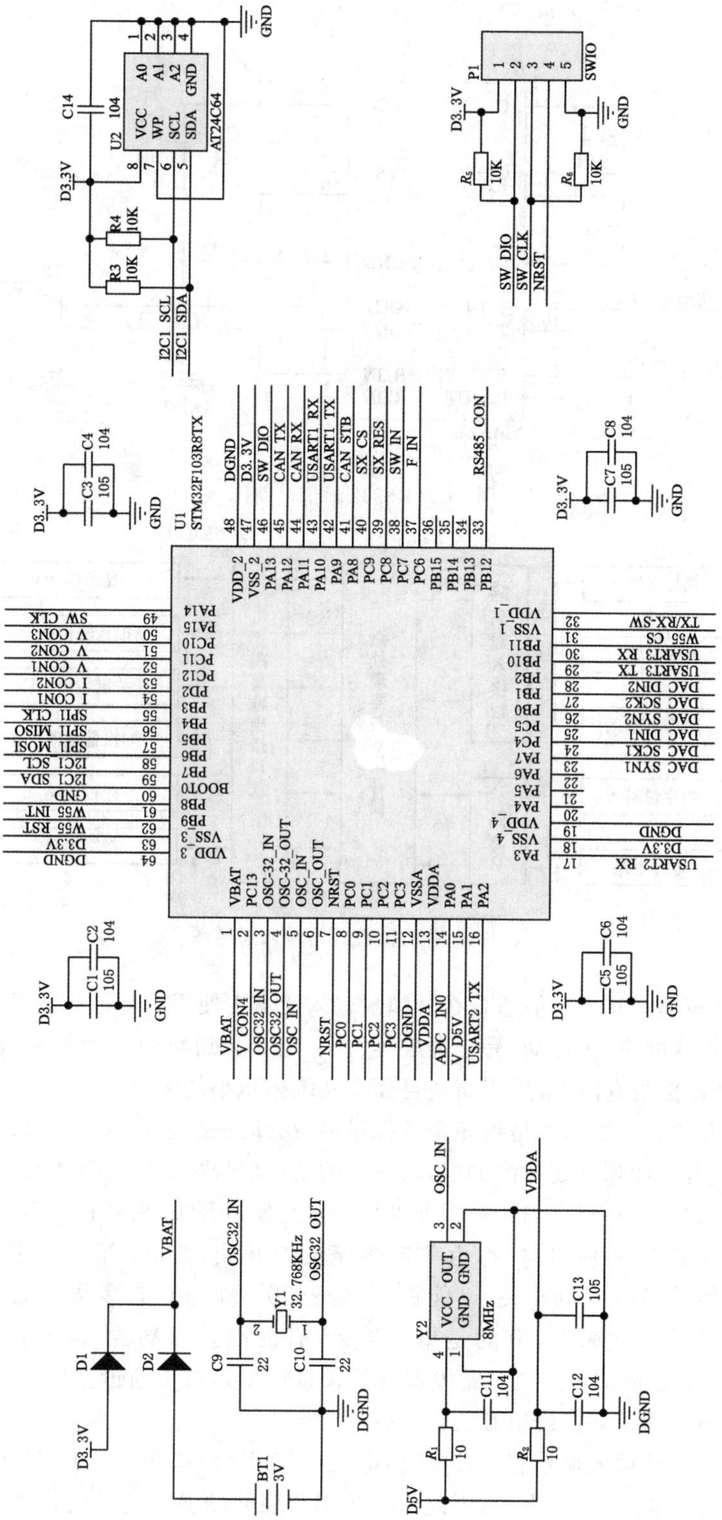

图 4-3　主控制器硬件资源分配图

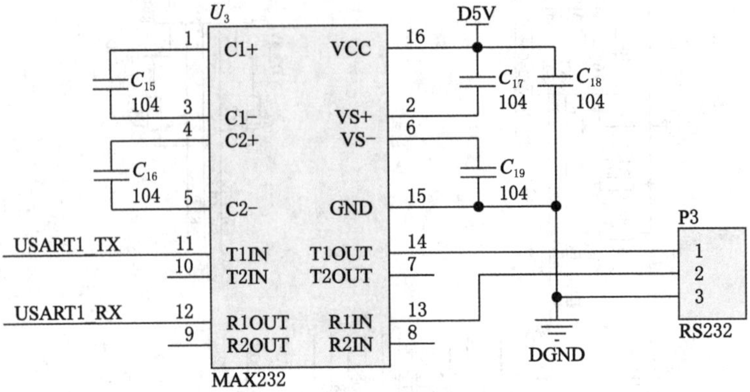

图 4-4 RS232 通信电路图

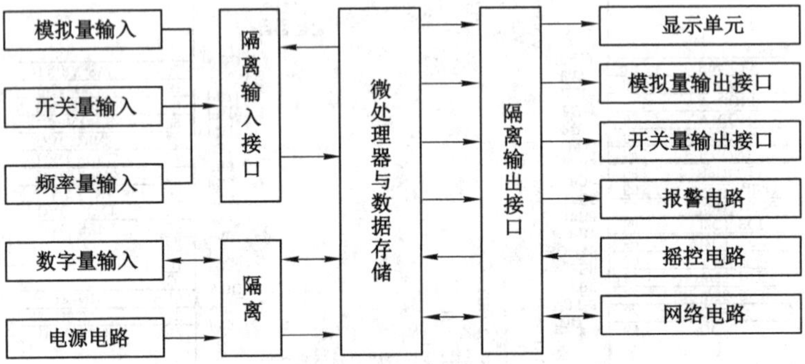

图 4-5 智能监控分站输入通道图

切换速度快,噪声小,寿命长,最适合在模拟量输入通道中使用。与电磁式模拟开关相比,电子开关具有切换速度快、无抖动、易于集成等特点,但其导通电阻一般较大,输入电压、电流容量较小,动态范围很有限,常用于高速且要求系统体积小的场合。

多路模拟开关的主要用途是把多个模拟量参数分时的接通送入 A/D 转换器,即完成多到一的转换,或者把计算机处理由 D/A 转换成的模拟信号按一定的顺序输出到不同的控制回路(或外设),即完成一到多的转换。前者称为多路模拟开关,后者称为多路分配器。这两种器件有的是只能作一种用途,称为单向多路模拟开关,如 AD7501(8 路)、AD7506(16 路);有的则既能作多路模拟开关,又能做反多路开关,称为双向多路分配器,如 CD4051。从输入信号的连接方式来分,有的是单端输入,有的则是双端输入(或称差动输入),如 CD4051、ADG408 是单端 8 通道多路模拟开关,CD4052 是双 4 通道多路模拟开关,CD4053 则是典型的三重 2 通道多路模拟开关。

因矿用监控分站输入信号有多种类型,电压 0～1 V,1～5 V,0～10 V,电流 1～5 mA,4～20 mA,有时可能达 20 V 电压,因此选择矿用监控分站输入通道的模拟开关时,要充分考虑模拟开关的通态电流、关闭时的承受电压、导通时的内阻。表 4-1 是几种模拟开关主要技术参数。

表 4-1　几种模拟开关主要技术参数

芯片	通道	$V_{DD}-V_{EE}$/V	连续工作电流/mA	峰值电流/mA	导通电阻	
					典型值	最大值
CD4051	8	18	10	/	50	160
AD7501	8	34	35	50	170	300
ADG408	8	44	20	40	100	125
AQW212S	2	60	400	1 500	0.83	2.5

从表 4-1 参数看，前 3 种模拟开关的导通电阻的典型值都很大，如前端传感器输出的电流在 20 mA 时，连续工作电流只有 AD7501 和 AQW212S 满足要求，但 AD7501 导通电阻达170 Ω，电流通过模拟开关时，芯片的损耗会很大，如果将取样电阻放在模拟开关的前端，导通电阻一般不会影响电路正常工作，但测量电压时还是要将取样电阻切换成阻值较大的电阻，这样会增加电路的复杂度，更会增加成本。因此本设计选择 AQW212S 做模拟开关，AQW212S 内部功能如图 4-6 所示，AQW212S 是松下公司生产的 2 通道固态继电器，控制端的 LED 工作电流仅 0.9 mA，可使输出侧的 MOS 管完全导通，导通电阻典型值为 0.83 Ω，最大 2.5 Ω，输出侧的 MOS 管耐压达 60 V。

2. 矿用监控分站的输入通道组成

矿用监控分站的输入通道由输入保护电路、增强型多路开关、I/V 变换、量程切换电路组成，监控分站输入通道原理框图如图 4-7 所示。

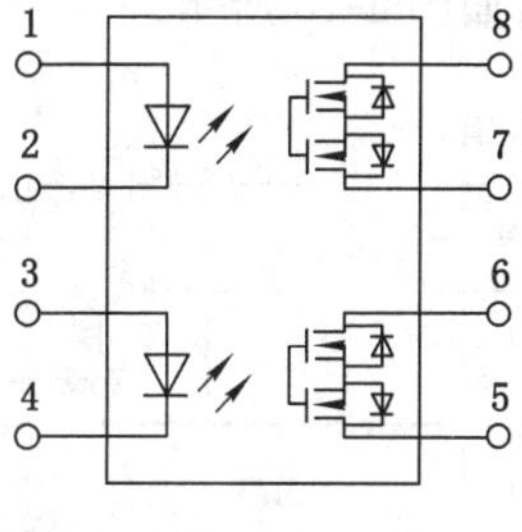

图 4-6　AQW212S 内部功能图

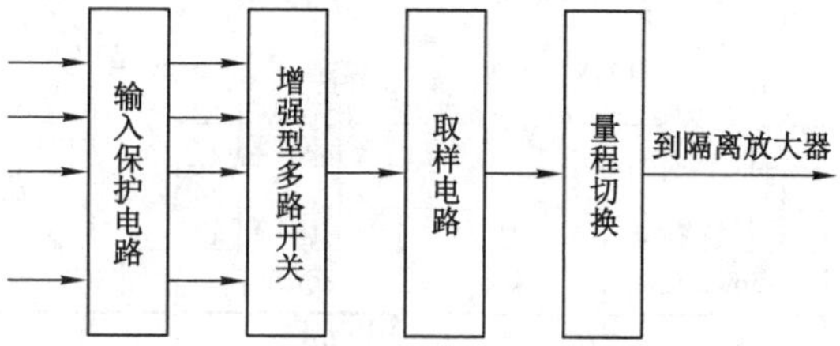

图 4-7　监控分站输入通道电路框图

(1) 输入保护电路

输入保护电路是将传感器来的信号中高次谐波滤除，同时用瞬态抑制二极管(TVS)管抑制浪涌过电压。输入保护电路采用两级保护，由 R_{20}、R_{21}、C 组成一个 T 型滤波器，输入保护电路如图 4-8 所示。将信号中的高频干扰滤除，过压保护采用 TVS 完成，瞬态抑制二极管又叫钳位型二极管，是目前国际上普遍使用的一种高效能电路保护器件，它的外形与普通二极管相同，但却能吸收高达数千瓦的浪涌功率，它的主要特点是在反向应用条件下，当承受一个高能量的大脉冲时，其工作阻抗立即降至极低的导通值，从而允许大电流通过。同时把电压钳制在安全数值上，其响应时间仅为 10^{-12} s，因此可有效地保护电子线路中的精密元器件。TVS 允许的正向浪涌电流在温度为 25 ℃，时间小于 10 ms 条件下，可达 50～200 A。双向 TVS 可在正反两个方向吸收瞬时大脉冲功率，并把电压钳制到预定水平，双向 TVS 适用于交流电路,单向 TVS 一般用于直流电路。可用于防雷击、防过电压、抗干扰、吸收浪涌功率等,是一种理想的保护器件,耐受能力用瓦特(W)表示。

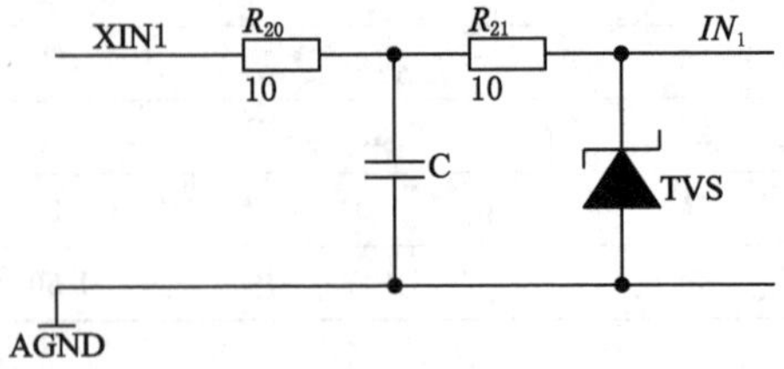

图 4-8　输入保护电路图

TVS 的反向击穿电压、通流容量在电路设计时应重点考虑。在直流回路中,应当有:$U_{BR\ min} \geqslant (1.3 \sim 1.6) U_{max}$,其中 U_{BR} 为直流 TVS 的反向击穿电压,U_{max} 是直流回路的电压峰值。

监控分站的最大输入电压 $U_{max} = 20$ V,选 $U_{BR} = 1.5U_{max}$,则 TVS 的 $U_{BR} = 30$ V,选 30 V的单向 TVS 即可。

(2) 增强型多路开关

由于监控分站的输入信号类型比较杂,有电压型、电流型、频率型、开关型,因此多路开关设计难度比较大,一是现有的模拟开关芯片很难满足要求,如果在前端加类型转换及量程转换会使电路过于复杂,成本也大幅提高,因此本设计采用光耦继电器完成信号切换,增强型输入信号选择电路如图 4-9 所示,增强型输入信号译码电路如图 4-10 所示。

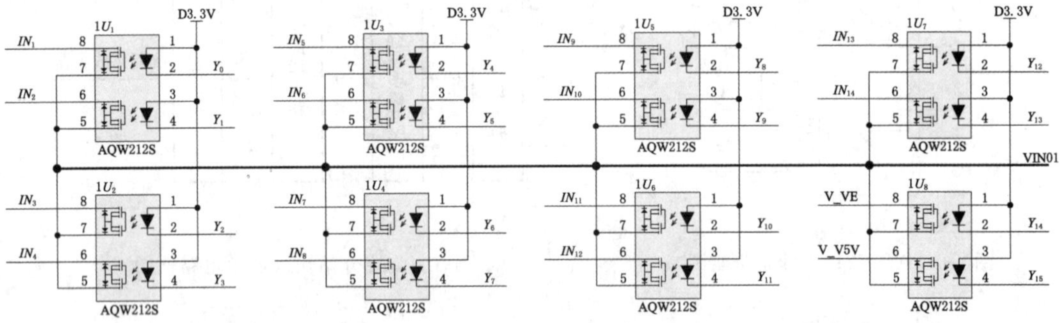

图 4-9　增强型输入信号选择电路图

增强型输入信号选择电路由 8 片光耦继电器 AQW212 组成选通开关,输入信号为 $IN_1 \sim IN_{16}$,输出为 VIN_{01},信号切换由 $Y_0 \sim Y_{15}$ 控制。当 YX 为低电平时,对应的电子开关导通,信号通过;YX 为高电平时,对应的电子开关关闭,对应的信号无法通过。使用光耦继电器的优点是工作电流大,导通电阻小。I/V 变换电路与量程变换、隔离放大器电路可以放在信号选择器的后面,这样便于减少器件,从而减少成本。由 CPU 来的 $PC_0 \sim PC_3$ 经 74LV138 译码后,经排阻 RR1 限流驱动光耦中的二极管。

微控制器只要根据程序轮流改变 $PC_0 \sim PC_3$ 的值就可以选通对应的信号,PC_4 为低电平时,选通 $Y_0 \sim Y_7$,PC_4 为 1 时,选通 $Y_8 \sim Y_{15}$。

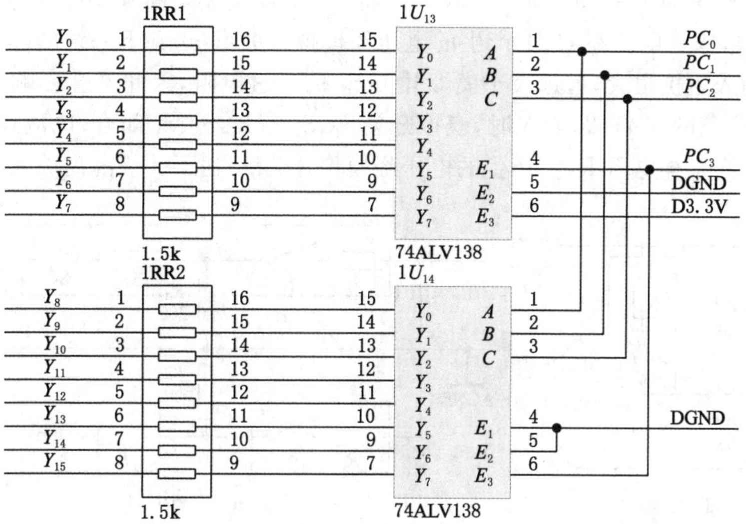

图 4-10　增强型输入信号译码电路图

(3) I/V 变换与量程切换

经模拟开关选择的信号有电流型(1～5 mA,4～20 mA)、电压型(0～1 V,1～5 V,0～10 V)、开关型(0,1)、频率型(0～5 000 Hz),I/V 变换与量程切换电路要将信号转换为两大类,一是将模拟信号统一转换为电压(0～1 V),二是将开关量、频率量轮换为标准的 TTL 电平信号。

① I/V 变换

电路采用精密取样电阻将电流信号转换为 0～1 V 的电压信号,由于电流型信号有 1～5 mA、4～20 mA 两种,需要 2 种电阻阻值进行变换,对应 1～5 mA 电流:电阻值为 $R_i = V_{max}/I_{max} = 1\ V/5\ mA = 200\ \Omega$。4～20 mA 电流:电阻值为 $R_i = V_{max}/I_{max} = 1\ V/20\ mA = 50\ \Omega$,对于两种电流,监控分站是在使用前进行设置输入通道时确定每通道输入属性的,分站的程序在切换到相应的通道时,程序根据预先设置的输入类型及大小,控制切换外部的电阻的大小,有如下两种方案。

I/V 转换电路方案 1:采用两个精密电阻串联,电路如图 4-11(a)所示。当电流为 1～5 mA时,模拟开关 S_0 断开,输入电流 I_{IN} 经电阻 $R_{i1}+R_{i2}$ 变换为电压。当电流 I_{IN} 为 5 mA 时,电压为 200 Ω×5 mA=1 V;当输入电流范围为 4～20 mA 时,模拟开关 S_0 闭合,输入电流经 R_{i1} 与 R_s 并联,再与 R_{i2} 串联,产生的电压为 $I_{IN}\times(R_{i2}+\frac{R_{i1}R_s}{R_{i1}+R_s})$。可见由于模拟开关的导通电阻的存在,使采样电阻的阻值产生变化,一般的模拟电子开关的导通电阻都在几十欧,并且不稳定,随着温度的变化产生较大波动,即使采用 AQW212 这样的低导通电阻的模拟开关(实为光耦继电器)导通电阻也在 1～3 Ω 之间变化。因此这样电路的切换开关除非使用机械继电器或干簧管,R_s 在毫欧级,但机械式开关存在动作慢、机械寿命有限问题,可见这种电路在要求精度高的情况下并不实用。

I/V 转换电路方案 2：这种电路仍采用两个取样电阻，四个模拟开关，电路如图 4-11(b) 所示。当输入范围为 1～5 mA 时，模拟开关 S_1、S_2 闭合，S_3、S_4 断开，输入电流经模拟开关、R_{i1} 回到传感器，输入电流在 R_{i1} 上产生的电压经模拟开关 S_2 送到下一级的隔离放大器。由于放大器的输入阻抗很大，远远大于模拟开关 S_2 的通过电阻，因此不会影响电路的转换精度；当输入电流范围在 4～20 mA 时，模拟开关 S_1、S_2 断开，S_3、S_4 闭合，电流经模拟开关 S_3、采样电阻 R_{i2}，在采样电阻 R_{i2} 上产生的电压经模拟开关 S_4 送下一级隔离放大器。

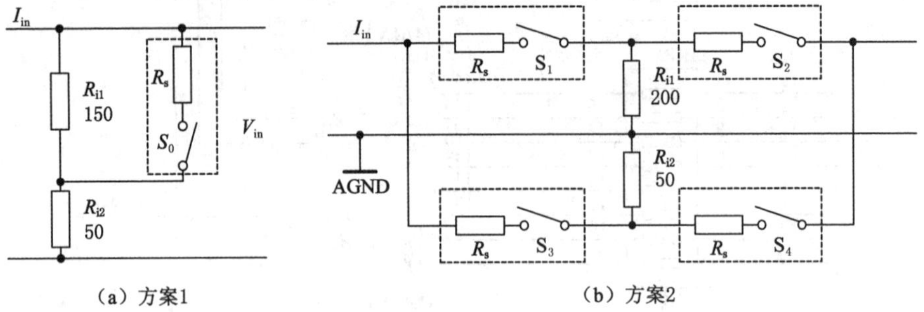

图 4-11　两种 I/V 转换电路图

② 量程变换

电压输入量程切换电路如图 4-12 所示。当设置的某通道是电压输入时，量程转换电路采用电压输入电路。当输入电压为 0～1 V 时，模拟开关 S_5、S_6 闭合，S_7、S_8 断开，输出电压等于输入电压；当输入电压为 1～5 V 时，S_5、S_7 闭合，S_6、S_8 断开，输入电压经电阻 $R_{i4}+R_{i5}$ 分压后输出，最大为 1 V；当输入电压为 0～10 V 时，模拟开关 S_5、S_8 闭合，S_6、S_7 断开，输出经 R_{i5} 分压后输出，最大输出电压为 1 V。此电路在实际工作时，输出电压经电阻分压后也会由于模拟开关的导通电阻影响输出值，但由于 S_5 的导通电阻最大只有几欧，相对分压电阻 50 kΩ 来说只有万分之一的影响，对于监控分站来说在允许范围内。信号转换及量程切换实际电路如图 4-13 所示，信号转换及量程切换状态见表 4-2。

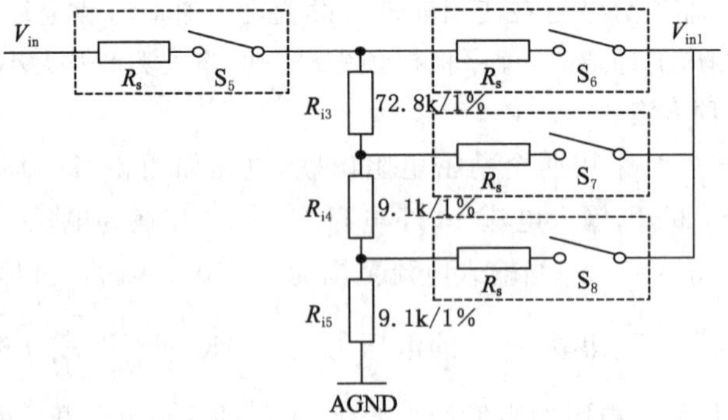

图 4-12　电压输入量程切换电路图

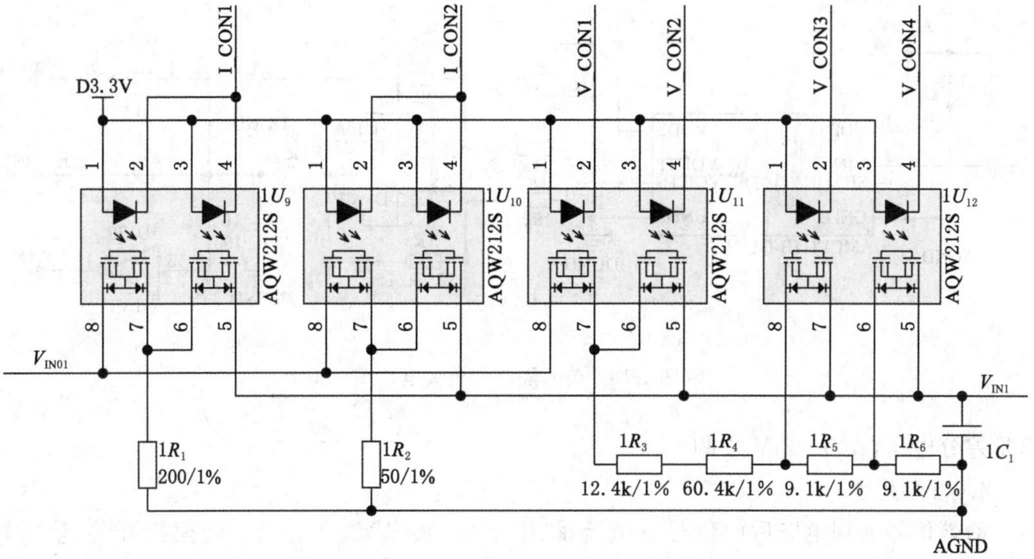

图 4-13　信号转换及量程切换实际电路图

表 4-2　信号转换及量程切换状态

输入类别	模拟开关								输出电压		
	S_1	S_2	S_3	S_4	S_5	S_6	S_7	S_8	当前值	最小	最大
1～5 mA	1	1	0	0	0	0	0	0	$V_{OUT}=I_{IN}R_{i1}$	0.2	1
4～20 mA	0	0	1	1	0	0	0	0	$V_{OUT}=I_{IN}R_{i2}$	0.2	1
0～1 V	0	0	0	0	1	1	0	0	$V_{OUT}=V_{IN}$	0	1
1～5 V	0	0	0	0	1	0	1	0	$V_{OUT}=V_{IN}(R_{i4}+R_{i5})/(R_{i3}+R_{i4}+R_{i5})$	0.2	1
0～10 V	0	0	0	0	1	0	0	1	$V_{OUT}=V_{IN}R_{i5}/(R_{i3}+R_{i4}+R_{i5})$	0	1
开关量 1/5 mA	1	1	0	0	0	0	0	0		0.2	1
频率量	1	1	0	0	0	0	0	0		0	1

3. 数据隔离

为保证监控分站能安全稳定的工作，微控制器部分所有的 IO 及供电都要与外界进行电气隔离，本节只讨论经模拟开关、量程转换电路后的信号进行隔离方法，模拟信号隔离方法有多种，最常用的方法是压频变换方式、采用线性光耦组成的隔离放大器 AD 采样-数字隔离-DA 复原等方法，本设计采用 AMC1311B-Q1 进行隔离，信号隔离与放大电路如图 4-14所示。

AMC1311B-Q1 是一款符合汽车标准的隔离放大器，有极高的输入阻抗，输入电压为单极性，最大为 2 V，输出为差分电压，放大倍数恒定为 1。此放大器的输出与输入电路由抗电磁干扰性能极强的隔离栅隔开。隔离栅提供峰值高达 7 kV 的增强型电隔离。与隔离式电源结合使用时，该隔离放大器可将以不同共模电压电平运行的系统的各器件隔开，并防止较低电压器件损坏。AMC1311B-Q1 的输入侧供电采用 A3.3V 电源，在芯片电源管脚处用电容进行滤波，输出侧由 D3.3V 供电。输入信号来自量程转换电路，范围在 0～1 V 之间，输

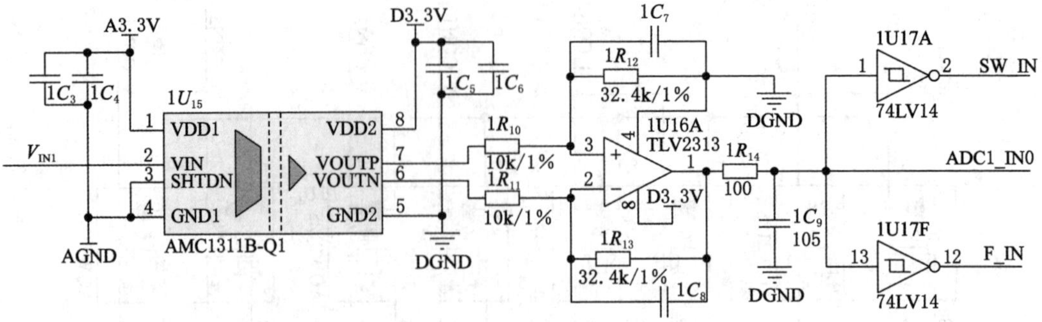

图 4-14　信号隔离与放大电路图

出是差分电压，在 0～2 V 之间。

4. 信号处理

前端信号处理电路后的信号有电流量、电压量、频率量、开关量。经模拟开关、量程转换、隔离等电路处理后，电流量、电压量统一转换为 0～1 V 范围的模拟信号，开关量与频率量也由隔离器件输出对应的差动信号。

(1) 监控分站的模拟量处理

前端来的模拟信号是 0～1 V 的差动信号，需要由电路转换为 AD 输入范围的量，由于 STM32F103 的 AD 是单端输入，电压范围在 0～3.3 V 之间，因此，要将 0～1 V 的差分信号转换为单端的 0～3.3 V 电压范围内的信号。

由于本监控分站在前端已经将信号变换为 0～1 V 的差动信号，为使电路简洁，放大器采用单电源运算放大器 TLV2313 实现，TLV2313 是双通道运算放大器，集低功耗与良好的性能于一体。该系列具有轨到轨输入和输出(RRIO)摆幅、低静态电流(典型值为 65 μA)、高带宽(1 MHz)以及超低噪声(1 kHz 时为 26 nV/Hz)等特性。因此对于需要在成本与性能间实现良好平衡的各类电池供电应用。此外，该系列器件具有低输入偏置电流，适合用于源阻抗高达兆欧级的应用。

电路使用一个运算放大器实现差分转单端信号，当 $R_{10}=R_{12}$，$R_{11}=R_{13}$ 时，输出电压为 $(V_P-V_N)R_{13}/R_{12}$。

当输入信号为 1～5 mA、4～20 mA、1～5 V 时，经转换后归一化到 0.2～1 V，电路最小输出电压为 $(V_P-V_N)R_{13}/R_{12}=0.648$ V($V_p-V_N=0.2$ V)，最大输出为 $(V_P-V_N)R_{13}/R_{12}=3.24$ V($V_P-V_N=1$ V)，输入 ADC 电压范围为 0.648～3.24 V；当输入信号为 0～1 V 及 0～10 V时，电路输出为 0～3.24 V。

CPU 内置 ADC 转换器是 12 位转换精度，当 CPU 的 V_{DDA} 供电电压为 3.3 V 时，对应的数字量为 4 095，输入量 $V_{IN}=3.3D/4096$，其中 D 是经 ADC 转化后的数字量。当 ADC 的输入电压 $V_{IN}=0.648$ V 时，对应的数字量 $D_{min}=804$，当 $V_{IN}=3.24$ V 时，对应的数字量 $D_{max}=4\ 021$，$D_{max}-D_{min}=4\ 021-804=3\ 217$，转换精度满足要求。

(2) 监控分站的开关量处理

当模拟选择开关选择开关量输入时，信号经由模拟开关、电压量程转换、信号隔离、放大器后，当低电平时，放大器输出为 0 V，高电平为 3.2 V，此信号经 U_{11A} 整形后送 CPU 的 IO

口，监控分站程序可用扫描方式，也可采用中断方式处理开关量变位。

(3) 监控分站的频率量处理

当模拟开关选择到频率量输入时，信号也是经由模拟开关、电压量程转换、信号隔离、放大器后，由 U_{11A}、U_{11B} 两级整形后送 CPU 的频率检测端口，使用 CPU 内部的定时器，内部计数方式测量信号的周期，经计算后得到输入的频率量，经频率量可算出对应量的测量值。由于监控分站的输入信号种类比较多，在每种信号输入时模拟开关导通的时间是不同的，一般电压量、电流量、开关量占用时间比较短，在一个毫秒内，而当输入的是频率量时，由于要测量信号的周期，模拟开关导通时间至少要大于一个信号周期，矿用传感器的输出频率最低的是 5～15 Hz，则最大周期为 200 ms，为保证测量的准确性，模拟开关选通频率信号时最少要 500 ms。

(4) 模数(A/D)转换

STM32F1 系列一般都有 3 个 ADC，这些 ADC 可以独立使用，也可以双重使用(提高采样率)。STM32F1 的 ADC 是 12 位逐次逼近型的模拟数字转换器。它具有 18 个复用通道，可测量来自 16 个外部源、2 个内部源信号。这些通道的 A/D 转换可以单次、连续扫描或间断模式执行。ADC 的结果可以左对齐或右对齐方式存储在 16 位数据寄存器中。ADC 具有模拟看门狗特性，允许应用程序检测输入电压是否超出用户定义的阈值上限或者下限。

① STM32F1 ADC 结构框图

STM32F1ADC 拥有非常强大的功能，其内部结构如图 4-15 所示。

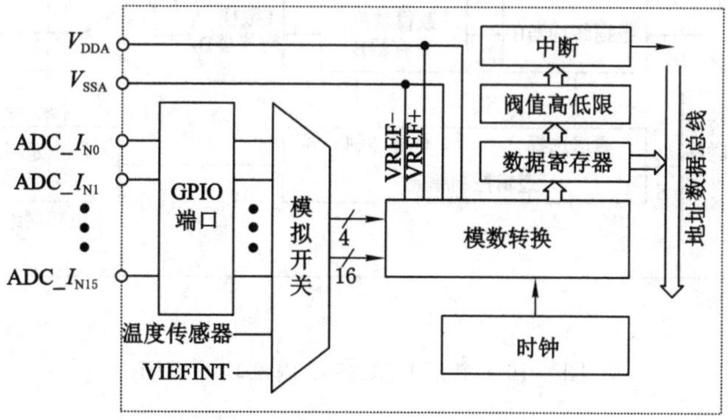

图 4-15　STM32F1 ADC 结构框图

② STM32F1 ADC 的供电与参考电压

ADC 输入电压范围为：$V_{REF-} \leqslant V_{IN} \leqslant V_{REF+}$。由 V_{REF-}、V_{REF+}、V_{DDA}、V_{SSA} 这四个外部引脚决定。对于中低档的 STM32F1 系列，通常把 V_{SSA} 和 V_{REF-} 接地，把 V_{REF+} 和 V_{DDA} 接 3.3 V，因此 ADC 的输入电压范围为：0～3.3 V。

虽然 STM32F1 对外部有 16 通道的 12 位 ADC，由于监控分站设计时考虑干扰问题，对外部来的信号统一采取隔离方式，模拟开关采用外部 16 通道循环选通方式，输入信号除采集外部的各种传感器的信号外，还对监控分站本身的几个工作电压进行监测。

4.2.8　智能监控分站输出通道

智能监控分站的输出通道一般有模拟量输出和开关量输出，为了提高抗干扰能力和本安需求，都采用隔离方式输出。模拟量输出为1～5 mA或4～20 mA电流信号，可以就近控制一些电器设备的开度、转速等量，开关量输出为1 mA或5 mA或继电器触点输出，控制一些电器的启停。电流输出电路可以采用CPU的D/A转换器输出电压，再经V/I变换电路转换为相应的电流即可实现。

1. 模拟量输出

对于监控分站的模拟量输出，通常情况下指的是电流输出，有1～5 mA，4～20 mA两种范围，监控分站常用的微控制器没有直接电流的输出IO，因此只能通过D/A输出电压后再转换为电流，也可以用微控制器的IO输出PWM波，经滤波后转换为电压，再转换为电流信号。

(1) 采用外扩DAC转换器产生电流信号

由于中小规模的STM32F103单片机内部没有集成DAC单元，采用外扩DAC方案，DAC选用串行DAC8532，它是一款双通道、16位数模转换器，可提供低功耗操作和灵活的串行主机接口。每个片上精密输出放大器均可实现轨到轨输出摆幅在2.7～5.5 V的电源范围。该器件支持标准3线串行接口，能够在$V_{DD}=5$ V时，输入数据时钟频率高达30 MHz。功能框图如图4-16所示，DAC8532管脚如图4-17所示。

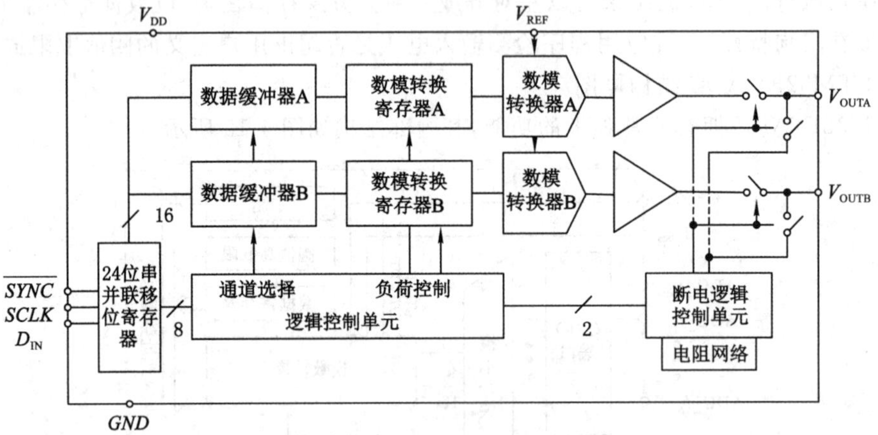

图4-16 串行DAC8532内部功能框图

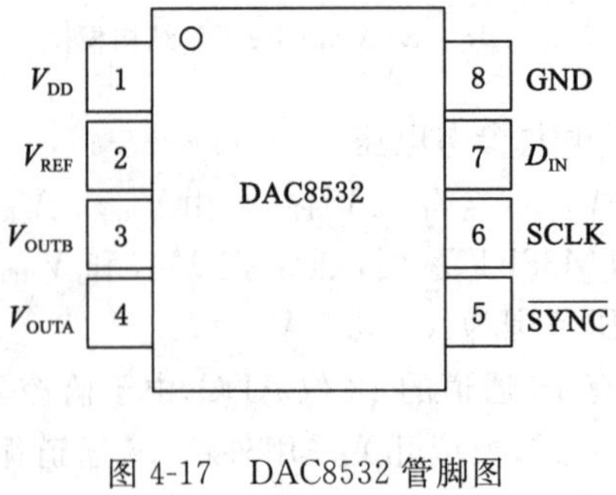

图4-17 DAC8532管脚图

DAC8532输入编码是单极直接二进制，理想的输出电压由下式给出：

$$V_{OUTX}=V_{REF}\times\frac{D}{65\,536} \tag{4-1}$$

其中 D 是加载到 DAC 寄存器的二进制代码的十进制等效值；它的范围可以从 0～65 535。V_{OUTX} 指通道 A 或 B。

(2) DAC8532 与微处理器接口

监控分站的模拟量输出有 4 个相同的通道，监控分站模拟量输出硬件框图如图 4-18 所示。

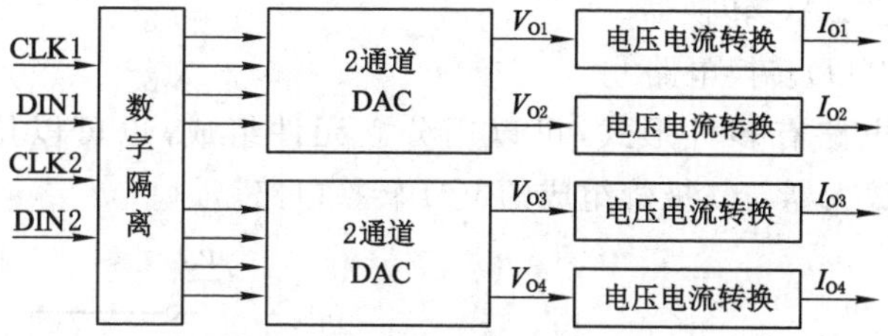

图 4-18　监控分站模拟量输出硬件框图

监控分站模拟量输出硬件由三个部分组成：一是数字隔离电路，此电路将数字信号进行隔离，以提高硬件电路的抗干扰能力；二是串行 DAC 转换器，将数字信号转换为电压信号；三是电压电流转换电路，主要功能是将 DAC 来的电压转换为对应的电流输出。

模拟量输出采用 2 片 DAC8532 数模转换器，组成 4 路模拟量输出 V_{OUT1}～V_{OUT4}。基准电压采用 REF5025 芯片，基准电压为 2.5 V。DAC8532 输出电压 $=V_{REF}D/65\ 536$，当输入的数字量为 0～65 535 时，DAC8532 电压输出为 0～2.5 V，此电压经电压电流转换后变为 1～5 mA 或 4～20 mA 的电流，监控分站的模拟量输出电路图如图 4-19 所示。

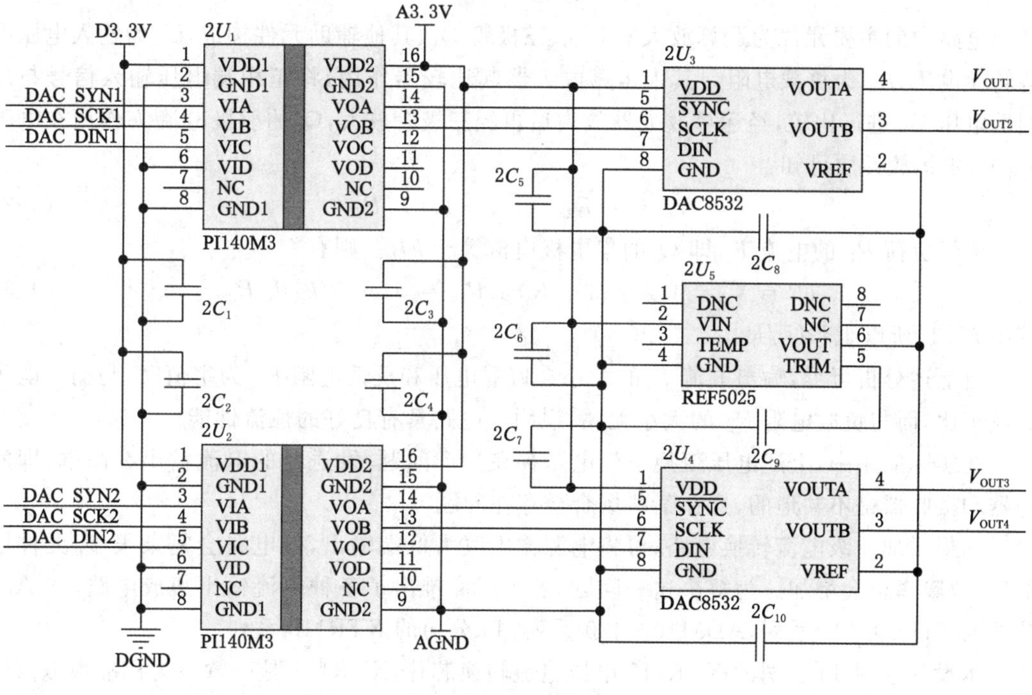

图 4-19　监控分站的模拟量输出电路图

DAC8532与微控制器接口隔离，数字隔离芯片有很多种类，有ADUM1400系列、SI8421系列、ISO7742系列，本设计中采用荣湃的π140M3数字隔离芯片，此数字隔离芯片具有超低功耗、高速率、高抗干扰能力、增强型ESD防护能力，工作电压3～5.5 V。

来自微控制器的时钟、数据、锁存信号经数据隔离芯片后到2片DAC8532数模转换芯片，每通道输出电压可通过软件编程在0～2.5 V范围内变化，为保证在输出量程变化时输出的精度，采用16位DAC转换器。

(3) 电压电流(V/I)转换电路

电压电流转换电路有多种形式，可以用分立元件组成，也可以用运算放大器设计，图4-20是一个运算放大器与三极管组成的V/I转换电路。

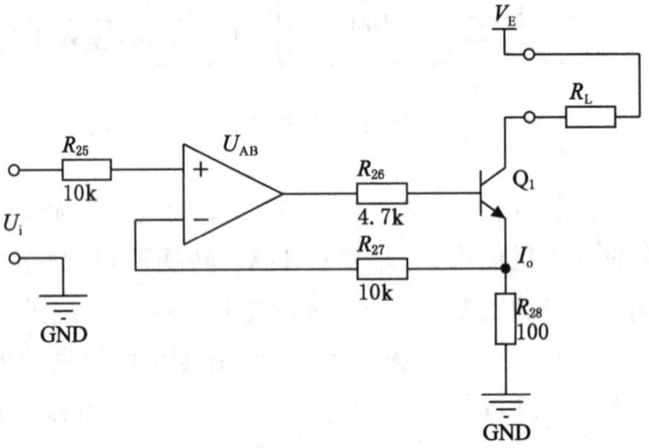

图4-20 V/I转换电路图

电路中的主要元件为运算放大器U_{AB}、三极管Q_1、其他辅助元件构成，U_i为输入电压即待转换电压，R_L为负载电阻。其中运算放大器起比较器作用，将正相端电压输入信号与反相端电压V_-进行比较，经运算放大器放大后再经三极管放大，Q_1的射极电流I_e作用在电阻R_{28}上，由运放性质可知：

$$V_- = I_e R_{28} = (1+K) I_b R_{28} \tag{4-2}$$

流经负荷R_L的电流I_o，即Q_1的集电极电流等于kI_b。则有

$$U_i = V_+ = V_- = (1+K) I_b R_{28} = (1+1/k) I_o R_{28} \tag{4-3}$$

其中$k \geqslant 1$，所以$I_o \approx U_i/R_{28}$。

由上述分析可见，输出电流I_o的大小在偏置电压和反馈电阻R_{28}为定值时，与输入电压U_i成正比，而与负载电阻R_L的大小无关，说明了电路具有良好的恒流性能。

在实际应用中，上述电压变换电流电路存在一个问题，发送器的电流输出在高端，即发送器和接收器是不共地的，这在某些场合会存在问题。

如果增加一级电流转换电路，可将电源输出改为低端输出，但电路会复杂很多，元件增加后，故障率也会增加。为解决这一问题，各大厂商推出了各种电流输出集成电路，如ADI公司的AD420/421系列，AD5410/5420系列，TI公司的XTR110系列。

本设计选用TI公司的XTR111电压电流转换芯片，XTR111是一款专为标准模拟信号设计的精密电压电流转换器，输出电流可满足大多数应用，最大可输出36 mA，非线性达0.002%，失调漂移1 μV/℃，精度0.015%，工作电压7～44 V，外接PMOS管。XTR111功

能框图如图 4-21 所示。

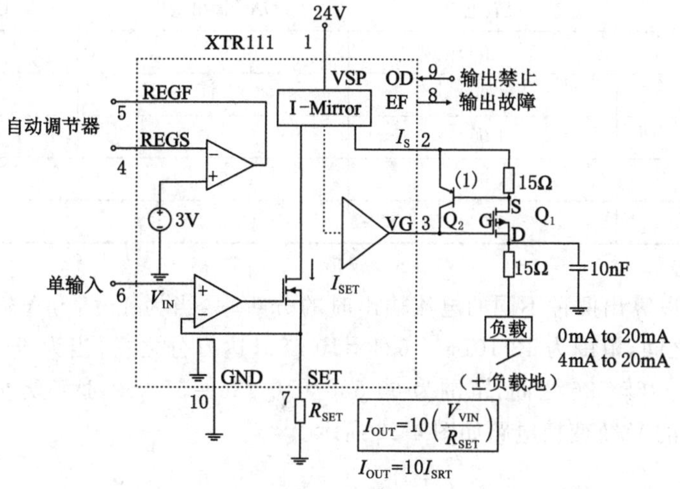

图 4-21　XTR111 内部功能框图

XTR111 与 0～5 V 信号输入相关的 0～20 mA 基本连接，稳压器是设置为 5 V 输出，输入电压 V_{IN} 经 MOS 管加载在电阻 R_{SET} 上并控制 1/10 的输出电流。I-Mirror 具有 10 倍的精确电流增益。传递函数见公式(4-4)：

$$I_{OUT} = 10(V_{IN}/R_{SET}) \tag{4-4}$$

通过选择 R_1 和 R_2，可以将稳压器的输出设置在 3 V 至 12 V 的范围内，输出电压可参考公式(4-5)计算。

$$V_{REGF} = 3V(R_1 + R_2)/ R_2 \tag{4-5}$$

电流设置电阻选择：由于 DAC8532 的最大输出为 2.5 V，当 $V_{IN}=2.5$ V 时，使 XTR111 输出为 25 mA，根据公式(4-4)可得，$R_{SET}=10\ V_{IN}/I_{OUT}=10\times2.5/0.025=1\ 000$ Ω，可选择低温漂高精度电阻(10 PPM，0.1%)。

输出量程处理：矿用监控分站的电流输出为两种范围，1～5 mA、4～20 mA，由于在选择 DAC 时选择了 16 位的 DAC8532，监控分站程序在运行时，根据模拟量输出的设置输出不同范围的数字量，即可达到改变硬件就能转换不同的输出范围的电流。根据 DAC8532 转换器数字量与输出电压关系，可算出不同电流输出时需要的数字量，不同数字量电压、电流的输出值见表 4-3。

表 4-3　不同数字量电压、电流的输出值

V/I 输出电流	设置电阻	DAC 输出电压	DAC 的数字量
0.1	1 000	0.01	262
1	1 000	0.1	2 621
2	1 000	0.2	5 243
3	1 000	0.3	7 864
4	1 000	0.4	10 486

表 4-3(续)

V/I 输出电流	设置电阻	DAC 输出电压	DAC 的数字量
5	1 000	0.5	13 107
10	1 000	1	26 214
15	1 000	1.5	39 322
20	1 000	2.0	52 429
25	1 000	2.5	65 536

由表 4-3 可以算出两种不同的电流输出时的分辨率，当为 1～5 mA 输出时，数字量由 2 621～13 107 之间，范围为 13 107－2 621＝10 486，达万分之一；当为 4～20 mA 输出时，数字量在 10 486～65 536 之间，范围为 65 536－10 486＝55 050，达五万分之一，完全满足要求。XTR111 的 V/I 变换电路如图 4-22 所示。

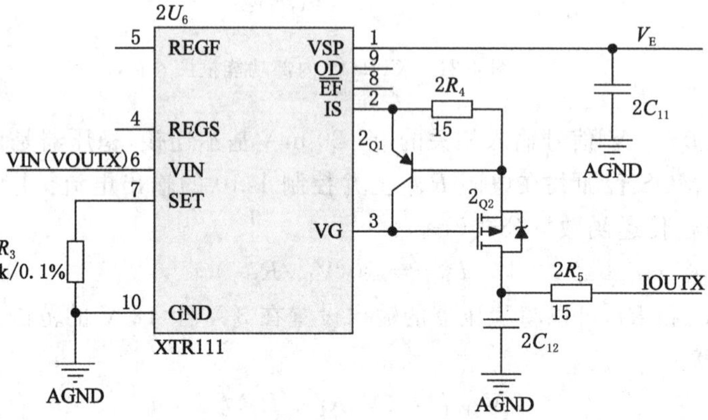

图 4-22　XTR111 的 V/I 变换电路图

共使用 4 片 XTR111，对应的电压输入分别是 DAC 的 V_{OUT1}～V_{OUT4}，输出为 4 个电流输出，分别是 I_{OUT1}～I_{OUT4}。

2. 开关量输出

开关量输出电路有 4 个通道，2 个通道的电信号输出，输出为两个状态，分别是 0(1 mA)，1(5 mA)；2 个通道的继电器触点输出，每个通道有 3 个端子，分别是公共端(COM)、常闭(NC)、常开(NO)，监控分站的开关量输出硬件框图如图 4-23 所示。

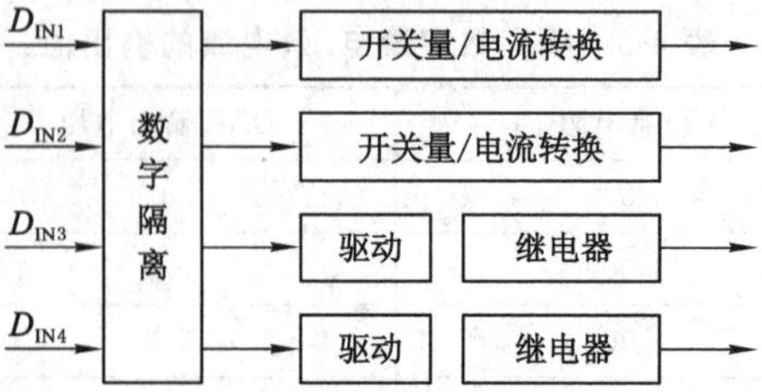

图 4-23　监控分站的开关量输出硬件框图

(1) 开关量的电信号输出

开关量电信号输出时,高电平时输出 5 mA,低电平时 1 mA,电路原理如图 4-24 所示。

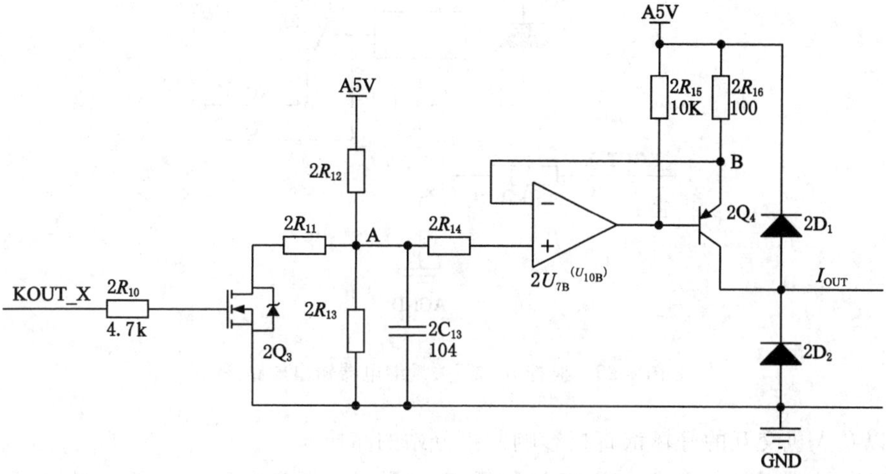

图 4-24　开关量电信号输出电路图

开关断开状态时,输出电流为 1 mA,流过取样电阻 $2R_{16}$ 的电流也为 1 mA,此时 $2R_{16}$ 上的电压为 100 Ω×1 mA=0.1 V,B 点电压为 V_B=5 V−0.1 V=4.9 V,来自隔离芯片的开关信号 KOUT_X 为低电平时,PMOS 管 $2Q_3$ 截止,A 点电压由 $2R_{12}$、$2R_{13}$ 分压,设为 V_A=4.9 V。

$$V_A = 5 \times 2R_{13}/(2R_{12} + 2R_{13}) = 4.9\ \text{V} \tag{4-6}$$

选 $2R_{13}$=51 kΩ,$2R_{12}$=(5−4.9)×$2R_{13}$/4.9=1.02 kΩ。

开关闭合状态时,输出电流为 5 mA,流过取样电阻 $2R_{16}$ 的电流为 5 mA,$2R_{16}$ 的电压为 0.5 V,B 点电压 V_B=5−0.5=4.5 V,使 KOUT_X 输出为高电平,PMOS 管 $2Q_3$ 导通,$2R_{11}$ 与 $2R_{13}$ 并联,等效电阻为 R_A,此时的 A 点电压由 $2R_{12}$、R_A 分压,调整为 4.5 V。

$1/R_A=1/2R_{11}+1/2R_{13}$,又 $2R_{12}$=1.02 kΩ,V_A=4.5 V,可算出 R_A=9.18 kΩ,根据并联公式,可算出 $2R_{11}$=11.19 kΩ,取标准值为 11.3 kΩ。

(2) 开关量的继电器输出

当一些设备需要较大的驱动功率时,同时还不希望有电的联系,电流型开关信号是不符合要求的,可采用继电器输出方式,继电器开关量输出电路图如图 4-25 所示。

来自隔离芯片的 KOUT_X 是低电平时,驱动三极管截止,继电器的输出 COM 与 NC 相连,当 KOUT_X 为高电平时,驱动三极管导通,继电器的 COM 与 NO 相连,完成开关动作。

继电器的优点是输出可带较大功率,可靠性高,是一种常用的开关器件,但其动作速度受机械的限制不能太高。

4.2.9　矿用监控分站的显示

监控分站的显示器,除正常显示常规的监测数据外,还需要显示系统在故障时的故障状态及故障位置,在设置时可通过显示器查看各参数设置数据,因此,显示器的显示信息容量

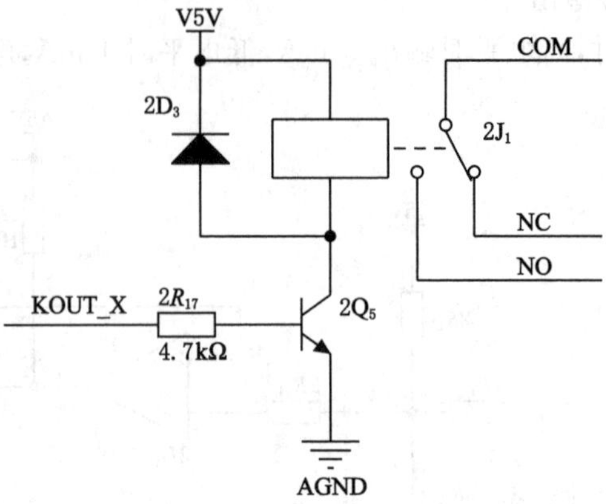

图 4-25　监控分站开关量继电器输出电路图

的大小以及人机交互的好坏都直接影响监控分站的品质。

监控分站常用显示方式是用 LED 数码管，这种显示器具有显示亮度大、成本低，寿命长等优点，缺点是显示内容简单，只能用代码表示一些功能或数据内容，非专业人员很难读懂。LCD 显示器是点阵式显示，可根据需要选择不同尺寸的 LCD 显示器，LCD 可以显示数字外，还可以显示汉字、图片、动画、视频等信息。OLED 显示器是近几年商品化的一种可自发光的显示器，OLED 采用有机发光二极管显示，显示可视角度大、功耗低、对比度高、反应速度快、可弯曲，显著特点是工作温度范围宽，在零下 40 ℃可以正常工作，但其价格较高。

本监控分站采用界面可组态的串口 LCD 显示器，显示接口电路如图 4-26 所示。串口分辨率为 480×272，供电电压为 D5V 电源，显示器消耗电流为 220 mA，亮度可用命令调节，串口波特率范围为 2 400～921 600 bps，通讯模式为 8 位数据位，1 位停止位，无校验。串口屏有自己的指令集，内部集成汉字库和 8 MB 的 flash 存储器，可存储图片及数据。串口屏都有自己的界面开发软件，一般经简单组态就可完成界面设计，在应用时只需切换界面与要写入显示数据就可自动显示。

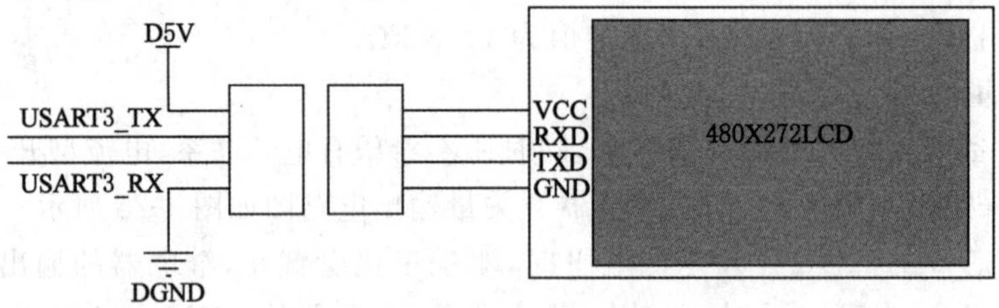

图 4-26　显示器接口电路图

4.2.10　矿用监控分站数据通信

矿用监控分站通信电路是承上启下的重要电路，一方面通过通信接口将传感器的数据采集上来，另一方面将采集的数据传送到中心站。矿用监控分站的常用通信电路有 RS-485、CAN-BUS、以太网等标准。

1. RS-485 通信电路

RS-485 总线式通信电路由于其电路简单和总线拓扑、价格低廉、程序控制容易，在井下广泛使用。RS-485 的特点如下：

RS-485 的最大数据传输速率为 10 Mbps，在传输上采用差分驱动与差分接收相结合，增强了抗干扰能力，最大传输距离达 3 km，在一个总线上可连接多达 128 个收发器，半双工网络只需两根线，通常采用屏蔽双绞线。

(1) 光电隔离式 RS-485 通信电路

在通信电路中，光电隔离电路简单、价格低，早期的通信隔离都采用光电隔离式，光电隔离式 RS-485 通信电路如图 4-27 所示。$3U_1$～$3U_3$ 光电隔离器件将 CPU 端的数字电路与外部的通信电路进行了电隔离，$3U_4$ 为 RS-485 总线驱动器，$3TV_1$～$3TV_4$、$3TB_1$、$3GD_1$ 是总线保护电路，可吸收来自现场的差模和共模干扰。信号接收 RXD 用 $3U_1$ 完成，当 CPU 允许接收数据时，程序将 RS-485_CON 置为低电平，$3U_4$ 的 2、3 脚为低电平，允许接收。485 总线的差分数据经 $3U_4$ 变为单端的数据经 $3U_4$ 的 R_0 输出。高电平时，$3U_1$ 内部的发光管截止，光耦的输出端经 $3R_3$ 上拉为高电平，当 R_0 的数据为低电平时，$3U_1$ 中的发光管导通发光，$3U_1$ 的输出为低电平，数据经 USART2_RX 送到 CPU 的接收管脚。当 CPU 发送数据时，程序将 RS-485_CON 置为高电平，欲发送的数据由 USART2_TX 经光耦 $3U_3$ 送到 $3U_4$ 的发送管脚，由 MAX485 芯片转换为差动信号加载到总线上。

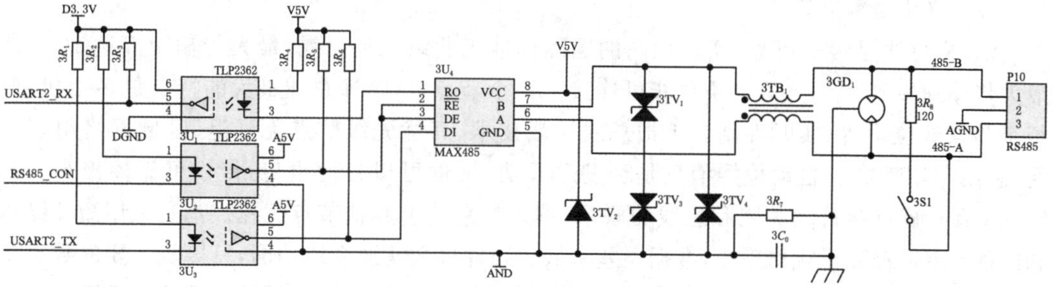

图 4-27　光电隔离式 RS-485 通信电路图

(2) 数字隔离式 RS-485 通信电路

数字隔离式 RS-485 通信电路是采用数字隔离芯片进行电气隔离，图 4-28 中采用一片 4 通道的国产数字隔离芯片 π141M3，其中有 3 通道为正向通道，1 通道的反向通道，数字隔离芯片的优点是占 PCB 面积小，速度快，有的可达上百兆，隔离电压有 3 kV 和 5 kV。本电路的总线保护采用另一种拓扑方式，线路中除采用 TVS、放电管外，还使用快恢复保险 PTC。

(3) 集成隔离式 RS-485 通信电路

集成隔离式 RS-485 通信电路是厂家直接将信号隔离、总线驱动直接集成在一块芯片中，这类芯片有很多种，如 ADM2483、IL485、CA-IS3088 等，甚至一些厂家将隔离电源、总线保护器件也集成在一个很小的模块中。此设计中总线保护是复合型的保护方式，集成隔离式 RS-485 通信电路如图 4-29 所示。

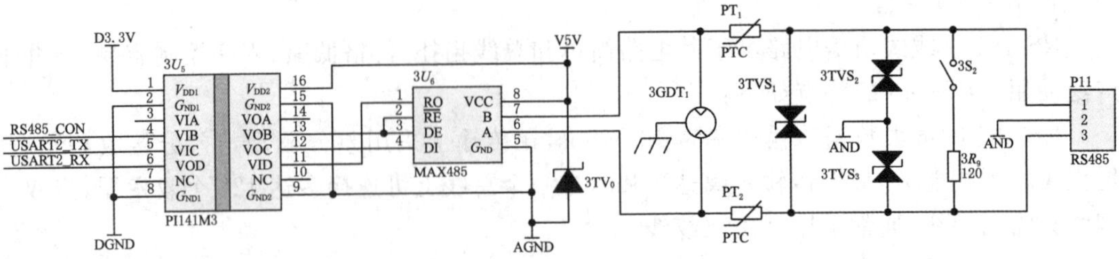

图 4-28　数字隔离式 RS-485 通信电路图

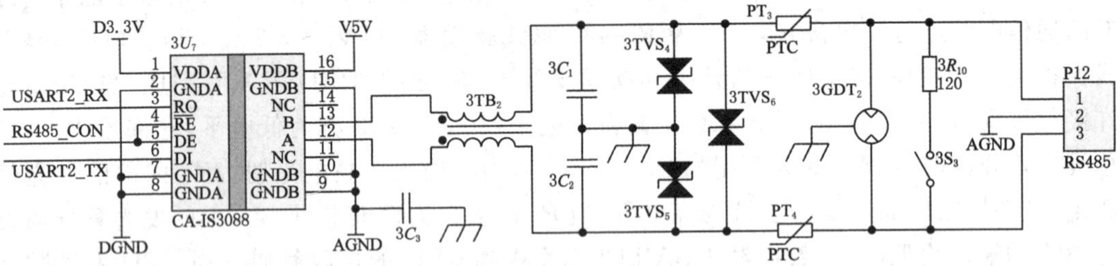

图 4-29　集成隔离式 RS-485 通信电路图

2. CAN 通信电路

CAN 总线是传输可靠、实时性高的国际标准工业级现场总线，最大传输距离达 10 km，最大传输速率达 1 Mbps，单条总线可连接 110 个节点。CAN 总线最大的特点是多主机制，每个节点地位平等、实时性高。无损总线仲裁技术、高优先级节点无延迟、区域网络组建方便、总线利用率高。自动检测消息是否发送成功，硬件可以自动重传，传输可靠性极高。出错的 CAN 节点会自动关闭和总线的联系，不影响总线上其他节点工作。消息采用短帧结构和硬件 CRC 校验，干扰概率小，数据误差率低。硬件报文滤波系统功能，只接收必要的数据信息，减轻 CPU 负担，简化管理软件编程。通信可以采用普通双绞线、同轴电缆及光纤等。

常用总线控制器种类很多，与 CPU 接口方式也不同，有的是并行总线方式，有的是串行总线方式，有的直接集成在 CPU 中，常见的 CAN 独立的控制器有 INTEL 的 82256、82257，PHILIPS 的 82C200、SJA1000，CPU 内部集成 CAN 控制器的有 8XC196CA、8XC592、P51XA-C3、68HC05X4、STM32F103 等。

本设计采用 STM32F103CPU 内部的 CAN 控制器，对外接口管脚只有 CAN_H，CAN_L，只要外扩 CAN 总线收发器就可以。

STM32F103 的 CAN 控制器支持 2.0A 和 2.0B 标准，比特率高达 1 Mbit/s。它可以接收和发送带有 11 位标识符的标准帧，以及带有 29 位标识符的扩展帧。它有 3 个发送缓冲器、2 个 3 级深度接收 FIFO 和 14 个可扩展的滤波器组。

常用 CAN 收发器有 82C250、TJA1050、TJA1044、SIT1050 以及隔离 CAN 收发器 IS3052、ISO1042、ADM3050 等，下面介绍几种 CAN 收发器与 STM32F103 接口方法。

(1) 光电隔离式 CAN 通信电路

光电隔离式 CAN 通信电路采用 2 片高速光电耦合器 TLP2362，将 CPU 的发送与接收信号与 CAN 收发器 PCA82C250 进行电气隔离。光电隔离式 CAN 通信电路如图 4-30 所示。

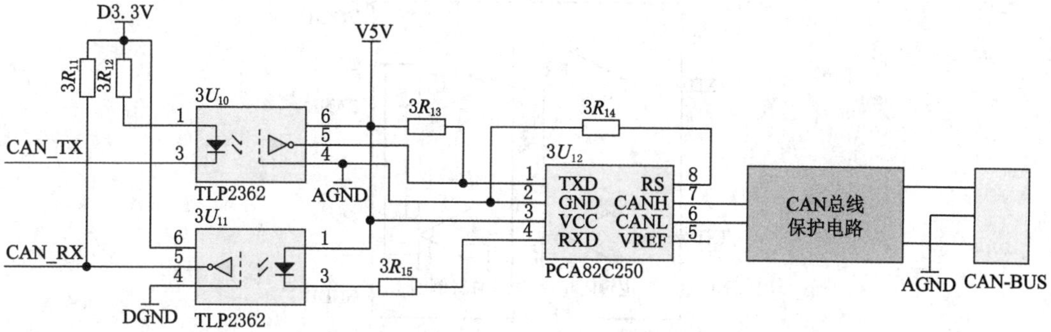

图 4-30　光电隔离式 CAN 通信电路图

(2) 数字隔离式 CAN 通信电路

数字隔离芯片采用 π141M3，最高工作频率为 10 Mbps，隔离电压为 3 kV，CAN 收发器采用 TJA1044T，利用数字隔离器 π141M3 与总线收发器 TJA1044T 完成一个数字隔离式 CAN 通信电路，基于 TJA1044 的数字隔离式 CAN 通信电路如图 4-31 所示。

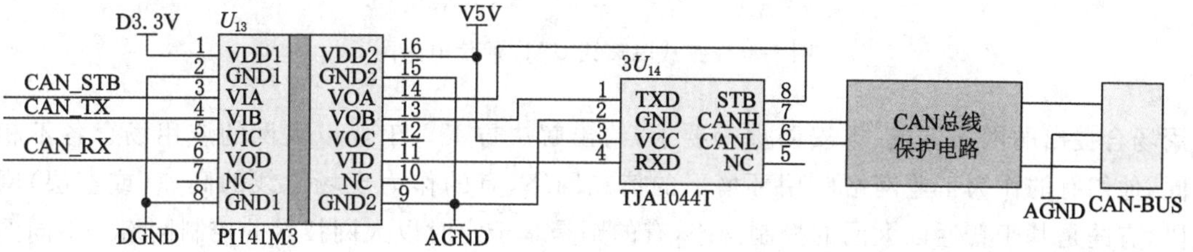

图 4-31　基于 TJA1044 的数字隔离式 CAN 通信电路图

(3) 集成隔离式 CAN 通信电路

集成隔离式 CAN 收发器有多种类型，如 ISO1042、TJA1052、CA-IS3052 等，本设计中采用 8 脚的 CA-IS3052 隔离式收发器。

CA-IS3052 是上海川土微电子有限公司生产的隔离式 CAN 收发器，是一款隔离式控制器区域网络(CAN)物理层收发器，支持有效值 5 kV 隔离耐压等级，共模瞬态抗扰度大于 100 kV/μS，集成有主动态超时功能和热关断保护。该器件逻辑侧可以使用 3.3 V 电源供电，总线侧则使用 5 V 电源供电，十分适用于环境恶劣的工业控制场合。因为在工控场合中，逻辑侧一般使用 3.3 V 电源为微控制器等低压设备供电，而总线侧通常使用 5 V 电源保证高信噪比。CA-IS3052 功能框图如图 4-32 所示。

CA-IS3052 有主动态超时、热判断、限流保护等功能。集成隔离式 CAN 通信电路实际应用电路如图 4-33 所示。

3. 工业以太网(RJ45、光纤)

工业以太网是以太网、甚至互联网技术延伸到工业应用环境的产物。工业以太网既属于信息网络技术，也属于控制网络技术。工业以太网在继承或部分继承以太网原有核心技术基础上，应对适应工业环境性、通信实时性、时间发布、各节点的时间同步、网络的功能安全和信息安全等问题，提出相应的解决方案，并添加控制应用功能，还要针对某些特殊的应

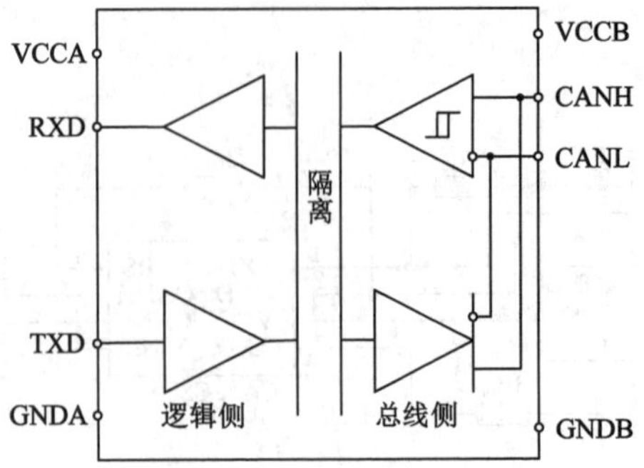

图 4-32　CA-IS3052 内部功能框图

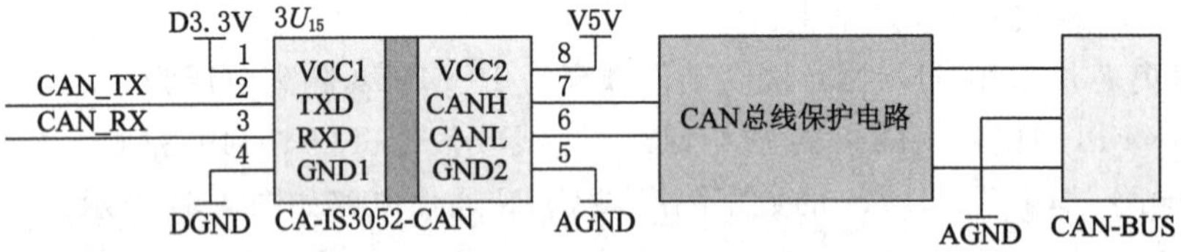

图 4-33　集成隔离式 CAN 通信电路图

用场合提出的网络供电、本安防爆等要求，给出解决方案。工业以太网的应用场合各不相同，他们有的作为工业网络应用环境下的信息网络，有的作为现场总线的高速（或上层）网段，有的是基于普通以太网的控制网络，有的则是基于实时以太网技术的控制网络。不同网络层次，不同应用场合解决的问题就需要特色技术。

双绞线以太网指的是一个以太网的物理层，使用多根绝缘铜线电缆成对双绞线来传输信号。也就是说，在这个网络里互联网协议提供了数据链路层的服务。其他的以太网电缆标准适用同轴电缆或者光纤。

有许多种不同的标准适用于这种基于的铜线物理媒介。最广泛使用的包括 10BASE-T、100BASE-TX 和 1000BASE-T（吉比特以太网），速率分别为 10 Mbit/s、100 Mbit/s 和 1 000 Mbit/s(1 Gbit/s)，这三种标准都使用相同的连接头。更高速的设计几乎都兼容较低速的标准，因此在大多数情况下不同速率标准的设备可以自由混合使用。它们都使用 8 个触点的水晶头，通常在双绞线以太网中叫作 RJ45。线缆通常使用四对或者更多的双绞线。这三种标准中的每一个都同时支持全双工和半双工标准。按照标准，它们都在长达 100 m 以上的距离正常运作。

以太网常用数据处理芯片有多种，如 DM9051、TLK110、W5500、DP83848、TJA1100、CH395 等芯片，与控制器接口有 MII、RMII、SPI、UART，有的硬件支持多种协议，有的需要控制器软件参与，标准都为 IEEE802.3、10/100BASE-T，为减少 CPU 的负担及 IO 口，本设计采用 W5500。

(1) W5500 芯片

W5500 是一款全硬件 TCP/IP 嵌入式以太网控制器，为嵌入式系统提供了更加简易的互联网连接方案。W5500 集成了 TCP/IP 协议栈，10/100M 以太网数据链路层(MAC)及物理层(PHY),只要用户使用单芯片就能够在他们的应用中拓展网络连接。

WIZnet 全硬件 TCP/IP 协议栈支持 TCP、UDP、IPv4、ICMP、ARP、IGMP、以及 PPPoE 协议,W5500 内嵌 32K 字节片上缓存以供以太网包处理。使用 W5500 需要一些简单的 Socket 编程就能实现以太网应用,这将会比其他嵌入式以太网方案更加快捷、简便,用户可以同时使用 8 个硬件 Socket 独立通讯。

W5500 提供了 SPI(外设串行接口)从而能够更加容易与外设 MCU 整合,而且 W5500 使用了新的高效 SPI 协议支持 80 MHz 速率,从而能够更好地实现高速网络通信。为了减少系统能耗,W5500 提供了网络唤醒模式(WOL)及掉电模式。W5500 管脚分配如图 4-34 所示。

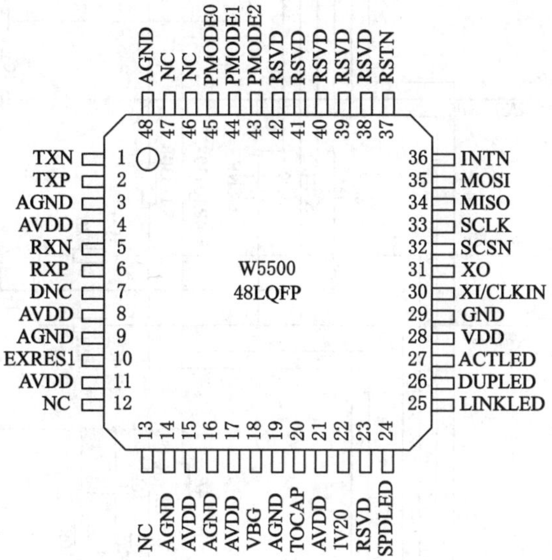

图 4-34　W5500 管脚分配图

(2) W5500 硬件接口

W5500 作为从机用 SPI 接口与微控制器相连,与微控制器连接的信号有片选信号(SCSN 接微控制的 W55_CS)、时钟信号(SCLK 接微控制器的 SPI1_CLK)、数据输入信号(MISO 接微控制器的 SPI1_MISO)、数据输出信号(MOSI 接微控制器的 SPI1_MOSI)、中断信号(INTN 接微控制器的中断 IO)、复位信号(RSTN 接微控制器的 IO)。

W5500 与以太网接口,为减小体积 RJ45 接口可选用带网络变压器的。芯片的数字电路供电直接用 D3.3V 电源,经电感 $4L_1$、电容 $4C_1$、$4C_2$ 退耦后为 A3.3V 供芯片的模拟电路使用,芯片的时钟采用 25 MHz 的无源晶振,如果现场干扰比较大,可选用有源晶振。W5500 与控制器接口电路如图 4-35 所示。

(4) 无线通信

作为现代的智能化监控分站,有的现场需要无线接入设备,如人员定位数据、设备工作状态数据、冲击地压无线检测传感器数据、放顶区域的一次性无线多参量检测传感器等。

煤矿井下无线通信技术并没有随着地面通信技术的快速发展而快速进步,而是一直处于远远滞后状态,煤矿通信技术从早期的漏泄电缆,到电力线载波,再到比较成熟的 ZigBee、WiFi、UWB,但一直没有形成标准,各大厂家、公司各自为政,自行拟定自己的通信协

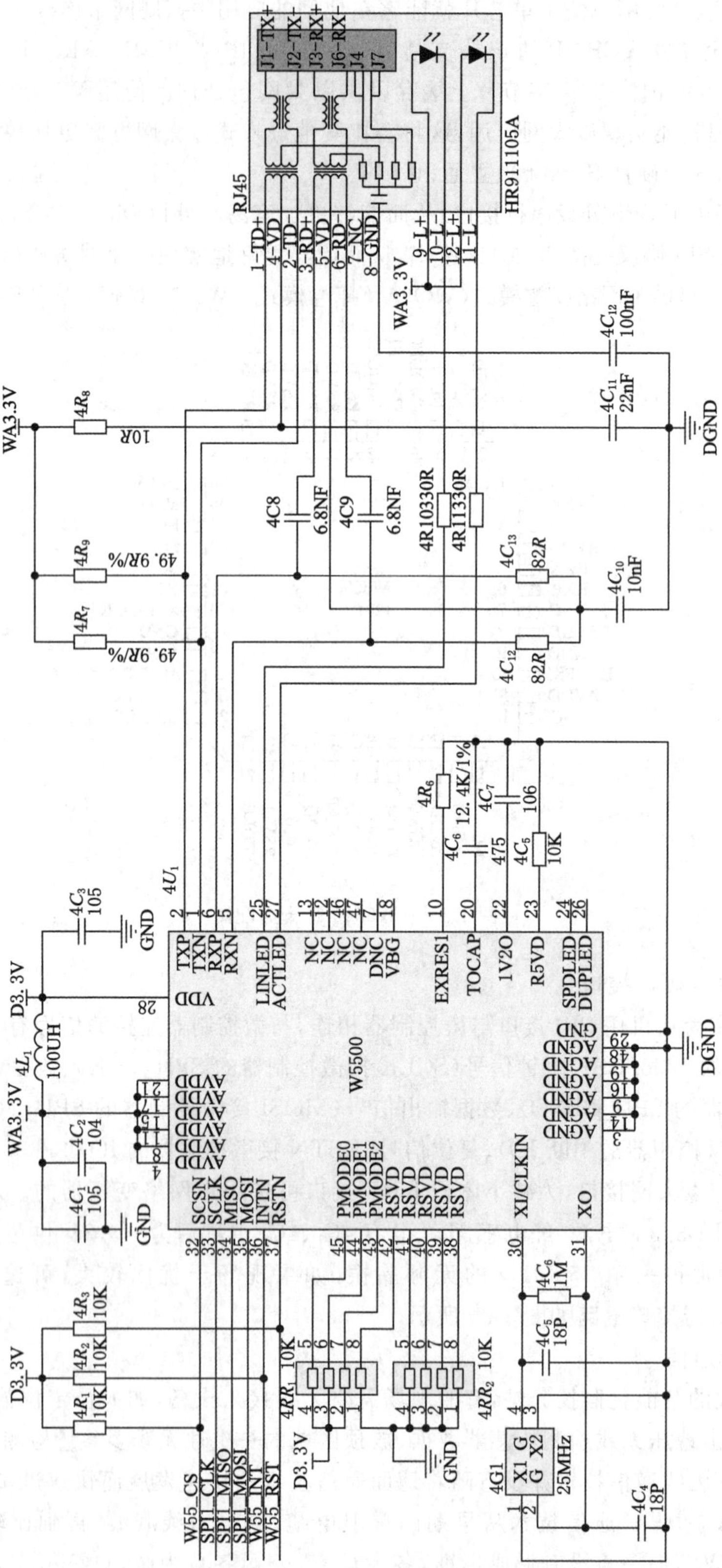

图4-35　W5500与控制器接口电路图

议，各公司产品不相兼容，这种局面很大程度影响了煤矿井下无线通信的发展。

无线数传模块有很多种类，目前常见的有 WIFI、LORA、GSM/GPRS、4G 等，接口常见有 TTL232、SPI、I^2C 接口等。

本设计采用 LOLA 数据通信芯片实现监控分站无线接入设备的通信链路，LORA 即远距离无线电（Long Range Radio），是 Semtech 公司创建的低功耗局域网无线标准，它最大特点就是在同样的功耗条件下比其他无线方式传播的距离更远，实现了低功耗和远距离的统一，它在同样的功耗下比传统的无线射频通信距离扩大 3～5 倍。

（1）LOLA 的特性

LOLA 采用扩频技术，具有通信距离远（在城镇可达 5 km，开阔地可达 15 km）、容量大（每个 LOLA 网关可接上万个 LOLA 节点）、抗干扰强的特点。

本设计中监控分站作为一个 LOLA 网关，前端的各种传感器、设备等是 LOLA 的终端节点。终端节点的数据经监控分站 LOLA 网收集后，再由以太网发送到地面的中心站服务器。监控分站区域内的各 LOLA 节点与监控分站的拓扑图如图 4-36 所示。

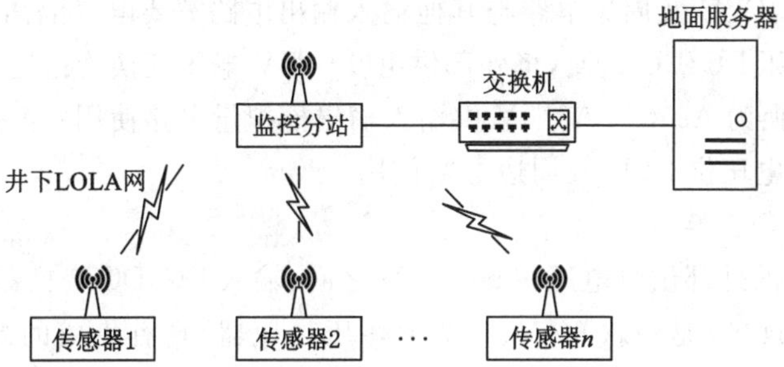

图 4-36　井下监控分站与 LOLA 节点拓扑图

（2）LOLA 通信芯片

SX1276 的带宽范围为 7.8～500 kHz，扩频因子为 6～12，并覆盖所有可用频段。SX1277 的带宽和频段范围与 SX1276 相同，但扩频因子为 6～9。SX1278 的带宽和扩频因子选择与 SX1276 相同，但仅覆盖较低的 UHF 频段。SX1276 芯片内部功能框图如图 4-37 所示。

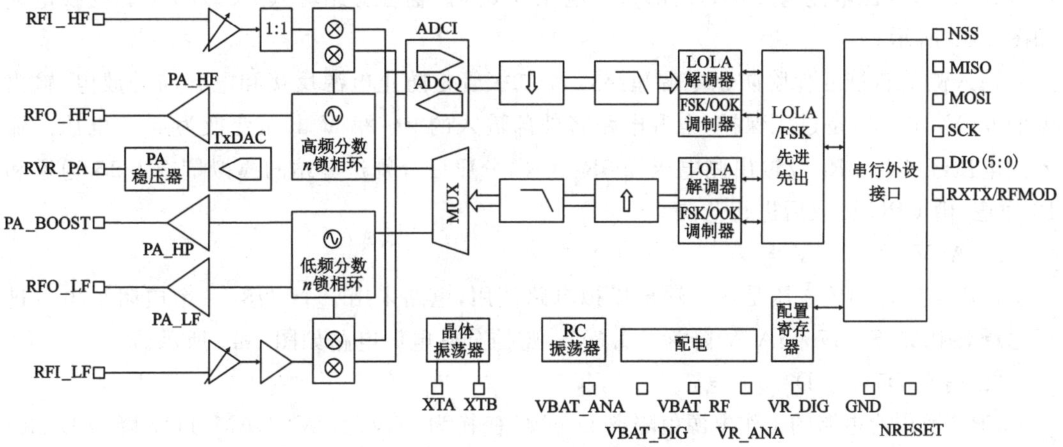

图 4-37　SX1276 芯片内部功能框图

(3) CPU 与 SX1276 接口

STM32F103 与 SX1276 数字接口采用 SPI1,片选信号为 SX_CS,数据输入输出及时钟与以太网接口芯片共用,芯片的复位及收发切换分别用微控制器的 IO 实现,由于射频电路设计较复杂,这里只给出原理图,具体元件参数可参照厂家的设计说明计算。SX1276 的 LOLA 通信电路原理如图 4-38 所示。

4.2.11 矿用监控分站供电技术

矿用本质安全型监控分站供电要满足以下几个要求:① 供电电源必须是本质安全型;② 可在较宽的供电电压范围内正常工作;③ CPU 供电应与外部输入输出接口隔离;④ 电源电路本身工作效率高;⑤ 要有足够的可靠性。

监控分站供电电源为本质安全型电源,工作电压范围为 9～24 V,工作电流在 500 mA 以下,监控分站电压主要有:① 外部的供电电压,在 9～24 V 之间;② 输入、输出侧模拟电路工作电压;③ 输入输出的数字量或开关量电压;④ CPU 及周边器件工作电压。监控分站为增加抗干扰性能,CPU 及周边电路与其他输入输出电路需要电气隔离。监控分站电源分三部分:① 输入电压 DC/DC 变换,将外部供电 9～24V 电压变换为稳定的 5V 电压(V5V);② 将 V5V 电压变换为 A5V 与 A3.3V 供输入输出模拟量电路使用;③ 将 V5V 变换为隔离的 D5V 与 D3.3V 电压供 CPU 及周边电路使用。

1. 输入 DC/DC 变换

由于监控分站的外部供电电压在 9～24 V 之间,输入 DC/DC 变换器选用 TPS54360 开关电源芯片, TPS54360 是一款 60 V、3.5 A 降压稳压器,具有集成的高侧 N 沟道 MOSFET。

TPS54360 实现了恒定频率、电流模式控制,从而降低了输出电容和简化了外部频率补偿。100 kHz 至 2 500 kHz 的宽开关频率范围,可降低滤波器的参数,同时减小电源尺寸。开关频率由 RT/CLK 端子的接地电阻的大小决定。

TPS54360 的默认输入启动电压约为 4.3 V。EN 端子可用于使用两个外部电阻器调整输入电压欠压锁定(UVLO)阈值,内部上拉。当 EN 端子悬空时,电流源使能操作。当器件被禁用时,电源电流为 2 μA,内部参考电压 0.8 V。监控分站输入 DC/DC 电源变换电路如图 4-39 所示。

输入侧的自恢复保险防止电源短路,2 个二极管是防止电源反接和电容向外放电,输出侧的 $6TV_1$、$6TV_2$ 是过压保护,电源电路将外部输入的 9～24 V 电压变换为 5 V 电压。输入侧电压经 $6R_1$、$6R_2$ 及输出侧电压经 $6R_9$、$6R_{10}$ 分压后分别送分站的模拟量输入 15 通道和 16 通道,由 CPU 读取后进行监测。

2. A5V 与 A3.3V 电压

A5V 与 A3.3V 电压是输入输出模拟电路使用,电路采用一个电感,一个电阻加电容进行退耦,用 AMS1117 将 A5V 降为 A3.3V。监控分站电源电路如图 4-40 所示。

3. 隔离 D5V 与 D3.3V 电压

CPU 及周边电路的工作电源由隔离 DC/DC 变换为 D5V,由 WY4 AMS1117 降为 D3.3V 供 CPU 使用。监控分站电源电路如图 4-41 所示。

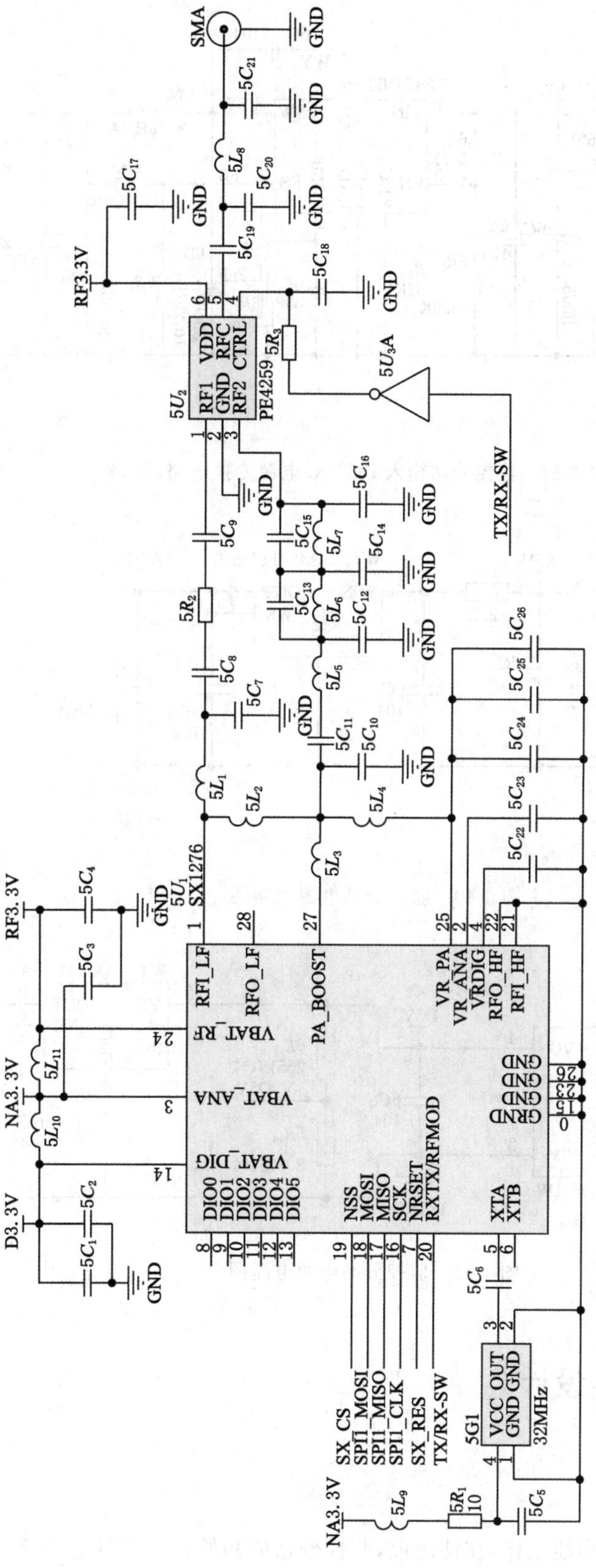

图4-38　SX1276的LOLA通信电路原理图

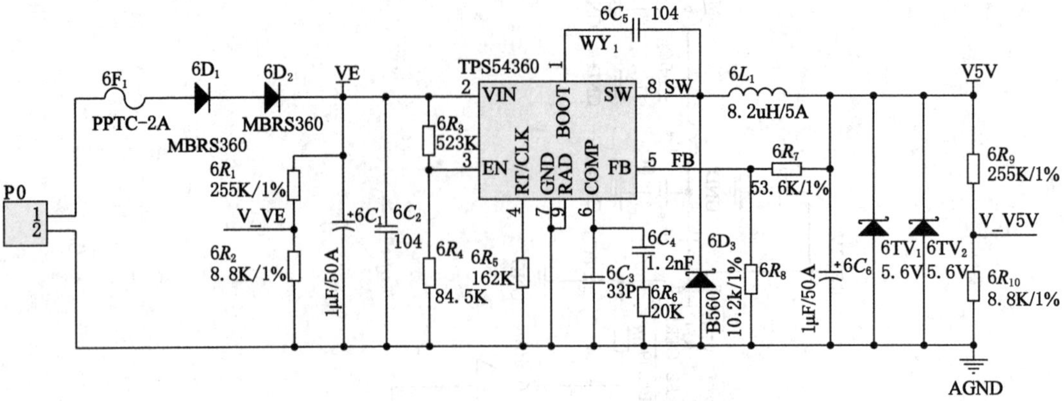

图 4-39　监控分站输入 DC/DC 电源变换电路图

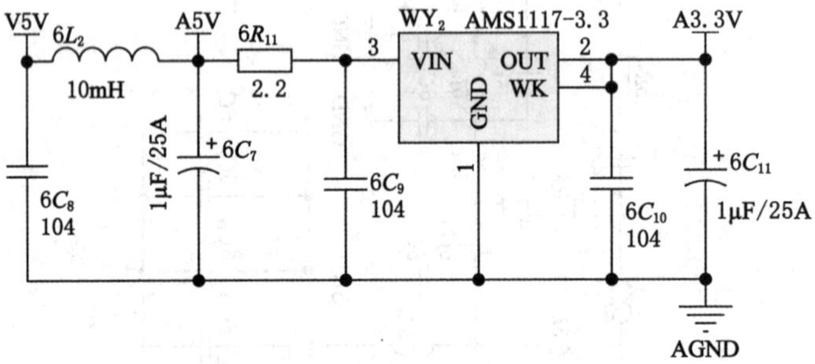

图 4-40　监控分站电源电路图

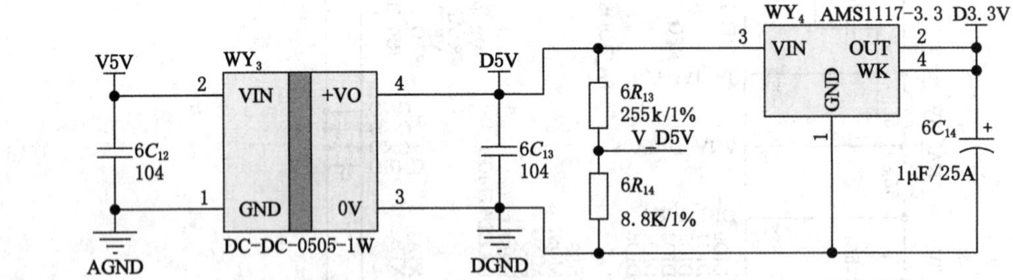

图 4-41　监控分站电源电路图

4.3　智能分站软件设计

4.3.1　监控初始化设置

若使监控分站高效准确地工作，在使用前，监控分站的初始化与设置是关键。监控分站初始化程序主要是对监控分站的安放地点、名称、使用单位、管理人员、输入输出量的类型、名称、输入范围、单位等参数初始化，同时还设置报警与控制的相关性，这些设置参数一是保存在中心站的服务器中，二是保存在监控分站的 EEPROM 中，对分站的初始化可通过网络进行。

1. 管理参数设置

管理参数主要有单位编码、分站编码、使用单位、管理人员等。监控分站的管理参数设置时，首先设置单位编码，范围是 0～99，再设置分站编码范围 0～999，一个分站号就是单位编码＋分站编码，如一采区的单位编码为 01，一采区的某分站的编码为 99，则分站号为 01099，其他各字段最多能存储 24 个汉字，保存的是汉字的编码，在程序启动时读出编码查到汉字后送相应的位置进行显示。表 4-4 是监控分站管理参数。

表 4-4　监控分站管理参数

序号	设置参数	范围	例	占用字节数
1	单位编码	0～99	10	48
2	分站编码	0～999	15	48
3	使用一级单位	局	鹤岗矿务局	48
4	使用二级单位	矿	兴安煤矿	48
5	使用三级单位	采区	一采区	48
6	安装位置	队-工作面	2468 工作面	48
7	管理人员名称	人员	张××	48

2. 传感器参数设置

传感器参数设置包括传感器名称、检测类型、检测范围、输出类型与范围、使用通道、报警参数等。不使用的通道在传感器中填写“无”，在使用输入通道时，应按从小到大进行，也可不按顺序进行，但会增加巡回检测时间。监控分站的循环采样程序、运算程序、显示程序、数据通信程序都依据这个设置表进行，因此在使用前一定要认真进行设置。传感器参数设置见表 4-5。

表 4-5　传感器参数设置表

序号	传感器名称	检测类型	检测范围 1	检测范围 2	输出范围 1	输出范围 2	通道	单位	报警值	断电值	复电值
1	甲烷传感器	模拟量	0～3.99	4～10	200～1 000 Hz	1 000～2 000 Hz	1	%	1.0	1.5	1.0
2	一氧化碳传感器	模拟量	0～5 000	无	1～5 mA	无	2	ppm	24		
3	风门传感器	开关量	关	开	1 mA	5 mA	3	无	开		关
4	水泵开停	开关量	关	开	1 mA	5 mA	4	无	关		开

3. 控制参数设置

报警参数设置是对输入输出的量相关性进行设置，如输入 1 超限时需要哪个输出动作，动作的幅度是多少(模拟量输出时)，开关量动作时可选择开关状态。控制报警相关参数见表 4-6。

表 4-6 控制报警相关参数表

输入	输出模拟量				输出开关量			
	电流输出 1 /mA	电流输出 2 /mA	电流输出 3 /mA	电流输出 4 /mA	开关输出 1 /5 mA	开关输出 2 /mA	开关输出 3 /mA	开关输出 4 /mA
1	12	0	0	0	0	0	0	5
2	0	0	0	10	0	0	0	0
3	0	0	0	0	1	0	0	0
4	0	0	0	0	0	0	0	0

说明：模拟量不相关设置为 0，相关时可设置为电流输出范围内的任意值；开关量不相关设置为 0，相关闭合设置为 5(输出为 5 mA)，相关断开设置为 1(输出为 1 mA)，所有相关性设置为 0 时，无论原来是多大，输出都不动作。

4. 通信参数设置

通信参数主要包括以太网、RS-485、CAN 总线的参数。以太网参数主要包括 IP 地址、端口号等参数。RS-485 参数有分站地址、波特率、停止位、校验位等参数设置。CAN 总线参数有分站地址、通信速率。由于在管理设置中设置了使用单位编号与分站编号，通常情况下分站的地址使用分站号。

4.3.2 监控分站软件

监控分站软件主要包括分站初始化程序、数据采集程序、数据处理程序、数据输出程序、报警程序、显示程序、数据通信等程序。

1. 分站初始化程序

初始化程序主要是通过 RS232 串口接收到主机发送的初始化命令进入到初始化界面，在界面引导下可逐步初始化完成，或网络在线批量初始化。程序流程图如图 4-42 所示。

2. 数据采集程序

数据采集程序是将外部输入的各种数据循环采集，循环周期视输入量而定，采集程序根据传感器的设置表对输入的数据区别对待。当输入数据是模拟量(电流或电压)时，模拟量送到 CPU 的 ADC_IN0，由 CPU 内部的 ADC 进行模数转换；当输入数据是频率量时，频率量送 CPU 的 TIME_CH3 通道，由 CPU 内部的定时器 3 测量输入量的周期；当输入数据是开关量时，送 CPU 的普通 IO 即可，由 CPU 检测 IO 口的电平高低。在测量外部的数据时，由于频率量需要测量周期，因而使用的时间要长一些，频率通道选通在 500 ms。监控分站数据采集程序流程图如图 4-43 所示。

3. 数据输出程序

监控分站的数据输出程序分为模拟量输出和开关量输出。模拟量输出是根据控制要求，由 CPU 计算出外部需要电流的大小，再计算需要的数据量，经由外部的 DAC 输出。模拟量输出程序流程图如图 4-44 所示，开关量输出比较简单，这里不再叙述。

4. 报警或控制程序

报警与控制程序是程序在采集数据计算后，再依据初始化设置的报警参数进行判断，如采集的数据大于设置报警数据，则启动报警或控制程序，程序流程图如图 4-45 所示。

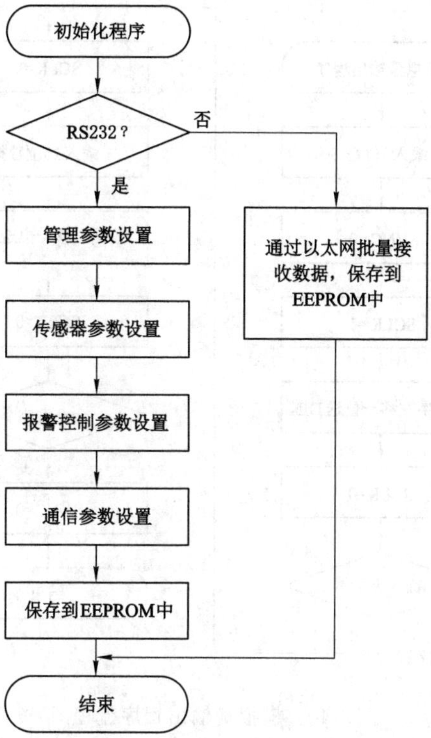

图 4-42　分站初始化程序框流程图

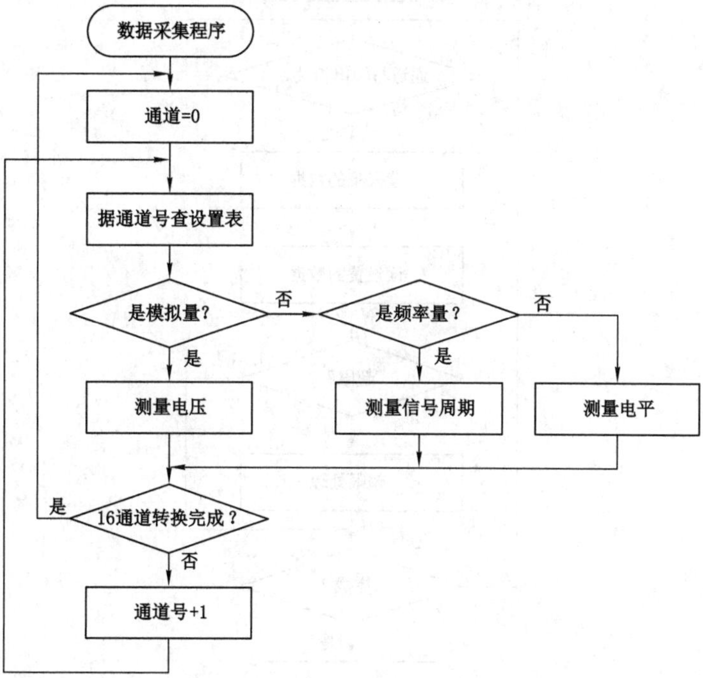

图 4-43　监控分站数据采集程序流程图

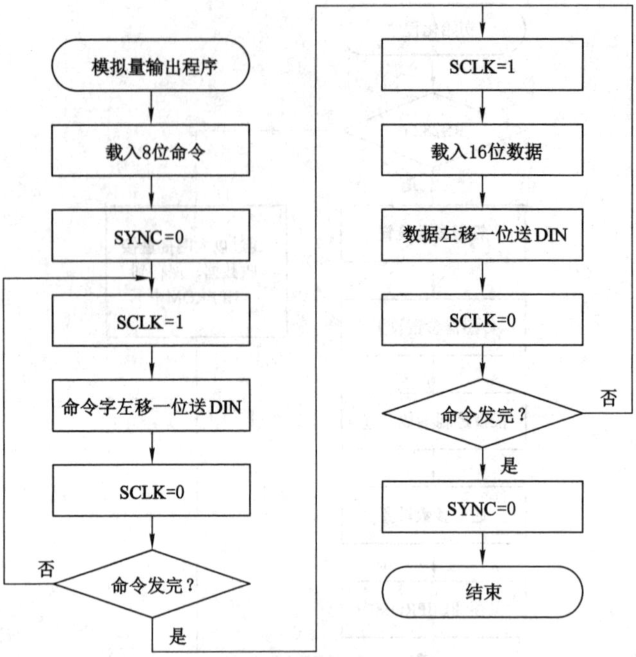

图 4-44　模拟量输出程序流程图

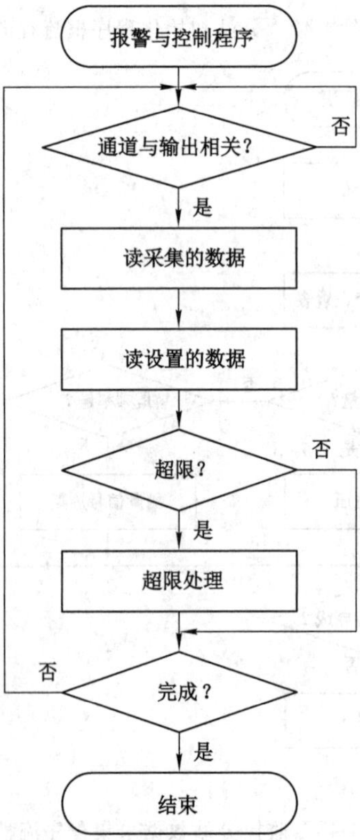

图 4-45　报警与控制程序流程图

5. 显示程序

由于显示器采用的是可提前组态的 LCD 显示屏，一些界面的结构、图片、窗口等元素已经提前集成在各显示界面上了，显示程序只需向对应的窗口写入数据即可，如需翻页可发翻页命令即可。

本章习题

1. 简述矿用监控分站功能。
2. 监控分站由哪几部分组成。
3. 监控分站的输入信号有哪些？
4. 矿用监控分站的输入通道由哪几部分组成？
5. 常用的数据隔离方式有哪些？
6. 监控分站的数据处理主要包括哪几部分？
7. 监控分站的输出通道包括哪几种？采用什么方式输出？
8. 矿用监控分站的常用通信电路有哪几种？
9. 简述矿用本质安全型监控分站供电要求？
10. 根据“矿用智能监控分站设计”实训内容，按照本文技术指标自行设计“矿用智能监控分站”，要求画出设计的电路图，并进行仿真。

第5章　矿用智能化监控系统供电电源

5.1　煤矿监控系统供电的特点

由于井下环境复杂，容易发生爆炸、火灾、透水等灾害，并且煤矿井下电压波动大，因此，煤矿监控系统供电电源主要有如下特点：

（1）本质安全型

为防止电气设备的高温和电火花引起瓦斯或煤尘爆炸，用于煤矿井下爆炸性环境的电气设备必须是防爆型电气设备。鉴于本质安全型防爆电气设备输出电能受到限制，因此输送电能的电缆在发生故障时产生的电火花能量较低，不至于引爆井下爆炸性气体混合物，所以，矿井监控系统供电电源一般为隔爆兼本质安全型。

（2）适应电压波动情形

井下采煤机、掘进机、输送机等电气设备功率大、负载变化大、供电距离远等造成了井下交流电网电压波动范围大。因此，井下供电电源对电网电压波动适应能力要强，即在75%～110%的额定电压范围内供电电源的输出电压应稳定。

（3）输出波纹电压低

波纹电压是主要的干扰源，波纹电压过大常常会导致含有单片机的分站无法正常工作。因此，对于分站电源需有效地抑制输出的波纹电压，保证分站正常工作。

（4）具备短路保护能力

监控系统设备工作的场所潮湿，有淋水和煤尘等，并且常有顶板垮落、机械碰撞等危险存在，可能会造成设备或电缆短路。因此，供电电源要有短路过流保护等功能，同时还要具有防潮、防水、防尘、防霉、防腐的能力。

（5）输入电压范围宽

煤矿井下交流电网电压等级一般有36 V、127 V、380 V、60 V、1 140 V、3 300 V等。通常，矿用电源的输入电压一般选36 V、127 V、380 V和60 V（井下最常见），同时还应兼顾地面的220 V电压。

（6）效率高、体积小、质量轻

由于井下空间狭小，要求电源体积小、质量轻，可合理利用隔爆外壳做散热面积。

（7）多路隔离输出

由于分站、传感器以及其他设备（如断电执行机构）均各自独立工作，因此需要各自独立的电源，这样可以减少相互之间的干扰。同时，由于电源的地各自独立不共地，所以每路电源可制作成容量尽可能大的本质安全型电源。

（8）不间断供电

系统应具有备用电源。在电网停电后，设备仍能正常工作4小时以上，保证对甲烷浓度、风速、风压、一氧化碳浓度、主要通风机、局部通风机开停、风向、风筒状态等主要监控量继续监控。

5.2 监控系统设备电源技术标准及分类

监控系统设备电源主要参考标准：《煤矿安全监控系统通用技术要求》（AQ 6201—2019）、《爆炸环境 第1部分：设备 通用要求》（GB/T 3836.1—2021）、《爆炸性环境 第4部分：由本质安全型“i”保护设备》（GB/T 3836.4—2021）、《矿用本质安全输出直流电源》（MT/T 1078—2008）。

（1）交流供电设备

监控系统的交流供电设备分地面设备与井下设备。地面设备交流供电电源为AC220V或AC380 V，允许偏差±10%；谐波小于5%；频率50 Hz，允许偏差±5%。井下交流供电电源为AC127 V、AC380 V、AC1140 V；允许偏差：井底车场、主运输巷设备－20%～10%，其他设备－25%～10%；谐波10%；频率50 Hz，允许偏差±5%。

（2）直流供电设备

矿用监控系统的直流供电设备大部分都是本质安全型监控分站和各种传感器，而传感器供电多数是由分站转接。为这些设备供电的多数是隔爆兼本质安全电源。本质安全电源与本质安全设备应分别满足《矿用本质安全输出直流电源》（MT/T 1078—2008）要求以及《爆炸性环境 第4部分：由本质安全型“i”保护设备》（GB/T 3836.4—2021）要求。直流供电设备的输出电压一般有DC5 V～DC24 V，偏差±5%。

（3）网络供电设备

矿用网络设备一般有矿用网络交换机、矿用路由器、无线基站等设备组成，网络的地面设备由AC220 V供电，矿井下的隔爆型交换机由隔爆腔中的电源供电，外部供电一般有AC127 V、AC380 V、AC660 V等。

（4）电池供电设备

监控系统中电池供电设备一般都是无线传感器，《煤矿安全监控系统通用技术》（AQ 6201—2019）要求，“无线传感器蓄电池连续工作时间不少于24小时”。现代无线传感器采取低功耗和间断工作方式设计，一般一组电池都能工作24小时左右。

（5）备用电源

《煤矿安全监控系统通用技术要求》（AQ 6201—2019）中要求：“系统应具有备用电源。当电网停电后，备用电源应能保证系统连续监控时间不小于4小时。”保证对甲烷浓度、风速、风压、一氧化碳浓度、主要通风机、局部通风机开停、风向、风筒状态等主要监控量继续监控。

监控系统的备用电源有地面设备备用电源与井下设备备用电源两部分，当电网停电时，地面设备备用电源由UPS供电；井下设备备用电源由各分站供电的本质安全电源中的后备电源供电，分站获得电源后同时向所连接的传感器供电，井下的网络设备由隔爆型交换机中的后备电源供电。

5.3 本质安全电源

由于煤矿安全监控系统多数设备是本质安全型设备,采用本质安全电源供电,因此本节仅对本质安全电源进行简单介绍。

5.3.1 本安电源的概念

本质安全型:本质安全型是电气设备的一种防爆型式,它将设备内部和暴露于爆炸性环境的连接导线可能产生的电火花或热效应能量限制在不能产生点燃的水平。

本质安全型电路:指在正常工作和规定的故障状态下,产生的电火花和任何热效应均不能点燃规定的爆炸性环境的电路。

本质安全装置:指所有电路为本质安全电路的电气设备。

关联装置:指包含本质安全电路和非本质安全电路,且在结构上使非本质安全电路不能对本质安全电路产生不利影响的设备。

本质安全型电源:是关联装置的一种,主要功能是将非本质安全输入通过一定的措施转换成本质安全输出。是指通过选择电路的各种参数和采取保护措施来限制电路的火花放电量和热效应能量,使其在正常工作和规定的故障状态下产生的电火花和热效应均不能点燃周围环境爆炸性混合物,这种具有限制电路输出能量的电源通常叫本质安全型电源,简称本安电源。DC/DC 本质安全型电源如图 5-1(a)所示。

隔爆兼本质安全电源:是指在外部加了一个隔爆外壳的电源,要求隔爆外壳既能承受内部混合气体爆炸产生的爆炸压力,又能防止内部爆炸火焰和高温气体窜出隔爆间隙点燃外壳周围的爆炸性混合物。隔爆兼本质安全型电源如图 5-1(b)所示。

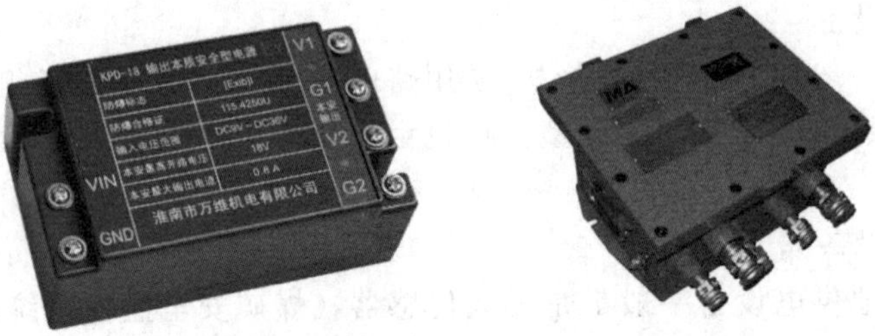

(a)DC/DC 本质安全型电源　　**(b)隔爆兼本质安全型电源**

图 5-1　本质安全型电源

本安型电源可为井下各种测量用的仪器仪表(如检测传感器、报警仪、断电仪等电气设备)、煤矿生产监控系统、煤矿通信系统等提供安全可靠的电压电流,其能够正常工作是由基本的电气性能和安全性能决定的。其中,基本的电气性能包括电源效率、电压纹波、负载效应等;安全性能包括电源在发生过压、过流故障时能否安全正常地切断输出,以及在最不利的情况下(负载短路时)负载侧火花放电输出能量的大小等。本安电源安全性能的优先级大于其电气性能。

5.3.2　本安电源的技术性能

由于本安电源工作在煤矿井下爆炸性危险环境中，与普通电源相比，它有许多特殊要求，其中最主要的就是将故障条件下释放出的能量限制在很小的范围内，即限制电路发生故障时的放电电压、电流和时间，所以需要采取电气隔离、隔爆以及限能保护。

1. 电气隔离与隔爆

本安电源内部实现的是非本质安全向本质安全过渡的过程，为防止非本质安全的输入传递到本质安全的输出，输入与输出之间必须采取电气隔离，且必须具备相应的耐压等级。满足《爆炸性环境 第 4 部分 本质安全型"i"保护设备》(GB/T 3836.4—2021)中的 6.3.13 规定："本质安全电路和非本质安全电路之间的绝缘应能承受 $2U+1\ 000$ V 交流有效值试验电压，但应不小于 1 500 V。其中 U 指本质安全电路和非本质安全电路的电压有效值之和。"

由于隔爆兼本质安全型电源电气部分有非本安和本安电路，因此在井下使用时为防止非本安电路失爆，所有的电路、备用电源、接线端子都放在隔爆腔中，这样隔爆腔中出现故障失爆后也不会引起外部爆炸。

在实际本质安全电源设计中，输入输出的电气隔离都采用变压器进行隔离。应满足《爆炸性环境 第 4 部分：由本质安全"i"保护的设备》(GB/T 3836.4—2021)中的 8.2 条"电源变压器"的要求。对于输入电压低(AC36 V、AC127 V)，功率较小的本质安全电源采用 AC/DC 转换方式，利用开关变压器进行隔离；输入电压比较高(AC660 V、AC1140 V)，功率又比较大的本质安全电源先用工频变压器进行降压，同时也起到隔离作用。利用开关变压器及光耦隔离原理图如图 5-2(a)所示，利用工频变压器进行隔离原理图如图 5-2(b)所示。

AC/DC 转换方式，可以利用开关变压器、电压反馈的光耦进行隔离，隔离电压可达 3 000 V 以上，这种隔离方式具有体积小、效率高等优点，在常用的分站中完全满足要求，特别是隔爆兼本质安全型监控分站采用这种电源可减小分站和电源的体积。

在本安电源供电电压很高的场所，仍然使用 AC/DC 方式则需要采用耐压高的功率管，同时还要提高开关变压器的耐压等级，这样会使成本大大提高，因此在供电电压在 660 V 或 1 140 V 时，一般会用工频变压器先将电压降下来再进行处理。

2. 限能保护电路

本安电源的核心作用是限制电源输出的能量，同时还要向负载提供足够的能量，向负载提供的能量要小于最大限制能量。

在一些具体应用中，本安电源根据具体情况设计能量限制电路，如负载在对电压波动及功率要求不高的情况下，可采取用限流电阻与输出并联稳压管的方式对输出能量进行限制；而对于对电压稳定性要求比较高，同时对功率要求比较大的负载，就要采取电子电路进行过压保护。限能保护电路主要有过压保护电路、过流保护电路、多重化保护电路。

(1) 过压保护电路

本安电源必须有过压保护功能，一旦输出电压超过规定的设定值时，保护电路应迅速切断输出或在电源内部将电源输出短路，这样才不能引燃爆炸性混合物。

(2) 过流保护电路

① 限流型保护电路

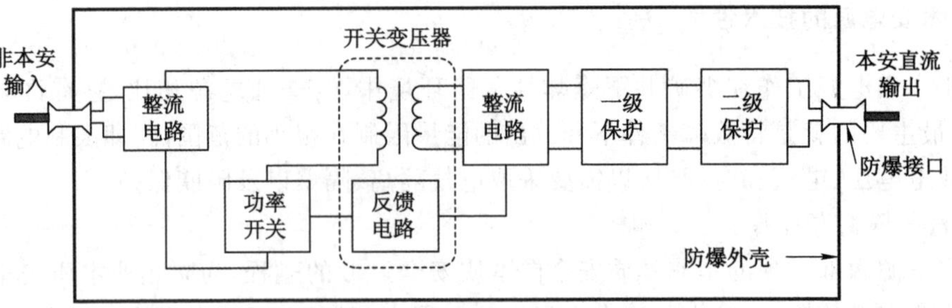

（a）利用开关变压器及光耦进行隔离原理图

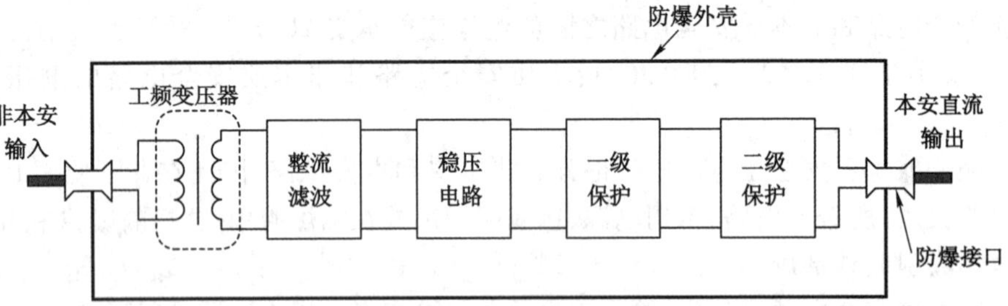

（b）利用工频变压器进行隔离原理图

图 5-2　利用变压器隔离原理图

限流型保护电路，在正常工作时，工作电流在限制电流之下，一旦出现故障，电压马上降为 0，电流保持恒定，这种方式电路比较简单，但在发生故障时所有电压都加到电压调整器件上，调整器件承受的功率很大，效率很低，发热严重。在工程应用中，电阻要选择几倍的功率余量，调整管要加上很大的散热器。

② 减流型保护电路

减流型保护电路当输出出现短路或过载时，保护电路动作，输出电流随着输出电压减小而减小，则调整管的功耗减小，从而避免了上述限流型保护电路的发热问题。

③ 截流型保护电路

当本安电源输出出现过流故障时或输出电流大于设定的最大电流时，截流型保护电路迅速动作，将本安电源的输出电压和输出电流降到 0。该保护电路的优点是动作速度快、效果好、调整管的损耗小；缺点是抗干扰和抗负载冲击的能力差，过流故障解除后不能自动恢复，需增加另外的恢复电路或手动恢复。

④ 开关型保护电路

开关型保护电路既具有限流型保护电路的自动复位特性，又具有截流型保护电路在过流保护后调整管的低功率损耗特性。

负载电流过大时开关型保护电路进入保护状态，一定时间后（该时间可通过芯片外部所接的电阻或电容来调整）重新恢复限流保护状态。如果此时负载电流恢复正常则输出正常，如果过电流现象依然存在，保护电路再一次进入截止状态，周而复始。这样既能满足本质安全性能要求，又能满足抗浪涌冲击的要求。

（3）多重化保护电路

本质安全设备分为"ia""ib"二种保护等级。其中"ia"保护等级的设备需要三重化保护电路;"ib"保护等级的设备需要双重化保护电路。图5-3(a)为"ia"等级的三重化保护框图,图5-3(b)为"ib"等级的双重化保护电路框图。

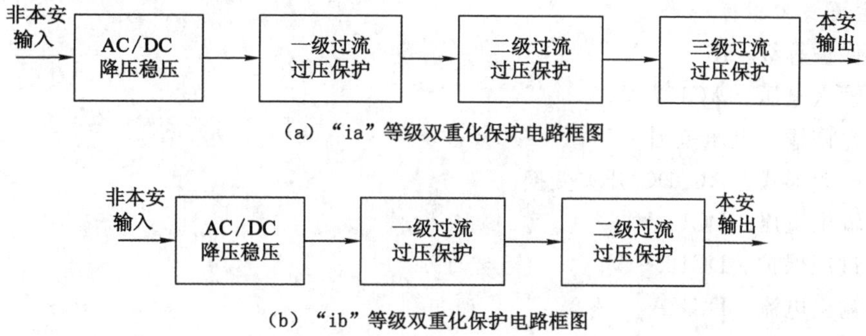

图5-3 双重化保护电路框图

5.3.3 实践训练——矿用本质安全电源设计

1. 实训目的和意义

(1) 了解矿用本质安全电源设计标准,《爆炸环境 第1部分:设备通用要求》(GB/T 3836.1—2021)、《爆炸性环境 第4部分:由本质安全型"i"保护设备》(GB/T 3836.4—2021)、《矿用本质安全输出直流电源》(MT/T 1078—2008)、《煤矿安全监控系统通用技术要求》(AQ 6201—2019)等。

(2) 掌握开关电源的设计方法,综合使用"电路原理""电子技术基础""单片机原理与接口技术""电力电子技术""矿山供电技术"等课程内容。

(3) 结合煤矿供电系统的特点,掌握矿用本安电源与普通电源的主要区别,掌握矿用本安电源的设计原则和基本要求。

(4) 掌握电路仿真技术以及PCB制板技术。

2. 设计要求

(1) 输入和输出端电气隔离

由于本安电源的输入端为非本安输入,输出端为本安型输出,电路内部是由非本安向本安转换的过程。为了保证本安电源性能,要求输入、输出端必须采取电气隔离,并且达到规定的耐压等级。

(2) 不间断供电

煤矿井下交流电可能因多种原因造成供电中断,根据煤矿相关规定要求,一些设备在电网停电后必须继续工作。因此,本安电源必须具有备用电池,以便在电网停电时由备用电池继续向负载供电。

(3) 保护电路多重化

本安电源采用"ib"等级,保护元件或组件需要双重化保护。

(4) 限制输出功率

本安电源必须限制电路火花的放电能量,即限制电源的输出电压、放电电流和放电时间。在电路实现上，就是要有过流或短路、过压、快速切断功能。

3. 使用软件

Altium Designer 20、Multisim17

4. 主要技术指标

(1) 保护等级。ib。

(2) 输入电压。AC127 V。

(3) 允许输入电压范围。75%～110%。

(4) 电源形式。AC/DC 开关变换。

(5) 输出电压。DC12 V。

(6) 过压保护。DC12.9 V。

(7) 输出电流。DC1 A。

(8) 电流保护。DC1.5 A。

(9) 负载效应。<5%。

(10) 整机效率。>80%。

(11) 采用在线不间断电源结构。

(12) 备用电池工作时间。4 小时。

5. 矿用本质安全电源的整体拓扑结构

根据电源的技术指标要求，额定输入电压为 AC127 V，且变换方式为 AC/DC 方式，为简化电路，AC/DC 变换采用集成式专用变换器，将 AC127 V 变换为 DC12 V/1 A 的直流电压。保护等级为“ib”，将交流变换为稳定的直流后，加两级电流电压保护，在防爆箱内安装电池做备用电源，在电网有电时，为电池充电，当电网停电后电池持续为外部设备供电，整体拓扑结构如图 5-4 所示。

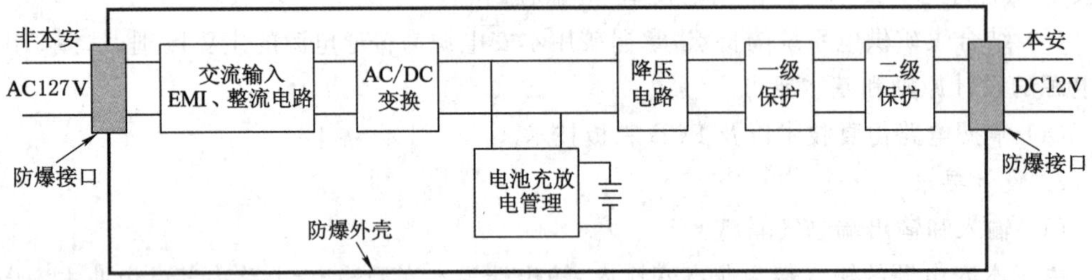

图 5-4 本质安全电源整体拓扑结构图

6. 交流输入 EMI 抑制电路

目前，井下机电设备多以 660 V 和 1 140 V 供电为主，大型煤矿还有 3 300 V 供电设备，这些设备中相当一部分是以变频调速为主的电机。它们的启动、停止以及在运转时都会对电网产生干扰，而且还会向周围空间产生辐射。这些电磁干扰噪声，可通过电网、空间辐射的方式对环境中的电子设备产生干扰，另一方面电子设备在工作时也会产生各种干扰噪声，如本安电源中的 AC/DC 变换电路是采用高速开关方式工作的，会产生很强的电磁辐射。这些辐射除对本身的电路产生干扰外，还会沿电源进线向外辐射，干扰其他设备，因此在电源进线上要设置 EMI 电路。

电源 EMI 噪声滤波器是一种无源低通滤波器，它无衰减地将交流电传输到电源，而大大衰减随交流电传入的 EMI 噪声，同时又能有效地抑制电源设备产生的 EMI 噪声，阻止它们进入交流电网干扰其他电子设备。电源输入侧 EMI 抑制电路如图 5-5 所示。

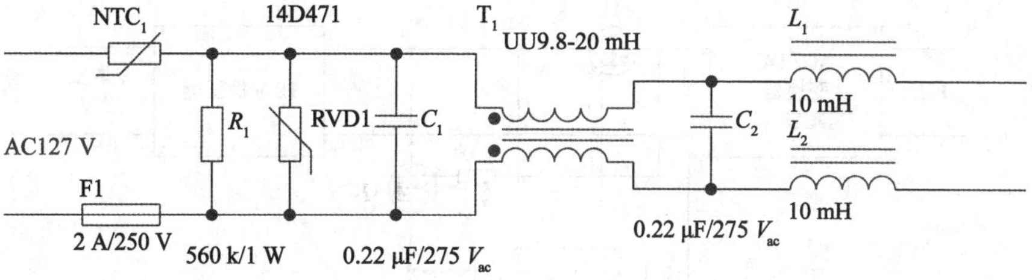

图 5-5　电源输入侧 EMI 抑制电路图

EMI 电路由保险丝 F_1、NTC_1、压敏电阻 RVD_1、滤波电容 C_1、C_2、共轭电感 T_1、差模电感 L_1、L_2 组成。其中 NTC_1 是负温度系数电阻，启动前电阻较大，启动过程中电阻阻值减小；压敏电阻 RVD_1 起到过压保护作用；T_1 可减小共模干扰；差模电感线圈 L_1、L_2 与差模电容器 C_1、C_2 构成交流进线独立端口间的一个低通滤波器，用来抑制交流进线上的差模干扰噪声，防止电源设备受其干扰。图 5-6 是常用的 EMI 滤波电路元件。

(a) 共轭滤波电感　(b) 安规电容　(c) 负温度系数电阻　(d) 压敏电阻

图 5-6　常用的 EMI 滤波电路元件图

7. 电池充放电管理电路

电池充放电管理电路在电池充电时需要确定充电电压和电流，这两个参数也与前级 AC/DC 变换的输出电压与输出功率有关，因此首先设计电池充放电管理电路。

(1) 后备电池选择与容量计算

本安电源额定输出电压 V_a 为 12 V，本安电源最大输出电流 I_a 为 1 A，对外最大功率持续供电时间 t 大于 4 h，电路效率 η 为 0.85，则后备电池所需容量为：

$$\text{电池容量} = I_a t/\eta = 1000\ \text{mA} \times 4/0.85 = 4\ 705\ \text{mA} \cdot \text{h}$$

基于本安电源的安全性能的优先级大于电气性能的设计原则，镍氢电池的比热容和能量密度都比较低，熔点高达 400 ℃，当遭受碰撞、挤压、刺穿、短路等情况时，电池温度并不会急剧上升而导致自燃，对环境无污染。而锂电池由于锂离子活性强，能量密度高，同时部分类型的锂电池的原材料具有可燃性，一旦因各种因素导致短路升温时，锂电池内部的电解液就会发生剧烈的化学反应，可能导致电池自燃，因此本设计后备电池选用镍氢电池。

后备电池组电压应大于等于 12 V，由于镍氢电池最低放电电压为 1 V，则电池放电到最低电压时应不小于 12 V，则电池节数为=12 V/1 V=12 节。

根据以上计算，后备电池选用 12 节 5 000 mA · h 的镍氢电池组。

(2) 充放电电路设计

后备电池充放电管理电路在电网供电时应对电池进行充电，并对电池充电过程中的充电电流、充电电压、电池温度进行实时监测；当电网停电时后备电池应能不间断对负载供电，后备电池充放电管理电路图如图 5-7 所示。

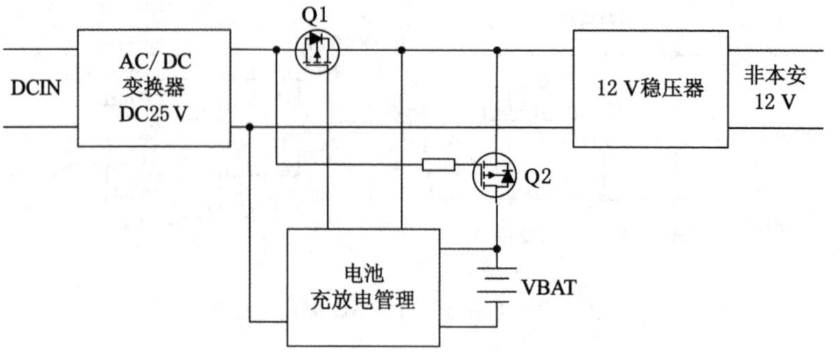

图 5-7　后备电源充放电管理电路图

当电网有电时，充放电管理芯片控制 Q_1 导通，Q_2 截止，负载从电网获得能量，当电网停电时，芯片控制 Q_2 导通，Q_1 截止，负载从后备电池获得能量。

(3) 充放电电路设计

充放电管理芯片采用 LTC4011，其专为镍镉/镍氢电池充电的芯片，可充 1～16 节电池，550 kHz 同步 PWM 电流源控制器，支持 PowerPath 电源路径管理控制，充电电流精度为 5%，输入电压范围为 4.5～34 V，可自动涓流预充电，$-\Delta V$ 快速充电终止和 $\Delta T/\Delta t$ 快速充电终止，可设置定时器，自动再充电功能。LTC4011 充放电电路如图 5-8 所示。

当电网有电时，输入电压为 V_{DC}，LTC4011 通过 DCIN 管脚检测输入电压的有无，当 DCIN 脚有电时，LTC4011 将 Q_1 打开，作为理想二极管用，此时电源向后面电路供电，同时 LTC4011 控制 Q_2 与 Q_3 以同步降压方式按 R_8 设定的电流向电池充电。当电网停电时，输入电压 V_{DC} 为 0，此时 Q_4 由于栅极由 R_7 拉低，Q_4 进入到理想二极管模式，后续电路由电池经 Q_4 供电。

① 输入电压计算

最小输入电压：根据 LTC4011 手册要求，$V_{DCIN}=n\times2+0.3$ V，其中 n 为电池节数，单节镍氢电池额定电压为 1.2 V，放电终止电压为 1.0 V，充电终止电压 1.4 V。本设计电池节数为 12 节，则：$V_{DCIN}=12\times2+0.3=24.3$ V，取 25 V 输入电压，此电压就是 AC/DC 电路的输出电压。

② 充电电流计算

LTC4011 最适合于 $C/2$ 至 $2C$ 的充电速率，这里取 $C/2$。电池容量为 5 000 mA·h，则 $I_{IN}=5\ 000\times C/2=2\ 500$ mA。LTC4011 芯片 SENSE 管脚参考电压为 100 mV，则：$R_8=100\ \text{mV}/I_{IN}=100/2\ 500=0.04\ \Omega$。

③ 电池类型选择

充电电池类型由 LTC4011 的 CHEM 管脚决定，当接高电平时，为镍镉电池，接地时为镍氢电池。本设计采用镍氢电池，充电采用恒流充电方式，采用 $C/2$ 充电电流，此电流由电阻 R_8 的大小决定，电池充电过程中充电电流恒定，电压缓慢上升。当电池充满时，电池电压

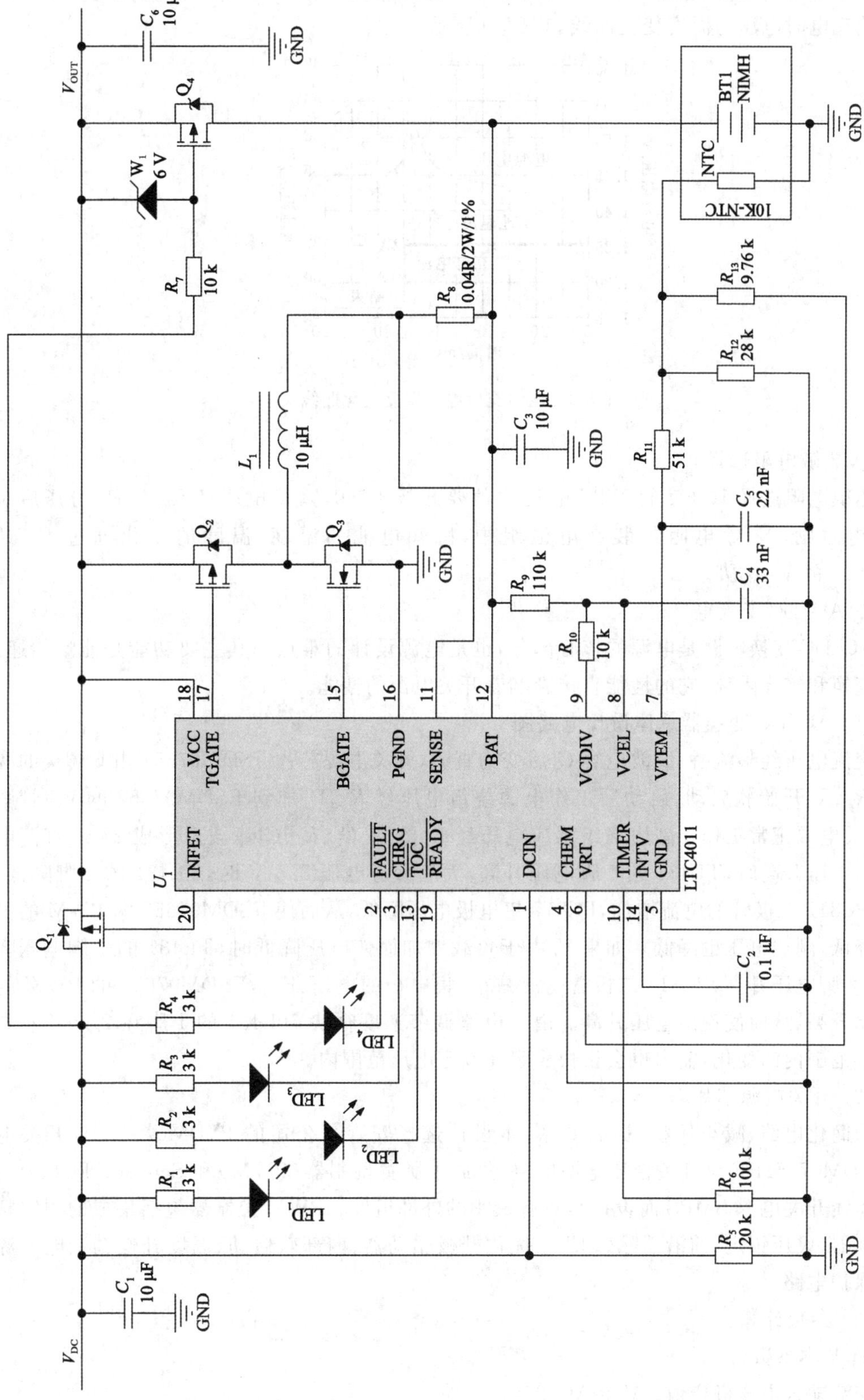

图5-8 LTC4011充放电电路图

有一个小幅降低，温度会急剧上升，充电芯片检测到这两个量的变化时，停止充电。单节镍氢电池充电时电压与温度变化曲线如图 5-9 所示。

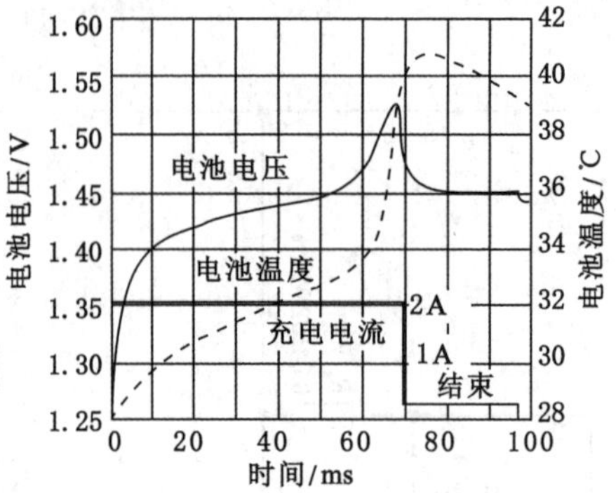

图 5-9　电池充电电压温度变化曲线

④ 热敏电阻选择

热敏电阻选择 10 kΩ 的 NTC 电阻，β 值要低于 3 750，V_RT 电压经 R_{13} 与 R_{12} 分压后对 NTC 电激励，NTC 电阻封装在电池组中，感知电池的温度，温度的变化通过 R_{11} 送 LTC4011 的 V_{TEMP} 脚。

8. AC/DC 变换电路

AC/DC 变换电路是电源的核心部分，也是电源设计的难点。其主要功能是能量传递、电压变换和绝缘隔离，它的性能直接影响着开关电源的性能。

(1) AC/DC 变换器总体设计电路图

交流电压经整流桥、滤波电容 C_3 后变为直流，开关电源芯片 FSDM07652 由 6 脚接的两电阻 R_2、R_3 开始软启动，启动后工作电源绕组电压经 R_5、D_4 加到 FSDM07652 的 V_{CC} 管脚上，开关电源正常工作。副边绕组感应电压经 D_5 整流、C_7、L_3、C_8 滤波后形成 25 V 直流电压。当电压升高时，TL431 的 1 脚电压升高，大于参考电压 2.5 V 时，TL431 的 2 脚降低，流过 PC817 二极管的电流增加，PC817 集电极电压降低，从而使 FSDM07652 的 PWM 的占空比降低，副边电压也降低。如果 V_o 由于负载增加而使电压降低时，TL431 的 1 脚电压降低，使 2 脚电压升高，PC817 二极管电流减小，集电极的电压升高，FSDM07652 的 PWM 的占空比升高，从而使输出电压升高。由于电路调节速度很快，TL431 的 1 脚在 2.5 V 左右的很小范围内的变化，输出也会很快稳定在设定电压范围内。

(2) 开关电源芯片

为简化电路、减小体积、提高效率，本设计选择安森美公司的 FSDM07652RE 开关电路，FSDM07652RE 是开关稳压电源电路，集成了脉宽调制器(PWM)和 SenseFET(专为高性能离线开关电源 SMPS 而设计)，具有最小的外部组件。PWM 控制器包括集成的固定频率振荡器、欠压锁定、前沿消除(LEB)、优化栅极驱动器、内部软启动、温度补偿精确电流源和自保护电路。

(3) 参数计算

① 基本参数

交流输入电压额定值。V_i = AC127 V。

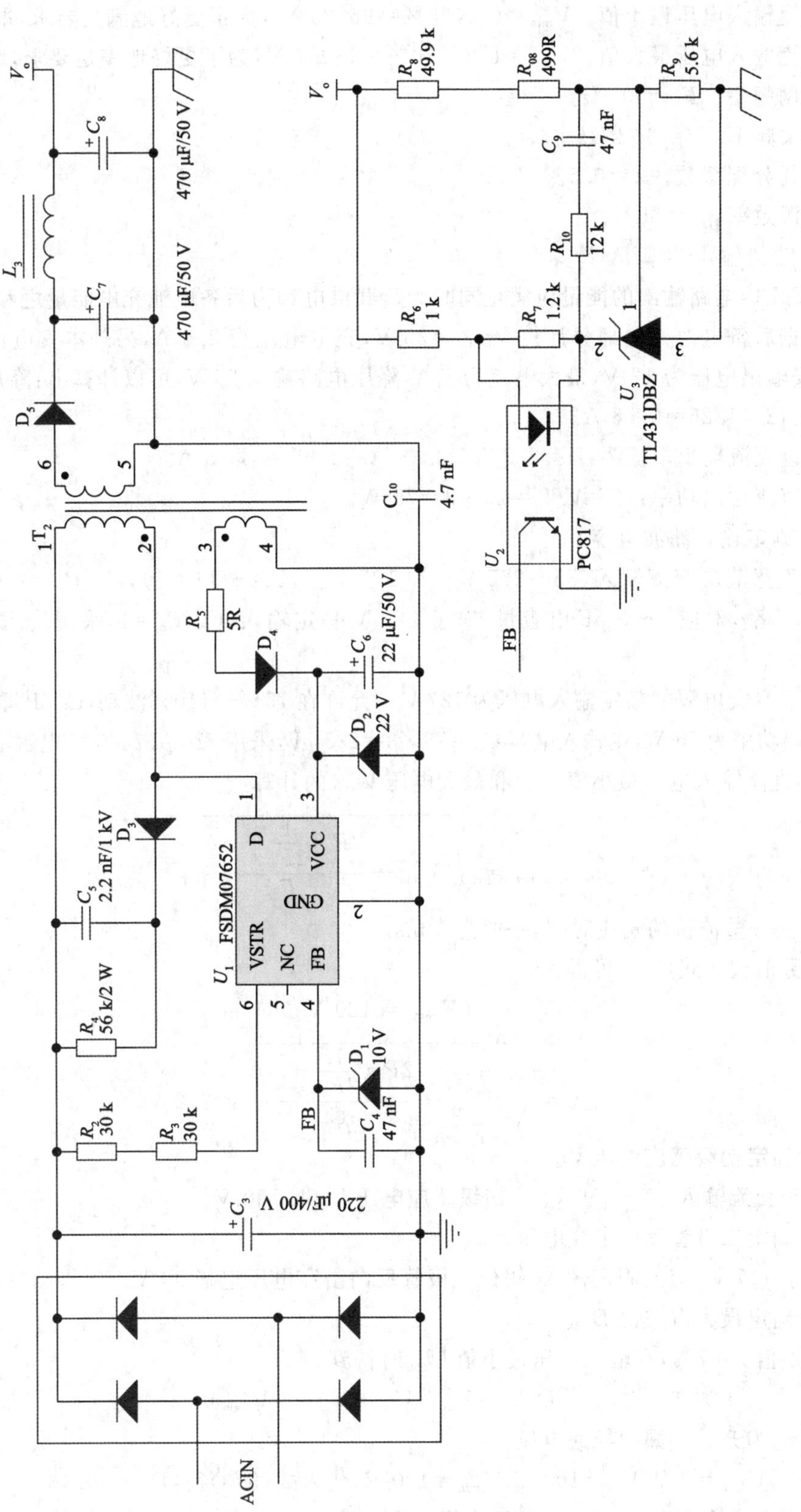

图5-10 ACDC变换电路图

交流输入电压最小值。$V_{min}=U_i\times75\%=95.25$ V，为了更好地满足要求，取 85 V。

交流输入电压最大值。$V_{max}=U_i\times110\%=139.7$ V，为了更好地满足要求，取 150 V。

电网频率。$F_a=50$ Hz。

开关频率。$f=66$ kHz。

损耗分配系数。$Z=0.5$。

电源效率。$\eta=85\%$。

② 直流输出功率 P_0 计算

AC/DC 电路输出的能量应满足同时为负载供电和为后备电池充电能量之和。

根据后备电池充电部分计算 $V_{DCIN}=25$ V，充电电流为 2.5 A，另外本安电源正常工作时，本安输出电压为 12 V，最大电流为 1 A，降压电路输入 25 V，可以计算出：降压电路输入电流为：12×1/25=0.48 A。

所以直流输出电流为：$I_o=2.5\text{ A}+0.48\text{ A}=2.98$ A，取 3 A。

故直流输出功率：$P_o=V_oI_o=25\times3=75$ W。

③ 确定输入滤波电容 C_{in}

对于宽范围交流输入（85～265 V_{ac}）和 127 V_{ac}（75%～110%），$C_{in}/P_o=2\sim3$，即每输出 1 W 功率，对应 2～3 μF 电容量，对于 220 V 平定输入，$C_n/P_o=1$，采用倍压整流方式，$C_{in}/P_o=2$。

由于本安电源的额定输入电压为 127 V_{ac}，允许在 75%～110%波动，C_{in}/P_o取 3，AC/DC 直流输出功率为 75 W，则输入电容 $C_{in}=75\times3=225$ μF，采用 220 μF/400 V 电解电容。

④ 直流输入电压最小值 V_{imin}和最大电压 V_{imax}的计算

$$V_{imin}=\sqrt{2V_{min}^2-\frac{2P_0(\frac{1}{2F_a}-t_c)}{\eta C_{in}}} \tag{5-1}$$

式中，t_c——整流桥的响应时间，一般为 3 ms。

将数值代入式(5-1)可得：

$$V_{imin}=120\text{ V}$$

$$V_{imax}=\sqrt{2V_{max}^2-\frac{2P_0(\frac{1}{2F_a}-t_c)}{\eta C_{in}}}=212\text{ V} \tag{5-2}$$

⑤ 确定初级感应电压 V_{or}

对于交流输入（85～150 V_{ac}），初级感应电压 V_{or}取 100 V。

⑥ 确定二极管反向击穿电压 V_b

对于 127 V_{ac}交流固定输入，钳位二极管反向击穿电压选择 90 V。

⑦ 确定最大占空比 D_{max}

典型值为 67%，在输入电压最小值 U_{min}时得到：

$$D_{max}=V_{or}/(V_{or}+V_{imin}-V_{dson}) \tag{5-3}$$

式中，V_{dson}为开关管漏源导通电压。

其中，$V_{dson}=3$ V，$V_{or}=100$ V，$V_{imin}=120$ V，代入式(5-3)得：$D_{max}=0.46$。

⑧ 选取初级纹波电流 I_r与初级峰值电流 I_p的比值 K_{rp}

对于 127 V_{ac}交流固定输入电压，K_{rp}最小值 0.4，最大值为 1.0，取 0.6。

⑨ 计算初级波形的参数

输入电流的平均值 I_{avg}：

$$I_{avg} = P_o / \eta V_{imin} = 0.735 \text{ A} \tag{5-4}$$

初级峰值电流 I_p：

$$I_p = \frac{I_{avg}}{(1 - 0.5K_{rp})D_{max}} = \frac{2P_o}{V_{imin} D_{max} \eta (2 - K_{rp})} = 2.28 \text{ A} \tag{5-5}$$

初级纹波电流 I_r：

$$I_r = K_{rp} I_P = 1.37 \text{ A} \tag{5-6}$$

初级有效值电流 I_{rms}：

$$I_{rms} = I_p \sqrt{D_{max}(\frac{K_{rp}^2}{3} - K_{rp} + 1)} = 1.17 \text{ A} \tag{5-7}$$

⑩ 选择开关变压器磁芯

直流输出功率 P_o为 75 W，高频变压器的最大承受功率按额定功率的 1.2 倍计算，则：

$$P_m = 1.2P_o = 1.2 \times 75 = 90 \text{ W}$$

磁芯截面积：

$$s_j = 0.15\sqrt{P_m} = 1.423 \text{ cm}^2$$

根据 P_m 与磁芯截面积，选择 EE42/15 型磁芯，EE42/15 磁芯尺寸如图 5-11 所示。

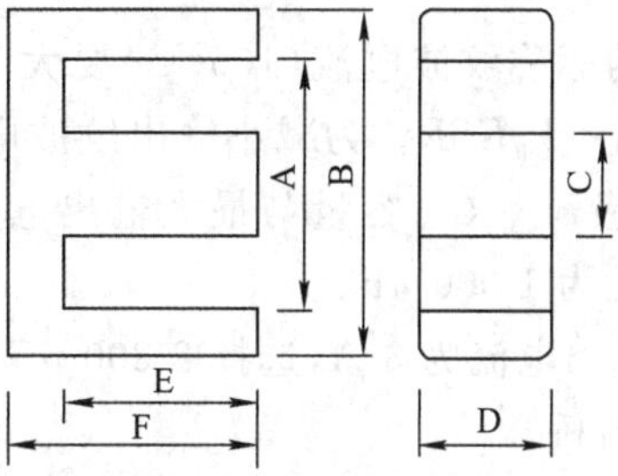

EE42/15尺寸/mm					
A	B	C	D	E	F
42.1±0.9	29.5 min	12.2±0.3	15.1±0.4	15.3±0.3	21.3±0.3

图 5-11　EE42/15 磁芯及尺寸图

实际磁芯截面积：

$$S_j = C \times D = 1.22 \times 1.51 = 1.84 \text{ cm}^2$$

通过 EE42 磁芯参数手册，可知：L_e（磁路长度）=97 mm，AL（电感）=4 700 nH/N^2。

⑪ 计算次级绕组匝数 N_s

对于宽范围交流输入（85～265 V_{ac}）和 230±35 V 交流固定输入，k_{ns}取 0.6。

$$N_s = K_{ns}(V_o + V_{f1}) \tag{5-8}$$

其中，V_o为输出直流电压，25 V；V_{f1}为肖特基二极管正向压降，为 0.4 V。

代入(5-8)得：$N_s=15.24$，取16匝。

⑫ 计算初级绕组匝数 N_p

$$N_p = N_s V_{or}(V_o + V_{f1}) = 62.99\text{，取最大整数，则 } N_p \text{ 取 63 匝。} \tag{5-9}$$

⑬ 计算每伏的匝数 n_0

$$n_0 = N_s(V_o + V_{f1}) = 0.63\ \text{V} \tag{5-10}$$

⑭ 计算反馈绕组匝数 N_f

$$N_f = N_s(V_{fb} + V_{f2})/(V_o + V_{f1}) \tag{5-11}$$

式中，V_{fb}为FSDM07652RE提供工作电压，取20 V；V_{f2}为整流二极管正向压降，为0.4 V。

代入式(5-11)得：$N_f=12.850\ 39$，取13匝。

⑮ 钳位二极管和阻塞二极管的选择

根据输入电压为127 V_{ac}钳位电压选择90 V，可选择SMAFJ90A、SMF90A等，阻塞二极管用400 V/1 A，可选择BY398、SBR1U400P1等二极管。

也可使用RC钳位保护电路：电容常用2 200 p/1kV，电阻常用100 kΩ/1W。对于较大功率的开关电源，可适当加大电容容量(到1 nF)和减小电阻阻值(到10 kΩ)，电阻功率也要加大(到2 W)。初级线圈还可并联RC串联支路，电容可选用47 μF/500 V，电阻选用3.9 k/1 W～6.2 k/1 W。

⑯ 选择输出滤波电容 C_{out}

连续工作模式下输出纹波电流的有效值可按下式估算：

$$I_{r1} = I_o\sqrt{\frac{D_{max}}{1-D_{max}}}$$

滤波电容的标称纹波电流(105 ℃)要大于I_{rl}，要选择等效串联电阻ESR低的电解电容，纹波电压$V_{rl}=I_{sp}ESR$。为减小输出纹波电流I_{rl}，可将几只滤波电容并联使用，以降低ESR和等效电感L_0。C_{out}容量与最大输出电流I_{om}有关：如$I_{om}=l$ A，C_{out}一般为330 μF；$I_{om}=2$ A，则C_{out}为1 000 μF。

由于直流输出电流为3 A，选择2 200 μF/50 V电解电容。

⑰ 选择整流桥

一般使用1N4007(1 A 1 000 V)或1N5408(3 A 1 000 V)。

反向工作电压V_{br}：

$$V_{br} > 1.25\sqrt{2}\times V_{max} = 264.75\text{，取 } 300 \sim 400\ \text{V}$$

输入有效值电流I_{rms}：

$$I_{rms} = P_o/\eta V_{min}\cos\varphi \tag{5-12}$$

其中，功率因数一般为0.5～0.7，取0.5，则$I_{rms}=2.08$ A。

整流桥额定的有效值电流I_{br}一般取I_{rms}的2倍，以有足够的余量，$I_{br}=4.16$ A，可选择400 V/5 A的GBU56SF。

⑱ 选择次级整流管

整流管的工作电流至少为最大输出电流的3～5倍，最高反向耐压按下式计算。

$$V_{rrm} = V_{imax}N_s/N_p + V_o = 212\times 16/63 + 25 = 78.84\ \text{V}$$

取1.2倍余量为94.6 V。

AC/DC变换器的额定直流输出电流为3 A，按3倍余量计算为$I_f=9$ A，可选择

SBD20120TCTB 或 SD10U120SL 肖特基二极管。

⑲ 计算反馈回路参数

反馈回路用 TL431 做电压基准，用 PC817 光耦进行隔离，基本原理图如图 5-12 所示。

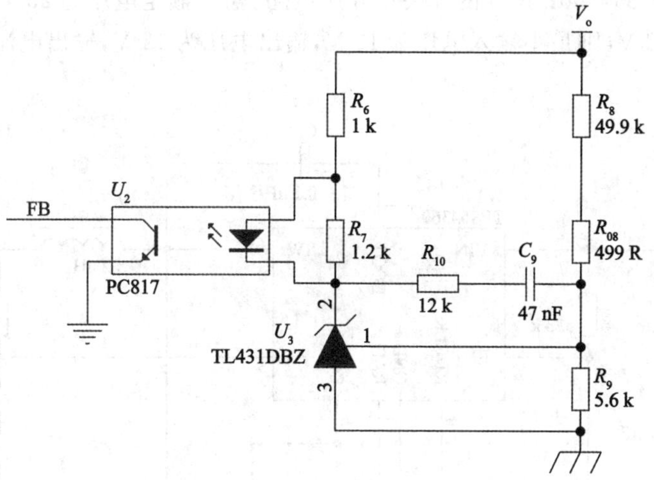

图 5-12　电压反馈电路原理图

直流输出电压 V_o=25 V，确定 R_8、R_9，这两个电阻是将输出电压分压后与 TL431 的参考电压进行比较，TL431 的参考电压为 2.5 V，先定 R_9=5.6 kΩ，有 $V_oR_9/(R_8+R_9)=2.5$ V，$R_8=R_9\times(V_o-2.5)/2.5=50.4$ kΩ，取 49.9 kΩ 与 499 Ω 两个电阻串联。

电阻 R_7 确定如下：由于 TL431 最小工作电流为 I_{min}=1 mA，PC817 的内部的发光二极管压降为 V_f=1.2～1.4 V，按 V_f=1.2 V，则电阻 $R_7=V_f/I_{min}$=1.2 V/1 mA=1.2 kΩ；电阻 R_6 的确定：电阻 R_6 是给 PC817 内部的二极管提供工作电流的，按最大工作电流 20 mA 取值，TL431 的 K 端为 2.5 V，则 R_6 两端电压 $V_r=V_o-1.2-2.5=25-1.2-2.5=21.3$ V，$R_6=V_r/20$ mA=21.3 V/20 mA=1.065 kΩ，取 1 kΩ。

9. 降压与保护

(1) 降压电路

常见的直流稳压电路有线性稳压器、开关型稳压器两大类，二者都可以调节电压，但线性稳压器效率较低，开关型稳压器效率较高，可以将大部分功率传递到负载。

开关稳压器可以是降压变换器、升压变换器或两者的组合，这使它比线性稳压器适用性更广，支持更高电流和更宽电压输入，具有高效、散热性能更好特点，其效率可高达 95%以上。开关稳压器的电路设计通常比线性稳压器要复杂，而且它需要选择外部组件的值，需要调整控制环路以保持稳定，并进行细致的布局设计。

① DC/DC 降压芯片选择

本设计中的稳压器是将 AC/DC 输出的 DC25 V 直流降为 DC12 V 直流电压，输出电流为 1.5 A，为提高效率，降低温升，本设计采用开关芯片 TPS54360B。

TPS54360B 是具有集成型高侧 MOSFET 的 60 V/3.5 A 降压稳压器。它采用电流模式控制，可实现简单的外部补偿和灵活的组件选择。低纹波脉冲跳跃模式可将无负载电源电流减小至 146 μA。当启用引脚被拉至低电平时，关断电源电流被减少至 2 μA。固定开关频率为 100 kHz～2.5 MHz，具有内部软启动功能和过热过压保护功能。

② 降压电路

图 5-13 用 TPS54360B 设计的开关型降压电路，输入额定电压为 25 V，当备用电源启动后，最低电压为 12 V，则最小输入电压为 12 V，输出电压为 12 V，输出电流为 1.5 A，开关频率为 500 kHz。

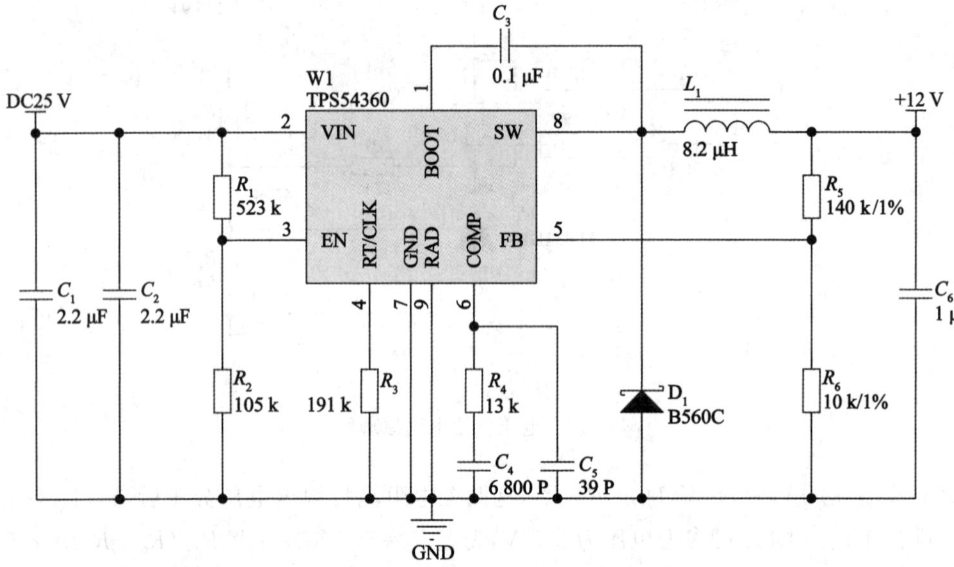

图 5-13　降压电路图

③ 参数计算

a. 最低输入电压 $V_{IN(min)}$

$$V_{IN(min)}=\frac{(V_{out}+V_f+R_{dc}I_{out})}{0.99}+R_{ds}I_{out}-V_f \tag{5-13}$$

式中　$V_{IN(min)}$——最小输入电压；

V_{out}——输出电压，为 12 V；

I_{out}——输出电流，为 1.5 A；

V_f——肖特基二极管压降，为 0.4 V；

R_{dc}——电感和 PCB 直流电阻，为 0.05 Ω；

R_{ds}——MOS 管导通电阻，为 0.01 Ω。

将以上数值代入式(5-13)，得：$V_{IN(min)}=12.22$ V。

b. 反馈电阻计算

TPS54360B 内部的参考电压为 0.8 V，输出电压为 12 V，反馈电阻计算：

$$R_{HS}=R_{LS}(V_{out}-0.8)/0.8 \tag{5-14}$$

取 $R_{LS}=10$ kΩ，则 $R_{HS}=140$ kΩ。R_{HS}和 R_{LS}即为图 5-13 中的 R_5、R_6，10 kΩ 与 140 kΩ 都在标准电阻系列中，用低温漂 1%的电阻即可。

c. 开关频率计算

TPS54360B 的开关频率可在 100～2 500 kHz 之间工作，较高的频率可先用更小型的电感，但频率太高转换效率会降低，同时电磁辐射也会增加，因此一般选择 100～1 000 kHz 范围内。计算公式如下：

$$R_T = 101756/f_{sw}\ (\text{kHz})^{1.008} \tag{5-15}$$

设置开关频率 f_{ws} 为 500 kHz，则 R_T＝193.64 kΩ，R_T 即为图 5-13 中的 R_3，根据电阻系列表，选 191 kΩ。

d. EN 控制端启动电阻计算

TPS54360B 的 EN 引脚电压大于 1.2 V 时，芯片工作，为降低电路功耗，上端电阻选 523 kΩ，下端电阻计算公式如下：

$$V_{EN} = R_2/(R_1 + R_2)V_{IN(min)}$$

V_{EN} 大于 1.2 V 芯片工作，这里取 V_{EN}＝2 V。

$R_2=V_{EN}R_1/(V_{IN(min)}-V_{EN})=104.6$ ，故取 105 kΩ。

(2) 保护电路

① 本安电源电路框图

本安电源保护电路由二级构成，每级分别由过流保护与过压保护，两级保护采用串联方式，电流采样采用两个串联的电流取样电阻。电路框图如图 5-14 所示。

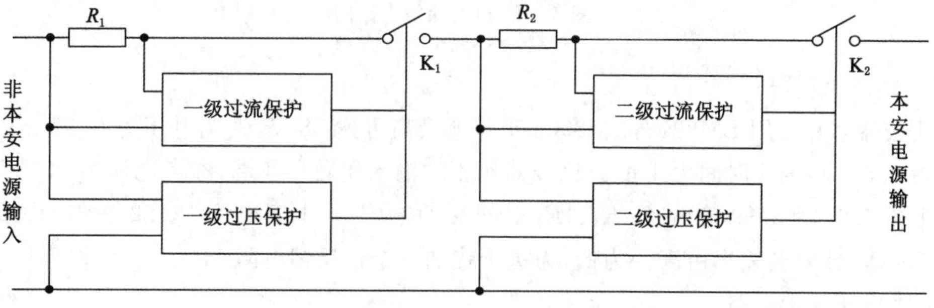

图 5-14　两级串联过流过压保护电路框图

② 电流保护电路

a. 电流取样

电流检测采用一个 0.1 Ω 的电阻取样，最大电流设为 2 A，则当电流 2 A 时，取样电阻两端电压 $V_R=RI_{max}=0.1\times2=0.2$ V。

b. I/V 变换放大

INA199 是专为电流检测设计的芯片，工作电压在 2.7～26 V，偏移电压低至±150 μV，增益误差±1%，增益温度漂移为 10 ppm/℃，静态电流为 100 μA，电压增益有 50、100、200 三挡。过流保护电路如图 5-15 所示。

当电流为 2 A 时取样电阻 R_0 两端电压为 0.2 V，选用 INA199A1，放大倍数为 50，则电流为 2 A 时，INA199 的输出电压：

$$V_{OUT1} = 50 \times (V_{IN+} - V_{IN-}) = 50 \times 0.2 = 10\ \text{V}$$

过流保护电流设为 1.2 A，此时 INA199 输出电压为 $V_{OUT2}=50\times R_0\times I=50\times0.1\times1.2=6$ V；比较器参考电压 V_{REF} 为 2.5 V；1R_4 取 10 kΩ，比较器取 0.1 V 回差，则：

$1R_3 = R_4(V_{OUT2} - V_{REF} + 0.1)/(V_{REF} + 0.1) = 10 \times (6 - 2.5 + 0.1)/2.6 = 13.85\ k\Omega$ 取 13 kΩ。

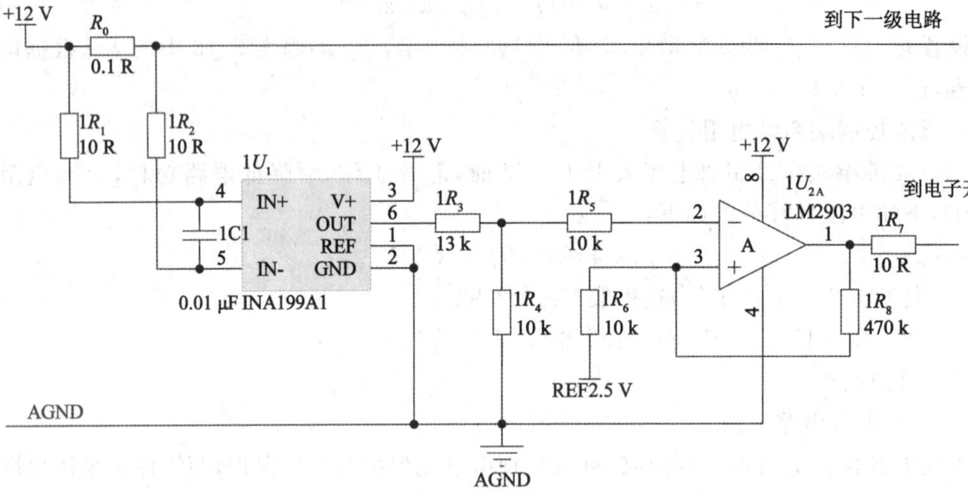

图 5-15　过流保护电路图

c. 阈值比较器

比较器芯片使用 LM2903，LM2903 工作电最高可达 38 V，失调电压为 0.37 mV，偏置电流为 3.5 nA，响应时间为 1 μs。比较器用正端输入端做参考端，参考电压为 2.5 V，负端输入电压来自 INA199 输出经 $1R_3$、$1R_4$ 分压后的电压，当本安电流为 1.2 A 时，V_o 的输入端为 2.6 V，比较器输出由高变为低，为抗干扰加一个正反馈电阻 $1R_8$。

(3) 电压保护电路

过压保护电路用 LM2903 同一封装中的另一个比较器，当本安电压超过 12.6 V 时，比较器反转，关闭 PMOS 管，切断本安电源的输出。

比较器的基准电压为 2.5 V，当本安电压为 12.6 V 时，经电压取样电阻 $1R_{11}$、$1R_{10}$ 分压为 2.6 V，$1R_{10}$ 定为 10 kΩ，则 $1R_{11} = 1R_{10}(12.6 - 2.6)/2.6 = 38.46\ k\Omega$，取 38.3 kΩ，电压保护电路如图 5-16 所示。当输出电压升高到 12.6 V 时，比较器的输出由高变为低，切断本安电源输出。

(4) 基准电压

基准电压不能用简单的电阻网络由电源直接取得，这样设计基准电压会随电源波动的而波动，本设计采用基准电压源 TL431 完成。

(5) 本安电源控制开关

本安电源开关由 PMOS 管与三极管组成，电路如图 5-17 所示。当电路正常工作时，电压保护电路和电流保护电路的输出都为高，此时三极管 T 在 $1R_{16}$ 的偏置下导通，将 PMOS 管栅极拉低，PMOS 管导通，本安电源向负载供电，当过流保护与过压保护任意一个动作时，由于比较器 LM2903 的输出是集电极开路输出，会将三极管 T_1 的基极拉低，从而 T_1 截

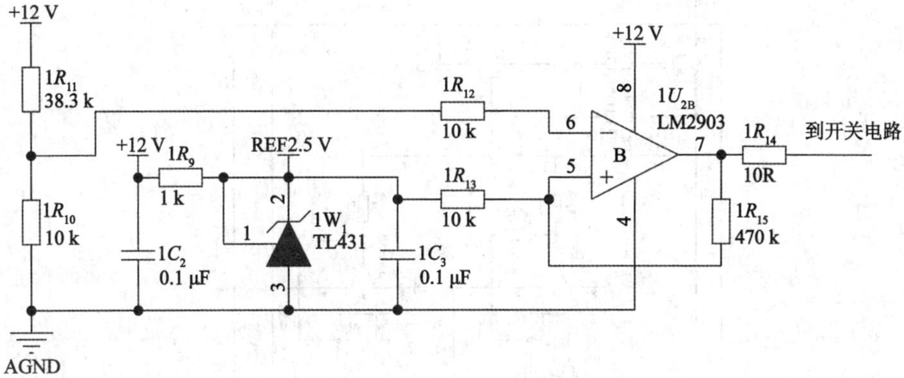

图 5-16　电压保护电路图

止，集电极电压升高，PMOS 管关闭，切断本安电源向负载供电。

$1Q_1$ 选择 50 A/40 V，导通电阻小于 20 mΩ 的 PMOS 管，可选 IPD50P04P4L、AO.0D4185、SUD50P04、APM4050P 等。

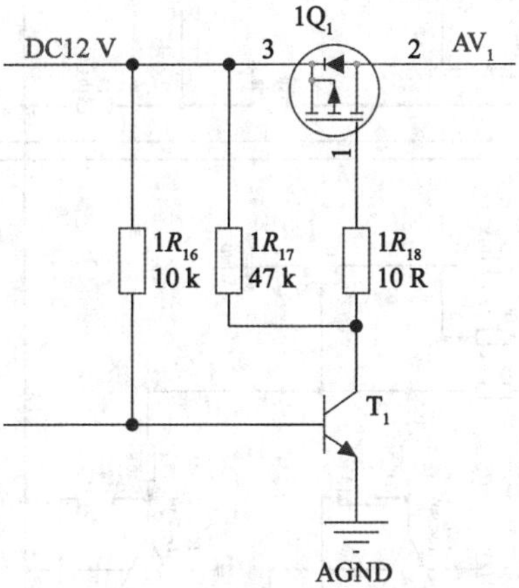

图 5-17　本安电源控制开关电路图

（6）保护电路整体电路

本安保护电路分四个部分，一是电流保护电路，由电流采样、电压放大、阈值比较组成；二是过压保护电路，由电压采样、比较电路组成；三是基准电压电路，为两比较器提供精准参考电压；四是保护切断电路，由 PMOS 管与外围电路组成，只要过流过压其中一个超限，对应的比较器输出低电平，将三极管 Q_1 关闭，同时使 PMOS 关闭，从而切断本安电源向负载供电。二级保护电路中，第二级保护电路与第一级保护电路相同，只要与第一级保护电路串联就可以起到两级保护功能。两级过流过压保护电路图如图 5-18 所示。

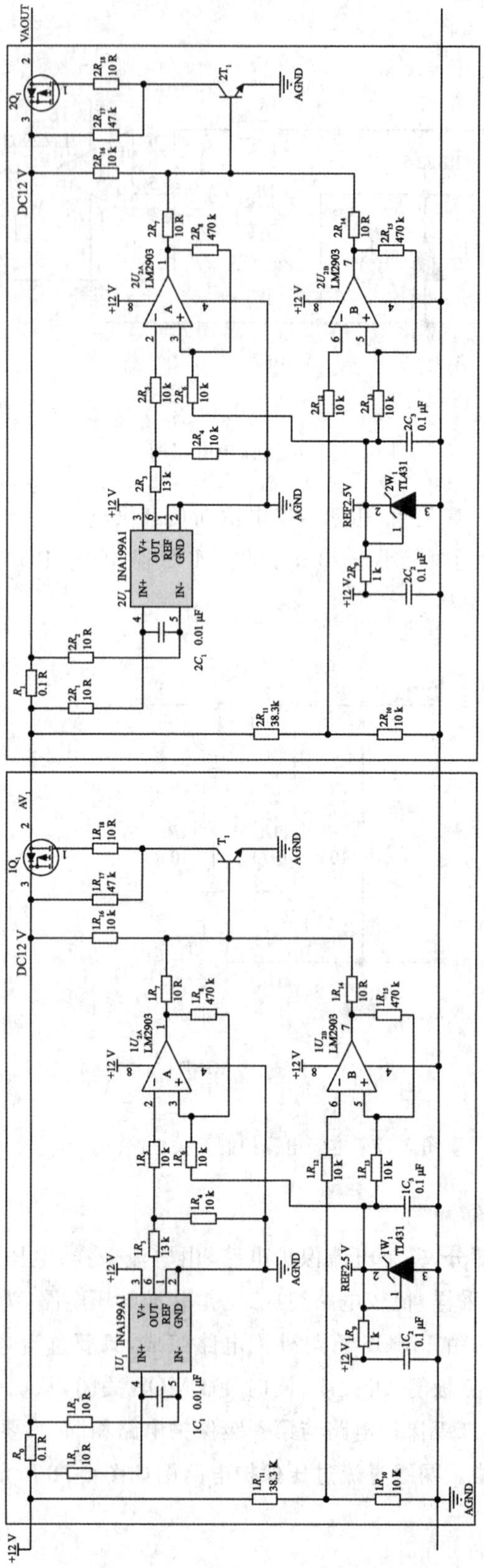

图5-18 两级过流过压保护电路图

本章习题

(1) 简述煤矿监控系统供电的特点。

(2) 井下交流供电电源电压一般为多少？直流供电设备的输出电压一般为多少。

(3) 煤矿安全监控系统为什么要有备用电源。

(4) 什么是本质安全型电路？什么是本质安全型电源？什么是隔爆兼本质安全电源。?

(5) 简述本安电源与普通电源的主要区别。

(6) 简述在实际本质安全电源设计中，输入输出的电气隔离的方式。

(7) 限能保护电路主要由哪几种。

(9) 根据“矿用本质安全电源设计”实训内容，按照本书技术指标自行设计“矿用本安电源”，要求画出设计的电路图，并将其制作成实物。

第6章 信息传输与通信网络技术

信息传输系统又称通信系统，是一种通过计算机和通信线路相结合，完成编码信息的传输、存储和处理的通信技术。煤矿安全监控系统是一个多路遥测遥控系统，涉及中心控制、数据传输、网络结构、线路控制方法等远距离通信问题，要求传输距离远、不中断、准确性高等。由于矿山安全监控目标分散、距离远、对象多，因而数据传输技术是现代煤矿安全监控系统的关键技术之一。

6.1 数据传输基础

信息传输系统是信息传输过程中所需要的一切技术设备和传输介质构成的总体。一般由信源、信宿（收信者）、发端设备、收端设备和传输媒介等组成，实现数据传输、交换、存储和处理。数据传输系统的一般模型如图 6-1 所示。

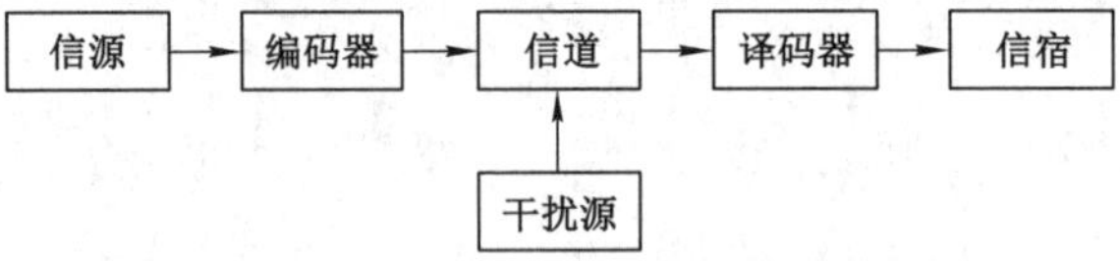

图 6-1 数据传输系统一般模型

煤矿安全监控系统的传输系统是把地面中心站、分站、传感器及现场控制设备等联系在一起，将井上、井下现场的环境、工况参数上传到地面中心站，中心站发出的指令下传到现场设备。这些参数和指令以电信号的形式在信道中传输。按信号的类型不同，传输系统可分为模拟传输系统和数字传输系统、基带传输系统和频带传输系统等。

6.2 信息传输技术

6.2.1 模拟传输与数字传输

1. 模拟传输

模拟传输是指利用模拟信号传递消息的通信方式。在模拟传输系统中，通常信源发出的是模拟信号，信道上传输的也是模拟信号，输出仍然是模拟信号。

模拟信号在传输过程中，由于噪声的干扰和能量的损失会使信号发生畸变和衰减，所以模拟信号传输时，每隔一定的距离就要用放大器来增大信号的强度。然而增大信号强度的同时，由噪声引起的信号失真也随之放大。当传输距离增大时，多级放大器的串联会引起失真的叠加，从而使信号失真越来越大。

2. 数字传输

数字传输是指利用数字信号来传递消息的通信方式。在数字传输系统中，信源发出的可以是数字信号，也可以是模拟信号。当信源发出的是模拟信号时，模拟信号经取样量化等数字化处理后转换为数字信号，通过通信传输装置，经信道传往接收端，在接收端经过反变换，把数字信号转换为模拟信号输出。

数字传输，仅代表了“0”和“1”变化模式的数据，方波脉冲式的数字信号在传输过程中除了会衰减外，也会发生失真，但可采用转发器来代替模拟信号传输中的放大器。转发器可以通过阈值判别等手段，识别并恢复其原来“0”和“1”变化的模式，并重新产生一个新的完全消除了衰减和畸变的信号传输出去，这样多级的转发不会因累积噪声而引起失真。

模拟信号可通过模数转换器(A/D)转换为数字信号。数字信号也可以通过数模(D/A)转换成模拟信号。

矿用传感器输出的电信号可分为连续变化的模拟量信号和阶跃变化的开关量信号两大类，开关量信号是一种简单的数字信号。按照系统所传输信号的不同，矿井监控系统可分为模拟传输系统和数字传输系统。在实际矿井安全监控系统中，往往采用数字传输方式进行信息传输，与模拟传输方式相比，数字传输方式具有如下优点：

(1) 抗干扰能力强；

(2) 传输中的差错可以控制，可有效改善传输质量；

(3) 可以传递各种类型的信息，使传输系统变得通用、灵活；

(4) 便于用计算机对系统进行处理和管理。

但是，数字传输的上述优点都是用比模拟传输占据更宽的传输频带而获得的。由于井下电磁干扰严重，传感器种类繁多等因素，数字传输在矿井监控信息传输系统中得到了越来越广泛的应用。

6.2.2　数据传输方式

数据传输方式是指数据在信道上传输时所采取的方式。按数据代码传输的顺序可以分为串行传输和并行传输，按数据传输的同步方式可分为同步传输和异步传输，按数据传输的流向和时间关系可分为单工、半双工和全双工数据传输。

1. 串行传输与并行传输

串行传输是指组成字符的若干二进制码排列成数据流，数据一位接一位，按时间顺序在一条信道传输，如图 6-2(a)所示。通常传输顺序为由高位到低位，传完一个字符再传下一个字符。串行传输速度慢，适合距离远且传输速率要求不高的通信中。

并行传输是将构成一个字符的几位二进制码以成组的方式，同时在多个并行的信道中传输，如图 6-2(b)所示。并行传输一般用在距离近、传输速率要求高的通信中。

串行传输同并行传输相比，前者占用传输信道少、传输速度慢，但为了正确识别每一位是“0”还是“1”，接收端与发送端必须保持同步，而后者正好相反。一般矿井数字信息传输系统都采用串行传输方式，因为这种方式只需占一条信道，易于实现、成本低。

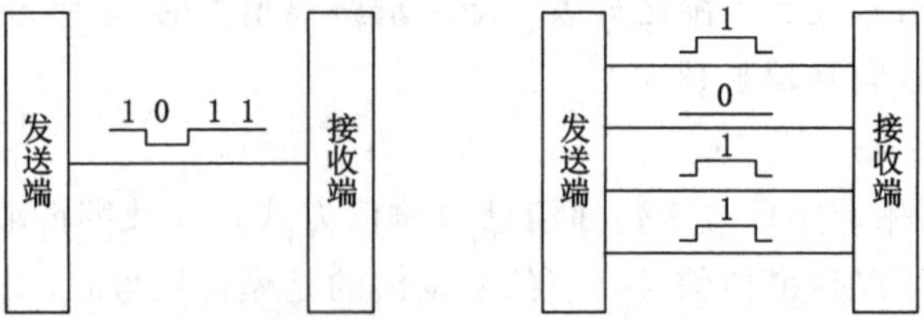

（a）串行传输　　（b）并行传输

图 6-2　串行与并行传输方式

2. 同步传输与异步传输

同步传输和异步传输是串行传输中两种最基本的通信方式。

(1) 同步传输

同步传输是以数据块为单位的数据传输，通过加在数据块(由许多字符组成)前面的同步字符使收/发双方取得同步的通信方式。同步传输以帧为单位传输数据，每帧由开始标志、数据块、帧校验序列、结束标志组成，如图 6-3 所示。

开始标志	数据块	帧校验序列	结束标志

图 6-3　同步传输的格式

开始标志是帧开始传输的标志，兼作同步字符，是特殊的二进制代码，它可以是一个 8 位，也可以是两个连续的 8 位；数据块由一个接着一个的字符组成，每个字符的数据位可以是 5、6、7 或 8 位；帧校验序列位循环冗余校验码 CRC；结束标志表示帧结束，其代码与开始标志相同。

在数据传输时，发送装置先发送开始标志，然后发送数据块。在数据块传送过程中，在数据没有准备好时，自动插入同步字符，直到下一个发送字符准备好为止。数据块发送完毕后，发送 CRC 校验码，最后发送结束标志，表明本帧传输结束。在接收端，接收装置搜索到同步字符后，才开始接收数据，同时将插入数据块中的同步字符从数据块中删除，并根据 CRC 校验码对数据块进行校验。

(2) 异步传输

异步传输是以字符为单位的数据传输，是用 1 个起始位表示字符的开始，停止位表示字符结束，传送字符夹在起始位和停止位中间，字符之间用空闲位连接的传输方式，如图 6-4 所示。起始位占 1 位，通常为低电平，它除表示字符开始外，还用作字符同步信号。停止位可以是 1 位、1 位半或 2 位，一般为高电平。

每个字符由数据位和奇偶校验位构成。数据位可以是 5、6、7 或 8 位，若少于 8 位，最右边的高位不传送，只传送有效位。奇偶校验位占 1 位，可选择奇校验或偶校验。空闲位一般为高电平，位长取决于两字符间的间隔。传送时，数据位从低位到高位逐位顺序传送。

(3) 异步传输与同步传输的比较

异步传输需要分别在每一个字符的前、后插入起始位和停止位。因此，当传输的字符较多时，每一个字符的前后插入起始位和停止位将影响编码效率，不宜进行大量字符的连续传

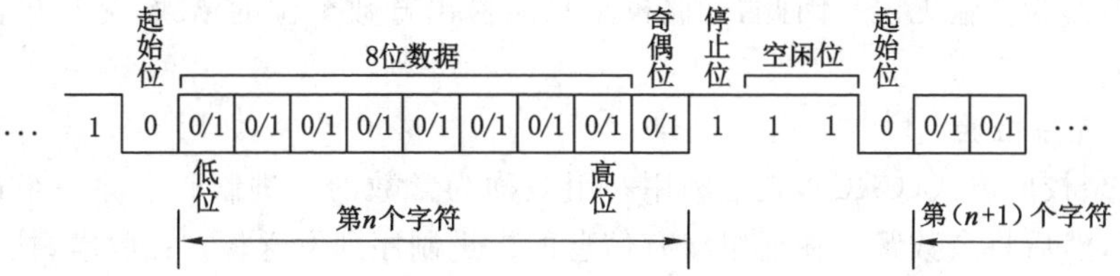

图 6-4　异步通信的格式

输。异步传输的传输速率较低，一般为 50～9 600 b/s。因此，异步传输常用于传递信息量小、速率低的场合，但是异步传输的传输设备较同步传输的传输设备简单。

同步传输在数据块前面插入同步字符，使系统同步工作，因此编码效率高，常用于传送信息量大、速率高的场合，其传输速率可达 0.8 Mb/s，但传输设备较复杂。

由于监控分站每次需传输的数据量较小，因此在数字传输的煤矿安全监控系统中，普遍采用异步传输方式，以降低传输设备的成本和减小体积。

3. 单工、半双工和全双工传输

单工传输是指信息只能单方向进行传输，但允许由接收端向发送端传送一些简单的控制信号(联络信号)的工作方式，如图 6-5(a)所示。半双工传输是指通信双方都能收发信息，但不能同时进行收和发的工作方式，如图 6-5(b)所示。全双工传输是指通信双方可同时进行双向传输信息的工作方式，如图 6-5(c)所示。该传输方式适用于计算机之间的高速数据通信。

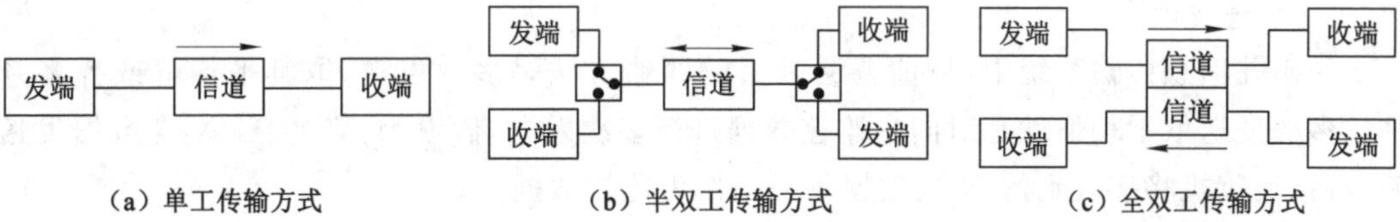

图 6-5　单工、半双工和全双工传输示意图

6.2.3　信息校验技术

煤矿井下的强电磁干扰给信息的可靠传输带来了很大的困难，为了保证信息的可靠传输，矿井信息传输系统中都采用了检错或纠错技术。

1. 奇偶校验

奇偶校验是一种最简单的检错方法。奇(偶)校验就是在每一串所发送的载有信息的码字之后加一位奇(偶)检验位，该位的取值(0 或 1)应满足：在奇校验的情况下，该组码字(由全部信息码位和校验位组成)所含“1”的总数应为奇数；在偶校验的情况下，该组码字所含“1”的总数应为偶数。

系统工作时，发送端把奇偶校验位附加在每一组信息码后面发送，而接收端在接收完全部信息码和奇偶校验码之后，计算接收到 1 的个数是否满足预先规定的奇校验(或偶校验)的要求。如果符合，则认为该组码字有效；如果不符合，则认为该组码字在传输过程中有错误出现。显然，如果在同一组码之中(包括奇偶校验位)有两个位的错误，接收端则无法判别其正误，而误作为传输无误。因此，奇偶校验只能检出奇数个位的错误，无法检出偶数个位的错误。

2. 循环冗余检验

循环冗余校验方式(CRC)，就是利用一组被称为常数的二进制码去除一组载有信息的二进制序列，然后将余数跟随在这组载有信息的二进制序列发送。在接收端，接收机将接收到的这组载有信息的二进制序列，再被同样常数的一组二进制数去除，将所得的计算余数与接收到的余数比较，如果一致，则认为传输无差错；如果不一致，说明在这组序列中有差错存在。由于数字集成电路的飞速发展，采用少量的数字集成电路即可完成校验的过程。

图 6-6 是采用硬件实现 CRC 校验的示意图。发送机一边将载有信息的二进制序列经传输线传输给接收机，一边又将该序列送给发送机内的硬件除法电路。硬件除法电路得出的余数，紧随在载有信息的二进制序列之后，也经传输线传输给接收机。接收机一边接收载有信息的二进制序列，一边在接收机硬件除法电路中作除法，然后将所得的计算余数与接收到的余数进行比较、判别。

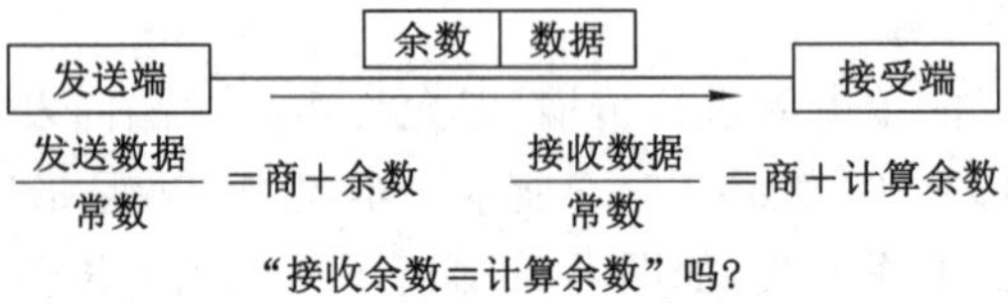

图 6-6　循环冗余校验

3. 纠错技术

在矿井信息传输系统中，目前普遍采用的纠错方法是多次发送，取其平均值或择多判决。多次发送取平均值就是对同一监控数据进行多次发送，假设为 N 次，当 N 次数据发送完毕后，接收机将接收到的 N 次数据取平均作为监控数据。

多次发送择多判决是对同一监控数据进行多次发送(假如为 N 次)，接收机将 N 次数中取数值完全一致且次数超过 $N/2$ 的数据作为监控数据，从而减小了传输差错的影响。显而易见，这种纠错方法是用增大系统的检测周期换来数据的准确性。

6.3 数字信号基带传输系统与频带传输系统

6.3.1 数字信号基带传输系统

数字基带信号就是未经调制的数字信号所占据的频谱，从零频或很低频率开始，称为数字基带信号。

基带传输系统是指不使用调制和解调装置而直接传输数字基带信号的系统。其系统构成如图 6-7 所示。数字基带传输系统具有发送和接收设备简单、便于采用光电耦合器进行本质安全防爆隔离等优点，适合在树状时分复用矿井信息数字传输系统中使用，由于基带传输所占用的传输频带在低频段，对减少信号电磁波反射具有一定的作用。

信道编码器的作用是把数字基带信号转换为适合于信道传输的码型，信道解码器的作

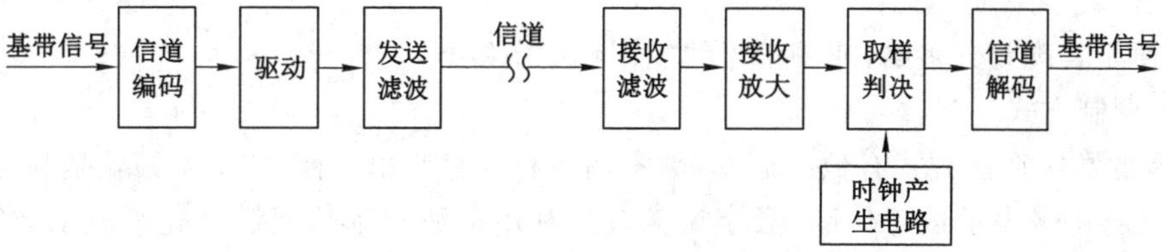

图 6-7　数字基带传输系统构成图

用则相反。码型是指代表数字码元“0”和“1”的电脉冲的某种形式。目前采用基带传输的矿井监控系统中，基带信号是矩形脉冲的形式，其最基本的码型有单极码和双极码、电平码和差分码、归零码和非归零码、双相码等。

驱动器输出足够的信号功率以适应长距离传输。接收器对经过传输衰减了的信号进行放大，有的电路中还设有增益控制电路。

发送滤波器又称信道信号形成器，它决定在信道中传输的码元的形状。它和接收滤波器及信道三者共同合成一个合适的传输特性(如升余弦特性)，使得系统在有限的频带内获得较高的传输速率，并能消除或减少码间串扰。接收滤波器还起滤除干扰和噪声的作用。

取样判决电路的作用是在码元的中部取样判决，确定是“0”码元还是“1”码元。取样时需要一个与码元同步的时钟信号，即码元同步信号，时钟产生电路就是完成这一功能的。

信道是基带信号传输的媒介，在矿井监控系统中一般采用专用的矿用信号电缆作为传输媒介。

6.3.2　数字信号的频带传输

频带传输是信号经调制后，传输到终端进行再解调的传输方式。在发送端，经过调制器，对数字信号进行某种变换，使信号适合在模拟信道上传输；在接收端，通过解调后还原成原来的数字信号。频带传输需在发送端和接收端分别设置调制器和解调器。数字信号频带传输系统结构如图 6-8 所示。

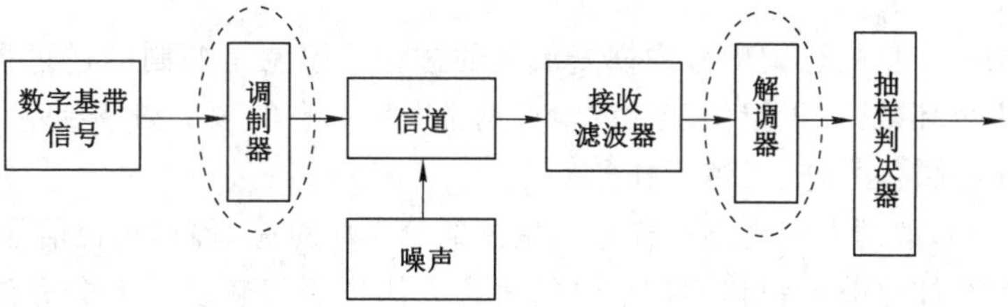

图 6-8　数字信号频带传输系统结构图

数字信号进行调制的原因主要有几方面：

① 基带信号不适应某些信道的传输特性，如长途电话信道不能传输含直流分量的基带信号，无线信道只能传输高频信号等；

② 矩形码元的基带信号相对频带太宽，在未加均衡的信道上传输时畸变严重，不能远传。调制后信号的中心频率提高，相对带宽下降，信道在信号的带宽内较接近无失真传输条

件,信号失真较小,便于远传;

③ 便于实现频分多路,或用信号线复用作电源线。

(1) 调制方式

基本的数字调制方式有数字调幅、数字调频和数字调相三种,数字调幅就是利用载波幅度的离散变化来表示数字代码,数字调频就是利用载波频率的离散变化来表示数字代码。数字调相就是利用载波相位的离散变化来表示数字代码。

由于作为调制信号的数字信号只有两个或有限个电平,这种调制可用开关电路实现,故三种调制方式又分别称为幅移键控(ASK)、频移键控(FSK)和相移键控(PSK)。三种调制方式的原理和波形如图 6-9 所示。

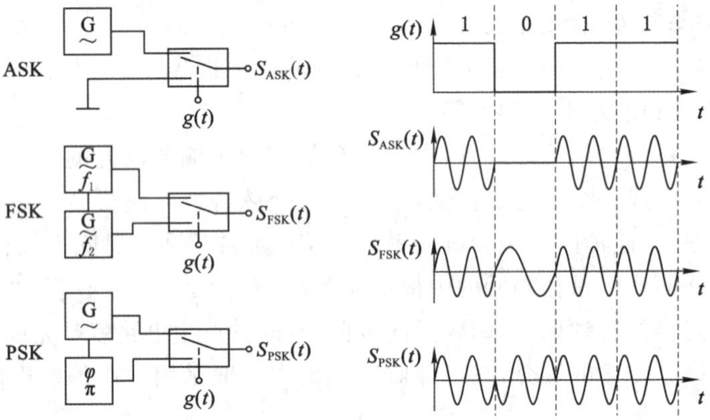

图 6-9 ASK、FSK、PSK 调制原理及波形图

幅移键控设备简单,但抗干扰能力差,数字系统中很少使用,在矿山频分制监控系统中主要用于脉冲频率调制(PFM)信号的调幅;频移键控有较强的抗干扰能力,在数字调制系统中广泛应用,缺点是占用频率较宽;相移键控抗干扰能力强,在同样传输速率下占用宽带比频移键控窄,但是设备较复杂,主要用于信道频带有限又希望有较高传输速率的场合。

(2) 解调方式

解调是从携带信息的已调信号中恢复消息的过程。解调是调制的逆过程,解调过程大体上包含两个主要环节:首先把位于载波附近携带有用信息的频谱搬移到基带中,然后用相应的滤波器滤出基带信号,完成解调任务。

调制方式不同,解调方法也不一样。与调制的分类相对应,幅移键控信号的解调一般都采用二极管包络检波电路。频移键控信号的解调方法中用得较多的有分路滤波比较法、零交点检测法等。相移键控的解调方法比较复杂,必须用相干解调的方法,又称同步检波法。

6.4 煤矿安全监控网络基础概述

安全可靠的网络是矿山智能化的基础,通过“万兆工业环网＋4G/5G 无线＋物联网”技术形成“一张网”的传输架构。统筹建设网络系统和数据中心,打通数据传输和利用通道,统一规划网络和数据安全系统,解决目前矿山各部分信息系统互相孤立问题。“一张网”覆盖煤矿的开拓、采掘、运输、通风、洗选、安全保障、经营管理等煤炭安全生产的各个环节，实现信息共享、万物互联、融合联动、智慧决策，是未来煤矿监控网络的发展趋势。

6.4.1　煤矿监控网络特点

为保证煤矿监控网络系统的安全性和可靠性，降低系统成本，便于使用维护，煤矿监控系统的网络结构同一般的数字通信和计算机通信网络相比，具有以下主要特点：

(1) 本质安全防爆。一般工业监控系统均工作在非爆炸性环境中，但是煤矿工作环境恶劣，井下除有甲烷、一氧化碳等易燃易爆性气体外，还有硫化氢等腐蚀性气体，矿尘大、潮湿、有淋水、空间狭小。煤矿井下监控系统的设备必须是防爆型电气设备，并且不同于化工、石油等爆炸性环境中的工厂用防爆型电气设备。因此通信设备必须防爆、防潮、防霉、防尘。

(2) 实时性高。煤矿监控系统必须满足对某些数据变量的准确测量和定时刷新，对实时性有很高要求。

(3) 电网电压波动大，电磁干扰严重，抗干扰能力强。由于煤矿井下空间小，采煤机、运输机等大型设备启停和架线电机车火花等造成电磁干扰严重。

(4) 有线通信的线路环境条件恶劣、维护困难。无线通信则因自由空间小，电磁波受岩石和煤层的吸收和反射，以及巷道结构的影响，衰减很快，传输距离短。

(5) 抗故障能力强。当系统中某些分站发生故障时，力求不影响系统中其余分站的正常工作；当传输电缆发生故障时，不影响整个系统的正常工作；当主站及主干电缆发生故障时，保证甲烷断电及甲烷风电闭锁等功能。

6.4.2　煤矿监控网络拓扑结构

煤矿监控网络以技术先进成熟的高速工业以太环网＋现场总线模式构建，主要由地面网络核心交换机、矿用网络交换机、双机热备采集服务器、各子系统监控主机、操作站、数据归档服务器、WEB 服务器、防火墙及路由器、UPS 电源、打印机、各种监控分站、各种 PLC 控制箱、各种传感器、控制执行器、网关、各种监控软件和综合监控信息集成软件等组成。系统网络结构是指系统中的分站与分站之间、分站与中心站之间、分站与传感器(含执行机构)之间的相互连接关系。它将多个分散的生产现场、网络节点，采用通信协议，以现场总线作为通信连接的纽带，把现场测量控制设备连接成可以相互沟通信息、共同完成测量与控制任务的网络系统。一般监控网络的节点是指具有计算与通信能力的测量控制设备。在煤矿监控系统中，常用的网络拓扑结构有环形、树形、星形、总线形等。

1. 星形网络结构

星形网络结构就是系统中的每一分站或传感器通过一根传输电缆与中心站或分站相连，如图 6-10(a)所示。如果一个工作站需要传输数据，它首先必须通过中央控制节点，中央控制节点接收各分散节点的信息再转发给相应节点。星形网络的主要优点是结构简单、建网容易。便于控制和管理，传输阻抗易于匹配，可靠性高等；主要缺点是中央控制节点负担重，容易在中央控制节点上形成系统的信息堵塞，并且通信线路的利用率不高，在监控系统中，常用于多传感器与分站的连接网络。

2. 总线形网络结构

总线形结构如图 6-10(b)所示。总线形结构网络是将各个节点和一根总线相连。网络中所有的节点都通过总线进行信息传输，任何一个节点的信息都可以沿着总线向两个方向传输，并被总线中任何一个节点所接收。在总线形网络中，作为数据通信必经的总线的负载量是有限度的，这是由通信介质本身的物理性能所决定的。因此，在总线形网络中，总线的长度有一定的限制，一条总线也只能连接一定数量的节点。

总线形网络的主要优点是：结构简单灵活，各节点共享信道，对节点设备的装、卸非常方便，可扩充性好；当某个工作节点出现故障时，不会造成整个网络的故障，可靠性高；另外，这种结构的网络节点响应速度快，共享资源能力强，设备投入量少，成本低，安装使用方便。因此，总线形网络结构是最传统的，也是目前广泛使用的一种网络结构。在皮带运输集控系统、水泵集控中常被使用。

3. 树形网络结构

树形结构是一种总线形分级结构，它是在总线形网络上加上分支形成的。网络中的每一分站或传感器使用一根传输电缆就近接到系统传输电缆上，如图 6-10(c)所示。在树形网络中，任意两个节点之间不产生回路，每条通路都支持双向传输。一般一个分支和节点的故障不影响另一分支节点的工作，任何一个节点送出的信息都由根节点接收后重新发送到所有的节点。

树形网络的主要优点是扩充方便、成本低、易推广、使用电缆最少、抗故障能力较强。缺点是多路分流，在信号发送功率一定的情况下，接收端信号功率小，系统不稳定。树形网络结构比较适用于分主次或分等级的层次型管理系统，如一个采区有多个采煤工作面，并且工作面是移动的，多采用树形结构，布网灵活，成本低。

4. 环形网络结构

环形组网拓扑结构，属于分布式网络，各个网络节点串联成闭环结构，允许某一传输链路或网络节点出现一处断点。环形网络拓扑如图 6-10(d)所示。发生链路故障时，环网传输路径将选择反方向正常传输。属于简单而又实用的冗余组网方式，性价比高、可靠性较高，在矿井综合监控系统中普遍使用。环形网络中主要是通过光缆连接防爆光纤交换机，实现千兆/万兆工业以太环网。因环形网络的冗余的优越性、组网的灵活性，以及现场实际需求，还可以采用二级或三级环网结构。

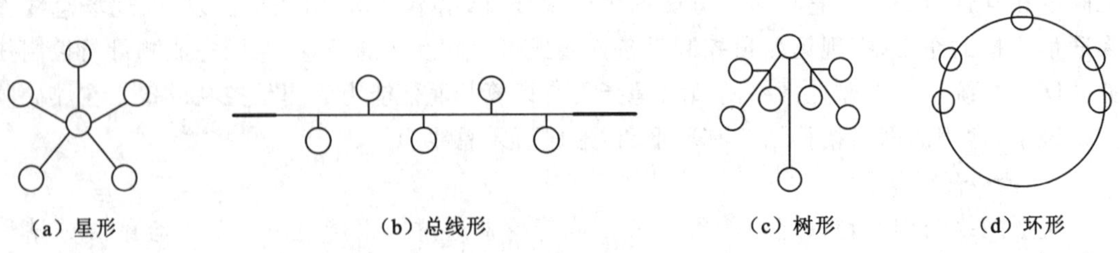

图 6-10　网络拓扑结构图

在实际的煤矿监控系统中，传输电缆必须沿巷道敷设，挂在巷道壁上。由于现代大型煤矿井下的巷道结构比较复杂，有较多分支，故网络结构会根据不同的需求，综合使用环形、总线形、星形、树形等网络结构。

6.4.3 信道访问控制方式

要使信息能迅速正确地在网络中传送，以实现站点间的信息传输，必须选用适合的网络拓扑结构的信道访问控制技术，也称其为介质访问控制技术。信道访问控制方法，可以简单地把它理解为如何控制网络节点何时发送数据，如何传输数据以及怎样在介质上接收数据。

信道访问控制方式有很多，可以根据不同的网络拓扑结构选择不同的技术。常用的有查询访问方式、令牌传送方式、载体监听多重访问/冲突检测方式等。

1. 查询访问方式

星形结构网络中的主节点或总线形结构网络中的主站，依次询问各站是否要求通信以决定信道的分配情况。查询时先给各站发送一个询问信息，当收到具体站点的响应后再控制各站通信。如果同时有多个站点要求发送信息时，主节点(主站)可根据各站优先级高低安排发送顺序。通常，查询方式又可分为轮叫轮询(顺序式)和传递轮询(循环式)方式。

(1) 轮叫轮询方式

由主机轮流询问各节点，若该节点有数据发送，则将数据发送给主机；若该节点没有数据发送，则发送控制帧给主机，表示没有数据发送，主机接着询问下一个节点。在主机向各节点发送数据时，其数据帧带有各节点的地址，每个节点只接收主机发给自己的数据。

(2) 传递轮询

若主机向某节点发出轮询帧，节点在发送完数据后，或告诉主机没有数据发送时，将其相邻节点的地址附上；当相邻节点检测到自己的地址时，就开始发送数据，以此类推。当最后一个节点发送完数据后，就将主机的地址附上，这时数据发送权重新回到主机手中，一个循环也就结束了。

2. 令牌环访问控制方式

采用令牌传送技术的环形网中，有一个被称为令牌的信息帧沿环形网络的各节点依次传送。令牌在工作中有“闲”和“忙”两种状态。“闲”表示令牌没有被占用，即网中没有信息传送；“忙”表示令牌已被占用，即网中有信息正在传送。当环网开始运行时，由指定节点产生一个空令牌沿环路传送。任何一个要传递信息的节点都要等到令牌传到自己，且令牌为“闲”时，将令牌置为“忙”的状态才能占用信道，并置入传递信息、源节点地址和目的地址，然后将此载有信息的令牌送上环网传输。令牌沿环网循环一周返回到源节点时，传送信息被目的节点接收后，源节点再把令牌置成“空”状态，送上环网继续巡回传送，以供其他节点使用。

令牌环访问控制方式可分为令牌环访问控制法和令牌总线访问控制法。

(1) 令牌环访问控制法

令牌通信环简称令牌环，是环形拓扑结构网络的一种信道访问控制方式。

(2) 令牌总线访问控制法

令牌总线访问控制方式类似于令牌环。在系统初始化时，按有序序列指定各个工作节点的逻辑位置并形成一个逻辑环，总线上各节点的逻辑次序与其物理位置无关。在介质访问控制层中，保存有一个记录，记下逻辑环中的先行节点和后继节点，末节点的后继节点就是首节点，即首尾相连。逻辑环中可随时注入新节点，像总线结构一样灵活，也可以删除或跳过故障节点，建立一个新的逻辑环。

令牌传送中的主要问题是令牌丢失，如果丢失了令牌则由监视节点向网中注入一 个新的令牌。令牌传送方式的特点是效率高，信息吞吐量大。

3. 载体监听多重访问/冲突检测方式

带有冲突检测的载体监听多重访问/冲突检测技术适用于总线形结构网络，挂在总线上的各节点共享一条广播式传输线路，每个节点都是平等的，采用竞争方式发送信息到总线上。也就是说，任何一个节点可以随时广播报文或信息包，并为其他各节点所接收。当某个节点识别到信息的接收地址与该节点名相符时，便将信息接收下来。由于没有专门的控制站，两个或多个节点可能同时请求发送信息，这样会发生"冲突"或"碰撞"，从而造成信息作废。因此，必须采取适当的措施来防止冲突的发生。

发送节点在发送信息之前，先监听一下总线是否空闲，如果空闲，则发送信息到总线上，称之为"先听后发"，但是这样做仍然会有发生冲突的可能。因为从组织信息到信息在总线上传输有段延时，在这段时间内，另一个站通过监听也可能认为总线空闲，也会发送信息到总线上，这样就出现两站同时发送竞争总线而发生冲突。

为了防止冲突发生，采取两种措施。一是在发送信息开始的一段时间里仍然监听总线，采用边发边接收的办法，把接收到的信息与自己发送的信息比较，若相同则继续发送，称之为边听边发，若不相同则是发生冲突，立刻停止发送信息，并发送一段简短的冲突标志阻塞总线。

通常把这种"先听后发"和"边听边发"相结合的方法称为载体监听多重访问/冲突检测技术。载体监听多重访问/冲突检测方式的控制策略是：共享信道、竞争发送、广播式传输、载体监听、冲突监测、冲突后退和再试发送。

还有一种可以避免冲突发生的方法是二次检测。准备发送信息的节点先监听一段时间（大约为总线传播时延的 2 倍时间），如果这段时间内总线一直为空闲，则开始作发送准备。准备完毕，真正要将信息发送到总线上之前，再次对总线进行一次短暂的监听，即二次检测。若仍为空闲，则正式开始发送；若为忙，则延迟一段随机时间，然后再重复以上的二次检测过程实现发送。载体监听多重访问/冲突检测方式允许各站平等竞争，实时性好。

6.5 煤矿现场总线技术

根据国际电工委员会 IEC（International Electrotechnical Commission）对现场总线的定义：现场总线（Fieldbus）是一种应用于生产现场，在现场设备之间、现场设备和控制装置之间实行双向、串行、多节点的数字通信技术。煤矿现场总线技术主要解决工业现场的智能化仪器仪表、控制器、执行机构等现场设备间的数字通信以及这些现场控制设备和高级控制系统之间的信息传递问题。

现场总线的节点是现场设备或现场仪表，如传感器、变送器、执行器和编程器等，但不是传统的单功能的现场仪表，而是具有综合功能的智能仪表。例如温度变送器不仅具有温度信号变化和补偿功能，而且还具有 PID 控制和运算功能；调节阀的基本功能是信号驱动和执行，除此之外还具有互换性和互操作性，采用总线供电，具有本质安全。

作为工业数字通信网络的基础，它使自控系统和设备与控制管理层间有了通信能力，它不仅是一个底层网络，而且还是一种开放式、全分布式控制网络系统。现场总线作为智能设备的联系纽带，把挂接在总线上作为网络节点的智能设备连接为网络系统，构成综合功能的自动化系统。它是一项以智能传感器、控制、计算机、数字通信、网络为主要内容的综合技术。现场总线的产生对工业的发展起着非常重要的作用。

6.5.1　煤矿现场总线的技术特点

1. 现场总线的结构特点

现场总线打破了传统控制系统的结构形式。基于现场总线的控制系统统称为现场总线控制系统 FCS(Fieldbus Control System)。现代工业控制思想的核心是"分散控制，集中监控"。而现场总线控制系统 FCS 真正做到了这一点，把控制彻底地下放到现场，现场的智能仪表就能完成诸如数据采集、数据处理、控制运算和数据输出等大部分现场功能。只有一些现场仪表无法完成的高级控制功能或复杂运算才由上位机来完成，而且现场节点之间可以相互通信，实现互操作，现场节点也可以把自己的诊断数据传送给上位机，有利于对设备进行管理。

现场总线系统由于采用了智能现场设备，且现场设备具有通信能力，现场的测量变送仪器仪表可以与阀门等执行机构直接传送信号，因而只需要把处于现场的变送器和执行器连接起来，便可以在现场构成完整的基本控制系统，实现分散控制。典型的现场总线控制系统如图 6-11所示。

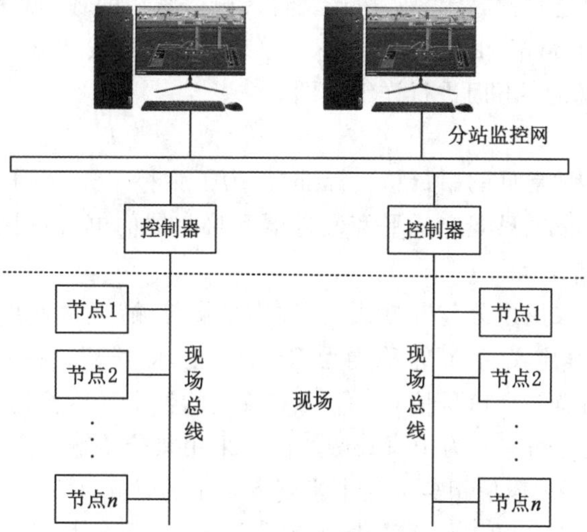

图 6-11　现场总线控制系统

2. 现场总线的技术特点

(1) 开放性。是指系统各层之间通信协议是公开的，不同厂家的设备可以互联并实现信息交换。不同生产厂家的性能类似的设备可实现互相替换，现场总线了建立统一的工厂底层网络的开放系统，用户可以根据自己的需要，把来自不同供应商的产品组成大小随意的系统。

(2) 现场通信网络。用一对传输线，采用串行通信总线方式将多种传感器、变换器和执行器等现场仪表设备互联起来，双线传输数字信号。有的还可以为这些设备提供工作电源。

(3) 分散性。现场设备本身可以完成自动控制的基本功能,改变了传统集中与分散相结合的集散控制系统,简化了结构,提高了系统的可靠性。

(4) 本安设备。煤矿的现场设备必须满足本质安全防爆要求。按照 FCS 思想设计的监控系统设备,非常适合于煤矿井下设备层监控布局经常变更的要求。

(5) 适应性。现场总线是专为现场环境设计的,它可以支持双绞线、同轴电缆、光缆、射频、红外线、电力线等多种传输介质,具有较强的抗干扰能力。

(6) 设备的智能化和功能的自治性。现场总线将传感测量、补偿计算、工程量处理与控制功能分散到现场智能设备中完成,仅仅依靠现场设备既可以完成自动控制的基本功能,并可以随时诊断设备的运行状态,大大提高了整个控制系统的灵活性和自治性。

现场总线具有结构简单,接线方式简单,节省了安装费用和维护成本,易于重构,减少了传送误差,提高了系统的准确性和可靠性。

6.5.2 煤矿现场总线分类

目前国际上有 40 多种现场总线,出现了多种现场总线的企业或者国家标准,他们各具特点,但由于技术和商业利益的关系没有任何一种现场总线能覆盖所有的应用面。按照传输数据的大小可将现场总线分为 4 类:① 传感器总线:信息量小、响应快,属于位传输;② 设备总线:可靠性高、响应快、属于字节传输;③ 控制总线:信息量大、可靠性高,属于信息传输;④ 信息总线:信息量大、可靠性高、属于文件传输。常用的现场总线有:基金会现场总线(FF)、Profibus 总线、LonWorks 总线、HART 总线、CAN 总线和 RS-485 总线等,煤矿井下常用 485 总线、CAN 总线,下面进行详细介绍。

1. RS-485

RS-485 总线是一种常见的串行总线标准,是为了弥补 RS232 通信距离短、速率低等缺点而产生的。RS-485 标准只规定了平衡发送器和接收器的电气特性,而没有规定接插件、传输电缆和应用层通信协议。

RS-485 数据信号采用差分传输方式,也称作平衡传输,通常使用一对平衡双绞线作为传输媒体。将其中一线定义为 A,也称之为 RS-485 正,即"+";另一线定义为 B,也称之为 RS-485 负,即"-";另有一个信号地 C。平衡双绞线的长度和传输速率成反比,最大传输距离约为 1 200 m,最大传输速率为 10 Mbps。由于采用差分传输的方式,因此具有抑制共模干扰的能力。在一些要求通信距离为几十米到上千米的时候,RS-485 总线是一种应用最为广泛的总线,而且在多节点的工作系统中也有着广泛的应用。因此,井下的各种传感器,如甲烷传感器、一氧化碳传感器等,通过 RS-485 总线和分站相连,分站也可以经过 RS-485 总线通过转接器转接到以太网,然后到地面中心站。

RS-485 总线上允许连接多达 128 个收发器,即具有多站能力,这样用户可以利用单一的 RS-485 接口方便地建立起设备网络。但在 RS-485 通信系统中一般采用主从通信方式,即一个主机带多个从机,一旦主节点崩溃,则所有的从节点都将瘫痪。同时由于 RS-485 协议制定的灵活性,各个厂家均定制自己的通信协议,导致各个厂家的相同产品很难相容。

总体来看,采用 RS-485 总线组网监控系统主要存在以下问题:① 现有监测监控系统的协议都是厂家自行定义、互不兼容,不同厂家的设备无法接入,因此无法共享传输通道。② 现有系统均为主从式传输,构成不了多主冗余系统。地面主站设备及主干电缆可靠性对其影响很大。在任务繁忙或出现故障时，主节点会引起系统瘫痪。③ 不能满足监控分站之间相互通信要求。

RS-485 只有电气的定义，这样用户就可以灵活地定义自己的通信协议。RS-485 总线具有价格便宜、通信速率高，距离远等优点。

2. CAN 总线

CAN 是控制器局域网（Controller Area Network）的简称。CAN 最早是由德国的 BOSCH 公司推出，起初用于汽车内部测量和执行部件之间的数据通信，是一种能有效地支持分布式控制和实时控制的串行通信网络。其总线规范现已被国际标准化组织定为国际标准，得到了 Motorola、Intel、Philips、Simens、NEC 等公司的支持，已被广泛用于机械、航空和工业控制等领域。CAN 总线能很好地满足煤矿监控系统对通信较高的可靠性和实时性要求。

CAN 协议也是建立在国际标准化组织的开放系统互联模型基础上的，不过，其模型结构只有 3 层，只取 OSI 底层的物理层、数据链路层和顶层的应用层。CAN 总线技术规范有 2.0 A 和 2.0 B 两种，信号传输介质通常为双绞线，通信速率最高可以达到 1 Mbps，此时传输距离为 40 m；当通信速率为 50 kbps 时，最远传输距离可达到 10 km，适合煤矿综合监控系统监控距离较远的要求。单条总线可挂接设备最多可达 110 个，接中继器可以延长传输距离和增加节点，CAN 总线上节点容量取决于总线驱动器的能力，满足煤矿综合监控的需要。CAN 具有应用广泛、支持协议的芯片生产厂家多、接口简单、编程方便、开放系统价格便宜等优点。

在众多的现场总线中，CAN 是在国内研究起步比较早的总线，也是目前在世界及我国应用最广泛、发展最快的现场总线之一。选择 CAN 作为煤矿综合监控系统的底层网络架构，还因为 CAN 具备以下优势：

(1) CAN 支持多种工作方式。CAN 总线上任意节点均可在任意时刻主动向其他节点发送数据，支持点对点、一点对多点，数据收发方式灵活，特别适合煤矿的报警和异地控制。

(2) CAN 支持多处理器，支持优先级处理。CAN 总线上的节点可分为不同的优先级，当两节点同时向总线发送信息时，优先级低的节点主动停止数据发送，而优先级高的节点可不受影响地继续发送数据，从而避免了总线冲突，满足了煤矿关键监控点的实时性要求。

(3) CAN 发送的报文遭到破坏后，可自动重发。严重错误的节点具有自动退出总线的功能，不影响总线上的通信。CAN 每帧数据都含有 CRC（循环冗余）校验及出错帧自动重发等其他校验功能，数据出错率低，提高了监控系统的可靠性。CAN 总线的低速应用时具有容错功能，甚至断掉一根芯线时也能正常通讯，适合煤矿现场较恶劣的生产环境。

(4) CAN 信号传输用短帧结构。每一帧的有效字节数为 8 个，传输时间短，保证了煤矿监控的实时性，抗干扰能力和精度都大大提高。

(5) CAN 不关闭总线即可任意挂接或拆除节点。适用于煤矿井下回采面的经常移动和掘进面的经常变更，增强了系统的灵活性和可扩展性。

(6) CAN 采用统一的标准和规范，使各设备之间具有较好的互操作性和互换性，系统的通用性好。有利于煤矿计算机管理和监控的整合，为数字矿山建设奠定了基础。CAN 通讯采用普通双绞线矿用阻燃电缆，可在同一网络上连接多种不同功用的传感器（如瓦斯、一氧化碳、风速、温度或压力等传感器）和控制器。现场布线和安装简单，易于维护，经济性好，成本低。

6.5.3 基于CAN总线的煤矿监控系统结构

煤矿综合监控系统采用工业以太网+现场总线的信息传输平台，是一个由高速光纤冗余环(主干)网和设备级现场总线网组成的两级网络结构。采用CAN总线可以非常方便地构建煤矿井下通信主干网络。监控系统分为信息层、传输层和设备层三层体系结构，信息层由地面中心站和地面局域网组成，即矿级管理系统。传输层主要包括井下隔爆兼本安型光纤以太网，和一条贯穿于地面到井下的高速以太光纤冗余环网，将各子系统作为工业控制环网的一个节点，使各现场子系统整合于基于TCP/IP的以太网中。设备层是由各种类型的集线器、CAN网桥、井下分站、智能传感器和控制器等组成的现场控制网络。

设计矿井CAN网络时，要根据现场的通信距离、数据流量等需求参数来选择通信介质和传输速率。图6-12所示为树形CAN总线拓扑结构的监控网络，采用CAN网桥改变CAN总线的拓扑结构，形成树形拓扑或星形拓扑，既方便施工与布线，节省电缆成本，又可以提高通信效率，增加网络整体连接设备的能力。由于在系统中利用了CAN网桥、集线器、转换器等设备，有效解决了CAN总线的通信距离和节点数的限制。在井下，通过CAN总线将各种监控设备连接在一起，实现监控数据的实时传输。通过集线器、CAN网桥、中继器实现CAN网络容量以及传输距离的扩张，以满足长距离、多节点、复杂井下网络树形拓扑结构和多种通信速率并存的实际要求。

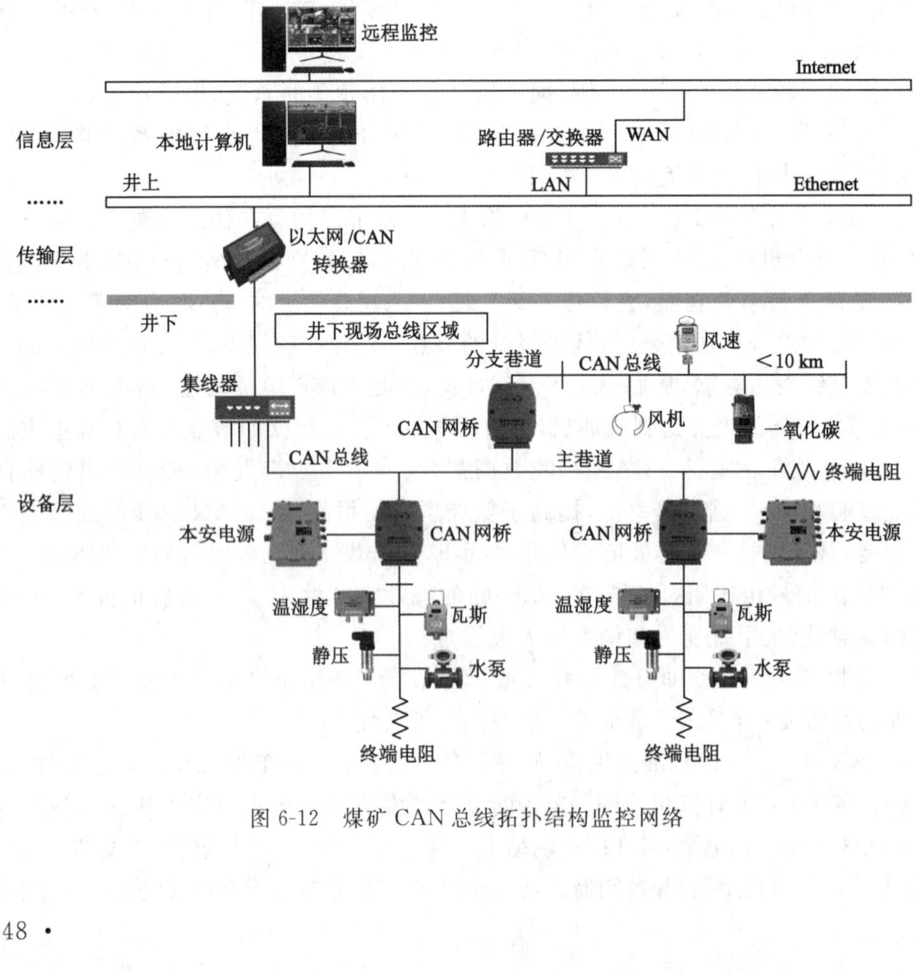

图6-12 煤矿CAN总线拓扑结构监控网络

6.6　煤矿以太网技术

6.6.1　以太网概况

以太网是一种计算机局域网组网技术，是当今现有局域网采用的最通用的通信协议标准，它不是一种具体的网络，而是一种技术规范。以太网起源于一个实验网，麻省理工学院毕业的 Bob Metcalfe 和他的同事 David Boggs 设计并实现了第一个局域网，该局域网采用一条粗同轴电缆以 3 Mbps 的速率运行，并将该网络取名为以太网(Ethernet)。以太网在 1985 年成为正式的 IEEE 标准，协议文件的修订和增补全部都在 IEEE802.3 或 ISO/IEC8802-3 系列之下发布。以太网是按照 IEEE802.3 标准的规定，采用带冲突检测的载波侦听多路访问(CSMA/CD)技术对共享媒体进行访问的一种局域网。

IEEE802.3 标准包括物理层和 MAC(介质访问控制子层)协议，定义了信息帧格式，信息采用曼彻斯特编码，以基带方式传输。其协议对应于 ISO/OSI 七层参考模型中的物理层和数据链路层。其中物理层为设备之间的数据通信提供传输媒体及互联设备，为数据的传输提供可靠的环境，它规定了 Ethernet 的基本物理属性，如数据编码、时标、电频等。数据链路是指每次通信都要建立通信联系和拆除通信联络两个过程，这种建立的数据收发关系就叫作数据链路。为了弥补物理层上的不足，避免物理层上传输的数据产生差错，就需要对数据进行检错和纠错。数据链路层的主要功能是完成帧发送和帧接收，包括负责对用户数据进行帧的组装与分解，随时监测物理层的信息监测标志，了解信道的忙闲情况，实现数据链路的收发管理。

以太网采用同轴电缆、双绞线、光纤、无线信道等作为传输介质，采用总线形或星形拓扑结构。根据传输速率的不同，以太网可以分标准以太网(10 Mbps)、快速以太网(100 Mbps)、千兆以太网(1 000 Mbps)和万兆以太网(10 Gbps)。

1. 标准以太网

标准以太网是最早期的以太网，其传输速率为 10 Mbps，也称为传统以太网。此种以太网的组网方式非常灵活，网络结构可以采用总线形或者星形，总线形网络可以采用粗、细同轴电缆作为传输介质，而星形网络则可以采用双绞线作为传输介质，也可以混合使用，组网灵活。IEEE802.3 标准中规定了常见应用中采用的电缆类型和信号处理方法，标准中首部的数字代表传输速率，单位为 Mbps；末尾的数字代表单段网线长度，基准单位为 100 m；Base 表示基带传输，Broad 表示宽带传输。

10 Base-5：使用粗同轴电缆，最大网段长度为 500 m，最早实现 10 Mbps 以太网，这一标准实际上被 10BASE2 取代。

10 Base-2：使用细同轴电缆，最大网段长度为 185 m，逐渐被双绞线网络取代。

10 Base-T：使用双绞线，最大网段长度为 100 m。

10 Boad-36：使用同轴电缆，最大网段长度为 3 600 m。

10 Base-F：使用光纤，最大网段长度为 2 000 m，传输速率为 10 Mbps。

2. 快速以太网

快速以太网为 IEEE 在 1995 年发表的 IEEE 802.3U 100Base-T 标准，能提供达到

100 Mbps的传输速度。IEEE 802.3U 标准基本保持了标准局域网的规定，包括帧格式、接口、介质访问控制方法等，但增加了一些物理层标准。

100Base-TX：使用两对 5 类屏蔽或非屏蔽双绞线，一对用于发送数据，一对用于传输数据，信号频率为 125 MHz；使用 RJ45 连接器，最大网段长度为 100 m，支持全双工数据传输。

100Base-T4：使用 4 对 3 类、4 类或 5 类双绞线，3 对用于发送数据，1 对用于检测冲突信号，信号频率为 125 MHz；使用 RJ45 连接器，最大网段长度为 100 m，不支持全双工。

100Base-FX：使用一对单模或多模光纤，一路用于发送数据，一路用于接收数据，信号频率为 125 MHz；最大网段长度为 400 m，半双工连接；使用单模光纤时可达 2 000 m，支持全双工。此种网络主要用于搭建主干网，以提升主干网络传输速率，适合于有电气干扰、较大距离连接或高保密等环境。

3. 千兆以太网

千兆以太网是一个描述各种以 Gbps 速率进行以太网帧传输技术的术语，由 IEEE 802.3-2005标准定义。1996 年 6 月，IEEE 标准委员会批准了千兆以太网方案授权申请，随后 IEEE802.3 工作组成立了 802.3Z 工作委员会，该委员会建立了千兆以太网标准，该标准的主要规定如下：速率为 1 000 Mbps 的以太网在通信时的全双工/半双工操作；使用以太网帧格式、CSMA/CD 技术；兼容 10Base-T 和 100Base-T 标准。千兆以太网制定了一系列物理层标准，其中常用的标准如下：

1000Base-SX：使用芯径为 50 μm 及 62.5 μm、工作波长为 850 m 的多模光纤，采用 8B/10B 编码方式，最大传输距离分别为 300 m 和 500 m。此标准主要应用建筑物中同一层的短距离主干网。

1000Base-LX：其中 LX 代表长波长，所使用的光纤主要有 62.5 μm 多模光纤、50 μm 多模光纤和 9 μm 单模光纤。使用多模光纤的最大传输距离为 550 m，使用单模光纤的最大传输距离为 3 km。1000BASE-LX 采用 8B/10B 编码方式。使用长波激光信号源，波长为 1 270～1 355 nm。此标准主要应用于校园主干网。

1000Base-T：使用 4 对 5 类非屏蔽双绞线，采用 PAM5 编码方式，传输距离为 100 m。此标准主要用于同一层建筑的通信。

目前，千兆以太网已成为主流的网络技术，无论是大型企业还是中小型企业，在组建网络时都会把千兆以太网作为首选。

4. 万兆以太网

万兆以太网使用附加标准 IEEE 802.3ae，使其支持 10 G 的传输速率。万兆以太网使用光纤作为传输媒介，不再使用 CSMA/CD 协议，使用新开发的物理层。常用的物理层标准如下：

10G Base-SR：SR 表示“Short Reach”（短距离），仅用于短距离连接，该规范支持编码方式为 64B/66B 的短波（850 nm）多模光纤，有效传输距离为 2～300 m。

10G Base-LR：LR 表示“Long Reach”（长距离），主要用于长距离连接，该规范支持编码方式为 64B/66B 的长波（1 310 nm）单模光纤，有效传输距离为 2 m～10 km，最高可达 25 km。

10 G Base-ER：ER 表示“Extended Reach”（超长距离），表示连接距离可以非常长。该规范支持编码方式为 64B/66B 的长波（1 550 nm）单模光纤，有效传输距离为 2 m～40 km。

万兆以太网可以应用于电信级运营核心网络汇聚层、园区网络和企业网络的核心，相信随着网络技术的发展，我国的数据通信技术将取得重大的突破。

以太网从 10Mb/s 到 10Gb/s 的演进证明了以太网具有组网灵活（多种媒体、全/半双工、共享/交换）、易于安装、稳定性好、成本低、通信速率高、带宽高、开放性好等优点，在商业和工业领域都已普遍应用，目前已成为最流行、应用最广泛的通信技术。

6.6.2　工业以太网技术

工业以太网源于以太网，是应用于工业控制领域的以太网技术，在技术上与商用以太网（即 IEEE 802.3 标准）兼容。更具体地说，工业以太网是建立在 IEEE802.3 系列标准和 TCP/IP 上的分布式实时控制通信网络，它采用 CSMA/CD 协议，同时兼容 TCP/IP 协议。

由于工业现场环境的特殊性和对其可靠性、实时性的要求，需要对以太网技术在适用性、实时性、可靠性、抗干扰性、产品结构、材质的选用等方面作针对性的设计改进，使之能满足工业现场需要，以适用于数据传输量大、传输速度要求较高的场合。

工业以太网技术中物理传输介质采用标准以太网线，如双绞线、光纤等；在工业现场使用工业以太网交换机；采用 IEEE 802.3 物理层和数据链路层标准、TCP/IP 协议组；应用层（甚至是用户层）采用现场总线的应用层、用户层协议；兼容现有成熟的传统控制系统，如 DCS、PLC 等。

随着以太网技术的大量应用及其技术的成熟性与快速发展，工业以太网技术在工业环境特别是较恶劣的环境中得到了越来越多的应用，是一种理想的工业通信网络。针对工业应用领域设计的工业以太网可作为矿井的综合信息传输平台。

工业以太网需要既能满足计算机通信领域，又能满足工业控制设备之间能实时通信要求的应用层协议。目前国际 IEC 接受的工业以太网协议包括 ProfiNET、ModBus TCP/IP、Ethernet/IP、EtherCAT 等。

1. EtherCAT

EtherCAT（以太网控制自动化技术）是一个以以太网为基础的开放架构的现场总线系统，是确定性的工业以太网，最初由德国倍福自动化有限公司研发。EtherCAT 的开发目的就是让以太网能够运用在工业自动化中。

EtherCAT 是最快的工业以太网技术，同时它提供纳秒级精确的同步。EtherCAT 并不是基于 TCP/IP 的，因此无须使用 MAC 地址或 IP 地址，更不需要配置交换机或路由器，在网络拓扑方面没有任何限制。它具有主从数据交换原理，需要主站和从站配合完成工作，因而，EtherCAT 非常适合主从控制器之间的通讯。它提高了系统的实时性和拓扑的灵活性，并且成本不高于现场总线的使用成本。

2. Ethernet/IP

Ethernet/IP 采用以太网的物理层、数据链路层及 TCP/IP 协议，是一种主要由美国罗克韦尔自动化公司在 2000 年发布的工业 Ethernet 规范，称为 Ethernet/IP。它是一个面向工业自动化且应用广泛的工业以太网协议，建立在标准 UDP/IP 与 TCP/IP 协议之上，利用固定的以太网硬件和软件，为配置、访问和控制工业自动化设备定义了一个应用层协议。Ethernet/IP 协议由 IEEE 802.3 物理层、数据链路层标准协议和控制与信息协议 CIP 等 3 个部分组成。其主要功能有 3 个：① 实时控制，基于控制器或智能设备内所存储的组态信息,通过网络通信中的状态变化来实现实时控制;② 网络组态,通过总线即可实现对同层网络的组态,也可以实现对下层网络的组态;③ 数据采集,可基于既定节拍或应用需要来方便地实现数据采集。

3. ProfiNET

ProfiNET 由 PROFIBUS 国际组织推出,是新一代基于工业以太网技术的自动化总线标准。ProfiNET 是适用于不同需求的完整解决方案,其功能包括 8 个主要的模块:实时以太网、运动控制、分布式自动化、故障安全、网络安全、IT 标准和信息安全、故障安全和过程自动化。它是基于组件的对象模型的分布式自动化系统,提供了一个独立于制造商,包括设备层和系统层的模型。ProfiNET 现场总线和标准以太网之间通信是开放透明的。此外,它可以完全兼容工业以太网和现有的现场总线(如 PROFIBUS)技术。

6.6.3 工业以太网技术在矿井监控系统中的应用

当前,煤矿开采正在向高产、高效、绿色、智能化方向发展。全矿井的生产自动化、管理信息化技术在现代化矿井中正得到越来越积极的应用,以使矿井在"采、掘、运、风、水、电、安全、购、销"等生产环节和管理环节逐步实现综合自动化与管理信息化。工业以太网技术能够适应特殊的工业现场环境,满足工业控制领域的可靠性、实时性要求,所以将工业以太网应用于煤矿井下,为煤矿井下综合监控系统提供稳定、安全、可靠的传输链路。

1. 矿用工业以太网技术要求

在煤矿井下通信系统中,工业以太网应具有以下特性:

① 具有良好的实时性和可靠性;

② 传输数据形式多为短帧格式,容错能力强;

③ 协议代码精简,执行效率较高;

④ 网络拓扑结构相对简单;

⑤ 通信设备网络的智能化与纠错检错能力;

⑥ 组网容易,方便屏蔽底层控制网络;

⑦ 可支持远距离传输;

⑧ 具有总线供电、本质安全、防爆等。

由于煤矿井下通信系统对通信质量和通信速度有较高的要求,可以利用工业以太网的通信速率高、通信距离远等特点来保证井下网络数据的传输。当然,煤矿井下的特殊环境不能使用以太网直接通信,而是经总线转以太网模块后,利用以太网传输到地面上位机,进而保障信息传输的可靠性。因此,工业以太网技术和 CAN 总线技术相结合,可以实现井下信息的采集与控制。

2. 工业以太网在监控系统中应用

目前煤矿安全生产监控网络应用比较多的是一种"3+2 结构",即三层设备、二层网络。三层设备是位于底层的现场设备,如传感器/执行器及各种分布式 I/O 设备等;位于中间的控制设备,如监控分站、PLC、工业控制计算机、专用控制器等;位于上层的操作设备,如一般工作站、操作站、数据服务器等。二层网络是传感器、执行器与监控分站之间的监测监控网络,一般采用 RS-485 或 CAN 总线。一层是监控分站与中心分站之间的网络,普遍采用工业以太环网搭建,监控分站通过防爆光纤交换机接入工业以太环网中。

基于工业以太网技术的煤矿综合监控系统使全矿井各自动化监控子系统数据在异构条件下可进行有效集成和有机整合，实现关联业务数据的综合分析及生产状态的实时评估；集控中心人员或相关专业部门人员通过相应的权限，对安全和生产的主要环节设备实时监测和控制，实现全矿井生产调度、决策、指挥的信息化与科学化。

3. 基于以太环网的智慧煤矿监控网络

新一代矿井安全监控系统以工业以太网为核心，实现矿井综合自动化监控。煤矿万兆工业以太环网系统通过与现代煤炭开拓、采掘、运输、通风、安全保障、经营管理等 6 类业务的紧密结合，在矿调度中心实现计算机集中远程实时在线监测煤矿的安全信息、工况信息、图像信息，控制煤矿井下、地面主要生产系统和辅助生产系统机电设备等，实现矿井安全生产管控一体化，从而达到安全生产监管“智能化”、数据采集“标准化”、监控“数字化”。煤矿万兆工业以太环网系统结构图如图 6-13 所示。

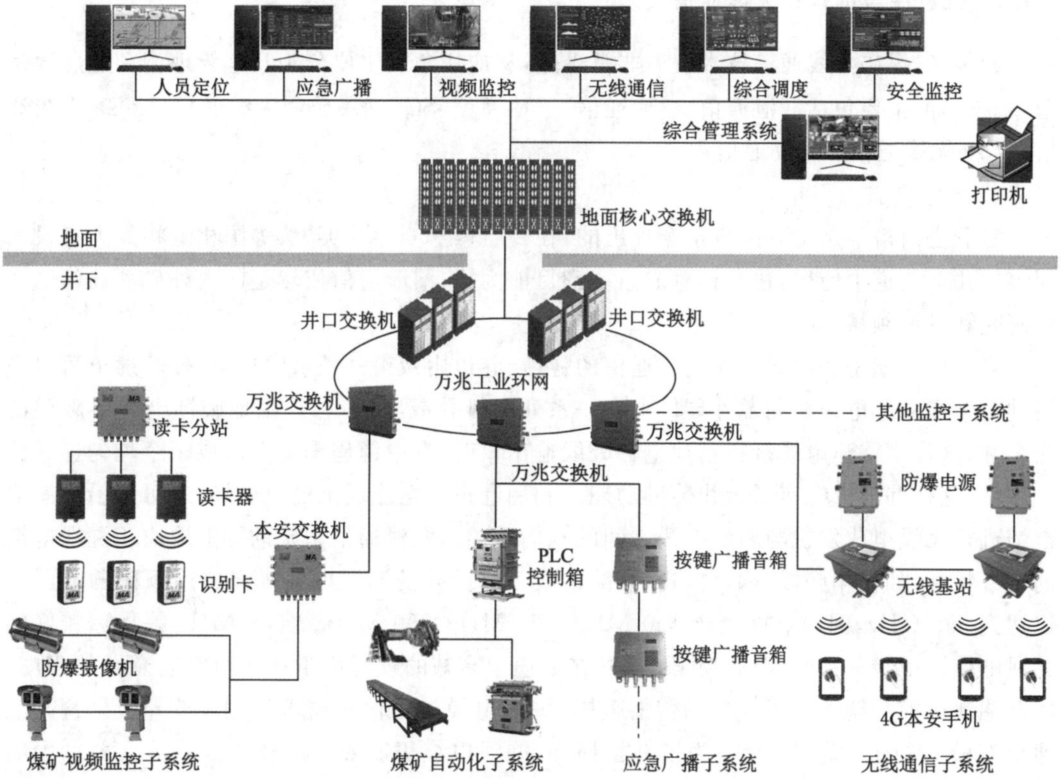

图 6-13　煤矿万兆工业以太环网系统结构图

煤矿万兆工业以太环网系统与 5G 技术相结合，打造了煤矿万兆工业以太环网系统解决方案。即 1 张矿山 5G 专网，1 个矿山工业互联网平台，4 个 5G 智慧矿山细分应用场景，包括井下融合组网、高清视频监控、综采工作面和综掘工作面，将人工智能、云计算、大数据等与煤炭开采深度融合，通过万兆环网等基础设施实现了多点视频报警联动，摆脱了传统的人为发现、人为干预，达到实时报警、及时制止、杜绝隐患的效果，全面提升了煤矿应急预测预警水平和效能。

建设煤矿万兆工业以太环网系统，实现井下生产与井上办公协同发展；生产子系统实现平台化操作,统一管理、统一认证、统一风格、统一标准,实现系统操作和界面数据的大融合;工作人员能通过智能化综合管控平台查看所有原有系统的生产、报警等信息,实现调度报表自动化、安全生产过程管控自动化。

近年来,由于工业以太网的高带宽和高可用性以及全双工交换传输技术对确定性传输的促进,在煤矿工业领域得到了积极推广和应用。目前煤矿网络主要采用以环形工业以太网为核心,WiFi 和工业总线为分支的架构方式,融合物联网和无线传感器等先进技术,实现全矿井数据通信网络的覆盖。

6.7 煤矿无线通信技术

6.7.1 几种主要的煤矿无线通信技术

近年来,煤矿无线通信技术发展非常迅速,从应用角度主要分为日常管理型和应急通信型,从技术上主要包括漏泄通信、感应通信、透地通信、SCDMA 矿用无线通信、LoRa 无线通信、WiFi 无线通信和移动通信。

1. 漏泄通信

漏泄通信最早是由英国科学家提出的,在 20 世纪 60 年代英、法等国相继将其大量投入到煤矿井下巷道中使用,技术相对成熟。到目前为止,漏泄通信依然是国内外矿井通信的主要研究和发展领域。

漏泄通信就是在需要实现无线通信的隧道、巷道中敷设一条射频通道,传输通道可以是同轴电缆或双芯电缆。漏缆外导体上有一系列的槽孔或隙缝,有规则地破坏电缆屏蔽层的完整性,这样当漏泄电缆接在基地电台天线输出口时,在电缆周围就会形成一个均匀连续的电磁场,这样漏泄电缆有了天线传输功能。利用巷道中电缆周围的电磁场,就可以沿着漏泄电缆进行无线电收发机与漏泄电缆之间的双向通信。漏泄通信系统的性能取决于漏泄电缆的电气特性,如使用频段、耦合损耗、衰减常数等。国外的漏泄电缆生产使用频率的上限可以达到 5.8 GHz,国内可以生产 150 MHz、400 MHz、900 MHz、2 500 MHz 等指标较好的漏泄电缆。由于甚高频 VHF 频段,信号在电缆中衰减的程度小于在自由空间衰减的程度,因此漏泄电缆系统增加了信息的传播范围,漏泄电缆的通信距离可达到 500 m。尽管漏泄通信有较好的传输范围特性,为了补偿损耗,漏泄电缆仍需要专门放置线路放大器和中继器,延长通信距离和覆盖范围。国外漏泄电缆通信已实现数字化、宽带化,一根漏泄电缆可以同时传输 16 路话音、32 路高速数据和 16 个通道的彩色视频信号,纵向传输距离也可以延伸到 100 km 以上。

漏泄通信系统的优势在于基本不受巷道形状、截面、粗糙程度、分支、拐弯、倾斜、回岩构造与介质、支护等影响,具有信道较稳定、信道容量大、电磁干扰较小等特点,适用各种频段信号传输,适合井下的移动作业,获得了较为广泛的应用。虽然漏泄通信系统具有一定的优势,但它也有着和有线通信系统同样的问题,如巷道坍塌等会对线路设施构成非常大的威胁。该种通信系统中两移动台之间的通信必须经基站转换。基地站一旦发生故障将会造成整个系统瘫痪,并且任一中继器和电缆故障将会造成该中继器以下的部分系统瘫痪。

2. 透地通信

透地通信系统以大地为电磁波传播媒介,通过电波穿透大地的方式建立单向无线通信。系统由地面发射设备和井下矿工携带的信息接收装置组成。为了使电磁波具有穿透岩层的能力,透地通信的工作频段一般选择在波长较长的频段(300～3 000 Hz),这样天线的传输距离可以达到数千米,发射机的发射功率也须达到数千万。频率范围在极低频(extremely low frequency,ELF)、甚低频(very low frequency,VLF)以及低频(low frequency,LF)频段。当井下发生灾难危险时,地面的发射设备可以发射信息穿透地面,由井下矿工携带的接收机接收,以达到地面人员向井下人员传递消息的作用。目前使用的透地通信系统是澳大利亚开发的个人紧急寻呼系统,通过地面调度中心寻呼或群呼井下的工作人员,进行井下生产调度和抢险救灾。但由于透地通信具有电磁干扰大、通信速率低、应用范围小、天线效率低且只能进行单向通信等缺点,使其不能满足现代煤矿通信的要求。因此,透地通信只能作为辅助通信手段。

3. 感应通信

感应通信是利用井下广泛分布的金属导体为传输介质,实现的一种既像有线又像无线的通信技术。感应通信是一种将无线电波馈送到电线或电缆中进行通信的方式。它利用电线、电缆甚至包括传输管道、电源线、牵引缆、电话线、轨道等已经存在的井下设备对无线电波的导向作用进行信号传输,在一定程度上可以穿透煤层和岩层传播。感应通信的工作频段为中频(medium frequency,MF)、甚高频 (very high frequency,VHF)以及特高频(ultra high frequency,UHF)的较低频段。与一般的有线通信相比,感应通信的介质具有较高的机械强度和更好的绝缘性。但是感应通信的信道容量小、抗干扰性不强,做成的无线体积较大,不方便携带和安装,不适合作为全矿的移动通信系统。但是其在应用中可以省去架设专用感应线缆,在井下的应急通信方面还是有优势的。

4. WiFi 通信

WiFi 的英文全称是 Wireless Fidelity(无线保真),是 IEEE 规定的一个无线网络通信的工业标准和无线局域网 WLAN 协议。WiFi 能将个人电脑和手持设备等终端以无线方式互联,是一种高传输速率的高保真无线通信技术,其高达 54 Mbps 的速率是其最大的优点,而且信号覆盖的有效距离可达 100 m 甚至更长。

WiFi 是目前应用最广的无线网络技术,从 2004 年开始,WiFi 开始应用于煤矿井下,2007 年我国已开始正式在井下投入使用。WiFi 可低成本地实现矿井的无缝覆盖,大大加强信号接收范围,一旦发生事故,呼叫信号可以及时送达,可方便地实现语音、视频、定位、无线传感等多种功能,可以非常便捷地接入煤矿井下以太网,网络安全性高、开放性极好。

目前,基于 WiFi 的矿用系统主要集中在语音和视频两方面。基于 WiFi 的语音系统基本可以实现井上井下通信一体化,满足日常管理所需的调度功能,其能脱网通信,在出现事故等特殊紧急情况时,可以在不通过地面语音交换设备的情况下实现互联基站间的手机对讲功能。基于 WiFi 的视频系统主要应用在斜巷运输、主副井提升机、采掘工作面等区域的监视,具有安装简单、传输速率高、设备功耗低等优点。目前的 WiFi 将向基于全 IP 的网络架构方向发展,这使其可以支持宽带码分多址(wideband code division multiple access,WC-DMA)、Bluetooth 等多种无线接入方式。

WiFi 设备有基础架构和自由直接连接两种基本工作模式。

(1) 基础架构模式

基础架构模式是 IEEE 802.11b/g 所支持的基本模式。它由多个已知位置的无线接入点构成无线局域网络 WLAN,处于该 WLAN 中的终端移动设备能够接收来自各个无线接入点的信号并识别出信号的强弱。这种模式需要由无线接入点来协调管理频段、漫游、DHCP 及与有线局域网连接等工作。无线接入点与 WiFi 终端(如 WiFi 手机、带无线网卡的电脑等)构成点对点的工作模式,一个接入点最多可连接 1 024 台 WiFi 终端,部分接入点还具有无线桥接功能,构成无线分布式系统,可以大幅度提高整个网络结构的灵活性和便捷性。基础架构模式可以采用连接多个无线接入点的方式来构成更大范围的 WLAN 网络。无线接入点连接和管理的主要架构也有两种形式:

① 对等架构。这种架构中的无线接入点通常不需要无线控制器,各接入点在访问、安全和操作上均有自治权。

② 集中控制的 WLAN 架构。在这种架构中由一个中枢控制设备 WLAN 无线控制器来进行控制和管理,无线接入点的功能较为简单。

在实际的 WLAN 网络中,有可能是同时采用对等和集中控制两种架构的混合网络,如果需要使用密集的无线接入点来覆盖时,采用集中控制架构可降低成本和提高网络性能;如果接入点数量不多,采用对等架构较为适宜。在矿井移动通信中,由于巷道结构特性,接入点最好采用树形网络结构连接,采用对等架构较为容易实现,如果采用集中控制架构反而使网络结构变得复杂,效率降低。

(2) 自由直接连接模式

自由直接连接模式是 WiFi 最简单的应用方法,是一种点对点工作模式,终端之间无须借助于接入点即可相互访问,只适用于用户终端少的小范围使用。如果有几台 WiFi 设备组成自由直接连接模式的无线网络,若其中一台连接上有线网络,WiFi 网络中的其他几台设备即可将这台设备作为网关,可以实现访问有线网络并共享网络上的资源与服务。

5. 移动通信

移动通信(mobile communication)是移动体之间的通信,或移动体与固定体之间的通信。移动通信系统主要由空间系统和地面系统(包括卫星移动无线电台和天线,关口站和基站等)两部分组成。移动通信系统从 20 世纪 80 年代诞生以来,到 2020 年将大体经过 5 代的发展历程:模拟制式的移动通信系统(1G);包括语音在内的全数字化、数字蜂窝通信系统(2G);移动多媒体通信系统(3G);高速移动通信系统(4G);第五代移动通信网络(5G)。

从 2011 年 3G 无线网络首次成功应用于翟镇煤矿之后,三种 3G(CDMA2000/WCDMAR99/TD-SCDMA)通信技术陆续实现在煤矿的应用,推动了我国矿山无线通信技术的发展。从 3G 通信的目标来看,三种技术均实现了提供较高数字传输能力的要求,极大拓展了无线通信所能够承载的业务范围。3G 矿用无线通信系统基本上都可通过标准接口实现与矿井调度电话、行政电话互联互通,而且也都具备强拆、强插、组呼、群呼等调度功能以及可视电话功能。

3G 并不具备替代 WiFi 无线通信的能力,但是可以同时考虑应用 WiFi 和 3G。WiFi 和 3G 不同的承载特性(吞吐量、延时、QoS、对称性等)为用户享受语音数据、多媒体业务提供更多的接入方式选择。它们可通过共用开放的业务平台,融合不同的业务引擎实现网络间互通。根据网络服务区内的性能，用户可以选择手动或者自动接入网络。同时支持 WLAN 和 3G 网络的运营支撑系统，可以实现双网统一的运营管理、计费、甚至用户身份认证，可以最大限度降低网络建设、维护成本。

随着移动通信技术的发展，4G 系统所能提供的数字传输能力是 3G 的 10 倍，4G 已经逐渐替代 3G 在煤矿井下进行无线通信。2020 年，5G 开始在一些煤矿率先使用。

6. ZigBee 技术

ZigBee 来源于蜂群的信息交流方式，蜜蜂发现花丛后会通过 Z 字形的舞蹈传递给同伴食物的位置、距离和方向等信息，故以此来命名这种无线通信技术。ZigBee 是基于 IEEE802.15.4 标准的低功耗局域网协议，是一种近距离、低复杂、低功耗、低速率、低成本的双向无线组网通信技术。主要适合用于自动控制和远程控制领域，可以嵌入各种设备。

ZigBee 协议中定义了三种拓扑结构：星形结构(star)、簇状结构(cluster tree)和网状结构(mesh)，如图 6-14 所示。协议定义了两种相互配合使用的物理设备：全功能设备 FFD 和简化功能设备 RFD。FFD 支持任何一种拓扑结构，可以作为网络协商者或普通协商者，并且可以和任何一种设备进行通信。RFD 只支持星形结构，不能成为任何协商者，可以和网络协商者进行通信，实现简单。

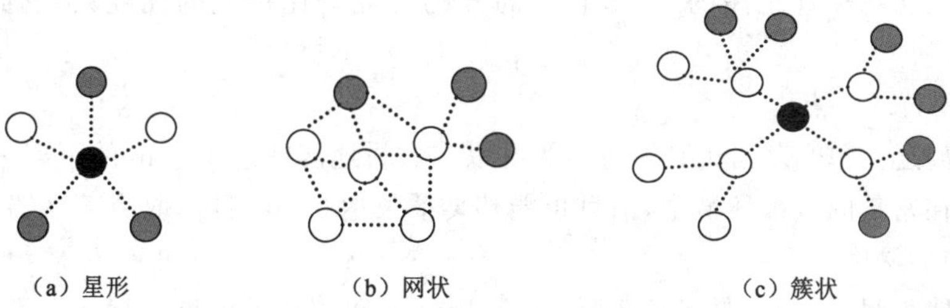

图 6-14　ZigBee 网络拓扑结构图

ZigBee 技术具有以下特点：

① 低功耗。ZigBee 设备在低耗电待机模式下，两节 5 号电池可支持 1 个节点工作 6～24 个月，甚至更长时间。

② 低成本。通过大幅简化协议(不到蓝牙的 1/10)，降低了对通信控制器的要求，ZigBee 免协议专利费，芯片的价格较低。

③ 低速率。ZigBee 的速率 20～250 kbps，分别提供 250 kbps (2.4 GHz)、40 kbps (915 MHz)和 20 kbps(868 MHz)的原始数据吞吐率，满足低速率传输数据的应用需求。

④ 距离近。传输范围一般介于 10～100 m 之间，在增加发射功率后，亦可增加到 1～3 km，这里指的是相邻节点间的距离。如果通过路由和节点间通信的接力，传输距离将可以更远，并且支持无限扩展。

⑤ 时延短。ZigBee 针对延时敏感的应用进行了优化，响应的速度非常快。一般从睡眠转入工作状态只需 15 ms，节点连接进入网络只需 30 ms，进一步节省了电能。相比于蓝牙和 WiFi 快了很多。

⑥ 容量大。ZigBee 可采用星状、簇状和网状网络结构，在网络中由一个主节点管理若

干子节点，最多一个主节点可管理254个子节点。同时主节点还可由上一层网络节点管理，最多可组成65 000个节点的庞大网络。

⑦ 安全高。ZigBee提供了三级安全模式，包括无安全设定、使用访问控制清单(Access Control List，ACL)防止非法获取数据以及采用高级加密标准(AES128)的对称密码，具有数据完整性和鉴权功能，以灵活确定其安全属性。

⑧ 可靠性高。采用了碰撞退避机制，并为需要固定宽带的通信业务预留了专用时隙，系统可靠性极高。

ZigBee技术主要用在无线数传、无线传感器网络，在矿山行业主要用于井下各种数据传输、人员识别定位跟踪、应急救援数据通信等方面。

7. LoRa通信技术

LoRa(long range radio)远距离无线电，是semtech公司开发的一种低功耗局域网无线标准，是一种扩频调制技术，也称为Chirp调制，是创建长距离通信连接的物理层无线调制技术，属于CCS(线性调制扩频技术)的一种，工作频段范围在Sub-1GHz以下。相较于传统的频移键控(FSK)等技术，LoRa在保持低功耗的同时极大地增加了通讯距离，且具备抗干扰性强等特点。另外，在相同的通信速率下，LoRa比FSK灵敏度好8～12 dBm。

扩频技术是一种用带宽换取灵敏度的技术，Wi-Fi、ZigBee等都使用了扩频技术，LoRa最大特点是低功耗和远距离的统一，它在同样的功耗下比传统的无线射频通信距离扩大3～5倍。

(1) 主要技术特点

通信距离远。单个基于LoRa的网关可以在农村地区超过15 km的距离上接收和传输信号。即使在密集的城市环境中，消息也能够传播长达5 km，具体取决于终端设备(终端节点)位于室内的深度。

抗干扰能力强。LoRa具备低于噪声20 dB依然可以通信的抗干扰能力，这是现有传统通信技术都不具备的。

低功耗。LoRa技术最主要的应用是物联网，这就要求具有超低功耗。超低功耗的实现主要由两方面决定，一方面芯片的硬件要具备低功耗；另一方面应用协议也要具备低功耗。① LoRa调制具有不依赖于窄带、重传、编码冗余的特点，因此该调制效率极高，工作电流非常低，其静态电流＜1 μA、接收电流＜5 mA、发射功率17 dBm时电流只有45 mA；② LoRaWAN协议是LoRa全球推广的标准协议，具有轻量级、智能化的优点。LoRaWAN节点与网关通信简单，开销少。网络服务器可以根据信号质量，动态调整节点速率和发射功率，以达到省电目的。

同时LoRa具有信道活动检测(CAD)功能，即短时间监听附近是否有指定频率和扩频因子的LoRa信号，重要的是该唤醒信号可以低于噪声(有效地避免误唤醒)。LoRa的CAD整个过程需要2个码元(Symbol)的时间，其中约1个码元时间接收，1个码元时间用于计算并且电流只为接收时的一半。

抗频偏。① 抗多径效应，在高楼林立的大城市中，多径效应很明显，传输点之间存在非常多的无线可达路径(衍射、反射等)，信号由于多径叠加会严重失真。经测试，LoRa在这样的环境中依然可以保持稳定传输。② 抗多普勒效应，移动的物体会带来多普勒频移，而频率的移动对无线接收机提出了很大挑战。比如高铁在350 km/h的时速下，对于

900 MHz频段信号带来约±300Hz 的中心频率偏差。对于 LoRa 接收机，多普勒频移导致 LoRa 脉冲频移，在基带信号的时间轴中引入相对可忽略的频移。LoRa 可以支持的移动速度超过 16.7 km/s，则无须考虑多普勒效应可能带来的问题。

(2) LoRa 技术在矿井监控中的应用

基于 LoRa 具有低功耗、通信距离远、抗干扰能力强、抗多径、抗多普勒效应，所以非常适合煤矿井下特殊的复杂环境下的无线通信，更与煤矿智能化建设中通信网络覆盖全矿井的需求相吻合。LoRa 技术的无线通信特别适合于移动监测，以及无人值守或不易到达区域的恶劣环境下使用。如常用于人员定位终端、设备工作状态传感器、冲击地压无线检测传感器、放顶区域的一次性无线多参量检测传感器以及它们与智能化监控分站之间的无线通信等。详细内容参阅 4.2.10 节。

6.7.2　WiFi 技术在矿井监控中的应用

WiFi 无线通信在矿山应用方面的进展，主要是由于它的传输带宽、传输速率、建设成本等优势。相对于有线网络，WiFi 设备安装布置灵活，组网方便；相较于移动通信方式，传输带宽，成本低，且承载业务多样灵活。煤矿中的 WiFi 移动无线通信系统在国外主要用于露天矿，网络形式主要为网状结构；而国内主要是在井下巷道环境中使用，网络形式主要为链状结构。

1. 煤矿井下无线通信系统要求

目前井下安全生产监控系统设备接入井下监控网络的方式采用有线的方式，主要是考虑井下的生产环境有许多干扰源，采取有线的方式可以较好地屏蔽周围的干扰，生产数据能够更安全可靠地传送给地面监控中心。由于矿井的开采是不断地向前进行的，因此采煤等直接生产设备的位置也在不断地变化，采用有线方式将使信息采集的灵活性及实时性大打折扣。并且我国生产的监控设备自动化系统、协议均为各厂家自行定义，这样造成每个系统都要重新进行布线。因此，采用有线的接入方式效率低，工作量大，制约了煤矿安全生产的发展。

井下无线通信系统不同于地面无线通信系统，它应有以下特殊的要求：

① 煤矿井下空气中含有甲烷等可燃性气体和煤尘，容易发生爆炸事故。因此要求电气设备、移动通信设备应为防爆等级为Ⅰ类的本质安全型或隔爆型(或二者兼有)设备。

② 煤矿井下空间狭小，设备种类又多，要求移动通信系统的体积不能很大。

③ 根据矿井通信规则，矿井移动通信设备发射功率一般较小。本质安全型防爆电气设备的最大输出功率为 25 W 左右。

④ 井下空间窄小、机电设备相对集中。环境电磁干扰严重，因此要求通信设备应具有较强的抗干扰能力。

⑤ 井下通信设备应有防尘、防水、防潮、防腐、耐机械冲击等防护性能。

⑥ 井下电网电源的电压波动范围较大，因此要求移动通信设备的电源电压波动适应能力强，且备用电源应维持不小于 2 h 的正常工作时间。

⑦ 矿井移动通信系统应有较强的抗故障能力，当系统中某些设备发生故障时，其余非故障设备应该仍能继续工作。

⑧ 煤矿井下是一个移动的工作环境，随着井下移动通信系统的可靠性以及通信质量的

提高、功能的完善、成本的降低，它将承担矿井生产调度与救灾通信的任务，因此要求系统具有较大的信道容量。

2. 煤矿 WiFi 无线通信系统

目前煤矿的无线通信系统一般都包含矿井工人无线语音通信功能，基本调度指挥功能、井下人员定位功能、数据传输功能和重要位置的视频监控功能。通信平台采用 VoIP 语音处理技术来实现 WiFi 网络语音通信。系统一般是由管理主机、调度主机、语音服务器、数据服务器、矿用交换机、矿用无线基站和矿用本安手机、矿用无线视频器等组成。具体网络结构如图 6-15 所示。

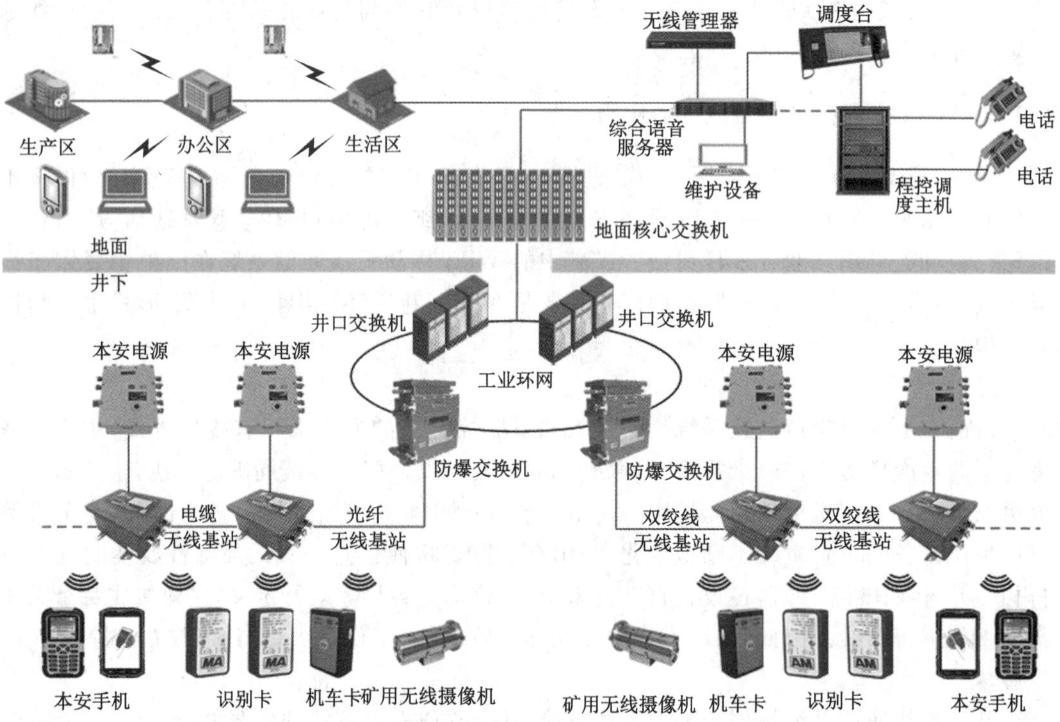

图 6-15　煤矿 WiFi 无线通信系统结构

整个系统以矿井 WiFi 无线通信协议和 TCP/IP 协议为基本架构，采用“光纤＋无线”的方式，以矿井光纤以太环网为整个系统的主干传输平台，形成有线主干网络与无线支线网络相结合的方式；分站间通过光缆形成环形千/万兆网，系统的终端采用无线方式与分站进行通信。分站布置在重要的工作场所，重要的路由位置、分站之间距离根据现场环境而定，井下巷道一般 400～800 m 部署一个分站。系统覆盖矿井全部巷道及地面相关区域，最终形成一个矿井宽带无线通信平台。该无线通信系统可以实现井上、井下移动终端之间，移动终端与调度之间的相互通信，实现了语音、视频、数据、定位等业务，可以快速、方便地实现系统内用户的通信和统一调度。设计范围内能无缝覆盖，且系统覆盖范围内各种信号传输正常，语音清晰，无掉话、断续现象，系统数据信息交换无阻塞。

煤矿无线通信系统具有以下功能组合：

GSM/WiFi 双网移动通信；WiFi 企业内部移动通信专网；人员数量、位置、路径、考勤管理系统；设备的数量、位置、路径管理系统；有线、无线、IP 调度通信系统；有线、无线数字视频监控系统。系统容量较大，本安手机数量可以达到 2 000 部，摄像机可达 300 台。通过数字中继与电信或移动公网互联；通过以太网接口与企业办公以太网互联，提供千兆、百兆光/电接口；通过数字中继或模拟中继与企业原内部行政电话、原现场调度电话互联；通过以太网接口，提供千兆、百兆光/电接口、RS-485/422 接口与企业工业自动化系统互联；通过视频解码器或数字硬盘录像机与企业原视频监控系统互联。系统支持交流 220/127V 供电，分站井下采用本安电源供电，安全可靠。

无线基站包含无线通信模块，千兆工业以太网交换机模块和串口服务器模块。提供可以接入手机信号的无线接口，接收来自手机的射频信号，或者将基站主设备的信号发送给手机，实现手机间的语音通话功能，支持手机插卡可与外部通信。由于采用 GSM/WiFi 双网移动通信，手机进行网络自动切换，具有双网双待机功能。在井下，手机可以通过 WiFi 进行通话，地面上则自动切换到 GSM 模式，也可以进行正常的通话。

移动终端中不仅包含手机，还有起到定位作用的识别卡。识别卡由井下人员携带，位置信息保存为特定格式的数据，当进入人员识别的范围内时，将用于人员识别的数据发送给分站。分站则通过无线方式读取卡内人员的识别信息，并将其通过地面传输接口送给主机。

矿用无线通信系统更便于各级煤矿生产管理人员、电机车司机、皮带维护工以及其他流动人员与指挥调度中心之间的相互联系，便于井上和井下、井下人员之间进行实时便捷通信，实现移动监控巡查，从而提高安全管理水平，也为井下人员的定位和突发情况的自救提供了条件。

6.8　煤矿无线传感网络监控技术

6.8.1　无线传感器网络概述

1. 无线传感器网络概念

无线传感器网络(wireless sensor networks，WSN)是一种分布式传感网络，它的末梢是可以感知和检查外部信号的传感器。无线传感器网络 WSN 是由大量的静止或移动的传感器以自组织和多跳的方式构成的，目的是协作感知、采集、处理和传输网络覆盖区域内感知对象的监测信息，并发送给用户。

WSN 中的传感器通过无线方式通信，因此网络设置灵活，设备位置可以随时更改，还可以跟互联网进行有线或无线连接。

煤矿井下大巷中利用 WSN 实现煤矿工人的跟踪定位及井下环境监测已经被提出，某些煤矿已经投入应用。目前，无论是国内还是国外，WSN 都是一个重点研究的课题，随着技术的发展，WSN 必定会取得巨大的突破。

2. 无线传感器网络结构

典型的无线传感器网络的结构如图 6-16 所示，传感器网络系统通常包括传感器节点、汇聚节点、管理节点和远程用户。无线传感器网络的最基本组成部分是那些体积小，具有传感、数据处理和通信功能的传感器节点。传感器节点主要包括四个功能块：由传感器和模/

数转换功能模块组成的传感单元，由 CPU、存储器、嵌入式操作系统构成的处理单元，由无线通信模块组成的通信单元和供电电源部分。每个传感器节点除了进行本地信息收集和数据处理外，还要对其他节点转发来的数据进行存储、管理和融合，并与其他节点协作完成一些特定任务。

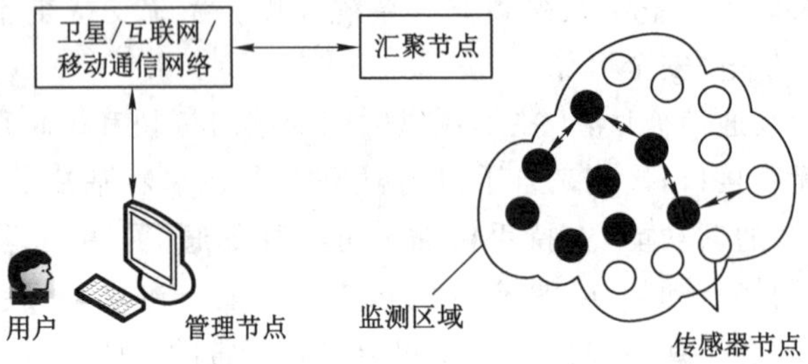

图 6-16　无线传感器结构图

传感器节点检测的数据通过中间传感器节点逐跳进行传输，在传输过程中监测数据可能被多个节点处理，数据在经过多跳路由后到达汇聚节点。汇聚节点的处理能力、存储能力和通信能力相对较强，它是连接传感器网络与 Internet 等外部网络的网关，实现两种协议间的转换，同时向传感器节点发布来自管理节点的监测任务。汇聚节点可以是一个具有增强功能的传感器节点，有足够的能量供给，具有接收转发功能。它还可以直接与 Internet 或其他通信网络相连，将整个区域内的数据传送到管理节点进行集中处理。从而分析出传感节点所存储的程序代码、路由协议及密钥等机密信息。管理节点动态地管理整个无线传感器网络。传感器网络的所有者通过管理节点访问无线传感器网络的资源，远程用户可以通过有线或无线的方式访问管理中心，以获取自己需要的数据。

3. 无线传感器网络特点

(1) 具有自适应性。WSN 中的无线传感器节点都是平等的，每个节点既可以发送数据也可以接收数据，具有相同的数据处理能力和通信距离。节点的加入或者退出都不会影响 WSN 的运行，WSN 能够立即重组，具有自适应性。除了汇聚节点，无线传感器节点的部署都是随机的，在 WSN 中以自己为中心，只负责自己通信距离内的数据交换。

(2) 自组网性。无线传感器节点具有自治能力，能够自主组网和自行配置维护，实时转发监测到的数据，能适应感知场景的动态变化，能够在无人值守条件下有效工作，特别适合在恶劣环境下工作，如战场、危险区域或无人区域。这种自组织工作方式主要包括：自组织通信、自调度网络功能以及自管理网络等。

(3) 路由多跳性与网络动态性。无线传感器节点的成本低廉，可以大规模部署，能够快速形成覆盖范围广的 WSN，通过多个无线传感器节点的协作，可对覆盖区域进行更精细、更全面的感知，避免出现感知盲区。同时，节点的冗余和自治特性也使 WSN 能够自主调整拓扑结构，增加感知的可靠性。

(4) 电源能量决定网络寿命。WSN 中的无线传感器节点内部集成了嵌入式处理器和无线收发器等，由于体积小，通常携带的电源能量有限。由于 WSN 中传感器节点数目巨大，且分布地域较大，环境恶劣，一般节点的能量很难得到补充，这就限制了 WSN 网络的寿命。

(5) 计算和存储能力有限。WSN 中监测区域通常部署大量传感器节点，因此每个节点的成本一定要低，所以节点中的嵌入式处理器的计算速度和存储容量相对要比较低，不适于特别复杂的计算和大容量的存储。

(6) 安全性较差。在 WSN 中，每个传感器节点的通信距离有限，只能邻居节点进行直接通信。非相邻节点之间进行通信需要通过多跳路由的形式来进行，因此数据没有点对点通信可靠性高。而且无线通信技术容易受到干扰和窃听，保密性差。

总之，无线传感器网络主要具备自组织、动态性、可靠性、应用相关性等特点。无线传感器网络能根据环境自主完成指定任务，是具有自组织分布式的智能网络系统，它是以数据为中心的网络，实现了真实的物理世界和虚拟的计算世界的耦合，扩大了人们对物理环境的感知。

6.8.2　煤矿无线传感网络监控系统

煤矿是一个特殊的工作环境，井下有易燃易爆和腐蚀性气体，以及有潮湿、淋水、矿尘大、电网电压波动大、电磁干扰严重、空间狭小、监控距离远等特点。而无线传感器网络本身存在带宽不够、能量、计算和存储能力不足、处理能力不足、稳定性差的现实约束，无线传感器网络作为矿井下监控系统的整体网络不适合。但无线传感器网络具有自组织性、移动灵活性、抗毁性和自愈性，可以满足井下人员设备的移动数据采集和灾后快速重建的需要。

由于煤矿的多样性和特殊的井下环境，还没有单一网络系统能够同时满足矿山开采的所有要求。一般来说，井下应采用有线与无线传输网相结合的方式。煤矿分为开采区和巷道区，巷道分为主巷道和支巷道。在各个主巷道区域地形开阔方便布线的地方可以架设有线光纤骨干网，采用有线监控分站的形式将传感器采集到的信息通过有线方式接入以太网中。在地形相对复杂狭小的支巷道和人员不易或者不能到达的区域，如采空区、井筒内，事故发生现场等，可采用无线传感器网络实现井下监控的无缝覆盖。

根据煤矿的组网原则，目前的有线网络多采用工业以太网和工业总线相结合的方式，上层网络一般由以太网构建，而工业总线则位于网络结构的最底层，整个网络可以有 1 或多个总线控制网络，每个控制网络在地理位置、控制功能上相对独立，相互间不交换数据，各控制网络通过协议完成数据通信。而井下受恶劣传输环境的限制，采用有线网络为主，无线网络为辅的架构方式。图 6-17 为煤矿无线传感器网络监控系统结构。井下网络采用千兆工业以太环网作为有线骨干网络，采用无线和工业总线作为分支，并通过多网融合网关接入工业以太环网。其中，无线网络由具有自组网功能及救灾通信功能的无线传感器组成。井下网络与井上网络通过防火墙隔离连接，从而实现井上、井下统一的网络体系的建设。

在煤矿监控系统中应用无线传感器网络，特别是在煤矿的工作面，能实现传感器的方便无线布置和快速跟进，还能在灾变情况下快速重建监测系统。为达到煤矿生产对传输网络的要求，最理想情况是实现煤矿井下的无线通信全覆盖，这也是未来井下传输网络的发展趋势。

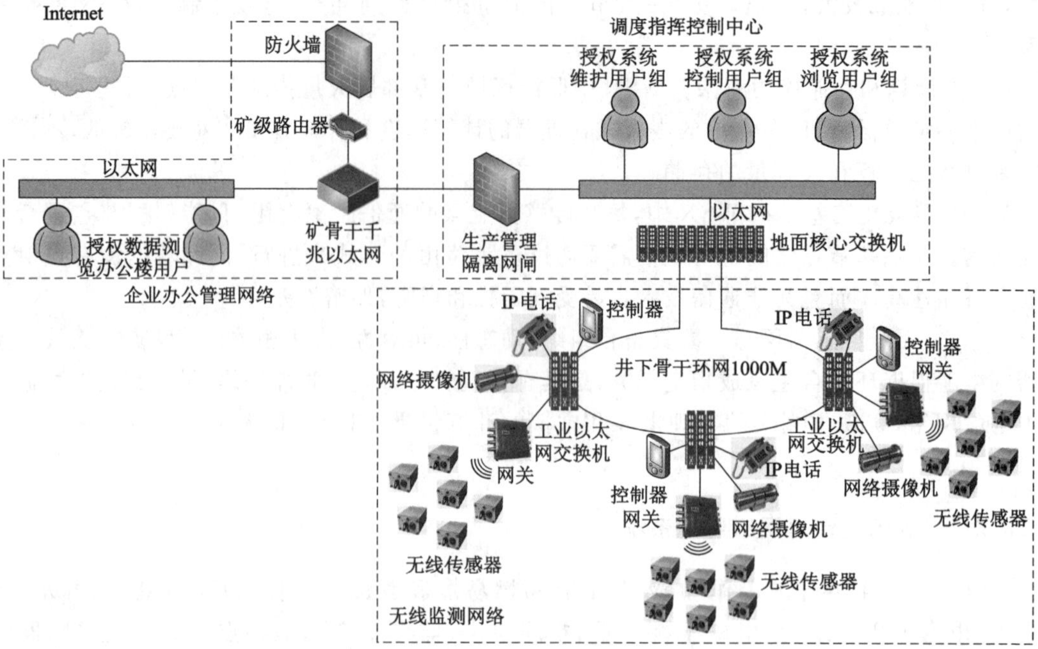

图 6-17　基于无线传感器的煤矿监控网络结构

6.9　煤矿网络信息安全

随着煤矿新一代工业互联网技术的应用,煤矿信息网络安全必将成为煤矿安全的新领域。由于煤矿生产环境的特殊性,对于其信息安全提出更高的要求。智能化煤矿应开展网络、信息和系统等安全建设,可参照 GB/T 22080—2016、GB/T 22239—2019、GB/T 30976.1 —2014、GB/T 30976.2—2014 等标准,实现从角色到用户、从系统到功能模块等访问权限的统一认证。依据“专网隔离、纵深防御、统一监控”的原则,建立统一监管、分级分控的安全监管系统,全面管控系统动态。针对 5G 融合网络的信息安全应将生产相关配套工业系统按照场景进行切片设计,切片间隔离管理,采取部署异常行为、恶意代码的检测防护措施。对于监测监控系统、传感系统、工业自动化系统、软件系统等应用平台,各业务系统之间既要满足按需访问、又实现安全隔离,满足信息安全要求。

网络信息安全是一门涉及计算机科学、网络技术、通信技术、密码技术、信息安全技术、应用数学、数论、信息论等多种学科的综合性学科。它主要是指网络系统的硬件、软件及其系统中的数据受到保护,不受偶然的或者恶意的原因而遭到破坏、更改、泄露,系统连续可靠正常地运行,网络服务不中断。当前网络安全主要在分布式 DDOS 攻击(分布式拒绝服务)、病毒、垃圾邮件。网络安全要考虑:链路安全、物理安全、灾难备份、网络体系架构、设备安全、系统安全和灾难的恢复等。网络安全是一个综合技术和管理问题,网络管理和监控系统是整个网络安全防护手段中的重要部分。从网络架构规划、网络开发建设到网络运行维护都应全面考虑安全问题,这样才能够全面分析网络系统中存在的风险。

6.9.1　网络安全规划

在信息系统的网络设计与实施时要充分考虑网络安全性的要求，网络安全性涉及网络架构、网络边界、网络协议、网络 QOS、网络建设的规范性、网络设备安全、网络管理等多个方面。

1. 网络架构

当前煤矿企业网络一般由企业互联网、企业园区网与企业广域网（WAN）组成，在不同区域采用的安全技术各有侧重点。

企业互联网要防止出现多个 Internet 接入点，同时限制接入用户的访问数量；设置防火墙，防火墙提供了连接状态，能实施具体过滤；远程接入虚拟专用网络 VPN 集中器的主要功能是为远程用户提供与网络的安全连接；第 3 层交换机可以防止从内部发起的攻击；通过使用访问控制访问、虚拟局域网 VLAN 减少攻击；广域网设备、局域网设备、广域网链路、局域网链路采用物理上的备份和采取冗余协议，防止出现单点故障。

系统安全涉及主机和服务器，为保护主机，使系统保持与最新补丁、修复等同步。入侵检测系统（IDS）旨在发现恶意问题，以及其他更常见的安全漏洞。在主机上设置主机入侵检测系统（HIDS），整个网络采用网络入侵检测系统（NIDS）来实现全面的入侵检测系统。

企业 WAN 安全是通过访问控制列表 ACL 安全特性提供的。在这种设计中，用于序列端口的向内访问列表被用于防止所有不受欢迎的流量进入网络。用于以太网接口的进入访问列表，可用于进一步限制任何流量从网络传输到远程地点。对远程用户的所有要求是一台带 VPN 客户机软件的 PC 机，以及互联网连接。当连接至互联网或 ISP 网络时，建议使用个人防火墙软件来减少 PC 的未授权接入。同时建议用病毒扫描软件来减少对 PC 的影响。

2. 信息系统的网络边界

有效的边界防护技术措施主要包括网络访问控制、入侵防范、网关防病毒、信息过滤、网络隔离部件、边界完整性检查，以及对于远程用户的标识与鉴别。

3. 信息系统的网络协议

协议是网络系统运行的神经，协议规划不合理就会影响整个网络系统的运行效率，甚至带来高度隐患和风险。应考虑的安全点主要有：路由协议、路由相关的协议及交换协议；启用动态路由协议的认证功能，并设置具有一定强度的密钥；采用安全性较高的网络管理协议，如 SNMP v3、RMON v2 等。

4. 信息系统的网络 QOS

合理的 QOS 配置会增加网络的可用性，保证数据的完整性和安全性，因此应对网络系统的带宽、时延、时延抖动和分组丢失率等方面进行深入分析，进行 QOS 配置来优化网络系统。

5. 信息系统的网络设备安全

对设备本身安全进行配置，并建设完备的安全保障体系，包括：使用访问控制、身份验证配置；关闭不必要的端口、服务、协议；用户名口令安全、权限控制、验证；部署安全产品等。

6.9.2　防火墙和入侵监测系统

网络安全产品种类繁多，例如杀毒软件、防火墙、入侵监测系统、公钥技术等。其中，防火墙与入侵监测系统技术含量高，是网络安全主流产品。

防火墙是一类防范措施的总称，它使得企业内部网络与 Internet 或者其他外部网络互相隔离、限制网络互访，用来保护内部网络。简单的防火墙可以只用路由器实现，复杂的可以用主机甚至一个子网来实现。设置防火墙目的是在内部网与外部网之间设立唯一的通道，简化网络的安全管理。当外部网络的用户访问网内资源时，要经过防火墙；而内部网络的用户访问网外资源时，也会经过防火墙。

1. 创建一个阻塞点

防火墙在一个企业内部网络和外部网络间建立一个检查点。这种实现要求所有的流量都要通过这个检查点，一旦这些检查点清楚地建立，防火墙设备就可以监视、过滤和检查所有进来和出去的流量，这样一个检查点，在网络安全行业中称之为“阻塞点”。

2. 隔离不同网络，防止内部信息的外泄

这是防火墙的最基本功能，它通过隔离内、外部网络来确保内部网络的安全。也限制了局部重点或敏感网络安全问题对全局网络造成的影响。

3. 强化网络安全策略

通过以防火墙为中心的安全方案配置，能将所有安全软件（如口令、加密、身份认证、审计等）配置在防火墙上。与将网络安全问题分散到各个主机上相比，防火墙的集中安全管理更加经济。

4. 有效地审计和记录内、外部网络上的活动

防火墙可以对内、外部网络存取和访问进行监控审计，同时也能提供网络使用情况的统计数据。当发生可疑动作时，防火墙能进行适当的报警，并提供网络是否受到监测和攻击的详细信息。这为网络管理人员提供非常重要的安全管理信息，可以使管理员清楚防火墙是否能够抵挡攻击者的探测和攻击，并且清楚防火墙的控制是否充足。

本章习题

1. 简述煤矿监控网络特点。

2. 常用的煤矿监控网络拓扑结构有几种？分别进行简要说明。

3. 简述令牌环访问控制过程。

4. 什么是现场总线技术，目前煤矿使用现场总线主要有哪几种？

5. 什么是 CAN 总线，CAN 总线有什么特点？

6. 什么是标准以太网，具有什么特点？工业以太网与以太网之间有什么联系与区别？目前国际 IEC 接受的工业以太网协议主要有哪几种？

7. 煤矿无线通信技术主要包括哪几种，各自有什么特点？

8. WiFi 有几种基本工作模式？煤矿中的 WiFi 移动无线通信系统主要采用哪几种拓扑结构？

9. 什么是 ZigBee 技术？具有什么特点？

10. 什么是无线传感器网络？无线传感器网络系统的组成。

第 7 章　井下人员定位与监测技术

国家安全生产监督管理总局、国家煤矿安全监察局共同发布《关于建设完善煤矿井下安全避险“六大系统”的通知》(安监总煤装[2010]146 号)明确要求,煤矿要建设完善监测监控系统、井下人员定位系统、紧急避险系统、压风自救系统、供水施救系统和通风联络系统六大安全系统。《煤矿安全规程》明确规定,煤矿必须建立入井检身制度和出入井人员清点制度,必须掌握井下人员数量、位置等实时信息。煤矿井下人员精确定位系统是保障矿工生命安全的关键一环,是实现井下人员跟踪监测及应急救援的重要措施,也是智慧矿山建设的核心内容,对于提高安全生产系数、降低煤矿事故人员伤亡具有重要意义。

7.1　井下人员感知方式

以人为本,安全高效。坚持把煤矿减人、增安、提效和提高职工的幸福感与获得感作为智能化煤矿建设的根本目标,是煤矿智能化建设的基本原则之一,这就要求我们要改变对井下作业矿工的保护方式和理念,实现煤矿井下作业矿工从被动式感知到主动式感知的转变。

7.1.1　被动感知

井下作业人员下井前,强制配置了照明(矿灯)、救护器等装备,而且井下还配置了环境安全监测监控系统对矿工周围的瓦斯、风速、氧气等环境参数进行监测,这些系统发挥了较好的作用。但是,从矿工角度而言,这种监控是属于被动式的环境感知方式,如图 7-1 所示,安全监控系统监测到的环境参数是传输到调度指挥中心的,调度指挥中心对所监测的参数进行监控,在类似瓦斯超限这种紧急情况发生时,通过通信系统通知矿工,因此,矿工对这些环境参数信息的获取始终处于一种被动状态。

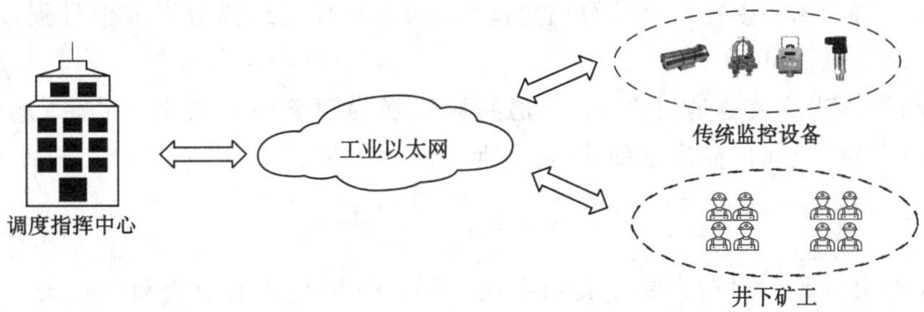

图 7-1　传统的矿工被动式煤矿安全生产监控系统图

7.1.2 主动感知

随着物联网技术的发展，特别是无线通信技术、传感器技术及软件技术的发展，使得主动式、多参数融合、具备预警功能的煤矿安全生产监测监控系统结构成为可能。如图 7-2 所示，矿工利用自身携带的设备（如集合多种传感设备具备无线通信和组网能力的矿灯）可以随时对周围环境进行监测，这样就从“被动”了解周围环境信息转换为“主动”了解周围环境信息。在类似瓦斯超限这种紧急情况发生时，矿工可以立即获得相关警报，延长矿工逃生时间。此外，矿工移动消除了监测系统的监控盲区，补充了大量基础数据，提高了安全预警系统的准确性。

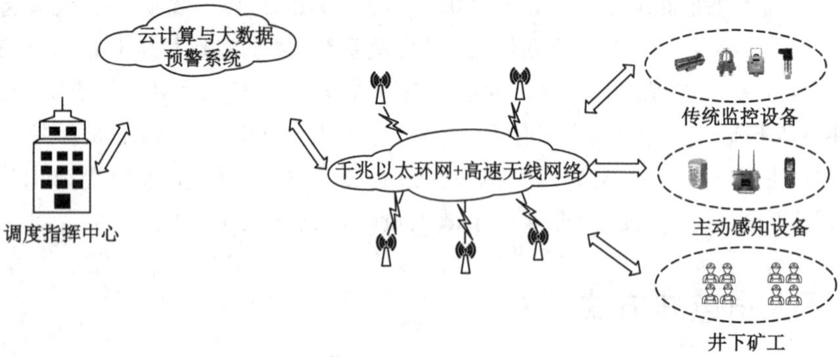

图 7-2 主动式煤矿安全生产监控系统结构图

7.2 井下人员定位技术

目前，常用的定位技术包括基于接收信号强度（RSSI）、到达角（AOA）、信号到达时间（TOA）、信号到达时间差（TDOA）等技术。

7.2.1 RSSI 测距算法

基于接收信号强度（RSSI）定位算法获取定位信息是通过在定位区域内由已知坐标的锚节点向不同位置的待测节点发送信号，信号在传送过程中的强度变化因距离增加而衰减，根据信号在信道传输的损耗模型估算出距离信息，由至少三组锚节点的信号强度损耗值确定被测目标的位置信息。

RSSI 测距算法的关键是建立 RSSI 值精确转换为距离的关系模型。在完全理想环境中拟合出来的自由空间传播模型如式(7-1)所示：

$$P_r(d)=\frac{P_t G_t G_r \lambda^2}{(4\pi)^2 d^2 n} \tag{7-1}$$

其中，P_t 和 P_r 分别是发射功率和接收功率；G_t 和 G_r 分别是发射天线和接收天线增益；λ 是无线电信号的波长；d 是传播距离，n 是信号传播的损耗因子。在实际定位环境中多径效应和障碍物阻挡都是路径损耗模型距离计算的影响因素，因此，需对理想模型引入补偿项。这些影响因素符合对数的高斯正态随机分布，目前使用最广泛的对数距离损耗的渐变模型，如式(7-2)所示：

$$p(d)=p(d_0)-10n\lg(\frac{d}{d_0})+X_\sigma \tag{7-2}$$

其中，$p(d)$表示电磁波经过距离 d 的信号路径损耗，也就是待测目标节点的 RSSI；$p(d_0)$表示电磁波经过标准参考距离d_0的信号强度，实际应用中取$d_0=1$ m；n 仍为信号传播的损耗因子，经过多次实验取值一般在1～4之间；环境误差补偿项X_σ服从均值为零、方差为σ的高斯分布，但在实际具体计算中影响很小，往往忽略不计。

将$d_0=1$ m 处的P_0假设为 $RSSI_0$，代入上式(7-2)得到

$$RSSI=RSSI_0-10n\lg(d) \tag{7-3}$$

因此，在被测目标节点与锚节点的距离为：

$$d=10^{\frac{RSSI_0-RSSI}{10n}} \tag{7-4}$$

从上式(7-4)中可以看出距离 d 和信号传播的损耗因子 n、实际距离为 1 m 的$RSSI_0$有关，在实际定位环境中需测得平均损耗因子 n 和多个锚节点下的距离为 1 的 $RSSI_0$，从而计算出被测目标的距离信息。

7.2.2　AOA 测距算法

基于到达角度(AOA)的距离测量方法是利用待测标签节点与已知坐标的信标节点的观测角度求解目标定位，一般采用双站角度，利用信标节点上的天线阵列估计被测目标节点和两个信标节点的俯仰角 α、β，很多时候也会使用到达方向(direction of arrival，DOA)的概念，AOA 与 DOA 本质上一样，原理如图 7-3 所示。

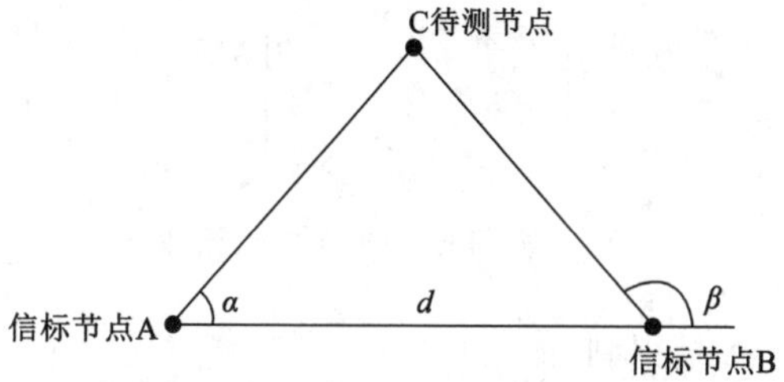

图 7-3　AOA 定位原理图

A 信标基站与 B 站的距离为 d，俯仰角 α、β 分别是 A 和 B 站的观测角度，假设 A 站坐标(0,0)，B 站坐标$(d,0)$，待测节点(x,y)有以下关系：

$$\tan\alpha=\frac{y}{x};\tan\beta=\frac{y}{x-d} \tag{7-5}$$

表示为矩阵形式如下：

$$\begin{bmatrix}\tan\alpha & -1\\ \tan\beta & -1\end{bmatrix}\begin{bmatrix}x\\ y\end{bmatrix}=\begin{bmatrix}0\\ d\cdot\tan\beta\end{bmatrix} \tag{7-6}$$

化解式(7-6)得到$[x,y]$的坐标为：

$$\begin{bmatrix}x\\ y\end{bmatrix}=\left(\begin{bmatrix}\tan\alpha & -1\\ \tan\beta & -1\end{bmatrix}^{T}\begin{bmatrix}\tan\alpha & -1\\ \tan\beta & -1\end{bmatrix}\right)^{-1}\begin{bmatrix}\tan\alpha & -1\\ \tan\beta & -1\end{bmatrix}^{T}\begin{bmatrix}0\\ d\cdot\tan\beta\end{bmatrix} \tag{7-7}$$

式(7-7)为两个基站对被测目标节点估算方法，这也是最小二乘原理对线性方程最小均方差误差解。

7.2.3 TDOA 测距算法

基于信号到达时间差(TDOA)的定位方法是根据无线电磁波的传输速度是恒定值，故待测节点和锚节点之间的距离 d 与传播时间成正比原理进行测距的，记 $d=c\cdot\Delta t$，有两种实现方法实现。

(1) 多信号 TDOA 法

锚节点向待测节点分别发送传播速率不同的信号，例如电磁波和超声波，根据接收信号的时间差计算位置，其原理如图 7-4 所示。假设节点 1 在 T_0 和 T_1 时刻分别向节点 2 发送两种不同类型的信号，超声波传输速率比电磁波慢，故得出以下距离公式(7-8)：

$$d=(T_2-T_0)v_1=(T_3-T_1)v_2 \tag{7-8}$$

化解式(7-8)可以得到：

$$d=[(T_3-T_2)-(T_1-T_0)]\frac{v_1v_2}{v_1-v_2} \tag{7-9}$$

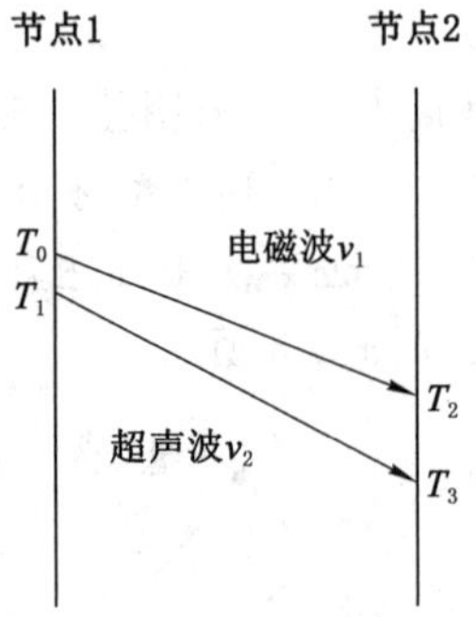

图 7-4　多信号 TDOA 方法原理

令 $T_1-T_0=\Delta t_1$；$T_3-T_2=\Delta t_2$，得到：

$$d=(\Delta t_2-\Delta t_1)\frac{v_1v_2}{v_1-v_2} \tag{7-10}$$

从上式可以看出，TDOA 方法不需要对整个系统时间进行同步，仅需要两个节点记录发送时间差和接收时间差，但该方法并不实用，测量一次距离就需要两次信号收发，增加成本且浪费资源。

(2) 多节点 TDOA 法

标签节点向多个锚节点同时发送同一测距信号，一定程度上降低了硬件成本，只需要保证已知坐标的锚节点之间的时钟同步，解析距离信息时，只需利用待测节点到达锚节点的时间差，其原理如图 7-5 所示，测量目标节点发射信号分别到达各锚节点的时延，则距离分别为：

$$d_1=vt_1,d_2=vt_2,d_3=vt_3 \tag{7-11}$$

假设信标点 1 基站作为 TDOA 定位系统的主机站，信标点 2、3 为副基站，已知信标点的坐标记为(x_i,y_i)，目标节点信标点记为(x,y)，建立目标节点与锚节点之间距离的差双曲线方差：

$$\begin{cases} d_1 - d_2 = v(t_1 - t_2) = \sqrt{(x_1 - x)^2 + (y_1 - y)^2} - \sqrt{(x_2 - x)^2 + (y_2 - y)^2} \\ d_1 - d_3 = v(t_1 - t_3) = \sqrt{(x_1 - x)^2 + (y_1 - y)^2} - \sqrt{(x_3 - x)^2 + (y_3 - y)^2} \end{cases} \tag{7-12}$$

求得两条双曲线的焦点就是目标节点的位置。

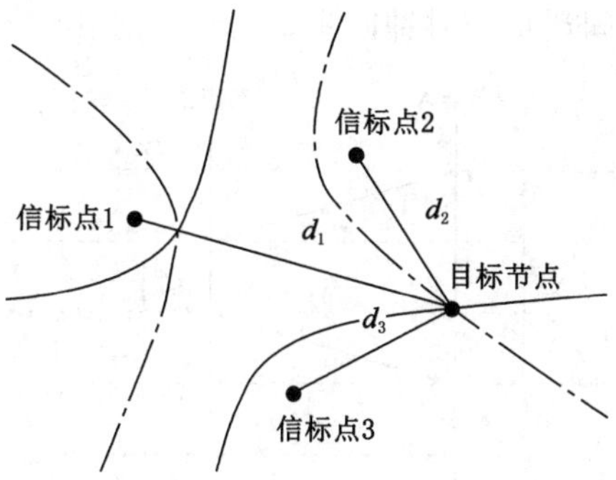

图 7-5　多节点 TDOA 方法原理

7.2.4　TOA 的测距算法

基于到达时间（TOA）的定位原理也是利用 $d=c\cdot\Delta t$ 原理测得传播时延便可求出距离。

（1）单程测距和双程测距方法

单程 TOA 测距示意图如图 7-6(a)所示，假定 T_1 时刻发出，T_2 时刻接收，则距离为：

$$d = (T_2 - T_1)c \tag{7-13}$$

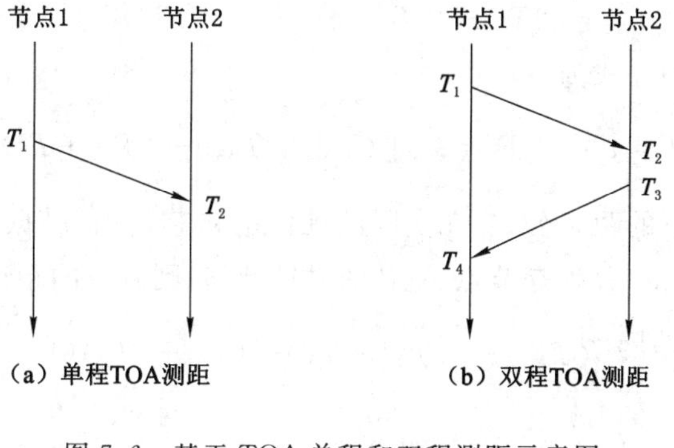

图 7-6　基于 TOA 单程和双程测距示意图

上述方法称为单程 TOA 测距，单程 TOA 测距原理简单，但要求定位系统两节点时钟保持同步，由于无线电磁波的速度 $c=3.0\times10^8$ m/s，1 ns 时间就能造成 0.3 m 的误差，现有的网络技术很难实现同步，更何况还要受芯片自身处理速度等因素影响，双程 TOA 测距能有效降低时间同步要求。

如图 7-6(b)所示，双程 TOA 经过两次的测距信号距离可计算为：

$$d=\frac{(T_2-T_1)+(T_4-T_3)}{2}\cdot c \tag{7-14}$$

(2) 双边双程测距方法

TOA 测距方法利用无线信号在介质中传播的飞行时间(time of fight,TOF)进行测距,为解决单程、双程对基站和标签之间时钟同步要求较高的问题,DecaWave 公司发明的 DW1000 芯片,实现了基站与标签的双向通信,经过基站与标签"四次握手"的往返时间确定距离,不需要基站和标签之间严格的时钟同步。

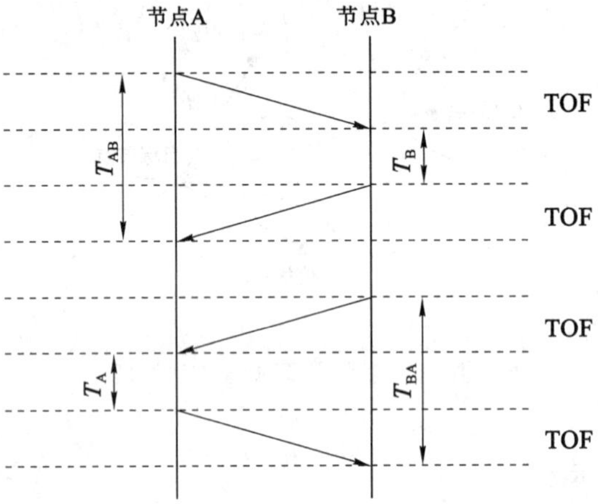

图 7-7　SDS-TWB 测距原理图

SDS-TWR 测距定位原理如图 7-7 所示,经过两次双程 TOA 测距通信,节点 A、B 之间接收响应,经过 T_A、T_B 数据处理时间后发出确认信息,T_{AB}、T_{BA}表示从发送测距信号开始到接收应答信号结束的时间,由芯片内计时器模块获取。两次信号的往返时延为:

$$T_{AB}=2\mathrm{TOF}+T_B,\qquad T_{BA}=2\mathrm{TOF}+T_A \tag{7-15}$$

则 SDS-TWR 测距公式为:

$$d=c\cdot \mathrm{TOF}=\frac{1}{4}c[(T_{AB}+T_{BA})-(T_A+T_B)] \tag{7-16}$$

上式为理想状态下的距离公式,在实际的硬件电路芯片内,晶振会出现频偏现象,考虑始终受频偏的影响,e_A、e_B 分别是节点 A、B 的时钟漂移,则测量的距离估计值为

$$\hat{d}=\frac{1}{4}c[(T_{AB}-T_A)(1+e_A)+(T_{BA}-T_B)(1+e_B)] \tag{7-17}$$

则定位误差为:

$$\Delta d=\hat{d}-d=\frac{1}{4}c[(T_{AB}-T_A)e_A+(T_{BA}-T_B)e_B] \tag{7-18}$$

结合往返时延公式(7-15)得

$$\Delta d=\frac{1}{2}c(e_A+e_B)\mathrm{TOF}+\frac{1}{4}c(e_A-e_B)(T_B-T_A) \tag{7-19}$$

由于井下环境一般为中短距离传输,所以 TOF 的飞行时间要远小于基站和标签的处理时延,上式(7-19)也可简化为:

$$\Delta d = \frac{1}{4}c\left|(T_B - T_A)(e_A - e_B)\right| \tag{7-20}$$

SDS-TWR 双边双程测距方法不需要基站和标签严格的时钟同步，以牺牲时间为代价，降低时钟频偏对定位精度的影响。

7.3　井下人员定位系统

煤矿井下地理环境复杂多变，工作环境恶劣，开采深度达到数千米，巷道错综复杂，弯曲绵延，分布不规则，地质条件复杂，电磁干扰严重，要求通信及定位系统具有较强的抗干扰能力，而且要有较好的防尘、防水、防潮、防腐、耐机械冲击等特性。并且井下缺乏地面定位所需的网络、通信基站等基础设施，所以要求井下的定位系统有很高的综合性能和鲁棒性。因此对于卫星定位技术、惯性导航定位技术、超声波、红外和激光定位技术等传统的井上定位技术，大部分无法适用于井下。目前基于射频识别(RFID)、WiFi、ZigBee、以及超宽带定位技术(UWB)等通讯方式的定位系统是矿井使用的主流。

7.3.1　射频识别定位系统

RFID 射频识别(radio frequency identification)是一种非接触式的自动识别技术，它通过射频信号自动识别目标对象并获取相关数据，识别工作无须人工干预，可工作于各种恶劣环境。RFID 系统主要由电子标签、耦合元件、阅读器、和数据管理系统组成，组成框图如图 7-8 所示。

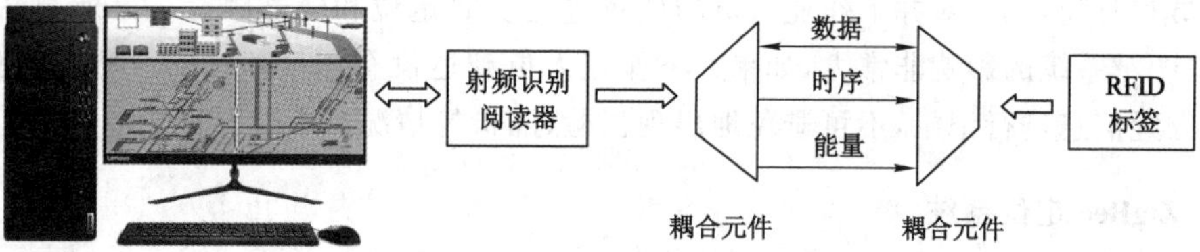

图 7-8　RFID 系统基本组成

RFID 技术的基本工作原理：标签进入阅读器后，接收阅读器发出的射频信号，凭借感应电流所获得的能量发送出存储在芯片中的产品信息，或者由标签主动发送某一频率的信号，阅读器读取信息并解码后，送至中央信息系统进行有关数据处理。

RFID 标签俗称电子标签，也称应答器。RFID 标签芯片的内部结构主要包括射频前端、模拟前端、数字基带处理单元和 EEPROM 存储单元四部分。

阅读器也称读写器，是对 RFID 标签进行读/写操作的设备，主要包括射频模块和数字信号处理单元两部分。

耦合元件，是 RFID 标签和读写器之间实现射频信号空间传播和建立无线通信连接的设备。

RFID 阅读器和标签在通信前必须先完成耦合。耦合的方式一般分为电感耦合、电容耦合、磁耦合、后向散射。耦合的方式将决定 RFID 系统的频率与通信距离。

基于 RFID 技术的井下人员定位系统结构如图 7-9 所示，工作人员都配备具有唯一 ID

编号的标签，标签可以与矿灯一体、也可以是帽卡、胸卡、腰卡等。读卡器位于出入口等固定的位置，工作人员进出矿井均需识别身份。为了实时准确掌控井下人员精确位置，需要在矿井内部不同位置装设基站。标签定期向外发射数据信息，信息包含的内容有位置、时间、ID编号等，当携带标签的工作人员移动至基站覆盖范围时，基站可以读取标签向外发射数据信息，然后将这些信息通过网络传输至地面集中监控中心进行分析和处理，即可实现人员定位、考勤统计等功能。

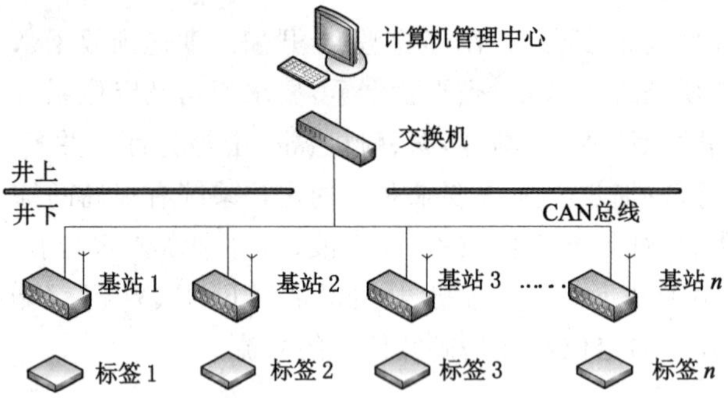

图 7-9 基于 RFID 井下人员定位系统总体结构示意图

RFID 技术有读取数据方便快捷、时性好、使用寿命长等特点，是目前大部分井下人员定位系统采用的技术，理想情况下覆盖范围可达 100 m，定位误差在 5 m 左右。

从系统原理可以发现，RFID 井下人员定位系统实际上只能记录通过特定区域的井下作业人员和时间，无法对井下作业人员的位置进行实时定位和轨迹跟踪。另外基站的布设密度、精度对系统的影响非常大，如果井下作业人员到达没有布设基站的区域，系统就无法对人员位置信息进行记录，不可避免地出现误检、漏检等情况。

7.3.2 ZigBee 定位系统

ZigBee 是一种近距离、低功耗和低成本的双向无线通信技术，可嵌入各种类型设备，发挥自动控制和远程控制功能。ZigBee 技术不仅在控制领域表现出众，在目标定位领域也有很大的研究价值，其穿越障碍物的特性在井下定位系统有广泛应用。该定位技术通过已知位置的参考节点和待测目标节点之间形成有层次的网络体系结构，一般以星形网络、树形网络和网状网络的拓扑结构为主，通过信号强度和到达时间等测距方法实现目标定位。ZigBee技术采用冲突避免多载波信道接入（CSMA/CA）的方式，避免电磁波的干扰，保证定位可靠性。

基于 ZigBee 技术的井下人员定位系统结构如图 7-10 所示。在无线传感器网络方面，系统使用多个相对独立的 ZigBee 网络覆盖矿井区域，各无线传感器网络间使用高可靠性的光纤进行互联，每一个无线传感器网络都和地面监控中心连接，无线传感器网络的终端节点安装在井下人员的安全帽上，路由器节点是系统的定位参考点，在井下固定位置进行布放，协调器节点是无线传感器网络和光纤网络的数据传输接口，移动终端和基准定位器通过 RSSI 数据采集接口实现互联互通。

从功能进行分析，ZigBee 井下人员定位系统包括三个子系统：

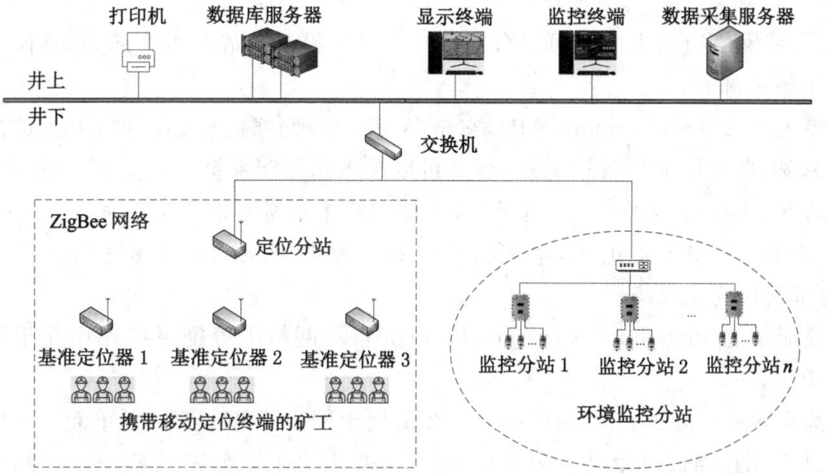

图 7-10　基于 ZigBee 技术井下人员定位系统结构示意图

(1) ZigBee 无线传感器网络：根据井下地形及需求，在井下巷道部署 ZigBee 无线传感器模块，组成一个具有较强毁损能力的 ZigBee 无线传感器网络，一般采用链状自组网或者网状组网，以提高网络在极限条件下的生存能力。无线传感器网络可以接收井下作业人员身上部署的终端节点(Tag)的无线信号，计算无线信号强度(RSSI)和无线信号质量(LQI)，并将相关计算结果上报系统，形成对井下人员进行定位和跟踪的基础数据。

(2) 终端节点(Tag)：在井下作业人员身上部署包括 ZigBee 无线模块的定位终端设备，根据井下作业及系统管理需求，可以在终端设备加装身份识别模块、井下环境监测模块等，形成随身携带的功能终端节点。

(3) 定位算法：在井下按照一定规则部署的无线传感器网络可以实时接收附近终端节点(Tag)的无线信号，并在初步计算后将相关数据上报至井下人员管理系统的服务器，系统在对数据进行处理后，使用定位算法对井下人员的位置信息进行实时计算并进行跟踪，实现对井下人员的动态管理。

该系统可以准确统计目标区域人数，也可以进行准确的人员定位以及精确的轨迹管理，不需要单独的读取设备，而且该无线传感器网络一般采用无中心网络结构，具有动态路由功能，某一个或少数节点失效不会影响整体网络性能，具有比较强的抗损能力。但是 ZigBee 定位技术在煤矿井下人员定位系统中常出现定位距离较长时测距不稳定等情况，定位误差普遍较大，定位系统的高精度需要较多的信标节点，这样会延长定位系统处理速度。

7.3.3　WiFi 定位系统

WiFi 是 IEEE802.11 标准高保真的通信协议，连接多个无线接收器在限定的区域内实现无线通信。目前应用广泛的 WiFi 技术在井下巷道传输中不易受非视距和多径效应的影响，有很好的扩展性，不仅在人员移动定位上，在设备信息跟踪等领域也有颇多应用。WiFi 技术对时间和角度测量参数不敏感，一般不与到达时间和到达角的定位方法相结合，同射频技术一样，WiFi 定位技术一般采用基于信号强度(RSSI)测距算法，利用接入点 AP 信号强度实现定位功能，定位模型主要有三角测距定位模型和指纹训练定位模型。

1. 网络组成

WiFi无线网络组成大体上可以分为接入点AP和无线站点两大部分，具体又可以细分为以下几个组成部分：

(1) 接入点AP(acess point,AP)，它是WiFi无线网络的核心组件，主要是指基本服务单元内的基站，既可以充当普通的站点，又可以接入到分配系统。

(2) 站点(station)又称为站，是WiFi无线网络中最基本的组成单元，通常由网络软件、无线网络接口和终端设备组成，诸如具有无线上网功能的智能手机和笔记本电脑，以及WiFi标签都可以充当站点。

(3) 分配系统(distribution system,DS)在WiFi网络中分配系统作用在于连接不同的基本服务单元。

(4) 基本服务单元(basic service set,BSS)属于网络最基本的服务单元。可以由一个基站和若干站点相连组成一个基本服务单元，这一基本服务单元中的任一站点都可以与其他站点进行通信。

2. WiFi网络定位原理

基于WiFi井下人员定位系统结构如图7-11所示，当井下人员佩戴有WiFi通信功能的PDA、手机等移动终端设备时，便可与具有WiFi通信功能的参考节点共同组成人员定位系统，在定位过程中，移动节点接收到的来自参考节点信息的个数越多，则人员定位越准确。参考节点向外发射检测信号并侦听反馈信号，当侦听到反馈信号时，进行数据处理，参考节点将数据处理后，等待定位系统井上部分对数据进行调用，一旦接收到井上系统的数据请求，参考节点会将数据上传，经过几个环节的数据上传，最终数据将会上传到井上的服务器。可以看出，整个人员定位系统工作过程中，WiFi无线网络不仅起到井下人员定位作用，同时还承载着数据传输的责任。

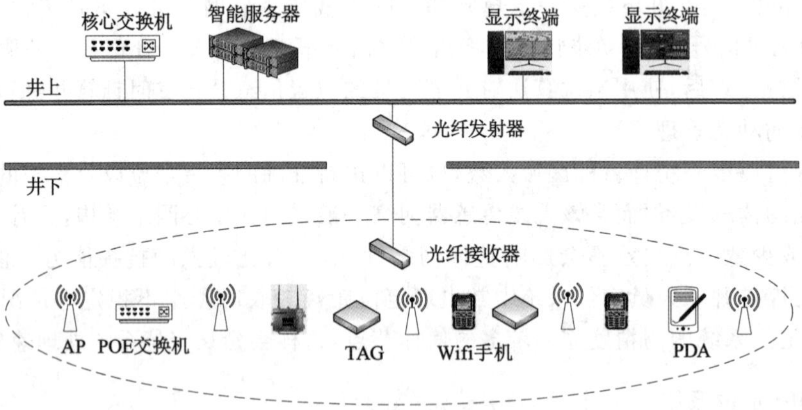

图7-11 基于WiFi技术的井下人员定位系统结构示意图

WiFi网络具有无线电波的覆盖范围广(覆盖范围半径100 m)、传输速率高(54 Mbps)，频段使用完全开放、无线布网、组网成本低、安全可靠等优点。WiFi是目前在矿井中应用较广泛的无线通信技术之一，其在人员定位方面主要用于实现区域定位和基于场强分析的精确定位，定位精度相对较低，一般为10～30 m，若辅以信号特征法(指纹法)，精度可达2～10 m。

但是 WiFi 对井下电磁抗干扰性较差，为了维持精度，需要定期更新指纹库，这样会带来繁重的工作负担，并且系统耗能大，无法长时间续航。

以上基于 RFID、ZigBee 和 WiFi 技术的矿井人员定位系统，已经普遍应用在矿井中，在遏制井下超定员生产，防止人员进入危险区域，及时发现未按时升井人员，加强特种作业人员管理，干部下井带班管理，考勤管理、应急救援、事故调查等方面都发挥着重要作用。但仍无法满足事故应急救援和煤矿井下作业人员管理需求。① 比较突出的问题是定位不准，导致救援人员大范围无效搜索；② 无法实现标识卡唯一性检测功能；③ 无法准确识别乘坐运输交通工具的人员和数量；④ 无法准确监控瓦检员、安检员等巡检路线；⑤ 无法准确判断限制区域的边界，容易误判；⑥ 无法监控井下人员乘坐运输皮带等违规行为等。因此不能提供精确位置信息，无法实时、持续、高精度定位，大大限制了以上三种技术在矿井应用的深度和广度。

7.3.4　超宽带定位系统

超宽带(ultra wide band，UWB)技术是一种新型的无线通信技术。它通过对具有很陡上升和下降沿的冲击脉冲进行直接调制，使信号具有 GHz 量级的带宽。可以在短时间内以极低功率实现数据的高速传播。超宽带有很多独特的技术特性，是具有极强竞争优势的短距无线传输技术。UWB 技术并不是一个新技术，早在 20 世纪 60 年代就有了，但该技术在 2002 年之后才正式被大家关注，主要是该技术之前只能在军方使用，2002 年 2 月，美国联邦通信委员会才正式批准可以民用。

UWB 信号在多径信道下不易叠加，所以多径效应的抗干扰性很强。系统发射功率谱密度低，可以同井下其他无线通信系统共存，在矿井下的无线通信系统频带占用率很少，因此可以增大发射功率，既保证系统低耗能又提升传输距离，且无须考虑增大发射功率对其他窄带通信系统的影响。超宽带技术被认为是无线电技术的革命性进展，在众多定位技术中，UWB 定位技术能够把定位精度提升到厘米级，使室内、矿井、隧道等封闭空间的定位发生了质的飞跃。常见的基于 WiFi、ZigBee、RFID、UWB 通信技术的定位系统对比见表 7-1。

表 7-1　几种定位系统对比表

定位系统	WiFi	ZigBee	RFID	UWB
标准	IEEE WLAN 802.11	IEEE 802.15.4	EPC/ISO	IEEE WPAN 802.15.4/4z
定位技术	RSSI	RSSI	射频耦合	AoA 或者 ToF
频率	2.4 GHz/5 GHz/7 GHz	2.4 GHz/868 MHz/915 MHz	125 kHz～5.8 GHz	低频段(3.1～4.8 GHz) 高频段(6～10.6 GHz)
调制	OFDM	BPSK	ASK/2-FSK/OOK	BPM+BPSK(802.15.4)
距离范围	100 m	10～75 m	<1 m	10～30 m
准确度	<15 m	<30 m	存在与否检测	<30 cm
功耗	中	低	被动消耗/低	中/低
成本	高	低	低	高

1. UWB 技术定位原理

基于 UWB 技术的无线定位系统一般由定位标签、定位基站及解算软件构成，其基本原理为：参考节点（基站）和未知节点（标签）的信号收发器之间传输 UWB 无线信号，利用 RSSI、TOA、AOA、TDOA 等测距算法求解参考节点和未知节点的距离，参考节点通过几何位置关系估算未知节点的坐标信息，并结合优化算法进行误差处理，获得精确位置，完成定位功能。其原理图如图 7-12 所示。

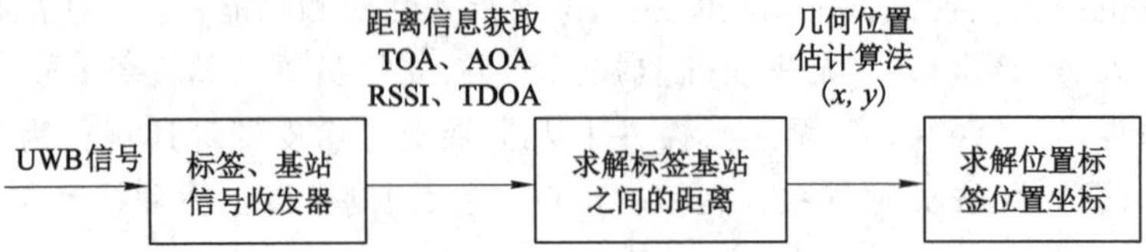

图 7-12 基于 UWB 的无线定位原理

2. UWB 定位系统的特点和优势

通过在较宽的频率范围上传送极低功率的无线通信信号，UWB 通信技术具有精确定位、抗干扰性能强、传输速率高、系统容量大、发送功率小、功耗低、安全性高、系统复杂度低等优势，非常适合于环境复杂的室内高精度定位应用。

精确定位。在时域上，UWB 脉冲的极短持续时间和低占空比的特性使其具有极高的多径分辨率和良好的时间解析力，抗衰落能力强。这一特点同时使其具有精确的测距与定位能力，厘米量级的定位精度远远高出其他无线系统。

抗干扰性能强。UWB 带宽极宽，射频能量分布于吉赫兹的频段上，因而相对于其他窄带系统功率低、抗干扰性强，与 GPS、个人通信系统、802.11 等系统共存性好，相互干扰小。

传输速率高，系统容量大。UWB 的数据速率可以达到几十兆比特每秒到几百兆比特每秒，UWB 使用大带宽，可以同时容纳成百上千个定位标签同时工作。

发送功率小、功耗低。UWB 设备通过间歇的脉冲来发送数据，脉冲持续时间极短，发射功率小，约是蓝牙设备所需功率的二十分之一，相对于其他无线电系统运维成本很低。因此，超宽带系统在成本和功耗上具备很大优势。

安全性高。由于 UWB 的脉冲极窄、频带极宽，其功率密度甚至低于一般噪声强度，对其他设备的影响十分微小。超宽带信号的发射功率非常小，而带宽却极宽，因而其功率谱密度很低，信号淹没在背景噪声和其他无线电信号中，不易被一些侦测设备所截获，安全性高。UWB 系统还可采用跳时、跳频、直接序列等扩频技术进一步提高安全保密性能。

系统复杂度低。UWB 脉冲无需采用正弦载波而直接进行调制，因此系统的射频前端、模拟以及数字信号处理部分都相对较简单，很大程度上降低了系统的复杂度并且易于全数字化实现。

UWB 信号的高带宽特性使 UWB 系统有望在理想传播环境下实现高精度的定位。另外，UWB 脉冲的多径信道和极低功率又增加了定位的难度，其定位精度还容易受到自身传播特性、非视距环境、码间串扰、多用户干扰等因素的影响。因此，UWB 精准定位系统对软硬件、算法及运维水平等都有着较高的要求。

3. UWB 矿井定位系统原理

基于 UWB 矿井定位系统结构如图 7-13 所示，系统为井下部分与井上部分。井下核心网充分利用矿井现有环网交换机和专用光缆，布设固定基站建立自组网。终端由人员标识卡、手机、车辆标识卡组成，无线接入基站，实现精准定位。井上通过环网交换机与井下环网交换机连接进行数据传输，井上环网交换机将接收到的人员位置信息通过交换机存入企业互联网数据中心，电脑终端对这些位置信息进行处理形成各种人员调度信息再通过交换机传输到井下控制系统，同时将这些数据以图形化界面的形式展示出来，供用户进行监控和调度，还可以通过云平台让远程客服通过手机或者电脑进行查看和操作。

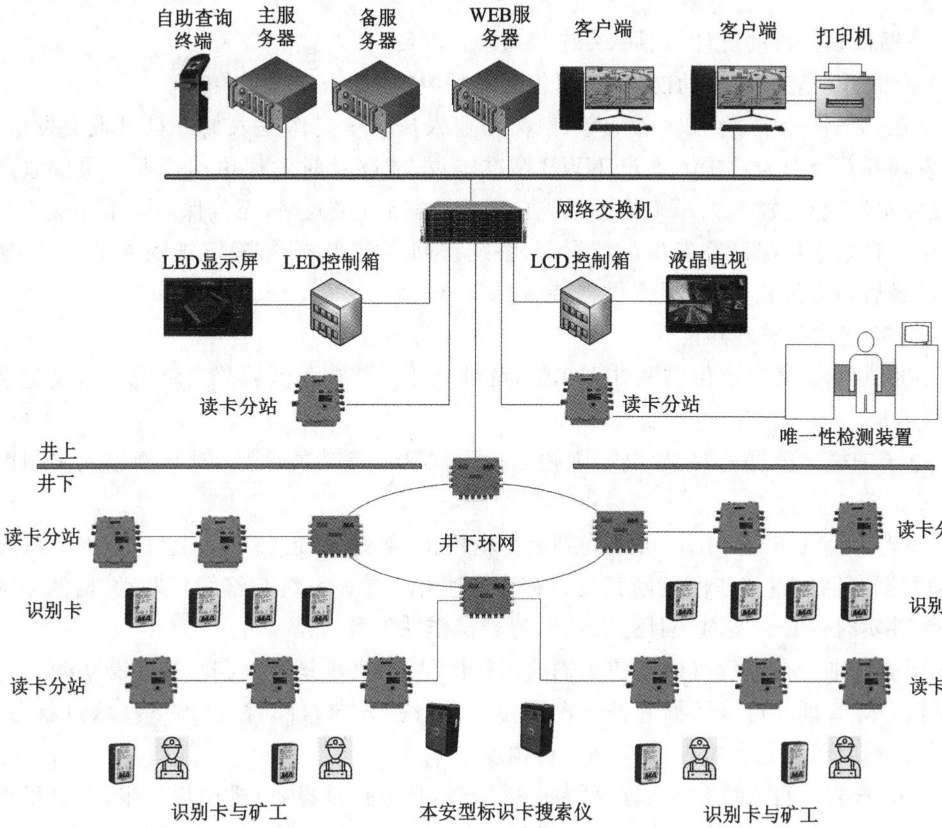

图 7-13　基于 UWB 矿井定位系统结构图

4. UWB 矿井定位系统主要功能

传统矿井定位系统能够对井下人员进行有效监测，提供考勤管理、事故管理等初级的管理手段。UWB 矿井定位系统大幅提升了定位精度，不仅可实现对井下人员的精准定位，还可对车辆及其他移动目标进行精准定位，为井下人员、车辆及设备等科学化、精细化管理提供了更加丰富的手段，对于矿井安全高效生产具有重要意义。其系统主要功能如下：

（1）人员定位与管理功能

① 定位监测。每个下井人员配备单一识别标识卡，实时进行全员定位监测，并可对重要人员和巡检人员的位置进行个别实时跟踪监控，自动记录人员出入井、出入区域、下井工作时间等数据。

② 电子围栏。根据需要对定位区域设置电子围栏，划分重点区域、普通区域或限制区

域等不同功能区域，对人员进入限制、井下人数超员、人员超时、人车超员、区域超员、区域超时等行为进行告警等管理。

③ 轨迹记录。全体人员尤其是重点人员或巡检人员的行动轨迹实时记录并上传云端，随时检查核实巡检人员早到、未到、迟到等异常情况。

④ 实时统计。实时统计井下携卡人员总数，以及重点区域和限制区域等区域内的人数智能感知。实时感知人员的位置、速度及身体姿态，判断其是否进行了违规操作，如乘坐皮带等行为。

⑤ 考勤报表。自动统计日、周、月考勤报表。

(2) 全面升级应急救援功能系统，提供人员呼叫/呼救

由于在井下作业中，存在大量的单、散岗作业人员。单岗作业人员一旦出现突发情况，很难被发现并获得及时救援。通过 UWB 精准定位，能够及时发现单岗作业人员的紧急情况，调度并实施就近救援，大幅缩短救援响应时间，提高救援效率，充分保障井下作业人员的生命安全。在紧急情况已经发生的情形下，系统可划定灾变区域，确定被困人员名单，展示被困人员最后精准位置，为救援提供支持。

(3) 车辆定位与管理功能

① 定位监测。实时定位监测井下车辆，统计总数及其在各区域分布情况。自动记录车辆考勤信息。

② 电子围栏。根据需要，用电子围栏划分限制区域等功能区域，对车辆进入限制区域实时告警。

③ 违规告警。车载定位器可准确判断车辆停止、前进、后退、怠速、上坡、下坡等状态信息，自动根据车辆位置及速度判断其是否存在超速并告警。系统与红绿灯联动，监测车辆闯红灯行为并实时告警。实时统计运行超时违规操作并告警。

④ 历史轨迹。在事后可以复核车辆的运行情况，提供场景回放和轨迹回看功能。

⑤ 信号灯管理。可以依据巷道内车辆位置及行驶方向，自动控制地下红绿灯状态，实现对井下红绿灯设备进行控制及车辆进行调度。

⑥ 考勤报表。自动统计生成车辆考勤明细表，日、周、月报，司机违规月报，车辆里程统计等数据报表。管理人员通过报表可以对任意时间、任意车辆的行为进行分析，界定责任，实现井下车辆管理的自动化和智能化，以及工作中信息流转的电子化。

(4) 设备定位与管理功能

综采面定位。在采煤机上安装标识卡，即时定位采煤机的位置，精确计算采煤机每日的煤刀数，从而实时绘制出采煤机行走路线轨迹及时间节点，准确测得综采面正循环作业图。

掘进面定位。在掘进机上安装标识卡，即时定位掘进机的精确位置，跟踪掘进机的移动距离，并自动呈现在监控屏幕上。根据定位数据，实时生成每班次、每日、每月掘进进度报表。

(5) 中央集控“一张图”

中央集控平台“一张图”呈现人员、车辆、设备定位结果，实时展示地下人、车、装备等的精确位置、移动方向、移动速度、姿态等；实时统计地下人、车等移动对象自分布情况；实时监测车辆的超速、闯红灯等，人员进入限制区域等违规行为；与摄像头联动，拍摄违规照片；依据巷道内车辆位置及行驶方向，自动控制地下红绿灯状态，指示车辆行进与避让，避免空驶

或事故。

(6) 定位系统效果

通过系统可以准确了解各岗位人员下井巡检路线及到位情况，确保作业人员靠近危险区域报警及事后跟踪管理。系统采用模块化设计，功能模块配置灵活，系统可大可小，可以适合各种规模的用户应用，并且可以根据用户的特殊需要定制特殊功能，可以将人、车、设备等信息反映到桌面或移动终端，方便管理人员随时监管，便于企业更加合理地调度和管理。在业务流程上，提升了整个井下系统的运营效率。

7.4　井下人员检测技术

井下人员定位系统解决了人员位置问题，但是人员的身份信息也是煤矿安全生产的主要问题，传统的识别标签都是以卡的形式携带在工作人员身上，实际的工人作业中会出现人卡分离的现象，这就导致了身份信息卡的唯一性失去了它原本的意义。采用生物身份识别技术可防止这种现象的发生，而且基于深度学习的行为识别和图像识别等智能技术的应用，会给传统煤矿安全管理带来颠覆性变革，推动煤矿智能化建设向更纵深的方向发展。

7.4.1　生物识别技术

现有的生物识别技术主要有指纹识别、虹膜识别、语音识别、人脸识别等。

指纹识别主要通过对比人员指纹来进行身份识别，从而判断用户的身份信息。指纹识别技术主要缺点就是容易被污渍污染，手指受伤的时候也不能正常地进行识别，而这些情况在煤矿的特殊环境下十分常见，这就导致识别准确率不高，所以指纹识别并不适合煤矿井下作业人员的身份识别。但在这种特殊的作业场景下，为了作业人员的人身安全，必须要保证员工身份识别的准确性。

虹膜识别类似于指纹识别，都属于纹理特征识别，虹膜识别具有唯一性，而且虹膜识别有一个极大的优势就是只要眼部没有受损，都是可以正常识别的，从这一点上看，虹膜识别技术适合煤矿井下环境的员工身份认证。但虹膜识别技术的特征提取复杂，用户信息收集存储速度慢，而且索引的速度也不如指纹识别快，同时虹膜识别相关设备造价成本高，鉴于上述情况，虹膜识别并不适用于煤矿井下特殊作业环境的员工身份识别。

声音识别主要是通过人发声的频率、音律、音调及声色等多种特征来进行识别认证。但由于煤矿井下环境有大量的大型作业设备，环境十分嘈杂，噪声很多。这会影响用户的声音识别过程，外部增加的很多干扰声音，会大大降低识别的准确率。而且声音识别在用户信息提取存储的阶段，也就是训练阶段需要大量的时间，员工人数过多使得识别的效率并不高，所以声音识别不适用于煤矿井下特殊作业环境的员工身份识别。

人脸识别是目前主要的身份识别技术，它依托于图像处理技术。人脸识别技术是基于人的脸部特征，针对输入的图像或者视频流，首先判断其是否存在人脸，如果存在人脸，则进一步输出人脸位置、大小和主要面部器官的位置信息，并依据这些信息，进一步提取每个人脸中所蕴含的身份特征，并将其与已知的人脸进行对比，从而识别身份。相比于其他身份识别技术，人脸的生物信息更容易采集，可以不用接触就完成身份认证。符合用户身份认证的习惯。虽然煤矿工作人员的面部信息也会由于煤矿井下特殊环境，造成不同程度的污损，甚至会有面部遮挡从而影响人脸识别的准确率，但实际应用场景中，可以通过先进的技术准确地进行身份识别。

7.4.2 人脸识别方法

在目前的人脸识别技术研究中，主要算法有特征脸方法、几何特征方法、支持向量机、AdaBoost 算法、基于特征点匹配的图像匹配算法、BP 神经网络以及深度学习等。其中深度学习算法具有较强的学习泛化能力、训练效果好、识别性能高等优点，所以在矿井目标检测中是广泛采用的技术之一。

1. 基于特征脸的方法

基于特征脸的方法又称为主成分分析法（principal component analysis，PCA），是由 Turk 和 Pentland 在 20 世纪 90 年代初提出的一种经典的算法，根据图像的统计特征进行正交变换（即 Karhunen-Loeve transform，K-L），以消除原有向量中各分量间的相关性，得到对应特征值后依次递减，最终形成特征向量，即特征脸。其核心思路是将图像经 K-L 变换后由高维向量转换为低维线性向量，把人脸投影到这个低维空间，同时得到的投影系数作为识别的特征矢量，这样就形成了一个特征脸矢量子空间，每个人脸图像向该空间投影都会得到一组坐标系数，表明人脸在子空间中的位置，因此该方法可以重建和识别人脸，通过人脸向量向特征子空间作投影得到的向量称之为主分量，它具有如下性质：

（1）信息压缩能力很强；

（2）对任意一个属于样本空间的人脸模式都有唯一的主分量特征与之对应；

（3）当输入的人脸模式向量有微小变化时，其对应的主分量特征变化非常小，有利于模式分类；

（4）随着空间维数的降低，经过变换矩阵的映射后，模式之间的距离会缩小，降低了高维空间中进行分类的复杂度。

PCA 法具有良好的稳定性、位移和转置不变性等特点，且 K-L 变换是统计最优的，具有速度快、对正面图像识别率高等特点，但不足之处是当图像受到人脸姿态、表情、光照及位移改变时，影响会较大。

2. 基于几何特征的方法

基于几何特征的方法，也称为结构匹配法，常用的几何特征有人脸五官（眉、眼、鼻、嘴、耳）局部形状、脸型特征以及五官在脸上的几何分布特征。该方法先检测人脸的五官几何特征，然后将特征点位置、距离和角度等各个单独特征相互联系作为识别特征，在提取特征时往往会用到人脸结构的一些先验知识，常用的方法是基于欧几里得度量的判决法。该方法有如下优点：符合人类自身识别人脸的机理，易于理解；存储量小，对每幅图像只需存储一个特征矢量；不受光照变化的影响；模板匹配识别率高等。但也存在一些问题，比如对表情复杂变化、姿态变化的鲁棒性较差；从图像中抽取稳定的特征较为困难，尤其当特征受到遮挡时识别更为困难，因此一般不单独利用该方法，而是与其他方法结合使用。

3. 支持向量机方法

支持向量机是美国科学家瓦普尼克等人提出的基于机构风险最小化原理的统计学理论，用于研究分类和回归问题，主要研究如何构造学习机，实现模式分类。其基本思想是把低维样本空间映射到高维的空间当中，当非线性变换后，在高维特征空间中的样本集可实现线性分类。把样本集向高维空间做变换是一个升高维度的过程，这就增加了计算的复杂性，SVM 方法选取使用核函数展开定理，解决了计算的复杂度的难题，同时避免了“维数灾难”。常用的核函数有以下 3 种：

(1) 线性和函数：$K(x,y)=x\cdot y$；

(2) 多项式核函数：$K(x,y)=[(x\cdot y)+1]^d$；

(3) 径向基函数：$K(x,y)=\exp(|x-y|^2/d^2)$。

瓦普尼克等人将 SVM 方法用于人脸检测，取得了较好的结果，其方法是对每个 19×19 像素的检测窗口使用 SVM 进行分类来区分人脸和非人脸，训练中使用了大量人脸样本和自举方法收集的非人脸样本，并使用逼近优化法减少支持矢量的数量，可以实现人脸识别。但是使用 SVM 方法来进行分类识别操作会遇到计算的时空复杂度增大等问题，导致分类计算量大大增加。

4. 基于特征点匹配的图像匹配算法

尺度不变特征变换(SIFT)是一种基于区域特征的检索算法，是一种能够对图像尺寸进行自适应的算法，它可以对图像进行直接的特征分类，能够将图像分成不同区块的特征。其对旋转、尺度缩放、亮度变化保持不变性，对视角变化、仿射变换、噪声也有一定程度的稳定性。基于这些特性，在数量庞大的特征数据库中，很容易辨识物体而且鲜有误认。使用 SIFT 特征描述对于部分物体遮蔽的侦测率也相当高，甚至只需要 3 个以上的 SIFT 物体特征就足以计算出位置与方位。在现今的电脑硬件速度和小型的特征数据库条件下，辨识速度可接近即时运算。SIFT 特征的信息量大，适合在海量数据库中快速准确匹配，但是用 SIFT 算法非常耗时，而且检索速度十分低。

5. BP 神经网络

神经网络(neural networks，NNs)，是一种模仿动物神经网络行为特征，进行分布式并行信息处理的算法数学模型。它由具有适应性的神经元组成，能够模拟生物神经之间的信息传递的过程。神经网络的结构如图 7-14 所示，由三部分组成，分别为输入层、隐藏层和输出层，各层之间通过大量的参数及映射等数学运算实现层与层之间的信息传递。

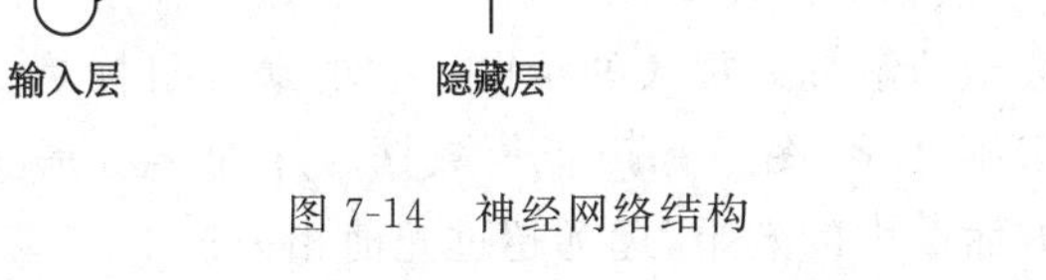

图 7-14　神经网络结构

BP 神经网络是一种按误差反向传播算法训练的多层前馈网络，是目前应用最广泛的神经网络模型之一。BP 算法包括信号的前向传播和误差的反向传播两个过程。即计算误差输出时按从输入到输出的方向进行，而调整权值和阈值则从输出到输入的方向进行。正向传播时，输入信号通过隐含层到达输出节点，可经过非线性变换后产生输出信号。若实际输出与期望输出不相符，则进入传入误差的反向传播过程。误差反传是将输出误差通过隐含层向输入层逐层反传，并将误差分摊给各层所有单元，从各层获得的误差信号作为调整各单元权值的依据。通过调整输入节点与隐层节点的连接强度，和隐层节点与输出节点的连接强度以及阈值，使误差沿梯度方向下降，经过反复学习训练，确定与最小误差相对应的网络参数(权值和阈值)，训练即告停止。此时经过训练的神经网络即能对类似样本的输入信息自行处理，输出误差最小的非线性信息。

BP神经网络模型将样本的输入输出问题转化为非线性优化问题，近似地实现了从输入到输出的任意连续非线性映射。用于人脸识别时，先对输入的样本进行预处理和特征提取，然后将得到的参数输入BP网络进行多次训练，最后将同样经过预处理和特征提取的待识别图像输入训练后的网络进行识别，得到结果。该算法实现人脸识别的原因在于它能实现一种特殊的非线性映射，将输入空间变换到由输出张成的空间，使得输出空间分类问题变得简易。人脸识别系统原理图如图7-15所示，主要功能模块包含：获取原始图像、人脸检测和预处理图像、特征提取、BP神经网络训练和人脸识别，其中人脸图像预处理步骤包括：灰度化处理、去噪声处理、人脸校正和归一化处理。完备的人脸识别系统可以全自动化和智能化地检测匹配出人脸，具有强劲的发展势头和大范围的应用场景。

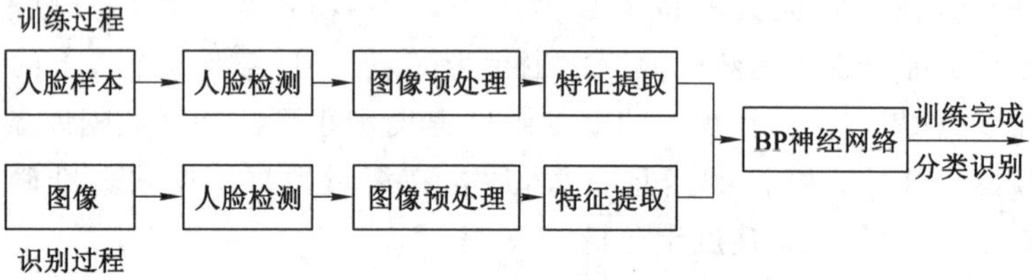

图7-15　人脸识别系统原理图

BP网络采用的方法是重复回代的方法，BP网络把实际类别以及输出的分类结果之间所存在的误差值进行重复回代操作，以此达到期望值。当人脸的图像出现了不同程度的损坏时，使用BP网络仍然可以对人脸进行很好的恢复。但是存在一个较大的问题，它需要进行反复的训练学习。当人脸的种类繁多，同时图片本身拥有较高的维度并且其结构比较复杂时，就会使算法执行的时间变长或者出现过拟合的问题。

6. 深度学习

深度学习(deep learning，DL)是机器学习领域中一个新的研究方向，它被引入机器学习使其更接近于最初的目标——人工智能(AI，artificial intelligence)。

深度学习是学习样本数据的内在规律和表示层次，这些在学习过程中获得的信息对诸如文字、图像和声音等数据的解释有很大的帮助。它的最终目标是让机器能够像人一样具有分析学习能力，能够识别文字、图像和声音等数据。深度学习是一个复杂的机器学习算法，在语音和图像识别方面取得的效果，远远超过先前相关技术。

深度学习识别方法是基于多层卷积神经网络实现的，卷积神经网络是一种具有深度结构的前馈人工神经网络，对输入信息实现非线性表征。在传统的识别算法中，我们需要对输入的数据进行特征提取和数据重建，而卷积神经网络可以直接将图片作为输入，网络进行自动特征提取，并且对图片的变形等具有高度不变性。

卷积神经网络的结构如图7-16所示，包含多个卷积层、池化层、全连接层等，每个网络层完成不同的任务，且每种网络层具体层数根据网络的需求确定，各网络层相互配合完成特征提取。输入图像后，通过卷积和池化操作来提取高层特征，最后提取特征完成后通过全连接层来进行特征融合，并将融合后的特征用在结果预测中。以上即为卷积神经网络的前向传播的过程，与此同时还进行着卷积神经网络的反向传播。利用损失函数计算真实值与预测值之间的差，并将差值通过梯度下降反向传回之前的卷积层，求解最优网络参数并更新参数，然后再进行前馈传播，重新训练网络。通过不断传播迭代进行网络训练，最后模型收敛达到最优并输出结果。

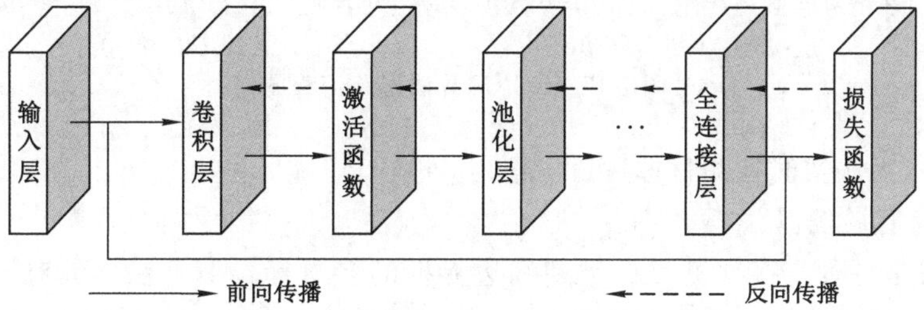

图7-16　卷积神经网络结构图

7.4.3　目标检测算法

目标检测算法是通过提取候选区域，并对相应区域进行以深度学习为主的分类方法。通俗讲就是对图像中的可变数量的目标进行定位和分类，最终得到图像中多个目标的类别以及在图像中的位置。如RCNN、Fast-RCNN、Faster-RCNN，以及基于深度学习的回归方法，如SDD、YOLO等方法。

1. RCNN目标检测识别方法

RCNN(region-based convolutional neural networks)是基于区域的卷积神经网络，是一种结合区域提出(region proposal)和卷积神经网络(CNN)的目标检测方法。

区域提出(region proposal)：利用图像中的纹理、边缘、颜色等信息，预先找出图中目标可能出现的位置。需要解决的问题：① 适应不同尺度；② 多类别图像的适应性；③ 速度。

RCNN系列目标识别算法均是基于RCNN改进而来的，RCNN目标识别方法是首个可以应用于工业级别的解决方案。它的提出改变了目标检测领域的主要研究思路，之后的FAST-RCNN、FASTER-RCNN等算法都沿袭了RCNN的思想。

RCNN算法思想流程如图7-17所示。

① 输入测试图像；

② 利用选择性搜索(selective search)算法在图像中从下到上提取2 000个左右的可能包含物体的候选区域；

③ 因为取出的区域大小各自不同，所以需要将每个候选区域缩放成统一的227×227的大小并输入到CNN，将CNN的FC7层输出作为特征；

④ 将每个候选区域提取到的CNN特征输入到SVM进行分类。

因为RCNN系列目标检测算法均需要经过候选框选取与CNN特征提取这两步，所以

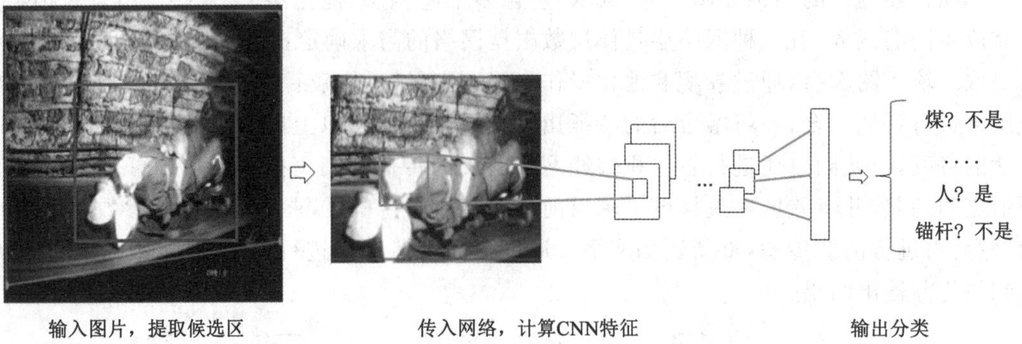

图 7-17 RCNN 算法思路流程图

时间复杂度高，无法实时检测目标。

2. SSD 目标检测算法

SSD 算法是一种直接预测目标类别和边界框的多目标检测算法。针对不同大小的目标检测，传统的做法是先将图像转换成不同大小(图像金字塔)，然后分别检测，最后将结果综合起来。SSD 算法则利用不同卷积层的特征图进行综合处理也能达到同样的效果。SSD 可以理解为多尺度版本的 RPN，它和 RPN 最大的不同在于 RPN 只是在最后的特征图上预测检测的结果，而最后一层的特征图往往都比较抽象，对于小物体不能很好地表达特征，而 SSD 允许从卷积网络各个层级的特征图预测检测结果，这样就能很好地适应不同尺度的物体，对于小物体可以由更底层的特征图进行预测。

算法的特征提取网络结构是 VGG16，SSD 将最后两个全连接层改成卷积层，随后增加了 4 个卷积层来构造网络结构。对其中 5 种不同的卷积层的输出特征图分别用两个不同的 3×3 卷积核进行卷积，一个输出分类用的置信度，每个默认初始框生成 21 个类别的置信度；一个输出回归用的回归定位，每个默认初始框生成 4 个坐标值(x,y,w,h)。此外，这 5 个特征图还经过先验框层生成先验框坐标。上述 5 个特征图中每一层的默认初始框的数量是给定的 8 732 个。最后将前面三个计算结果合并然后传给损失函数层，SSD 网络结构如图 7-18所示。

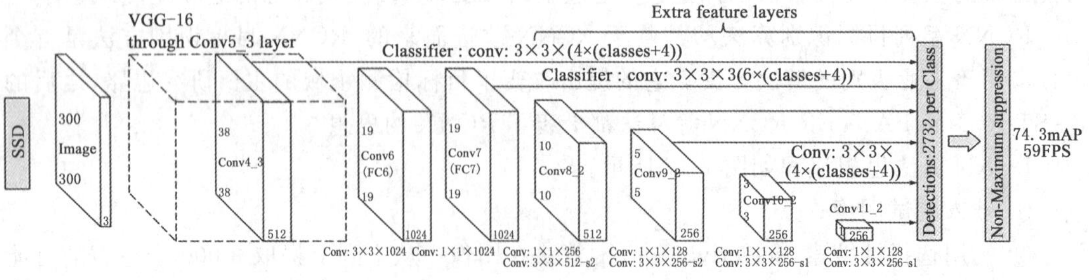

图 7-18 SSD 网络结构图

3. YOLO 目标检测识别方法

YOLO(you only look once)是一种基于深度神经网络的对象识别和定位算法，其最大的特点是运行速度很快，可以用于实时系统。将候选框选取、特征提取和分类全部在一个无分支的卷积神经网络中完成，简化了网络结构并加快了检测速度，目标检测算法进入了可以实时应用的时代。这里主要对YOLO v1进行简要介绍。

YOLO目标检测识别流程如图7-19所示。将待检测的图片缩放成448 × 448大小的图像，将整张图缩放后的图像送入YOLO算法中构建的卷积神经网络中完成特征提取、目标分类以及bounding box（包含物体的矩形区域）回归操作。最后，对每个类的对象应用“非最大抑制(non max suppression)”方法过滤出“置信度”小于阈值的边界框，这样就完成了图像预测。

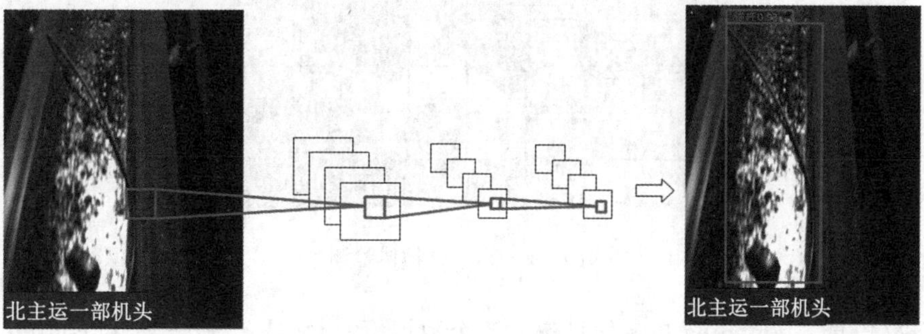

图7-19　YOLO目标检测识别流程

(1) 网络架构

YOLO检测网络包括24个卷积层和2个全连接层，如图7-20所示，卷积层用来提取图像特征，全连接层用来预测图像位置和类别概率值。对于卷积层，主要使用1×1卷积来做channle reduction，然后紧跟3×3卷积。

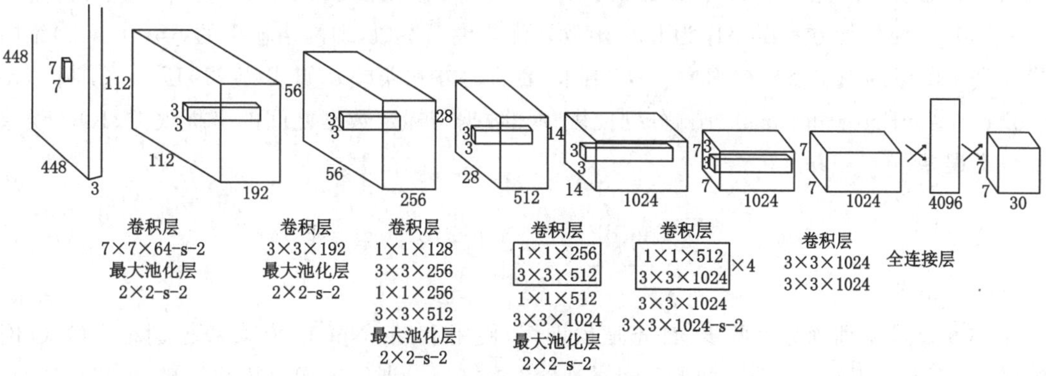

图7-20　YOLO网络框架结构图

(2) 输出

YOLO将输入图像分成$S \times S$个格子，每个格子负责检测“落入”该格子的物体。若某个物体的中心位置的坐标落入到某个格子，那么这个格子就负责检测出这个物体。如图7-21所示，图中人的中心点（圆点）落入第6行、第6列的格子内，所以这个格子负责预测图像中的人。

每个格子输出B个bounding box（包含物体的矩形区域）信息，以及C个物体属于某种

图 7-21 YOLO 物体检测

类别的概率信息。bounding box 信息包含 5 个数据值，分别是 x,y,w,h，和 confidence。其中x,y 是指当前格子预测得到的物体的 bounding box 的中心位置的坐标，w,h 是 bounding box 的宽度和高度，confidence 反映当前 bounding box 是否包含物体以及物体位置的准确性。

(3) Loss 函数

计算公式为：Pr(object) * IOU_Pred^turth。若 bounding box 包含物体，则 Pr(object)=1；否则 P(object)=0。IOU(intersection over union)为预测 boundingbox 与物体真实区域的交集面积。因此，YOLO 网络最终的全连接层的输出维度是 $S\times S\times(B\times 5+C)$。

YOLO 使用均方和误差作为 loss 函数来优化模型参数，即网络输出的 $SS(B5+C)$维向量与真实图像的对应 $SS\times(B\times 5+C)$维向量的均方和误差。如式(7-21)所示。其中，coordError、iouError 和 classError 分别代表预测数据与标定数据之间的坐标误差、IOU 误差和分类误差。

$$\text{loss}=\sum_{i=0}^{s^2}\text{coordError}+\text{iouError}+\text{classError} \tag{7-21}$$

(4) 训练

YOLO 模型训练分为两步：首先是预训练，使用 ImageNet 1000 类数据训练 YOLO 网络的前 20 个卷积层+1 个平均池化层+1 个全连接层。训练图像分辨率调整到 224×224。再用预训练得到的前 20 个卷积层网络参数来初始化 YOLO 模型前 20 个卷积层的网络参数，然后用 VOC 20 类标注数据进行 YOLO 模型训练。为提高图像精度，在训练检测模型时，将输入图像分辨率增加到 448×448。

7.4.4 井下人员检测和识别系统

为提高煤矿安全生产监督能力，将煤矿安全管理由事后追责变为事前预警，需要对工作人员的不安全行为、重点区域人员入侵等现象进行准确识别，从而对这些异常行为进行及时预警，这对于减少事故的发生起着重要作用。现有的基于视频监控的人员检测和识别系统只是对视频进行采集，并没有分析和处理能力。主要依靠人工检测，成本较高，且高强度的人工检测容易造成检测人员的视觉疲劳，使得检测效果差且容易发生意外事故。

井下环境相较于自然环境，存在光照强度低、光照分布不均匀、粉尘严重等问题，这给视频细节清晰度以及分辨率造成阻碍，色彩单一，手电筒晃动干扰给井下目标自动检测跟踪与行为识别带来了一定的困难，也使目前主流的图像增强和检测跟踪的方法直接运用于井下环境达不到预期效果。因此针对井下特殊环境下的视频监控，研究适用于井下图像增强、目标人员检测与跟踪以及行为识别的算法，为实现智慧矿山打下坚实的基础。

1. 井下人员检测和识别系统结构

井下人员检测和识别系统基于原有视频监控系统，主要由前端摄像头、视频路由、视频矩阵、GPU 一体机视频管理系统服务器、报警控制器等组成，如图 7-22 所示。对于前端摄像头的布置及选择，应尽可能使用已有摄像头，减少投入。

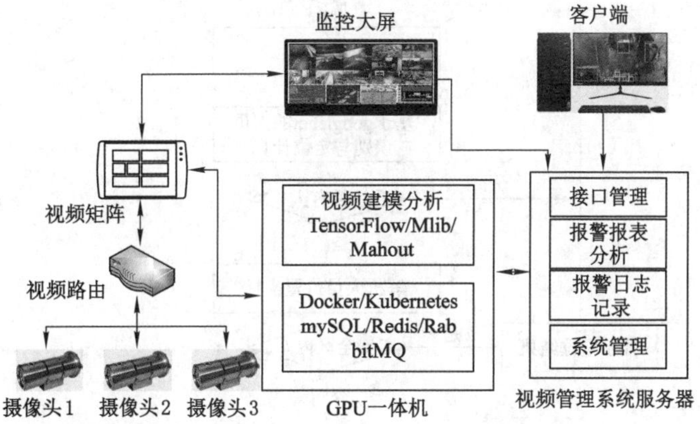

图 7-22　井下人员检测与识别结构图

2. 井下人员检测方法

采用上一节介绍的深度学习与图像处理相结合的实时目标检测方法对井下指定区域人员进行检测，该方法结合引导滤波和 SSD 模型改进 GoogleNet，对指定区域内人员进行检测、识别。通过现场视频录制获得大量图片，进行模型训练，确保识别的准确率。通过训练好的模型，实时识别指定区域内的人员状态信息、位置信息、经过报警系统，作出相应的状态反应。具体检测流程如图 7-23 所示。

由流程图可见，基于实时目标检测的人员位置检测算法首先进行安全区、预警区、危险区坐标参数初始化，并开始采集实时视频流。然后，将视频流中帧图像进行画面分割与处理，形成 300×300 分辨率的帧图片进行画面内人员识别与定位计算。如识别到画面内有作业人员，则通过矩形框标注作业人员包络轮廓，并通过矩形框边界估算作业人员实时位置坐标。之后，将作业人员位置坐标与预设安全区域位置坐标进行比对计算，从而判断作业人员是否处于安全区域内。如作业人员处于安全区内，则输出定位结果，并跳转到算法帧图像获取步骤进行下一帧视频图像的处理。如判别作业人员处于安全区之外，则进行作业人员是否处于预警区和危险区的判断，并输出相应的预警、报警状态标志。该状态标志将采用串口通信

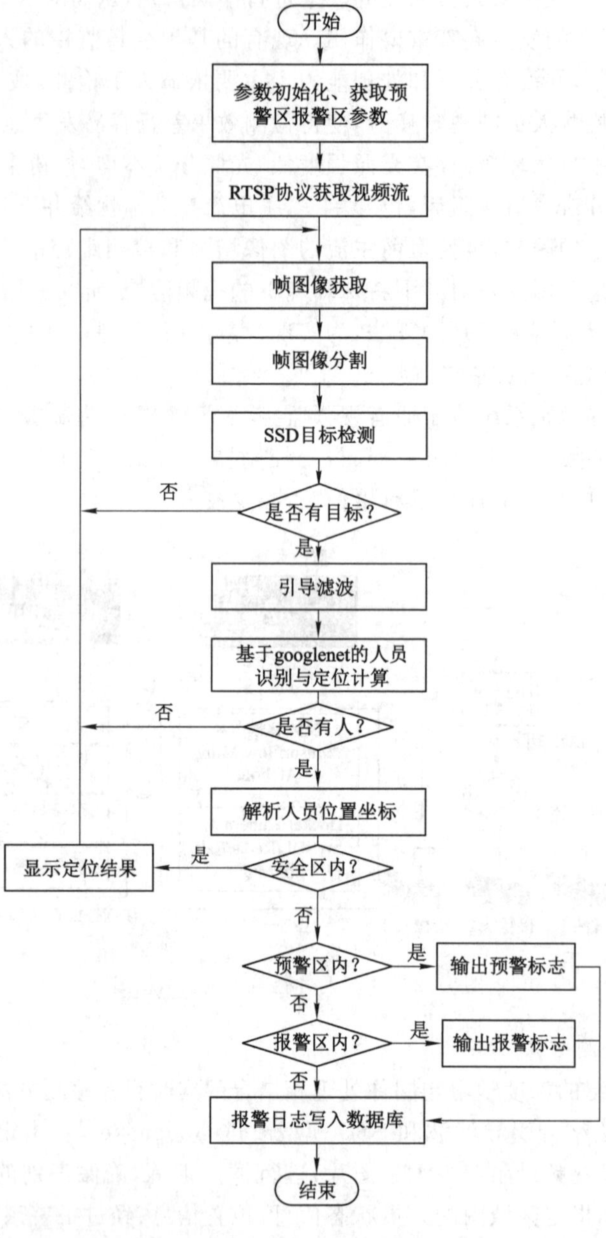

图 7-23　人员检测流程图

的方式发送信息报文至报警控制器,由报警控制器将信息报文解析后发送相应控制指令至现场 PLC 控制系统。现场 PLC 控制系统则依据控制指令分别进行声光报警或停机操作。

图 7-24 为现场摄像头实时画面中的人员识别结果,其中图(a)为现场光线较为充足的情况下的识别结果,图(b)为现场光线不足的情况下的识别结果,(c)为多人的识别结果。在不同光照环境下,在多目标下基于深度学习的目标检测模型均能起到识别作用。

报警区、预警区、安全区检测设置如图 7-25 所示。红色区域为危险区,黄色线与红色线之间区域为预警区,其他区域为安全区。人员检测和识别系统通过实时视频采集与识别分

(a) 光线充足下人员检测

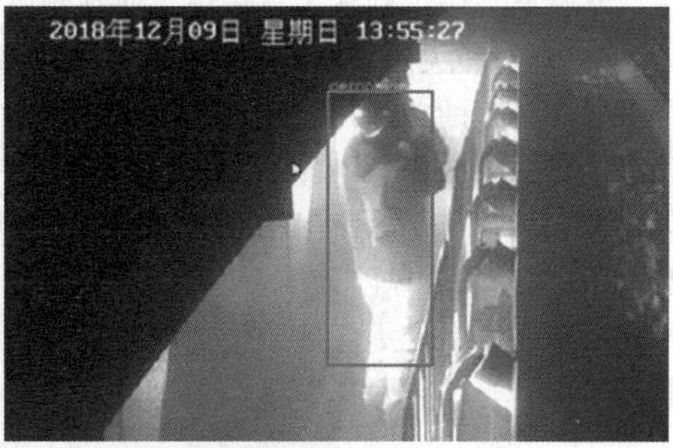

(b) 光线不充足下人员检测

(c) 多人检测

图 7-24　实时画面中的人员识别结果

析，通过人脸识别或其他如安全帽颜色等识别人员身份信息，根据不同人员身份信息，分类进行预警、报警处理，监控室通过报警器对相应情况及时作出处理，避免出现人员伤亡情况。无人值守情况下，也可以通过 PLC 对相应情况作出处理。

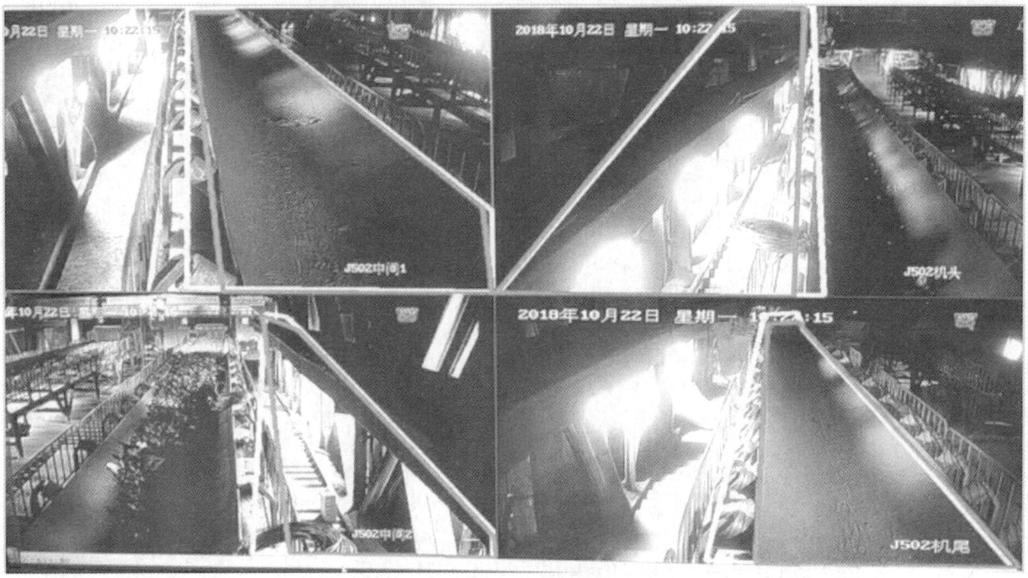

图 7-25　监控室单屏 4 画面视频（加区域划分）

将智能视频识别技术与传统工业视频监测系统进行融合，对井下人员进行智能检测和识别，并执行相关的安全控制操作。不仅实现了原有视频监控系统监视的作用，还实现了智能分析和处理的功能，减轻了监控管理人员工作量，避免因为监控人员主观原因带来的安全隐患。更重要的是，大大减少了因井下作业人员违规操作造成的安全事故，实现了煤矿安全风险分级管控与事故隐患治理体系数字化、可视化管理。通过多维度、深层次挖掘风险信息，实现煤矿安全风险分级、预警提示。并且，当矿难发生后，对于灾后人员的救援能发挥其作用。该系统促进了煤矿安全管理的智能化、自动化、数字化、可视化发展，提升了煤矿安全管理效能。

本章习题

1. 常用的定位技术包括哪几种？
2. 射频识别定位系统由哪几部分组成？阐述各部分的主要功能。
3. 简述 ZigBee 井下人员系统各子系统功能。
4. 简述 WiFi 无线网络组成。
5. 什么是超宽带技术？
6. UWB 技术定位原理是什么？
7. 简述 UWB 定位系统的特点和优势。
8. 生物识别技术主要有哪几种？
9. 列举几种人脸识别的方法，并指出现在主流的人脸识别方法。
10. 什么是目标检测算法？
11. 简述 RCNN 算法思想流程。
12. 简述井下人员检测和识别系统组成。

第 8 章　机电设备状态监测

煤矿是一个复杂的巨型系统，煤矿智能化建设主要涉及“人、机、环、管”四方面，机械设备及其系统智能化是煤矿智能化建设的重要内容，智能化建设主要内容涉及智能掘进系统、智能采煤系统、智能主煤流运输系统、智能通风系统、智能供电系统、智能供排水系统等，所以机电设备在线监测是煤矿安全生产稳定运行和智能化的前提和基础。

煤矿开采作业具有较强的系统性和复杂性特点，生产中需要应用各种机械设备，而设备故障将对煤矿资源开采作业安全性和效率产生直接影响，如煤矿通风机设备是伴随着开采不间断运行的设备，一旦设备停机，就会造成严重后果，所以煤矿企业必须结合机械装置系统进行严格的监测与诊断，及时发现各种设备故障，提升煤矿安全生产效率。

机电设备故障监测与诊断技术以计算机技术、传感器技术、信号分析技术、人工智能技术等多门科学为基础的一种综合性应用技术。机电设备运行状态监测与故障诊断实现过程如下：

状态监测：实时采集反映设备运行情况的各种信号和参数，并对设备的状态加以记录，为设备的故障分析、性能评估及合理使用提供基础信息。

故障识别：根据状态监测获得的信息，对异常状态做出报警，并对故障类型进行初步分析，以便运行人员及时了解设备的工作情况。

诊断推理：根据各种检测方法得出的初步结论，结合具体设备的结构特点，综合考虑设备的运行历史（包括运行纪录、故障经历及维修记录）和各种环境因素的影响，对设备发生的故障进行分析，确定故障的性质、程度以及部位，推测诱发故障的直接原因。

寿命预测：对已识别的故障进行预测，指出故障的发展趋势及其后果，估算设备的剩余寿命，确定检修周期，提出控制故障发展和消除故障的维修策略。

8.1　掘进机设备

8.1.1　掘进机设备概述

为了采煤，井下需要开凿各种巷道，巷道的开凿称为掘进。掘进工作由破岩（煤）、装载、运输、支护等若干环节组成，各环节所有的机械总称为掘进机械。掘进机是一种较理想的掘进机械，它除了具有破岩（煤）功能外，还具有装载和转载功能。现在我国已有用于煤巷和半煤岩巷的掘进机，岩巷掘进机也正在研制中。目前我国生产的掘进机的主要性能指标已达到国外同类产品水平。

EBJ-120TP 型悬臂式掘进机主要是为煤矿综采及高档普采工作面采准巷道掘进服务

的机械设备，主要适用于煤及半煤岩巷的掘进，也适用于条件类似的其他矿山及工程巷道的掘进。主要由截割部、装载部、刮板输送机、机架和回转盘、行走部、液压系统、内外喷雾冷却除尘系统、电气系统组成。EBJ-120TP 型掘进机结构如图 8-1 所示。

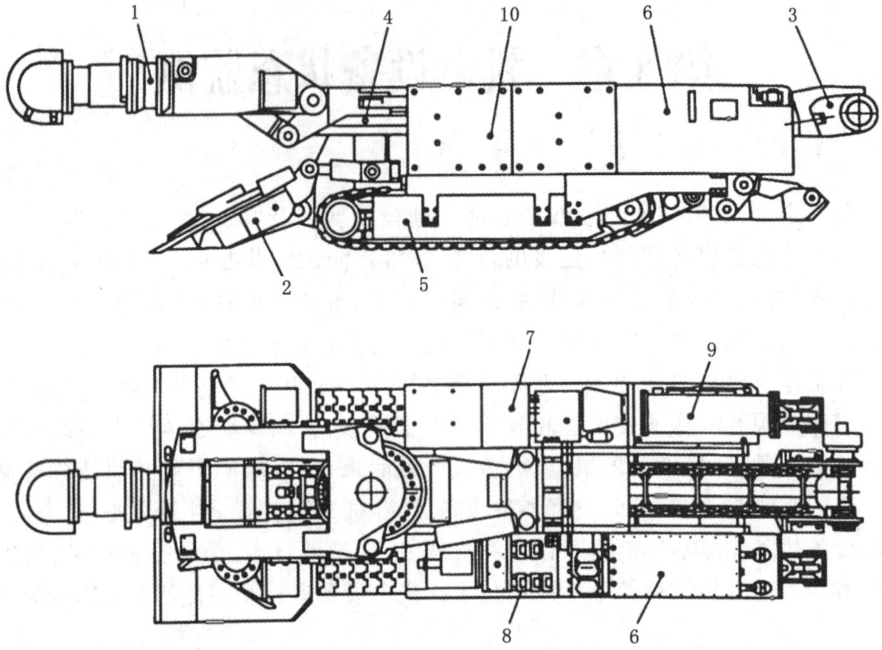

1—截割部；2—装载部；3—刮板输送机；4—机架和回转盘；5—行走部；
6—油箱；7—操作台；8—泵站；9—电控箱；10—护板总成。

图 8-1　EBJ-120TP 型掘进机结构图

8.1.2　掘进机状态监测与故障预测

1. 掘进机智能化技术

随着掘进装备机械化程度的提高和自动化技术的完善，人们目前对综掘工作面的自动化需求越来越高。目前，综掘工作面智能化开采技术还处于初级起步阶段，掘进机的自动化和智能化开采技术是国内发展的方向。

掘进机是综掘智能化工作面的核心装备，对实现综掘工作面智能化开采起到关键作用。掘进机姿态定位控制、煤岩智能识别和断面智能成型控制等是目前需要重点研究的方向，其中，基于光纤陀螺的惯性导航、激光制导和机器视觉测量等实时检测掘进机在推进过程中的定位技术，可以揭示掘进机与巷道开掘前后的空间耦合关系，并能进一步构建掘进机推进过程中的自主导航体系，是目前掘进机智能化技术的前沿研究热点。

掘进机智能化是在机身增加感知元器件和执行元器件，实现掘进机的远程可视化控制、就地手持遥控器操作、防撞、智能定位、故障预警、行走速度调节、故障告警并与皮带机、局部风机实现联动闭锁控制。

整个掘进机智能化系统分为主控单元、感知单元、定位单元、防撞单元、遥控单元、预警保护单元、通信单元、集控单元。整个系统改造采取模块化设计，可根据现场设备需求，灵活配备各个智能单元。

主控单元：是整个掘进机遥控系统的核心单元，负责其他各单元的协同指挥调度、逻辑控制、就地显示、掘进工艺编排，是整个智能化掘进机的大脑。

感知单元：负责掘进机日常工况、环境数据、掘进工艺数据、实时视频监控数据的采集上传、就地显示。

定位单元：负责掘进机行走位置定位、截割头定位，并与系统预设掘进巷道参数比对，实现掘进机行走调节。

防撞单元：主要负责采集掘进机机身周围地理信息数据，实现掘进机智能防撞。

遥控单元：分为上位机远程可视化控制和手持遥控器控制，实现掘进司机远程掘进操作。

预警保护单元：将感知单元的实时数据与系统预设值自动比对，并实现故障预警牵停、故障告警停机。

通信单元：分为机身内部通信、远程数据传输、遥控系统低频通信。

集控单元：将掘进机机身回传数据进行深度分析，与皮带机、局部风机、掘进工艺进行联动闭锁。掘进机司机在集控室结合视频监控和掘进机工况数据进行远程可视化掘进采煤。

2. 掘进机状态监测与故障预测

对掘进机的运行状态感知主要包括钻进状态、动力状态、作业姿态、环境视频、故障预警。基于这些感知信息，可以实现掘进机远程监测。在地面监测室设置远程终端监测计算机，能够实时监测掘进机的运行状态，实现实时显示掘进机的工作位置、姿态、切割头的位置等信息，并实现远程故障诊断和报警。

(1) 钻进状态监测

悬臂式掘进机工作时，通过升降油缸和水平回转油缸的驱动分别实现截割臂在垂直面和水平面内的摆动。在进行自动截割时，需要编程控制回转或升降油缸的启停顺序以及阀口流量，最终控制截割头按设计路径准确截割，获得规整断面。因此，在2个升油、2个回转油缸中设置位移传感器、流量传感器。位移传感器用于感知截割头的空间位置，流量传感器用于感知截割头的移动速度。

(2) 动力状态监测

悬臂式掘进机截割巷道是由截割头旋转与截割臂摆动共同动作来完成截割断面煤岩，截割臂摆动速度改变是通过调控截割部回转油缸和升降油缸的伸缩速度得以实现的。为此，需要实时监测截割悬臂摆速，用自适应控制技术替代人工操控模式，以免截齿过载和截割电机过流、提高掘进机可靠性。在截割电动机设置电流传感器，与4个油缸位移传感器、流量传感器一起，实现对截割头的空间位置、截割臂摆速、截割电机电流的实时感知和计算，形成优化的反馈控制策略。

(3) 作业姿态监测

掘进机依靠两侧履带的着地力来推进掘进头，掘进头截割岩石的侧向反作用力容易导致行走机身姿态偏移，因此需要实时监测掘进机机身的偏角、偏距、俯仰、翻滚、车前距五种机身姿态。为此，设置如下传感器：掘进机机身上设置位姿检测仪、一台激光信号发射器、两台机载倾角传感器、两台机身激光测距仪，以及巷道原有的矿用点微光指向仪，共同组成一个机身位姿检测系统。各装置相互配合工作，以测出掘进机的五个机身位姿参数。另外，在机身上的适当位置加装两台倾角传感器，用以测出机身的俯仰、滚动位姿信息。

(4) 视频监控

掘进机视频监控系统由本安型摄像仪、视频光端机、网络视频服务器、无线交换机和隔爆监视器等设备组成，在距离掘进机 500～1 000 m 硐室内设置隔爆监视器、掘进机身前方安装 4 台摄像仪，掘进机后上方安装 2 台摄像仪。

(5) 故障预警监测

掘进机故障监测的功能是监测掘进机的工况状态、动力状态、作业状态等信息，当掘进机运行工况发生异常(如油温超过 70 ℃，电机电流超过额定值)时，系统要报警，并且机载控制器要控制其立即停机；当其他工作参数出现异常时，监测系统要及时报警，并根据常见故障的专家系统，提示有可能出现的故障类型，提供解决方案。

在设置油缸传感器、电机传感器、位姿传感器的基础上，掘进机有关部位还设置振动传感器、温度传感器、音频传感器、压力传感器、转速传感器、加速度传感器、位移传感器、接近传感器等，用于构建掘进机故障信息监测及分析系统。其中，掘进机的监测系统结构如图 8-2所示。

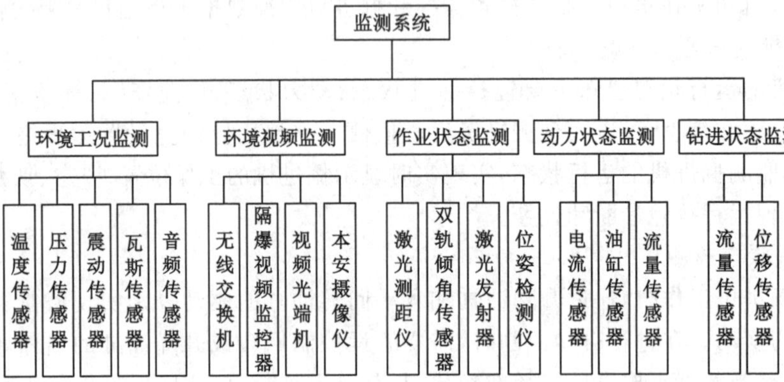

图 8-2　掘进机监测系统

8.2 采煤工作面设备

智能化采煤工作面是应用物联网、云计算、大数据、人工智能等先进技术，使工作面采煤机、液压支架、输送机(含刮板输送机、转载机、破碎机、可伸缩带式输送机)及电液动力设备等形成具有自主感知、自主决策和自动控制运行功能的智能系统，实现工作面落煤(截割或放顶煤)、装煤、支护、运煤作业工况自适应和工序协同控制的开采方式。可提高煤矿综采自动化水平，改善煤矿开采安全条件，降低煤矿工人的劳动强度，实现远程控制、无人/少人值守、绿色、安全、高效的智能化开采。

8.2.1 智能化综采工作面监控系统

1. 智能化综采系统组成

智能化综采工作面监控平台由地面集控中心、井下顺槽控制中心、智能化采煤机、电液控制支架、运输系统、通信网络、视频监控系统、测控软件等组成。

智能化综合采煤系统包括十二个子系统，分别是地面监测与控制中心，井下顺槽设备集控平台、有线通信网络及无线通信系统、综采工作面视频监控系统、支架姿态控制与检测系统、具有远程测控和姿态检测的智能化采煤系统、刮板运输机姿态变换检测系统、各运输机控制与工况检测系统、供电设备及数据监控系统、乳化液泵站控制与数据监控系统、采煤机工作面照明系统、采煤工作面语言系统。智能化综采系统结构如图 8-3 所示。

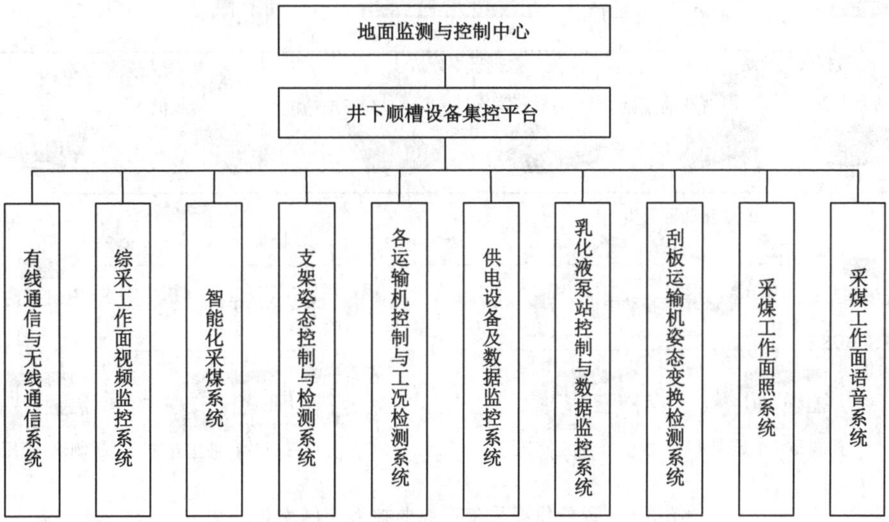

图 8-3　智能化综采系统结构图

2. 智能化综采工作面监控系统

智能化综采工作面自动化控制系统，是在综采工作面单机设备自动化基础上，建立的一套以监控中心为核心，工作面视频、以太网、音频、远控为基础的集中自动化控制系统。把人的视觉、听觉延伸到工作面，将工人从危险的工作面采场解放到相对安全的顺槽监控中心，顺槽设备集控平台对液压支架、采煤机、刮板输送机、转载机、破碎机、顺槽胶带机、泵站、开关等综采设备进行远程操控，达到工作面“无人化”开采的目的。智能化综采工作面监控系统网络拓扑如图 8-4 所示。

地面监控中心与顺槽监控系统：地面监控中心与顺槽监控中心子系统包括监控数据服务器、工作面数据监视、视频监视、设备姿态监视、语音系统、智能化采煤机操作台、支架操作台、相关软件等组成。在正常工作时，系统按设定值与监测值进行推理判断，决定采煤机的运行速度、左右滚筒调高、支架推进，使运输系统联运正常有序运行。此时，地面监控系统只对采煤工作面的生产过程中的数据进行存储、监视，当出现异常情况时，监控系统发出警告，值班人员进行干预，使系统恢复正常。

智能化采煤机系统：包括左右滚筒调高、截割速度自动调速、煤岩识别、各电机工作参数、机身摇臂倾角、振动检测等组成。主要功能是在跟机学习的基础上，利用惯性导航，并根据监测信息自主控制采煤机运行，完成采煤机自主行走调速、滚筒调高、斜切进刀等工作。

支架姿态控制与检测系统：由支架、集控分站、电液控制阀、本安电源等组成，根据预先设定的工作模式与采煤机位置，各支架在集控分站与电液控制阀的协调控制下，实现拉架、

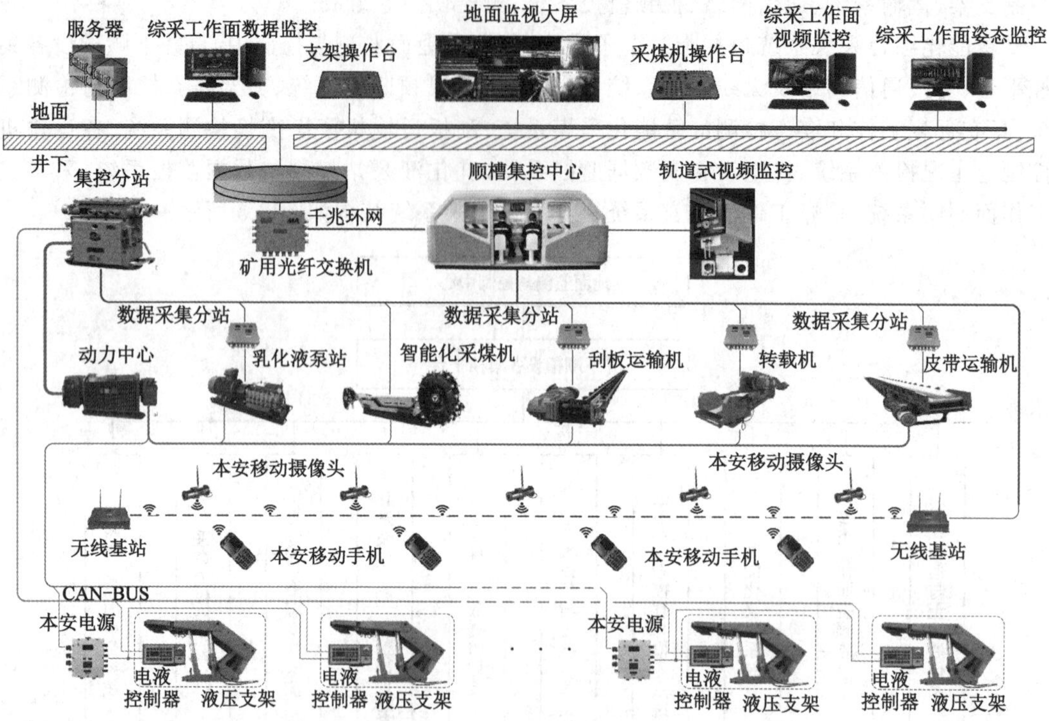

图 8-4 智能化综采工作面监控系统网络拓扑图

推溜、打护帮板、收护帮板以及间架喷雾等随机联动控制。

有线通信与无线通信系统：由工业以太网络与矿井下光纤交换机、集控分站、数据采集分站、电液控制器、无线基站等组成，主要完成采煤工作面的高速、低时延、高可靠的数据传输，一方面可将采煤机、支架、运输系统、动力中心等数据安全可靠地采集到中心站，并由各子系统的相关软件进行分析、判断、存储、显示。另一方面可将操作人员的操作命令快速传输到相应的设备，保证及时执行各项动作。同时网络系统还负责传输视频与语音信息，使操作人员能够及时掌握现场的真实情况。

运输机控制系统：该系统由刮板运输机、转载机、破碎机、皮带运输机及相关数据采集装置组成，主要功能是各运输机与采煤机协调动作，将落煤及时快速运离采煤工作面，各运输机的工作状态通过数据采集装置采集后通过网络送至集控中心。

某煤矿智能采煤机地面监控中心如图 8-5 所示，综采工作面监控系统图如图 8-6 所示。

由于智能化采煤工作面涉及设备有采煤机、液压支架、刮板运输机、转载机、破碎机、皮带运输机等多种大型设备，本节只对采煤机、液压支架的运行状态及故障诊断进行分析，其他设备的运行状态监测与故障诊断请参阅相关文献。

8.2.2 采煤机设备状态及故障分析

1. 采煤机的分类

目前，我国大多数煤矿中使用的是滚筒采煤机。按滚筒数目可分为单滚筒采煤机和双滚筒采煤机。按电动机布置方式可分为电动机轴向平行煤壁布置采煤机和电动机轴向垂直

图 8-5　智能采煤机地面监控中心

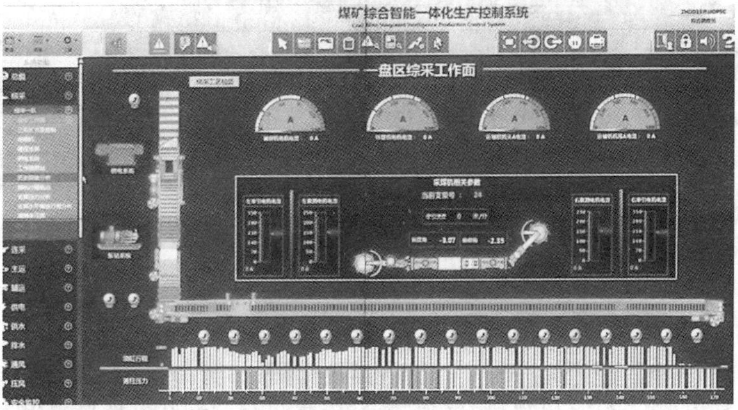

图 8-6　某煤矿综采工作面监控系统图

煤壁布置采煤机；按牵引控制方式可分为机械牵引采煤机、液压牵引采煤机和电牵引采煤机；按牵引方式可分为钢丝绳牵引采煤机、锚链牵引采煤机和无链牵引采煤机。

2. 电牵引采煤机结构

电牵引采煤机主要由电动部、截割部、牵引部、辅助装置等组成。

(1) 电动部。电动部包括电动机及电气控制箱，是采煤机的动力源。电动机通过两端出轴分别驱动截割部和牵引部。

(2) 截割部。截割部是工作机构及其驱动装置的总称，它包括固定减速箱、摇臂和滚筒，是采煤机截煤、碎煤和装煤的部分。

(3) 牵引部。牵引部为采煤机沿工作面往返移动提供动力，它包括牵引驱动装置和牵引机构两部分。牵引机构是移动采煤机的执行机构，可分为链牵引和无链牵引两类。

(4) 辅助装置。包括底托架、电缆拖拽装置、挡煤板、供水冷却喷雾装置及调高、调斜等装置。

MG1000/2660-WD 型智能化电牵引采煤机，主要由左右截割电动机、左右截割滚筒、左右牵引电机、电气控制箱、液压调高系统、冷却喷雾系统和辅助装置组成，其整体结构及其传感器配置图如图 8-7 所示。它们之间用高强度螺栓连接,在其接合面处用两个大直径的圆柱销定位,形成牢固的采煤机机身,用以承载截割、牵引阻力及其产生的反转扭矩。采煤机机身两端用销轴分别与左右摇臂截割部(即摇臂、电动机、滚筒)相连接。一台液压泵电动机、一个液压油箱以及液压系统电磁阀组布置在右牵引部的腔体内。

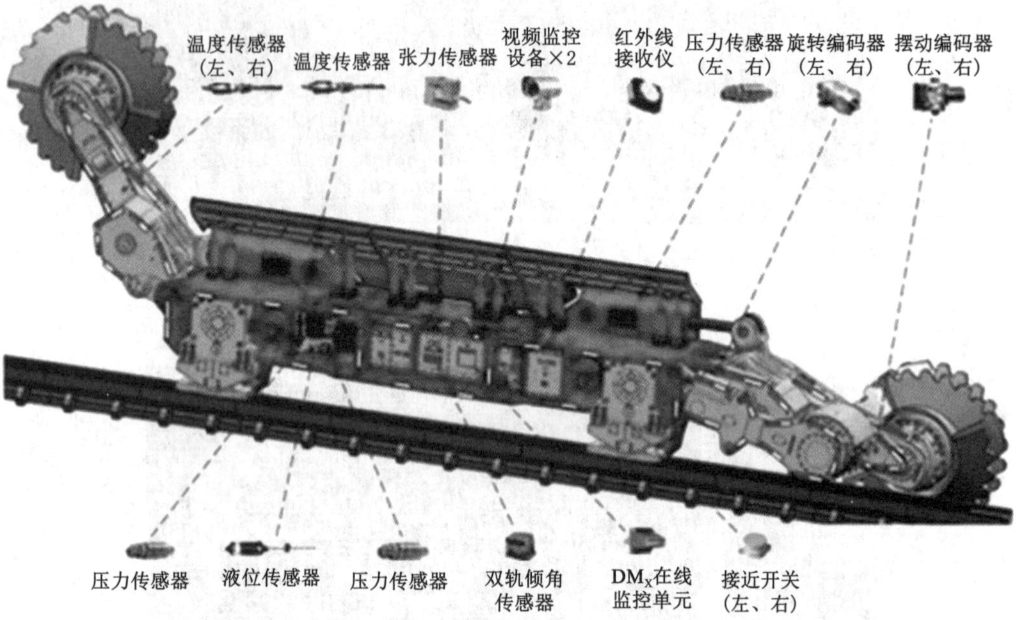

图 8-7　智能化采煤机及各类传感器配置图

采煤机除有正常的电压、电流、温度传感器外,在机身各处安装摇臂倾角传感器、两轴机身姿态传感器、旋转编码器、惯性导航器、振动传感器、张力传感器、视频监控等,采煤机与顺槽集控中心都可及时掌控采煤机的工作状态并可按要求调整采煤机的运行状态。

3. 采煤机的状态监测

要监控采煤机的工作状态,就要实现采煤机姿态控制、截割状态控制、牵引速度调节、截割滚筒高度调节、主电机运行保护和环境参数监控等方面的信息采集。

(1) 采煤机姿态监测

为了实现采煤机的记忆截割及自适应调高,必须对采煤机的行进位置、机身倾角、摇臂角度进行准确测量。为了测量采煤机机身纵向和横向倾斜角度,在采煤机防爆腔体内设置 2 个倾角传感器;为了实现采煤机摇臂高度的准确计算,在摇臂上安装双轴倾角计。

(2) 截割状态监测

截割机构由左右摇臂、左右滚筒组成,其主要功能是完成采煤工作面的落煤。为了保障电牵引采煤机的电机安全运行,需要对电机运行的电流、温度、振动等传感器信息进行融合,获取截割电机的运行良好程度,实现故障的诊断与预警功能。

(3) 牵引状态监测

当截割滚筒需要调节时,通常要改变牵引速度,这与采煤机的行程姿态紧密联系,牵引速度的调节也受到液压支架移架速度限制。监测采煤机行程的主要传感量包括:2 个复位开关，2 个限速开关，采煤机机身倾角和采煤机俯仰角度，采煤机机身中心位置和行走速度。

(4) 滚筒调高监测

为了实现电牵引采煤机截割滚筒高度的控制，在调高油缸中配置了位移传感器，摇臂上配置了倾角传感器测量截割滚筒的当前位置。在截割滚筒高度调节过程中，截割筒高度的调节量与调节时间受到截割路径曲线、机身位置、牵引速度和截割电机电流的影响，因此在截割滚筒的调节控制中引入上述传感量。在逻辑传感器中增加调高驱动机的时间积分、调节高度积分、调节时间积分、油缸位移微分、摇臂倾角微分、牵引速度及其模糊状态、截割电流及其模糊状态等附加特征及相关的附加约束，设置调节高度的位置、方向、时间、调节能力等值函数来反映该单元的逻辑状态。

(5) 运行参数监测

目前采煤机的状态监测是通过在其防爆腔内安装一个可编程逻辑控制器(PLC)实现，通过该 PLC 对常规模拟量(电流、电压、温度、流量、压力、牵引速度、位置等)进行采集和简单的逻辑超限报警，然后用显示屏显示。

(6) 环境参数监测

采煤机运行工作环境需要检测的参数包括瓦斯、风速、负压、一氧化碳、烟雾、温度、风门开关等，然后由控制器进行判断和显示。

4. 信息处理

以上信息经采煤机的控制系统采集处理后，一是进行故障判断，采煤机将所有的采集信息融合后，根据故障库的内容进行故障分析，故障可分严重、中度、轻度三种，采煤机会根据故障情况决定是否继续工作。二是根据当前的采煤机的姿态、位置信息和预先学习的煤层情况决定左右滚筒的调高。三是根据振动信息的强度、截割电机电流的大小、牵引电机电流的大小改变牵引速度的大小，实现采煤机恒功率运行。四是将所有信息送采煤机显示器显示。五是将信息经智能化采煤工作面的专用网络发送到顺槽集控中心和地面控制中心，集控中心对信息进行处理和判断，同时将这些信息在屏幕上显示，包括采煤机的所有监测信息和采煤机的虚拟运行状态动画。集控中心采煤机工作状态数据图如图 8-8 所示，集控中心采煤机虚拟现实图如图 8-9 所示。

8.2.3　液压支架状态及故障分析

在煤矿开采的过程中，液压支架是综采工作面的重要设备之一，主要用于回采工作面的支护，以保障矿工的人身安全。液压支架是以高压液体作动力，由液压元件(液压缸和液压阀)与金属构件组成的一种用来支撑和管理顶板的设备，它不仅能实现支撑、切顶，而且还能使支架本身前移和推动输送机。液压支架可以配合刮板输送机和采煤机，组成回采工作面的综合机械化设备。液压支架具有支护性能好、移设速度快等特点，能实现煤炭安全、高效、低成本开采，大大减轻了工人的劳动力。

液压支架的型式很多，智能化液压支架 ZE07-04 型是我国自行设计的一种中厚煤层电液控制支架，该支架电液控制系统由支架控制器、电液主控阀组、隔爆兼本安型稳压电源、位移传感器、压力传感器、红外线发射和接收器、倾角传感器、隔离耦合器、中继器、各种电缆等元件组成，各部分通过电缆及其他电控辅助配套部件连接，智能化掩护式液压支架图如图 8-10 所示。

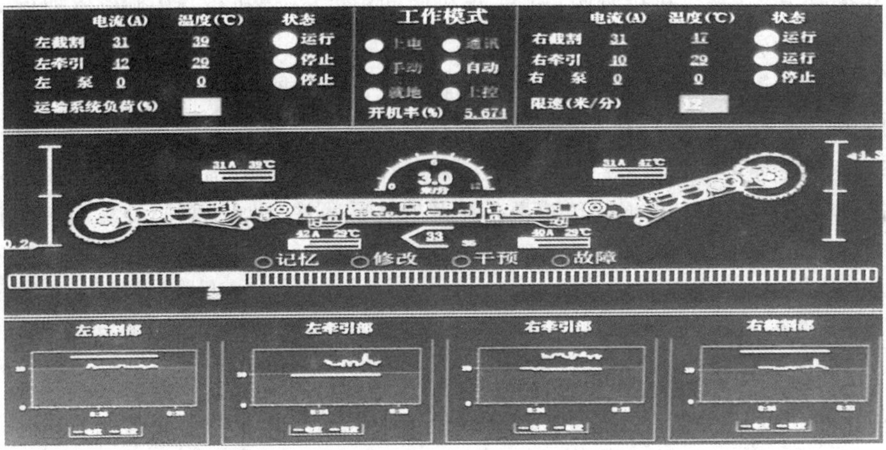

图 8-8 集控中心采煤机工作状态数据图

图 8-9 集控中心采煤机虚拟现实图

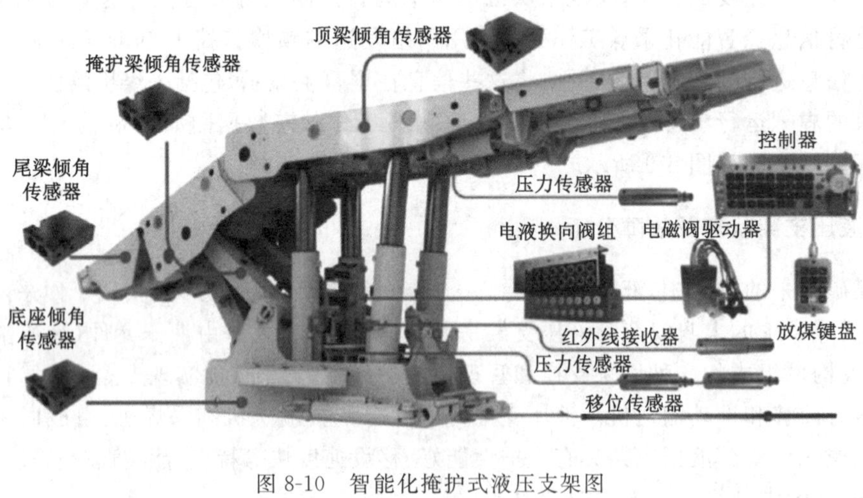

图 8-10 智能化掩护式液压支架图

1. 液压支架状态监测

智能化综采系统采用多传感器以获取支架姿态状况，能够自动调整支架姿态；针对大采高液压支架护帮控制装置，能自动检测护帮对煤壁“初撑力”的大小，具有智能预警功能，可实现护帮对煤壁的有效支护；为避免出现片帮事故，研究人员为大采高液压支架研发了一种液压支架状态监测装置，能同时监测支架护帮板及伸缩梁收回状态，实现支架与采煤机的智能协调运行；在工作面连续推进的过程中，保证工作面走向的设备始终处于直线状态。

（1）姿态监测单元

液压支架的顶梁、掩护梁、前连杆、底座上安装4个联网的传感器，组成一个监测系统，实现对顶梁仰俯倾角、支架左右倾斜角、支架支撑高度的测量。当顶梁仰俯倾角超出设定值时，智能控制器将依据左右邻架顶梁姿态及时平衡千斤顶进行调整，以保持支架合理的支护状态，实现支架对围岩顶板的有效控制。

（2）护帮控制单元

在一级护帮千斤顶下腔安装压力传感器，实时检测护帮下腔压力大小。当压力值小于初撑压力时，支架控制器控制护帮双向锁上下腔打开，实现护帮千斤顶自动补液。当下腔压力值达到初撑力时，系统可自动关闭双向锁，补液完毕，确保支架护帮装置对煤壁的有效支撑，实现支架护帮与煤壁的智能耦合预警。

（3）护帮及伸缩梁收回位置检测功能

在支架顶梁前部及护帮板上安装位置传感器，当护帮板和伸缩梁都收回到位时，通过智能控制器实时将位置信息传输到集中控制中心。当支架护帮板及伸缩梁未回到位时，集控中心将及时向智能控制器发出指令，通过人工干预解决，从而避免采煤机经过时与支架护帮及伸缩梁的相互干涉。

（4）支架自动调直

在支架顶梁两侧的侧护板上分别安装行程传感器和磁环来获取每两台液压支架之间的相对位置，结合“误差自动补偿方法”，自动调整指定范围内液压支架成一直线。然后以该直线为基准线，结合每个支架推移千斤顶中的行程传感器获取支架与刮板输送机之间的相对位置，自动调整刮板输送机成一直线。

（5）支架自诊断预警功能

支架控制系统通过智能控制器实时检测各传感器的工作状态，当传感器出现异常时，可初步分析异常原因（如离线、超限等）；在进行支架动作控制过程中，一旦动作无法正常启动或中断，可初步分析异常原因（如闭锁、超时等），并将异常原因传输至控制中心，进行综合分析显示。

2. 液压支架电液控制系统

综采工作面液压支架监测的目的是保障支架的完好性及支架与围岩的良好作用关系，减少支架与围岩事故率，从而辅助工作面的生产管理，确保综采工作面的安全生产和高产高效。支架采用电液控制，利用计算机和控制器配合压力传感器和控制电液阀组，实现定压双向移架或成组程序自动移架，避免对顶板和支架产生冲击负荷，提高移架速度。

电液控制系统技术的核心是，通过电液阀将过去人工控制操作变为由计算机程序控制的电子信号操作。液压支架不同位置的传感器将工作环境和不同状态的信号传输给计算机，计算机将根据不同的工作状态和工艺的要求，对电液阀发出控制信号，达到对工作面设备进行控制的目的。目前综采液压支架电液控制系统具有如下控制功能：

（1）对工作面实行自动控制。通过在液压支架上安装的控制器、压力传感器、行程传感器、倾角传感器、接近开关传感器、电液控制阀等，实现液压支架的自动移架、自动推移刮板输送机、自动放煤等的成组或单架控制。

（2）在工作面运输巷进行控制。在井下工作面运输巷的主控计算机上对工作面工作状况进行监测和控制。

(3) 在地面实现对工作面设备的控制。地面监控主机通过采煤工作面专用光纤网经顺槽集控中心及集控分站变换为CAN总线与各支架的电液控制器通信，一方面顺槽的集控中心监测采煤机的位置及状态，并根据采煤机的所处位置与运行速度决定哪些支架打开护帮，哪些支架推槽，哪些支架移架等操作。

某煤矿采煤工作面液压支架虚拟现实图如图8-11所示，液压支架监控系统图如图8-12所示。

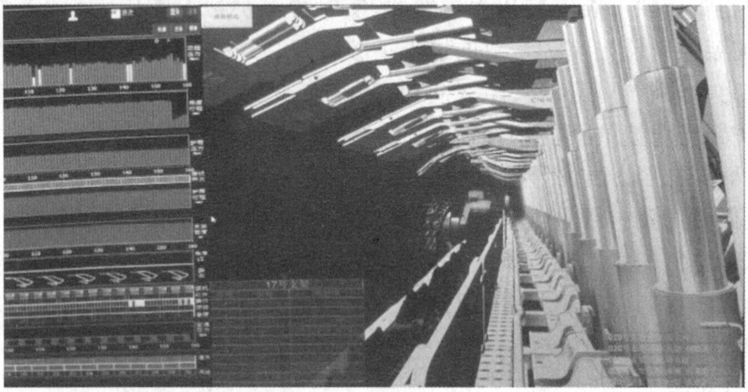

图8-11 某煤矿采煤工作面液压支架虚拟现实图

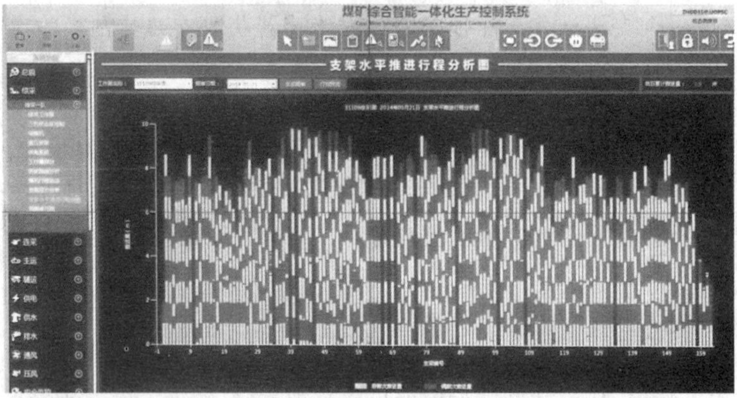

图8-12 某煤矿液压支架监控系统图

8.2.4 采煤机故障分析

采煤机的故障报警是通过对其状态监测获得的信息进行分析得出的，具体是指通过采煤机设备中电流、温度、转速等工作参数和工作状况来检查其状态是否正常，并对设备进行健康监测与故障诊断。当参数小于允许值时，便认为是正常，否则为异常，以超过允许值的多少表示故障的严重程度。当参数达到某一设定值时，就应故障报警并进行停机检查。通过对设备进行定期或连续监测，便可以获得设备故障发展的趋势规律，并进一步进行预测，以保障采煤机设备的正常运行。

采煤机的故障经常发生在机械系统、液压系统、电气系统和冷却喷雾系统等方面。根据对采煤机工作参数和状态信息采集，结合采煤机工作原理，具体为：

① 机械部分的故障：属于连接方面的，如连接松动；或者是传动方面的，如机件磨损过大，甚至断裂损坏，不能适应传动要求而引起的；属于润滑方面的，如因缺乏润滑油而造成温升过高、机件黏结、烧坏而引起故障。总体来说，机械系统故障可通过听声响、摸温度来进行诊断。

② 液压系统的故障：机械方面的原因，如机件松动、磨损、黏结变形或断裂等引起；液压方面引起的，如密封失效，孔道堵塞等；调节方面的原因，如安全阀阀芯被卡住或调节螺丝偏离原位置等；油量不足，油温过高，油液进气进水污染或过滤器失效等。液压系统故障可以通过检测判断，如压力表、漏油情况等。

③ 电气部分的故障：主要有电气元件损坏、绝缘失效、短路、断路、接地，控制回路内连接处的接触不良，断线脱焊等。处理的一般方法是在熟悉电气原理的基础上，借助智能监控系统对采煤机状态工况的采集，分析原因。

④ 冷却喷雾方面的故障：水压、水量不足，或喷嘴堵塞损坏和接头漏水；采煤机要进行正确的维护和修理，对出现的故障，应具体问题具体分析。

8.3　提升设备

8.3.1　提升设备概述

1. 提升设备

煤矿提升设备是由机械设备和电气设备组成的大型机电设备之一，主要组成部分包括提升容器、提升钢丝绳、矿井提升机、电气控制装置、天轮及井架等。它在生产过程中担负着沿井筒提升矿物和升降人员、设备及材料等重任，其性能直接影响着矿山的生产安全和工作人员的生命安全，素有“矿山咽喉”之称。提升系统的自动化和数字化监控是智能矿山建设的关键环节。对提升系统进行自动化、监控数字化改造，在此基础上进行集成监控，可以实时在线监测提升系统的运转状态，做到设备故障早发现、安全事故早预防。

2. 提升机结构

矿井提升机主要由主轴、卷筒、减速器、连轴器、制动装置及深度指示器等组成，工作机构包括主轴装置及主轴承；制动系统包括制动器和液压传动装置；机械传动系统包括减速器，离合器和连轴器；润滑系统包括润滑油站及管路；检测及操纵系统包括操纵台、深度指示器及其传动装置、测速发电机装置；拖动、控制和自动保护系统包括主电动机、电气控制系统、自动保护系统和信号系统；辅助部分包括机座、机架、导向轮装置和车槽装置。具体结构如图 8-13 所示。

矿井提升机的制动系统包括制动器和液压传动装置两部分。制动器的作用是在提升机停止工作时，能可靠地通过闸瓦闸住提升机卷筒；在减速阶段及下放重物时，参与提升机的控制，紧急事故情况下，能使提升机安全制动，迅速停车，避免事故的扩大；双筒提升机在调节钢丝绳长度时，应能闸住提升机的游动卷筒。液压装置是矿井提升机整个控制系统的核心部分，液压传动装置的结构和性能直接影响到控制性能。液压装置主要由油源部分、工作制动控制阀、安全制动控制阀和执行机构(制动油缸)等部分组成。主要作用是作为制动力的能源，控制制动器动作，即根据需要来分别实现工作制动和安全制动。

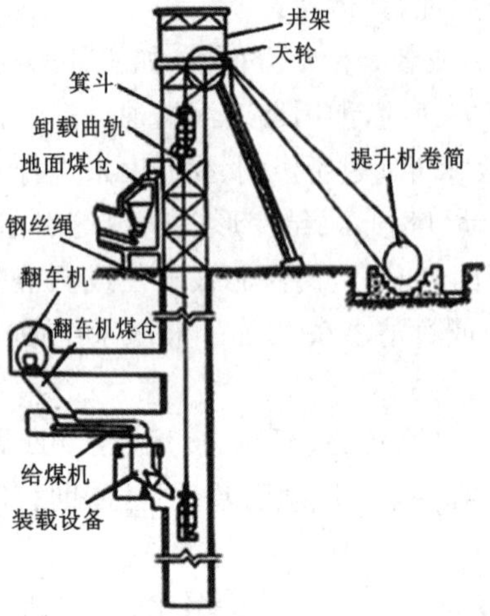

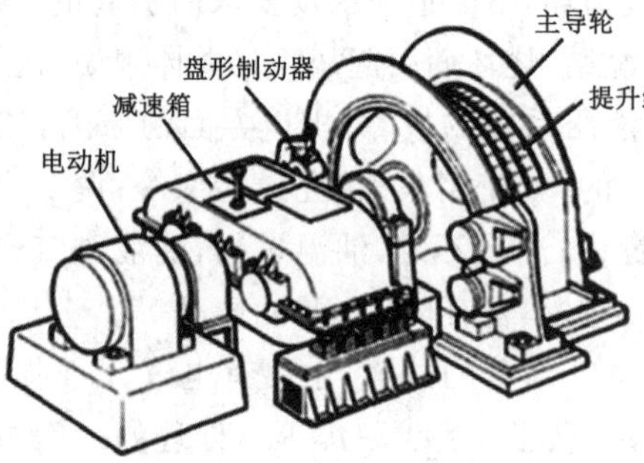

图 8-13　矿井提升机的结构

8.3.2　提升设备状态监测

1. 提升机状态监测

提升机状态监测部分由位置传感器、速度传感器、行程指示失效传感器等组成。提升机状态监测功能如下：

① 提升机状态监测部分设置 6 个报警功能：等速段超速报警、减速段超速报警、2 m/s 超速报警、过卷故障报警、深度指示器失效报警、卡箕斗故障报警。

② 实时显示提升容器的行程和速度，具有定位功能。

③ 等速阶段的速度超过最大提升速度 15%，减速阶段的速度超过设定的极限保护范围，爬行段保护的速度超过 2 m/s 时，发出超速保护控制信号。

④ 当提升容器超过正常停车位置 0.5 m 时，发出保护控制信号，并伴有声光报警及安全制动。

⑤ 提升机运行时，装置对电机轴旋转编码器的信号与深度指示器失效传感器的信号进行比较，判断深度指示器是否失效。如判断深度指示器失效，立即发出声光报警。

⑥ 箕斗卡阻不能顺利通过卸载曲轨时，保护继电器动作，并伴有声光报警。

⑦ 监测提升机运行方向及提升容器上下行方向。

2. 制动器状态监测

制动装置是提升机的重要安全保护设备，也是易发生故障的系统，所以对它的实时监测是非常重要的。提升机盘式制动器监测可以直接利用应变片传感器获得制动力矩信号；或者通过测量制动正压力来实现对制动正压力的监测。把传感器安装在制动器的柱塞上，读取制动正压力的信号；通过油压传感器读取制动闸的贴闸油压、开闸油压和残压值，通过计算得出制动力矩的值。

提升机盘式制动器在线监测装置如图 8-14 所示，该系统由上位机(工控机)和下位机组成。下位机以单片机为核心，由多个传感器、信号检测电路、调理电路、报警电路、通信接口电路等主要部分组成，下位机可独立工作。监测系统工作时，通过传感器和信号检测电路获取制动闸参数信号，由调理电路将传感器送来的信号变换为与 A/D 转换器相匹配的电压信号，经过 A/D 转换器转换为数字信号，送给单片机进行相应的数据分析和处理，同时将测试结果存储、显示、传送给上位机，实现状态参数显示和存储、故障报警和存储、数据库的管理与操作等功能。

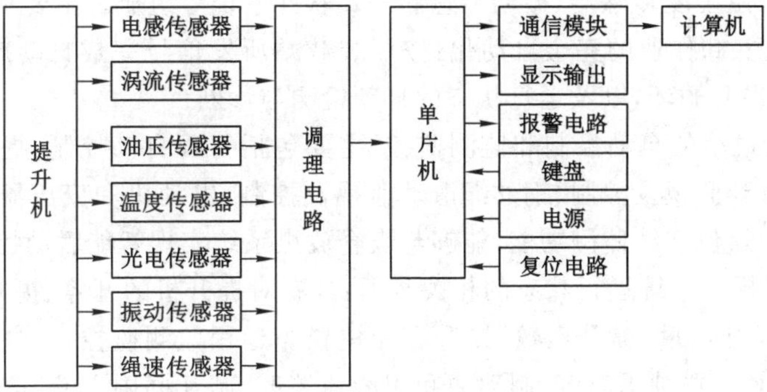

图 8-14　提升机盘式制动器监测系统结构图

3. 防滑安全监测

钢丝绳防滑可靠性保护是指在摩擦轮附近设置钢丝绳滑动制动装置，当钢丝绳发生滑动时，由额外的摩擦制动力制止钢丝绳滑动。测速电机在提升机运行过程中实时检测滑动速度，判断是否出现滑动。若出现安全滑动，便发出报警指示。若出现危险滑动，便断开提升机系统安全回路，启动钢丝绳制动机构实现滑动保护。

4. 钢丝绳损伤监测

钢丝绳作为提升、运输设备中的重要承载部件，长时间的使用过程中往往会出现断丝、腐蚀等缺陷，如不及时发现，将会引起突发性断绳事故。因此，对钢丝绳使用过程中积累的缺陷损伤需要及早发现、识别和报警，以便及时更换存在隐患的钢丝绳。

漏磁场可以判别由钢绳断丝、磨损、锈蚀等引起的局部突变缺陷，当用一定的励磁装置将被检测的钢丝绳磁化到饱和状态时，若钢丝绳中无缺陷，材料外只有少量的漏磁通；若钢丝绳中有缺陷，会在缺陷处形成较大漏磁场。可采用多个霍尔元件检测磁场信号的办法来判断钢丝绳是否有缺陷。

5. 钢丝绳张力监测

多绳摩擦式提升由多根钢丝绳共同承担提升载荷重量，在长时间运行过程中，由于各根钢丝绳弹性变形不同会导致张力不平衡，其结果是张力过大的钢丝绳首先产生疲劳损坏，对应的摩擦衬垫产生过度磨损。为了保持多根钢丝绳之间张力的一致性，需要监测每根钢丝绳的动态张力，并保证钢丝绳张力差不超过 10%。在线监测钢丝绳张力的基本原理是在钢丝绳与提升容器的连接装置上设置压力传感器，使提升钢丝绳张力通过调绳螺杆和螺母转变为压力传感器的压力。

提升机的远程实时监测系统中，采用实时工业总线传输、通信协议解析、数据整合与实时数据库等技术，实现面向多台提升机的远程提升机实时数据汇总与显示，并通过系统中存储的故障规则进行故障判断，完成实时报警。

8.3.3 提升设备远程监控与智能诊断系统

矿井提升设备远程监控与智能诊断系统，普遍以可编程序控制器(PLC)为中心。主要由监控中心(工控机、显示器、PLC及电气传动控制系统)、通信设备(VPN主机、工业以太网交换机、综合接入器)、视频设备(井下防爆摄像机、地面监控用摄像机、光纤收发器、硬盘录像机)、传感器(温湿度传感器、振动传感器等)、软件系统等组成。主要有以下功能。

① 实现装、提、卸作业的完全自动化：按照装载站所发信号完成自动启动、自动减速与自动准确停车的提升循环，以及运行状态的自动检测与诊断。

② 提升运行过程的自动控制和监测监控：主要包括行程自动控制、提升控制及中间闭锁、提升机提升过卷监视及控制、钢丝绳滑动监视及控制、电动机和变压器温度监视等。具有井上、井下煤仓煤位连续监测功能，能够与煤仓放煤系统实现智能联动控制。

③ 实时采集提升系统运行状态的相关数据：具有对提升机的开停、提升方式(提煤或检修)、提升速度、提升重量、提升次数、提升容器位置等远程监测监控；对电机绕组和轴承温度、闸盘温度、主轴装置轴承温度、制动油和润滑油温度、闸瓦间隙、振动等提升系统主机及主要部件状态进行监测。

④ 监控可视化：将提升机的运行状态直接反映在提升控制室控制台的界面上，并利用操作平台对设备进行可视化操作。

⑤ 故障自诊断和系统保护：自诊断装置的诊断对象是危及提升机安全运行的电气和机械故障。故障出现时，系统能够从故障点采集故障信息，系统依据故障信息访问数据库，获得故障名称和元件名称，并执行显示和报警。系统应能够实现电气制动、程序停车、程序上下过卷、多中断同步、制动闸失灵保护、包络线保护、提升机过载保护、提升自动减速、卷筒直径自调整及检测功能等。具备保护状态实时监测、智能分析、判断及预警等功能。

基于网络技术、数据平台、故障诊断专家系统等关键技术，建立矿井提升设备远程监控系统，将使庞大复杂的提升系统具备监测功能，可及时发现并有效解决运行故障，实现了矿井提升机在线监测、快速诊断和可靠性维修的要求。具有自动、半自动、手动、验绳、检修等工作方式，具有就地控制和远程控制功能，可与智能综合管控平台对接，实现远程、智能控制，实现无人值守运行。

8.4 通风设备

通风机担负着向井下输送新鲜空气、排除污浊气流及粉尘、保障井下工作人员安全生产和身体健康的重任。煤矿井下工作现场条件恶劣，风机若发生故障，将对煤矿安全生产造成严重影响，故而应对其实施在线监测监控。

在煤炭行业，早期主要通过值班员现场观察、记录主通风机的部分运行参数，不能对通风机等设备的运行工况、运行效率、故障等进行实时在线监测和控制。目前研发的煤矿主通风机在线监测系统，可实现通风机的通风参数、运行工况参数及状态等的实时监测、分析处理、故障诊断、异常报警等，以确保通风机的长期可靠运行。

8.4.1　通风机的运行状态监测

通风设备中主要应用PLC和变频器控制电动机实现变频调速，可以控制风机的正反风。需要监测的通风设备包括通风机、电机，电力变压器，高压柜、油站、冷却水、风门等。需要监测的参数包括瓦斯浓度、风硐内的温度、负压、风机周围外部环境参数等；风量、风速、静压，电机绕组温度、转速、电机的轴承温度、电机的振动等；高压柜的温度，电机的电压、电流、功率、功率因数；风机的工作状态（正风、反风、运行、停止）、叶片调整的工作状态、旋转、对位、调整角度，风门状态；系统还可以监测冷却水的温度、压力，油泵的压力，出口压力，出油温度，回油温度，以及油泵的工作状态（单台工作、联合工作、停止）等。

8.4.2　通风机在线监测与智能诊断

通风设备在线监测监控系统的组成主要包括三个部分：地面监控中心、远距离网络传输信道、井下分站及监控单元。地面部分主要由地面客户端、各种服务器及光纤交换机组成，可以实时显示监控通风机运行状态及相关参数；同时根据各设备监测得到的状态和参数信息，实现故障报警，自动切换通风机的控制功能。并通过智能分析判断故障率类型。井下部分主要采用两种方式，一种是有线连接方式，PLC通过变频器调节电动机控制通风机运行，并通过RS-485总线连接传感器采集电压、电流、功率、开关等电气参数。另一种连接方式是采用无线传感器网络，在通风机及井下关键位置设置无线传感器节点，获取井下通风情况相关参数。传感器节点获取的参数经过多跳网络传到汇聚节点，经网关连接有线网络，通过RS-485传输到通风机分站，再经由CAN总线传输至地面上位机。通风机在线监测系统结构如图8-15所示。

通风机系统主要完成的功能如下：

① 全天候无人值守在线监控现场通风机系统的运行状况。通风机启停控制，通风机参数正常，则启动通风机，若参数不正常则给出相应的提示，通风机不能正常启动；通过传感器和变送器，可检测风机风量、轴温、振动和电动机温度、电流、功率等通风机与电动机的工作参数，以监测通风机系统的运行状况，并适时对其进行调节。

② 实时就地、远程控制通风机各电机的运行状态及风量、频率的闭环调节；实现无人值守情况下的通风机自动切换功能，可与智能综合管控平台对接，实现远程、智能控制，实现无人值守运行。

③ 风机停运的现场声光报警。当监测系统检测到一组风机的运行参数出现故障时，风机故障系统进行相应的报警提示，并自动切换到备用的另一台风机，同时完成风门控制、风机加速启动、风量调节过程，保证风机的切换过程在10 min以内完成。

④ 瓦斯联动。当井下瓦斯含量偏高时，若风机运行在自动方式，则PLC程序自动发出相应的指令，提高变频器输出频率来提高通风量，降低瓦斯浓度，此过程也可手动进行。

⑤ 风机系统历史、当前、报警等数据的查询和显示。

⑥ 风机停运时向多级监控中心远程的自动报警。

⑦ 系统运行参数的现场设置、远程设置，系统具有故障自诊断的功能，系统根据采集到的特征数据，通过频谱分析、深度学习算法等智能判断故障类型，并给出相应的智能诊断报告。

某煤矿智能化通风系统图如图8-16所示。

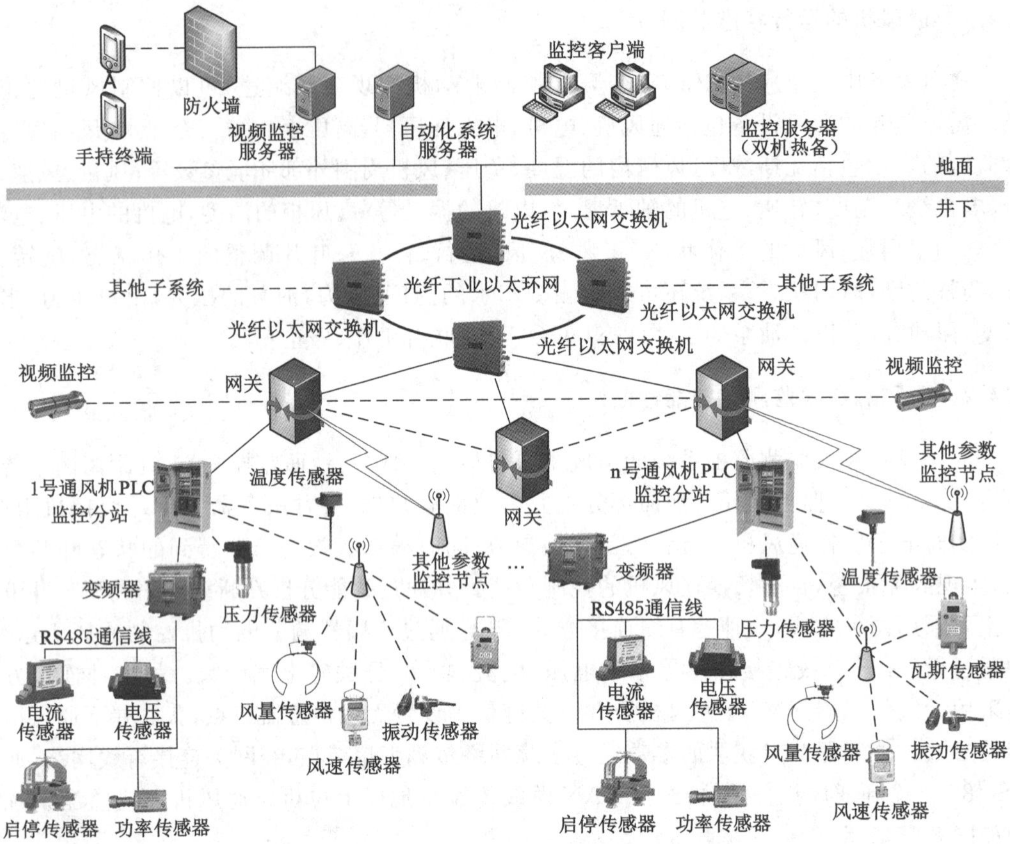

图 8-15　通风设备在线监测系统结构

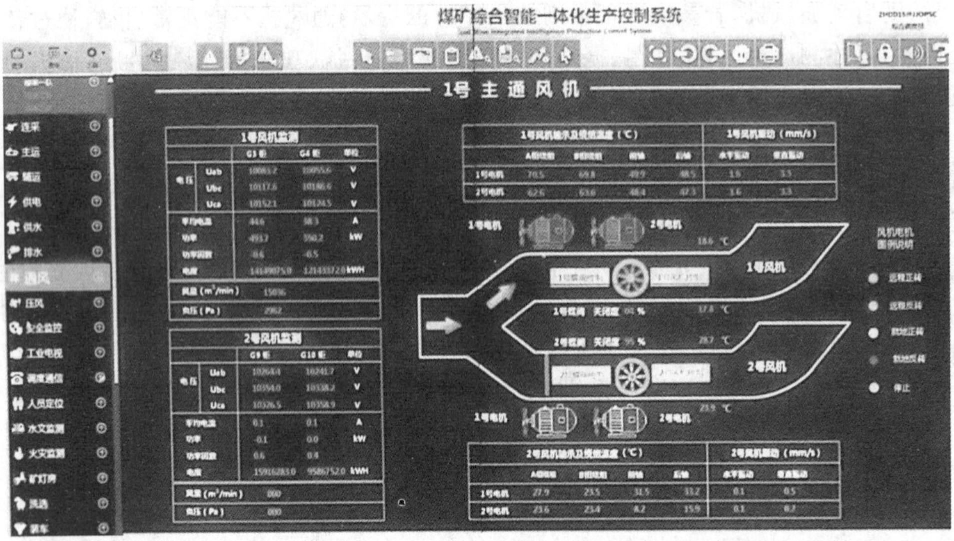

图 8-16　煤矿智能化通风系统图

8.5 排水设备

在矿井的生产过程中，经常有各种来源的水涌入矿井，如地下水、雨水、江河水的渗透等。煤矿排水系统承担排除井下涌水的重要任务，是保障煤矿安全生产的关键设备。如果不能及时地将积水排出送到井上，将会给煤矿带来巨大的损失。因此排水设备的在线监控系统尤为重要。

8.5.1 矿井水泵自动控制系统

1. 矿井水泵自动控制系统结构

煤矿一般会设置有中央水泵房和采区泵房，矿山的排水设备一般由水泵、电动机、供电设备、管路、管路附件和仪表等组成。以中央水泵房为例，配置的设备有水泵、出水阀门、电动机、高压供电、低压供电、水仓闸门、其他阀门及防水门。

一般井下排水中央泵房至少由4台排水泵组成，两台正常工作，两台备用。中央水泵自动化系统选用本安型PLC为主控装置，主要设有本安工业控制计算机、矿用多功能控制驱动器、频率、压力型总线式通用I/O接口、温度型总线式通用I/O接口、电动闸阀、真空电动球阀、射流电动球阀等。系统为了实现自动控制还配置了温度、压力、水位、流量等传感元件以及信号转换器等；该控制系统可以设置上位机并与其进行通信，对水泵的运行进行控制。水泵自动控制系统结构见图8-17。

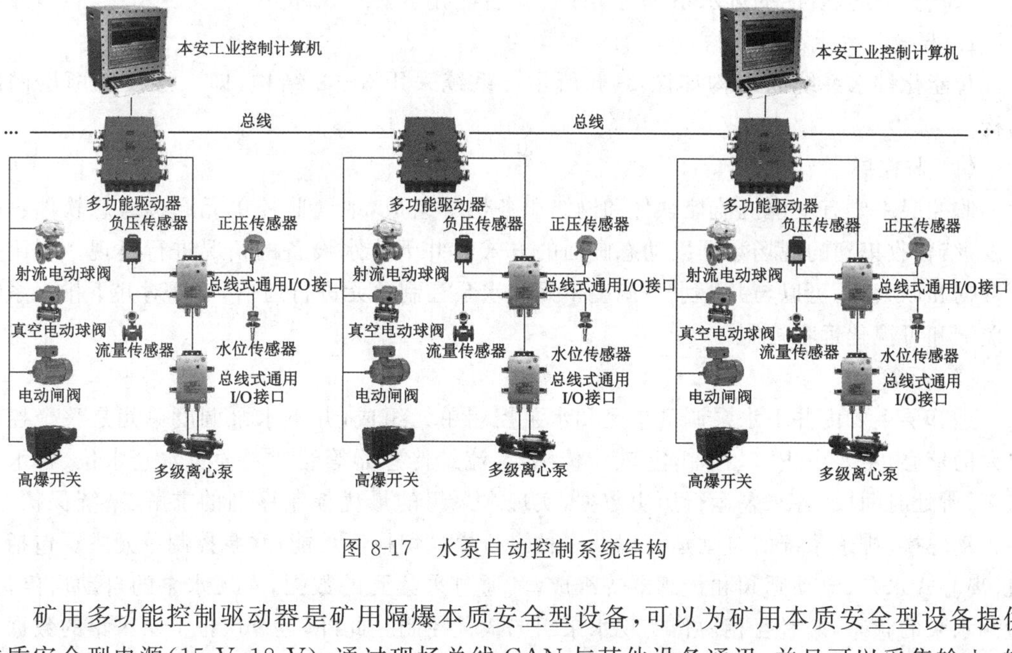

图8-17　水泵自动控制系统结构

矿用多功能控制驱动器是矿用隔爆本质安全型设备，可以为矿用本质安全型设备提供本质安全型电源（15 V、18 V）；通过现场总线CAN与其他设备通讯，并且可以采集输入、输出口状态，并发送到总线上，也可以接收总线上的信号；可以使开关量输出直接驱动伺服电机，有漏电、过流保护功能；可以与矿用本安型工业控制计算机、智能闭锁开关等设备配套使用。

本安工控机可以实时地监测从各接口采集到的信息，发出相应的控制命令，控制设备的启停，同时可以发出报警信号。该本安控制机具有逻辑控制、显示及远距离数据传输等功能。可以提供 RS-485、CAN 总线接口及以太网接口。

2. 自动控制系统功能

① 既可实现单台水泵控制，又可实现多台水泵智能优化控制；

② 可实时监测水仓水位、流量、电压、电流、压力、真空度、温度、闸阀开度等一系列参数；

③ 可手动、自动启动或停止水泵的运行，开、关闸阀以及控制闸阀的开度进行流量控制；

④ 具有过热过载等各种保护功能；

⑤ 现场可编程，可靠性高，操作维护简单；

⑥ 可与电力监测系统、矿井监控系统联网。

8.5.2 智能化排水系统

智能化排水系统采用工业以太网通信，通过 PLC 与地面上位机通信、传递数据交换信息，以实现遥测遥控。智能排水不仅实现了无人值守的运行，还实现了水泵自动或远程控制，监控人员可远程控制泵组的开停状态。系统能实时监测水仓水位、水泵设备状态、流量等功能。并可根据矿井涌水量和用电峰谷情况，自动启动水泵及台数，从而使设备达到最佳工作状态，实现节能增效，降低运行成本，延长设备使用寿命。随着国家“智慧矿山”理念的推广，绿色、节约、智能的排水系统是实现煤炭智能化重要组成部分。

1. 智能化排水系统结构

智能化排水系统的结构如图 8-18 所示。系统采用 3＋2 结构，即三层设备两层网络结构。

(1) 监控层

监控层主要有上位机监控软件和网络服务器等组成，地面监控单元通过组态软件进行开发，结合收集到的现场数据以动态画面的方式对井下排水设备的情况进行呈现。利用井下数据和以太网，可以与井下水泵调度单元和水泵控制单元进行通信，实现对井下排水系统的监测和可视化远程控制。

(2) 运算层

运算层主要由井下水泵调度单元和水泵控制单元组成，井下水泵调度单元是整个控制单元的核心，主要由 PLC 控制柜、液位传感器、流量传感器等组成。通过水仓水位、各水泵状态、所处时间段、各水泵运行历史数据，实现水泵组的最优控制序列的求解、系统保护、水泵自动轮换、排水系统的自动运行以及多种运行模式切换等功能；水泵控制单元主要包括电机、离心式水泵、电动闸阀和传感器等组成，其通过采集到的数据，实现水泵的自动启停，并检测水泵的状态，两者互相协作实现水泵组的最优控制。此外，运算层把下层采集的数据和各水泵系统状态信息通过工业以太网传送到地面监控中心。

(3) 执行层

执行层主要由检测单元和执行单元组成，检测单元主要负责采集水仓水位，水泵的各种参数，为水泵机组的调度和自动化控制提供信息，是智能控制系统的前提。执行单元执行运

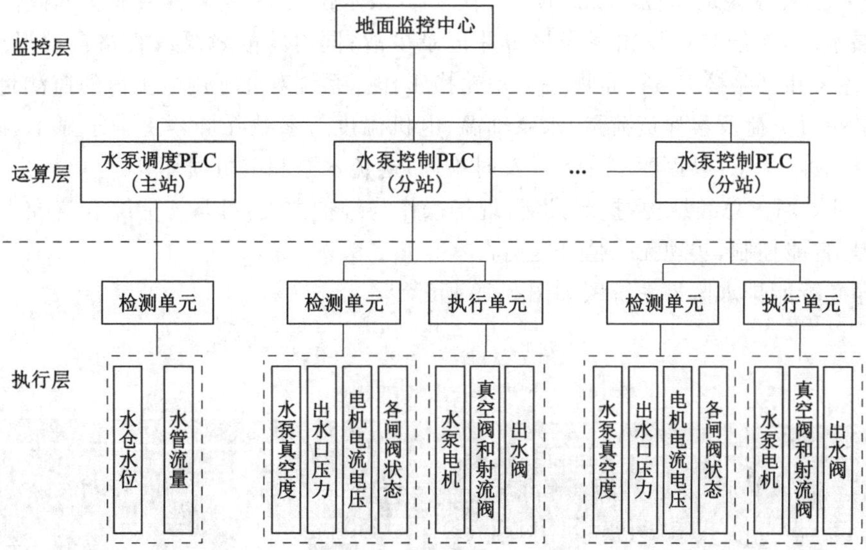

图 8-18　智能化排水系统的拓扑图

算层控制。

2. 智能排水系统的功能

① 数据采集与监测。系统可采集与监测水泵、电机、各个排水管、阀门、水仓等所有现场设备的实时数据，如水仓水位、水泵轴温、电机轴温、电机电压、电流、功率、水流量、水压、真空度、闸阀开度、水泵运行效率等，并且可以实时显示各个设备的工作状态。

② 控制功能。系统具有灵活多样的控制方式：就地控制方式下，操作员通过就地控制箱上的按钮及指示灯完成对执行机构的直接控制；井下集控方式下，操作员通过触摸屏实现对水泵的半自动控制，控制命令由触摸屏下发至 PLC 完成整个控制过程；远程集控方式下，操作员在地面监控中心终端通过控制软件实现对井下水泵机组的远程控制；全自动控制方式下，用户无需操作，PLC 根据水仓水位的实时数据合理地调度水泵机组，智能排水。

③ 系统通过计算单位时间内不同水位段水位的上升速率，判断矿井涌水量，同时检测井下供电电流值，计算用电负荷率；根据电网负荷和供电部门所规定的平段、谷段、峰段供电电价时间段，以“避峰填谷”原则确定开、停水泵时间，从而合理地利用电网电力，节约开采成本。

④ 控制程序将水泵启停次数、运行时间、管路使用次数、流量等参数自动记录并累计，系统根据这些运行参数按一定顺序自动启停水泵和相应管路，使各水泵及其管路的使用率分布均匀。

⑤ 自动检测水位信号，计算单位时间内不同水位段水位的上升速率，从而判断矿井的涌水量，自动投入和退出水泵运行台数，合理地调度水泵运行。

⑥ 系统可利用组态软件实时显示现场排水工艺流程，通过图形动态实时显示水位、流量、压力、温度、电流、电压等参数，显示水泵、电动阀的运行状态，采用改变图形颜色和闪烁功能进行事故报警，直观地显示开闭位置，实时显示水泵抽真空情况和压力值，准确实时地

显示水仓水位。

(7) 在启停水泵的水位段发出预告信号和分段水位报警;当某台泵或所属阀门故障、某趟管路漏水时,系统自动发出声光报警并记录事故;同时将故障泵或管路自动退出轮换工作,其余各泵和管路接续按一定顺序自动轮换工作。系统对井下用电负荷的监测量、电机电流和水泵瞬时负荷及累计负荷量、水泵轴温、电机温度等参数在屏幕上动态显示,同时显示超限报警、故障状态,以提醒工作人员及时检修,避免水泵和电机损坏。

(8) 以太网+总线结构,扩展灵活,现场操作与维护方便,可与智能综合管控平台对接,实现远程、智能控制,实现无人值守运行。

某煤矿智能排水监控系统图如图 8-19 所示。

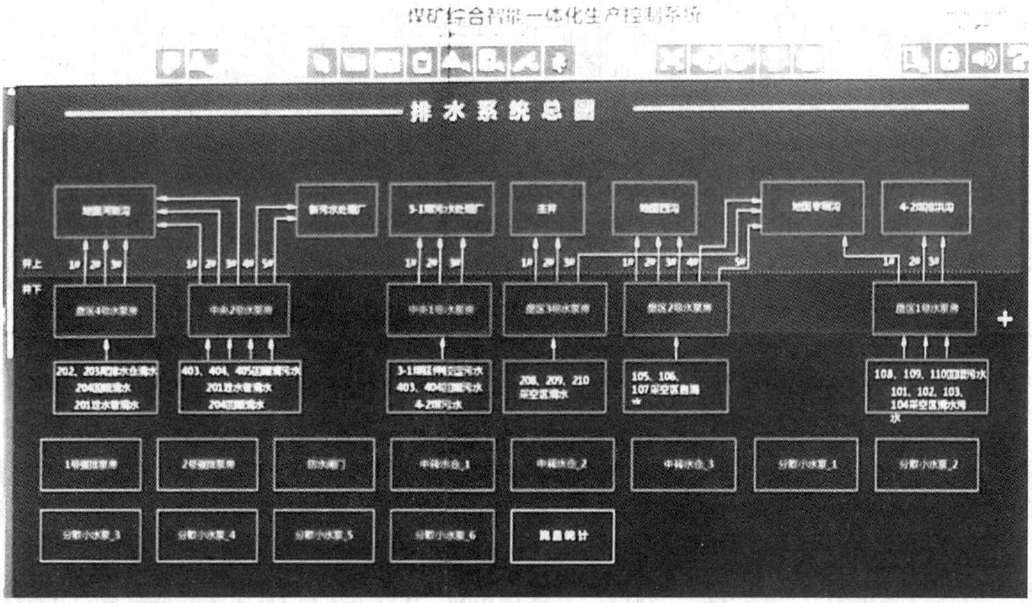

图 8-19　某煤矿智能排水监控系统图

8.6 带式输送机

煤矿井下运输设备主要包括带式输送机、机车运输和胶轮车运输。其中带式输送机具有连续高效运输能力,因此成为大型煤矿的主要运输设备。由于带式输送机不能运输大型设备,具有间歇性、多批次运输的特点,还需要机车和胶轮车的辅助。

矿用带式输送机监控系统是根据煤矿井下工作状态,针对矿用带式输送机设计的一种高性能低价格的微机综合监控系统。它以 PLC 作为监控系统的核心主控单元,从根本上提高了系统的工作可靠性及使用寿命。通过现场编程可适应带式输送机的各种运行工况,可实现带式输送机打滑、超温、洒水、堆煤、急停、跑偏、撕裂、烟雾、张力、电机电流等基本保护。它通常由多段运输带组成,每段输送带有单独的电机控制设备,因此显示带式输送机的带速的同时,每台电机的电流、温度也同样需要检测出来。该系统同时配有总线接口,通过 RS-

485通信协议可以方便地与上位机或其他带式输送机之间实现数据通信，以实现多台带式输送机的集中控制并能和全矿井监控系统联网运行。

8.6.1 带式输送机运行状态监测

1. 数据采集传感器

矿用带式输送机在线监控系统通过传感器采集数据和状态可以对输送带运行、输送带断裂、输送带张紧度、输送带损伤等进行监测。

输送带运行保护主要包括防滑、堆煤、防偏、温度、烟雾、自动洒水和沿线急停等。系统在输送机的主动滚筒、从动滚筒、输送带上设置速度传感器，采集输送带运行速度，一般会在主从滚筒和输送带上等距离设置若干个监测点；堆煤传感器采用高可靠性触点传感器，用于输送机堆煤和溜槽堵塞保护，正常时堆煤传感器输出端输出高电平，在溜槽内形成堆煤后传感器输出低电平；温度传感器主要是用来检测主、从滚筒和输送带的温度；跑偏传感器按照一定间隔固定安装于皮带输送机两侧支架上，当输送机在运行中输送带严重跑偏时，跑偏传感器内的触点闭合，输出跑偏故障信号；烟雾传感器主要用于对由橡胶、煤尘等因摩擦起热或其他原因产生的烟雾进行监测；撕裂传感器是检测输送带纵向撕裂的，通过下落的物料来判断输送带是否有裂口，一般将此传感器设置在带尾部。

2. 运行状态监测

(1) 输送带断裂监测

目前，国内煤矿常用的断带保护装置有逆止托辊制动装置、全断面抓捕装置、楔块摩擦抓捕装置。输送带断裂可以通过此装置进行判断和预防。其中全断面抓捕装置主要由制动机构、液压系统、电气控制系统、信号采集系统组成。信号采集系统实时地对输送带的运行状况进行跟踪，输送带正向运行时，信号采集系统不采集信号，只有当输送带反向运行时，信号采集系统才采集信号，并将采集的信号传输到可编程控制器(PLC)，经过电气控制系统的运算、比较与判断，并以输送带的下滑距离是否等于安全设定距离作为判断输送带是否发生断带现象的唯一依据。

(2) 输送带张紧监测

煤矿井下带式输送机朝着长距离、高带速、大负荷的方向发展，特别是长距离整芯带式输送机的不断应用，使得输送带伸长量急剧增加，需要动态性能好、适应长距离带式输送机发展需要的自动张紧装置。目前，带式输送机自动式张紧装置分为电动绞车式、液压油缸式和液压绞车式三种类型。

张紧监控装置能够实时检测输送带的张紧力大小，并提供信号给电气控制柜，便于张紧力的控制；电气控制柜可以根据设定的程序控制液压系统的启动和停止，从而起到控制输送带张紧力的目的。

(3) 输送带损伤监测

输送带接头损伤的监测方法主要有：X射线探测检测法、基于接头曲线的检测方法、磁信号分析法。X射线探测检测原理是扇形X射线束穿透输送带，检测其中钢芯，由二维X射线光伏探测器接收，形成图像像素电信号，并将其采集、转换、传输和处理，得到输送带的二维投影图像，以此来观察输送带内钢绳芯及接头的完好情况。

8.6.2 带式输送机在线监控系统

1. 系统结构

煤矿井下带式输送机在线监控系统结构如图 8-20 所示，基于以太网的煤矿井下带式输送机在线监控系统是当前主流技术，它由输送机的集中控制和运行视频监控两部分组成。该系统的输送机集中控制部分分为设备层、控制层和信息层。在设备层，主要通过控制从站与现场设备进行信息交换，并采用总线式传感器、总线式急停开关等对该输送机实施安全保护，因此其可靠性大大提高，布线减少，安装方便，并可实现快速故障诊断和故障定位。在控制层，主要利用现场总线技术使控制主站与控制从站进行信息交换，实现设备层与各个控制从站之间的 I/O 控制、闭锁和报文传送；并将 I/O 网络的功能和对等信息、传输网络结合起来，保证信息的实时性和确定性，同时也支持实时数据的传输。例如现场信息的上传以及控制指令的下传等。在信息层，采用工业以太网技术，通过 TCP/IP 协议，将带式输送机集中控制系统的所有信息显示在地面监控计算机，以便生产调度监控人员实时掌握井下运输线运作情况，并对其进行控制操作。

2. 系统主要功能

(1) 系统相关设备能够通过矿井工业环网及现场工业总线实现互联互通，具有、低时延、高可靠网络通信功能，实现运输系统装备动、静态监测监控数据联网上传。

(2) 具有自动、半自动、手动、检修等工作方式，可与智能综合管控平台对接，具有单机自动控制、多机协同联动、远程集中控制功能，实现无人值守运行。

(3) 具有对系统前一级放煤系统的煤仓煤位、给煤机以及下一级卸载煤仓煤位或系统各台设备运行状态连续监测功能，能够与前一级煤仓煤位或带式输送机煤量以及下一级煤仓煤位或带式输送机运行状况等实现智能联动控制。

(4) 采用变频等先进的驱动控制技术，系统内各台设备具有逆煤流启动、顺煤流停止等智能控制功能，具备煤量监测和速度自动调节功能，可根据煤流量大小自动控制带式输送机运行速度，实现节能运行。

(5) 具有防打滑、跑偏、堆煤、撕裂、输送带张力下降等保护装置，具有温度、烟雾监测和自动洒水装置，具有沿线急停闭锁；具备保护状态智能分析、判断及预警功能。

(6) 实时采集皮带运输系统运行状态的相关数据；具有对系统带式输送机的开停、运行方式(运煤或检修)、运行速度、运行时间、运输煤量等远程监测监控功能；具有启动预警功能；对系统运行状态进行分析、判断，对异常状态发出预警。

(7) 具有电机绕组和轴承温度、驱动滚筒表面和轴承温度、润滑油温度、振动等系统主机及主要部件实时状态数据采集、监测，并对数据进行分析、判断，实现故障诊断功能；具有运行工况检测、故障自动报警和传感器及信号传输故障自诊断功能。

(8) 在卸载滚筒、电动机、司机台以及给煤或自滑下料点等地点安设视频监控；受煤地点宜配置智能摄像仪或智能图像分析技术装备，实现煤流量监测、异物识别等功能，实时对识别信息进行上传、处理或预警。

(9) 钢丝绳芯带式输送机采用在线智能检测技术，检测数据融入运输系统保护状态及故障诊断智能分析数据条件功能中。

(10) 系统具有各类数据上传、存储、分析、报表及打印功能，可实时查询运行曲线、历史

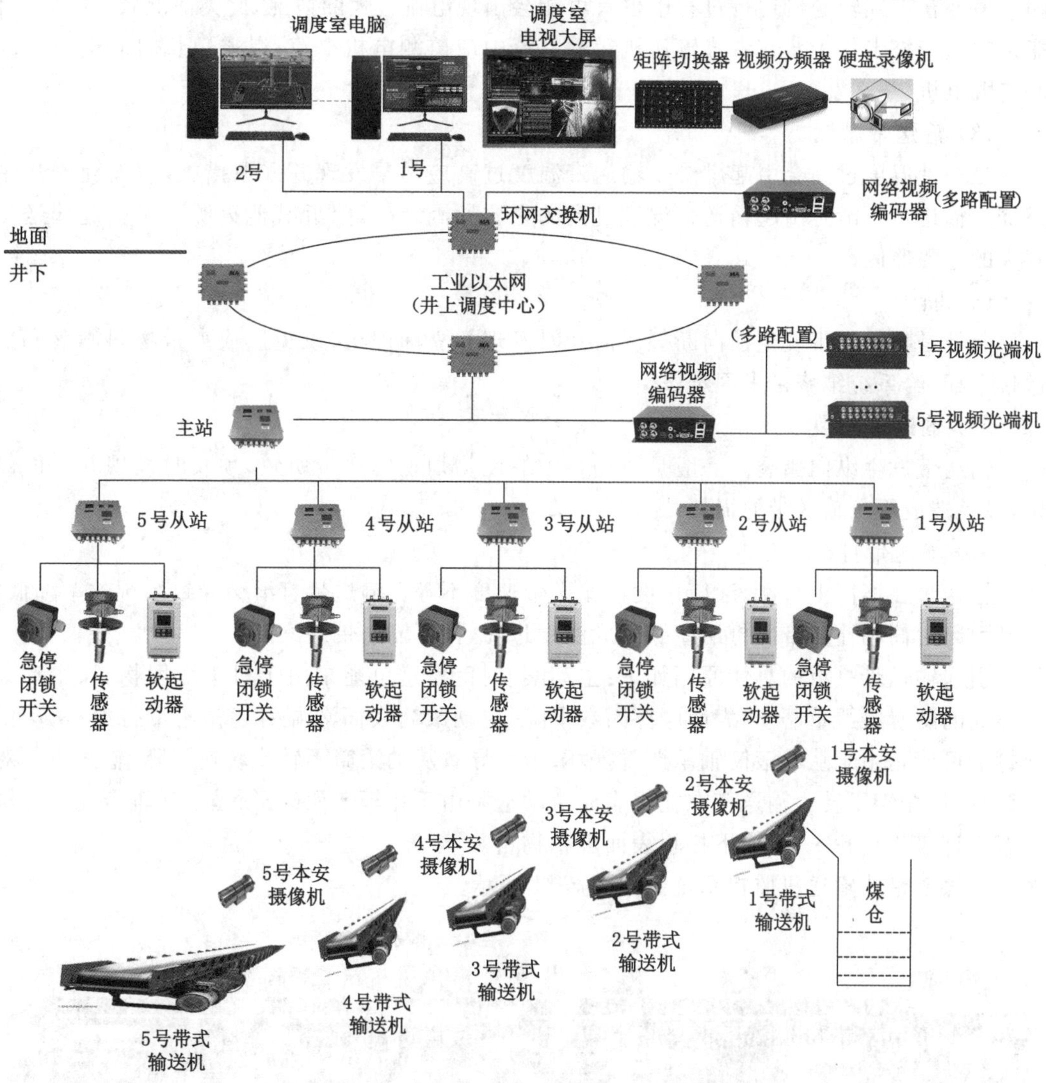

图 8-20　煤矿井下带式输送机在线监控系统结构图

曲线、报警数据。

(11) 采用巡检机器人对主运输系统带式输送机的运行状态进行实时监测。

3. 故障诊断

在线监测系统可以实现故障位置、类型、原因等信息的就地显示，并可以传送至监控中心报警，以便工作人员及时处理。

(1) 输送带跑偏

输送跑偏是指脱离其应该运行的轨道。如果对此类故障未能及时发现给正或及时停机，输送带上的物料会洒落下来，严重时甚至有可能会引起输送掉带。

(2) 带式输送机电机损坏

电流过大可能引起带式输送机电机损坏，重启动是引起带式输送机电流过大的重要原因。另外在带式输送机运行过程中也有可能会出现电流过大的情况，此类情况较复杂，有可能是输送带被卡住了。在带式输送机运输系统中应监测电机电流，以避免长时间电流过大而烧毁电机。

(3) 输送带燃烧

输送带温度过高会引起燃烧。输送带温度过高应尽早发现并采取措施，以避免输送带燃烧。输送带打滑是引起输送带温度过高的主要原因之一，附近其他火源也是引起输送带着火的重要原因。

(4) 断带

断带是指输送带发生横向断裂。需及时发现并立即停机，以免造成大量物料洒落和输送带堆积，给系统维修带来困难。

(5) 输送带撕裂

输送带发生纵向撕裂。一般是由物料中的硬物划伤输送带所致，须及时发现并立即停机，以免造成更长输送带的损坏。

(6) 输送带打滑

输送带在滚筒上打滑，滚筒速度与输送带速度不等。输送带打滑会导致系统效率降低，且易引起滚筒和输送带因打滑摩擦造成温度过高，损坏输送带或滚筒。

引起输送带打滑的具体原因如下：主动滚筒打滑，这可能是由于机头堆埋物料、主动滚筒表面的防滑胶严重磨损、表面摩擦因数下降、主动滚筒表面潮湿引起输送带打滑；从动滚筒打滑可能是由于从动滚筒轴承严重损坏、卡死导致从动滚筒不转或转速下降，输送带相对滚筒打滑；托辊不转及输送带在托辊表面滑动这是由于托辊卡死（必须是下托辊卡死）、托辊位置有许多物料粉末，造成下托辊表面堆积物料。

某煤矿带式输送机监控系统图如图 8-21 所示。

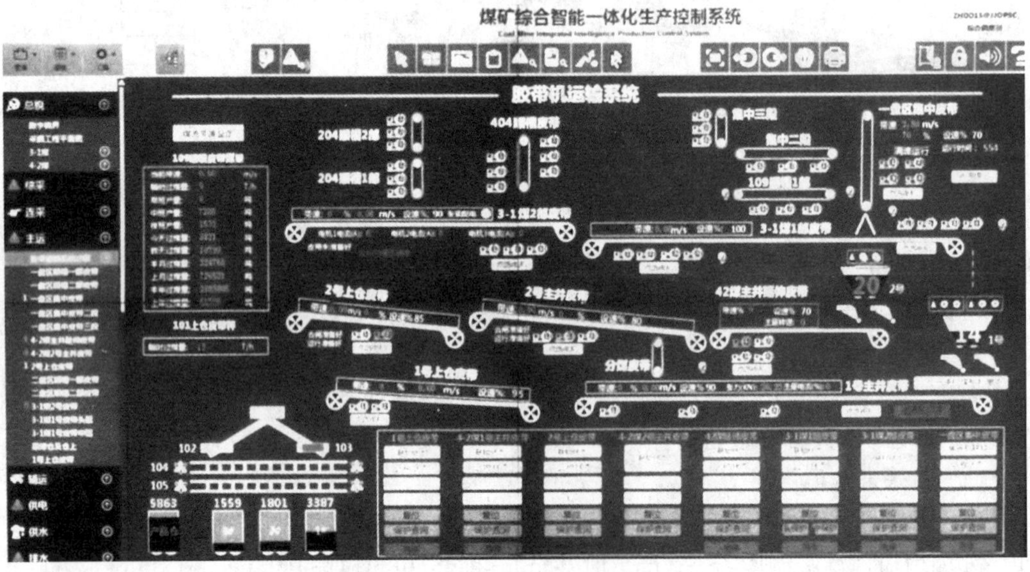

图 8-21　某煤矿带式输送机监控系统图

8.7　供电设备

8.7.1　煤矿供电系统

1. 煤矿供电系统组成

由煤矿地面变电所的变压器、配电装置、供电线路将电源输送给中央变电所或采区变电所，经过变配电供给负荷，这种形成的电网称为煤矿供电系统。煤矿供电系统分为地面供电系统和井下供电系统。

(1) 地面供电系统

地面供电系统包括地面变电所和高、低压配电网。地面变电所所有两回路电源进线，任一回路因故障停止供电时，另一回路应能负担煤矿的全部负荷，以保证可靠供电。进线电压为35 kV或10 kV，变电站内设有主变压器两台。

(2) 井下供电系统

井下供电系统包括井下中央变电所、采区变电所、工作面配电点或移动变电站和高低压电缆网。井下中央变电所由两回路或更多高压电缆供电，来自地面变电所不同母线段。中央变电所一般设置在靠近水泵的硐室里，经高压配电箱向井下水泵房、采区变电所供电，经降压变压器供应低压动力及照明。变电所硐室内部含有高压防爆配电箱、变压器和低压馈电开关。从采区变电所经过总的馈电开关和各自的防爆磁力软启动向工作面配电点各负荷供电。移动变电站一般是将高压经过变电站直接供给装备容量大的采掘设备。

2. 煤矿供电系统结构要求

煤矿供电系统的使命在于保证煤矿的安全生产，其责任非常重大。例如煤矿井下存在瓦斯和涌水，若电力供应中断极易发生瓦斯积聚爆炸和淹井等重大安全事故。因此，煤矿供电系统在供电可靠性上的要求非常苛刻，煤矿供电系统应做到以下几点：

① 矿井应有两路独立电源线路；

② 带主排水泵房的采区泵房、井下中央变电所、带掘进工作面的采区变电所的供电线路不少于两回；

③ 瓦斯抽放泵、主要通风机、提人绞车等重要设备必须有专用双回路，其辅助设备及控制回路与主设备有同等可靠的双电源；

④ 双电源、双回路应来自各自变压器和不同母线段，以保证电源独立性；

⑤ 及时对供电系统进行简化优化，以减少冗余线路；

⑥ 适当增大线路截面，提高供电能力；

⑦ 变电所和配电点的设置应遵循靠近负荷中心设计原则，尽可能缩小电网调度操作路径。

3. 煤矿供电系统的保护措施

由于煤矿井下工作条件恶劣，电气事故时有发生，如由电火花引起的瓦斯爆炸、工人触电事故等，为了避免煤矿电气事故的发生，需要在供电系统中采取相应的保护措施，并要对供电设备进行监控，以避免故障和事故的发生。主要保护有：漏电流保护、接地保护、电流保护、风电与瓦斯电闭锁、电压保护和综合保护等，漏电保护、过流保护和接地保护作为井下低压电网三大保护，与其他保护一起为保证煤矿井下低压电网和电气设备的安全运行，为避免各类电气事故和人身伤亡事故的发生，发挥着十分重要的作用。

8.7.2 供电设备在线监控与智能诊断

传统供电监控系统往往只能保障系统的正常运行，并不具备远程在线监控的功能，无法及时获得系统预警信息并及时地进行故障处理。通过计算机技术、电力电子技术、通信技术的结合可以实现煤矿变电所的自动控制，供电设备的在线状态监测，使故障处理和系统恢复更为迅捷和准确，满足煤矿实现综合自动化、智能化发展需求。

1. 系统组成

供电设备监控系统可对煤矿地面和井下 10 kV 及以下供电系统实施一体化的实时监控，可实现矿井变电所的无人值守或少人值班。系统分为地面和井下两个部分：地面系统可以对矿井提升设备、压风机、水泵、变电站等设备实施监测；井下系统适用于井下严酷环境，可用于 10 kV 及以下供电系统和变电所的实时监测监控。能实现变电所主变运行方式及各参数的监测，能实现变电所各高压开关柜运行、停止状态的监测及对高低压开关的保护定值进行整定；能实现各种矿井用电量、供电系统各级电压值、负载电流值、功率值等电气参数在线监测，对故障实现在线诊断和定位，并将其生成报表、存储、打印及显示；能实现变电所视频监视，系统能够模拟现场设备实际情况，实时、动态显示现场设备的真实运行状态。

供电设备监控系统采用三层体系结构：第一层为信息管理层，第二层为电力分站/监控站，第三层为智能开关/电力监测监控设备层。供电设备监控系统如图 8-22 所示。

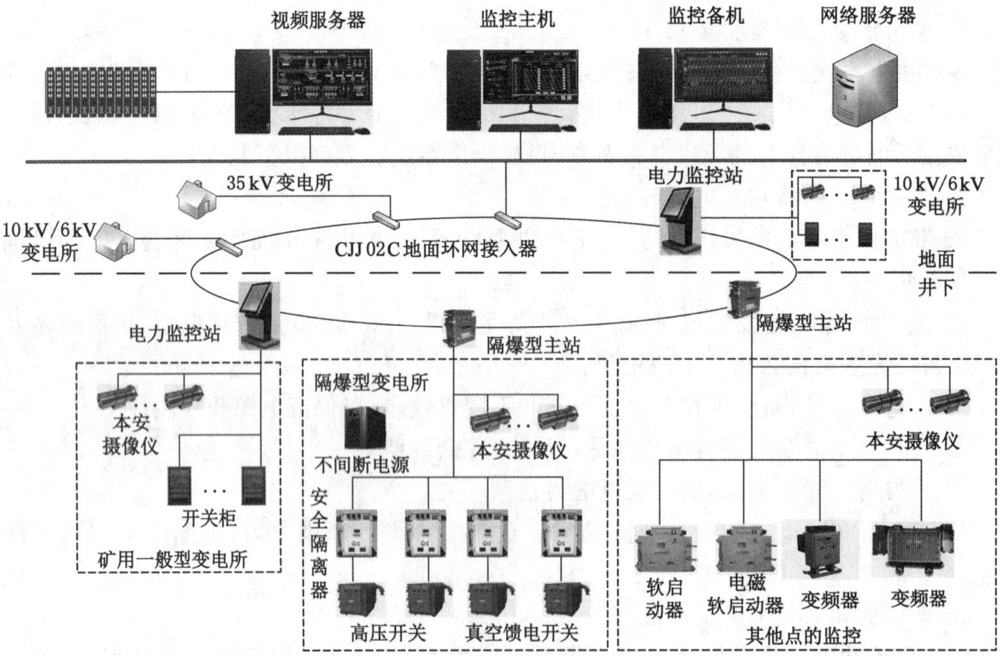

图 8-22 供电设备监控系统

信息管理层设置两台监控计算机，监控主机正常工作时，监控主机和备用机之间能进行数据交换；若监控主机工作异常，备用机立即执行监控主机的功能，向各个变电所发送读取数据指令，并提示用户当前的故障信息。监控主机对电力系统运行数据进行处理，产生相应的图形、报表、提示画面等信息。信息层还包含视频服务器和网络服务器，通过显示屏幕可以实时显示各摄像仪传来的实时画面。

现场设备是具备实现终端设备的保护、计量、监测、控制、数据传输等设备，主要包含高压开关柜、真空馈电开关、软启动器、变频器、不间断电源和本安摄像仪等。

2. 系统功能

(1) 实时数据采集功能

主要包括：① 变电所运行设备的各种实时数据，如母线电压、线路电流、零序电流、零序电压、有功功率、无功功率、功率因数及有功/无功电能计量等；② 隔离开关合闸信号、断路器合闸信号、高压开关柜等位置状态点信息、综合保护器保护状态信息等。

(2) 远程集中控制功能

① 实现高压开关设备以及低压开关设备的远程分合闸控制功能。地面监控中心通过监控网络对井上、井下变电所设备进行远程控制操作，实现无人值守，集中控制。② 实现高压开关设备综合保护装置保护设定值的统一管理功能，根据负荷变化在现场工作站上调节保护参数。

(3) 报警功能

① 可进行越限检查，发出报警，还可以进行电压正常、异常统计，电压合格率计算，功率因数计算等，所有计算均可以产生相应的报警。② 遥信处理可以进行变位报警(正常变位和事故变位)、断路器开断次数统计。③ 可以设置多种限值、多种报警级别、多种告警方式(声响、语音)、告警闭锁和解除。

3. 故障诊断

通过对供电设备的在线状态监控，获取电气设备的电压、电流、频率、温度等各种参数，并对其进行分析处理，判断其状态是否正常，并能通过超限参数，判断分析出故障类型并进行报警。

当矿井供电系统发生故障越级跳闸时，主要是因为供电线路短，而很难实现选择性线路适中短路保护整定、开关拒动等。系统可以借助现代数字处理技术，采用精确时延设置、短路电流保护整定和综保功能合理配置方法，实现矿井下供电线路三段式电流保护设置，做到线路选择性短路保护。解决开关拒动或误动的方法是提高综合保护器的可靠性、稳定性，将其 EMC 性能中浪涌和快速瞬变试验电压提高到 4 000 kV，达到地面电力系统综合保护装置的水平。

当煤矿供电系统大面积停电时，有可能是因为线路短路故障越级跳闸引起，还可能由线路瞬时失压造成开关欠压保护动作而引起。系统的综合保护器具有欠压延时保护功能，可以躲避线路瞬时失压，避免其引起的大面积跳闸。

某煤矿供电系统图如图 8-23 所示。

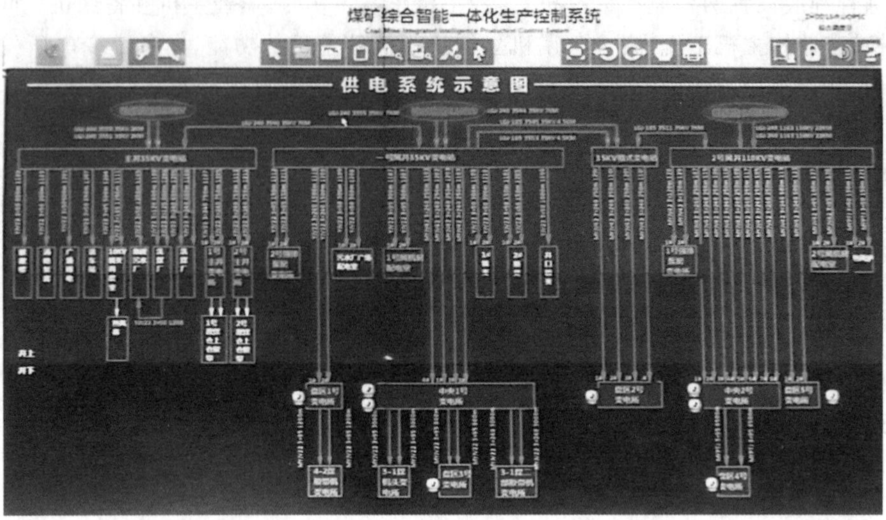

图 8-23　某煤矿供电系统图

本章习题

1. 简述机电设备运行状态监测与故障诊断实现过程。
2. 悬臂式掘进机的主要有哪些部分组成？掘进机智能化系统由哪些部分组成？
3. 智能化综采工作面监控平台由哪几部分组成？由哪些系统组成？
4. 什么是智能化综采工作面自动化控制系统？
5. 智能化采煤机系统由哪几部分组成，主要功能是什么？
6. 采煤机监控系统中主要对采煤机进行哪几方面的信号进行采集？
7. 液压支架的作用是什么？液压支架电控系统由哪几部分组成？
8. 矿井提升机由哪几部分组成，矿井提升机制动装置的主要作用是什么？
9. 煤矿井下供电系统主要由哪些部分构成，井下低压电网主要采取哪三大保护措施？
10. 通风设备主要作用是什么？井下通风设备在线监测监控系统由哪几部分组成？
11. 排水设备主要由哪几部分组成？简述智能排水系统主要功能。
12. 煤矿井下带式输送机可能会发生哪几种故障，断带保护装置有哪几种？

第 9 章　煤矿灾变监测与预测技术

9.1　煤矿事故

由于在煤矿生产过程中存在大量的高能量积聚场所，设施、设备，作业人员集中，一旦能量聚集，容易发生重大人身伤亡和重大财产损失事故。主要安全事故包括：瓦斯爆炸、粉尘爆炸、矿井火灾、矿井水灾、冲击地压、顶板事故等。

9.1.1　瓦斯事故

瓦斯是矿井有害气体之首，其主要成分包括甲烷、CO_2、稀有气体及其他的烃类气体，是一种无色、无味、易燃易爆的气体。难溶于水，扩散性较空气高。甲烷无毒，但当井下气体中甲烷浓度较高时，氧气浓度则相对降低，人会缺氧而窒息。甲烷比空气轻，因此甲烷容易在巷道的顶部、顶板冒落空洞处、由下向上施工的掘进工作面和其他较高地方聚集。

1. 瓦斯涌出

在采掘过程中，采掘空间附近的煤、岩层会受到不同程度的损坏，原有的瓦斯平衡状态亦受到破坏，从而沿煤、岩层的孔隙、裂隙涌入采掘空间。矿井瓦斯的涌出可分普通涌出和异常涌出两种形式。普通涌出又称为“瓦斯涌出”。异常涌出包括瓦斯喷出、煤（岩）与瓦斯突出两种。瓦斯喷出简称“突出”，煤（岩）与瓦斯突出持续时间极短，一般为数秒或数十秒。它所产生的高速瓦斯流能摧毁井下巷道及设施，破坏通风系统，造成人员窒息，煤流埋人，甚至引起瓦斯燃烧和爆炸事故，所以，它是井下较为严重的灾害之一。

2. 瓦斯爆炸

一定浓度的甲烷和空气中的氧气在一定温度作用下产生激烈的氧化反应，并产生冲击波的现象称为瓦斯爆炸。矿井一旦发生瓦斯爆炸，危害十分严重。瓦斯爆炸事故现场如图 9-1所示。爆炸的危害主要有几个方面：① 高温高压及冲击。由于瓦斯爆炸是激烈的氧化放热反应，井下爆炸点及其附近的温度可达 1 850 ℃以上，压力可达 0.74 MPa 以上，促使爆炸源附近的气体以极快的速度向外冲击，造成人员死亡、巷道和机电设备严重损坏。此外爆炸时产生的高温会引燃井下的可燃物，造成矿井火灾。爆炸时产生的冲击会将煤尘扬起，使空气中的煤尘浓度增加，若煤尘具有爆炸性，煤尘浓度又处在爆炸范围内且有高温源，则会引起煤尘爆炸，加重灾害程度。② 爆炸后会产生大量有毒气体。爆炸后的空气中的氧含量大大减少，并产生大量一氧化碳及其他有毒气体，使工作人员窒息及中毒。在瓦斯爆炸所造成的人员伤亡中，绝大部分是因一氧化碳中毒和缺氧窒息所致。

3. 瓦斯爆炸原因和条件

瓦斯爆炸的原因主要是瓦斯积聚和有引爆火源,瓦斯积聚是指采掘工作面及其他地点,体积大于 0.5 m^3 的空间内,积聚瓦斯浓度达到或超过 2%的现象。引起瓦斯积聚的主要原因是通风问题或瓦斯涌出异常等。引爆火源主要包括电火花引爆火源、爆破火花、井下因撞击和摩擦产生的火花以及井下明火等。

瓦斯爆炸的条件是:一定浓度的瓦斯、高温火源和充足的氧气。

瓦斯在大气中爆炸界限为 5%~16%。当瓦斯浓度低于 5%时,遇火不爆炸,但能在火焰外围形成燃烧层;当瓦斯浓度为 9.5%时,其爆炸威力最大(氧和瓦斯完全反应);瓦斯浓度在 16%以上时,只燃烧不爆炸。瓦斯爆炸界限并不是固定不变的,它还受温度、压力以及煤尘、其他可燃性气体、惰性气体的混入等因素的影响。

瓦斯的引火温度一般为 650~750 ℃,但受瓦斯的浓度、火源的性质及混合气体的压力等因素影响而变化。当瓦斯含量在 7%~8%时,最易引燃,高温火源的存在,是引起瓦斯爆炸的必要条件之一。井下抽烟、电气火花、违章放炮、煤炭自燃、明火作业等都易引起瓦斯爆炸。所以,在有瓦斯的矿井中作业,必须严格遵照《煤矿安全规程》的有关规定。

9.1.2 煤尘爆炸

煤尘爆炸是在高温或一定点火能的热源作用下,空气中氧气与煤尘急剧氧化反应过程,是一种非常复杂的链式反应。粉尘爆炸现场如图 9-2 所示。

图 9-1 瓦斯爆炸事故

图 9-2 粉尘爆炸事故

1. 爆炸机理

① 煤本身是可燃物质,当它以粉末状态存在时,总表面积显著增加,吸氧和被氧化的能力大大增强,一旦遇见火源,氧化过程迅速展开;

② 当温度达到 300~400 ℃时,煤的干馏现象急剧增强,放出大量的可燃性气体,主要成分为甲烷、乙烷、丙烷、丁烷、氢和 1%左右的其他碳氢化合物;

③ 形成的可燃气体与空气混合并在高温作用下吸收能量,当能量达到一定程度后,链反应开始,游离基迅速增加,发生了尘粒的闪燃。闪燃所形成的热量再传递给周围的尘粒,使之参与链反应,导致燃烧过程急剧循环进行,当燃烧不断加剧,火焰速度达到每秒数百米后,煤尘的燃烧便在一定临界条件下跳跃式地转变为爆炸。

2. 爆炸特征

粉尘爆炸形成高温、高压、冲击波，粉尘爆炸火焰温度为1 600～1 900 ℃，爆源的温度达到2 000 ℃以上，煤尘爆炸产生的火焰速度可达1 120 m/s，冲击波速度为2 340 m/s；煤尘爆炸具有连续性；煤尘爆炸有感应期，挥发分越高，感应期越短；煤尘爆炸时产生的CO在灾区气体中浓度可达2%～3%，甚至高达8%左右，爆炸事故中受害者的大多数(70%～80%)是由于CO中毒造成的。

3. 爆炸条件

煤尘爆炸必须同时具备四个条件：煤尘本身具有爆炸性；煤尘必须悬浮于空气中，并达到一定的浓度；存在能引燃煤尘爆炸的高温热源；一定浓度的氧气。

悬浮煤尘的浓度，一般煤尘爆炸的下限浓度为30～50 g/m^3，上限浓度为1 000～2 000 g/m^3，爆炸力最强的浓度范围为300～500 g/m^3。煤尘爆炸的引燃温度在650～1 050 ℃之间，一般为700～800 ℃。煤尘爆炸的最小点火能为4.5～40 mJ。煤尘爆炸氧气的浓度不低于18%(体积百分比)。由于矿井的氧气浓度一定大于18%，所以在防止煤尘爆炸过程中一般不会考虑这一条件。

9.1.3　矿井火灾

凡是发生在矿井地下或地面，威胁到井下安全生产，造成损失的非控制燃烧均称为矿井火灾，按照引起的热源不同分内因火灾和外因火灾。内因主要为煤自然和硫化矿石自燃；外因是一切能产生高温或明火的器材设备的使用管理不当造成。井下火灾事故如图9-3所示。

矿井火灾的危害主要有以下几个方面：

① 燃烧煤炭资源，烧毁生产设备，消耗大量的材料，造成巨大的经济损失；

② 为了灭火需要应封闭灾害区域，冻结大量正在开采的煤炭，影响矿井的产量；

③ 矿井火灾能引起瓦斯煤尘爆炸，使矿井事故进一步扩大，造成更大的损失；

④ 矿井火灾产生大量的有毒有害气体，尤其是一氧化碳危害极大，易造成大量人员死亡。据统计，在矿井火灾事故中的遇难人员，95%以上是因为吸入有害气体而导致死亡的。

9.1.4　矿井水灾

我国是受矿井水害最严重的国家之一。矿井水灾是指影响、威胁矿井安全生产，使矿井局部或全部被淹没并造成人员伤亡和经济损失的矿井涌水事故。在矿井建设和生产期间，大气降水、地表水和地下水都有可能通过各种通道涌入井下，这些涌入矿井内的水统称为矿井涌水。矿井涌水量的大小及涌入状态直接影响矿井的建设和生产。当矿井涌水在短时间内大量涌入井下作业空间时，轻则冲毁设备造成区域生产中断，重则造成人员伤亡，甚至导致淹井事故，产生极为严重的后果。

根据矿井涌水来源不同，可将矿井水灾分为突水事故和透水事故，突水事故是江河湖泽等地表水或大气降水涌入矿井造成的矿井水灾。透水事故是由含水层积水、断层裂缝水、老空区及废旧井巷积水造成的。水灾事故如图9-4所示。

矿井水对煤矿安全生产的影响：

(1) 造成顶板淋水，巷道积水，老空区积水使工作面及其附近巷道空气潮湿，工作环境

图 9-3 井下火灾事故

图 9-4 井下水灾事故

恶化，影响工人身体健康；

(2) 使排水费用增加，生产效率降低、开采成本提高；

(3) 导致井下各种生产设备、设施腐蚀和锈蚀，使用寿命缩短；

(4) 影响煤炭资源的回收和煤炭质量；

(5) 突然发生大量涌水时，轻则造成生产环境恶劣或局部停产，重则直接危害工人生命和造成国家财产损失。

9.1.5 冲击地压(岩爆)

冲击地压，也称岩爆，是指地下开采的深部或构造应力很高的区域，在临空岩体中发生突发式破坏的现象，这种现象也称为岩爆。发生的原因是临空岩体积聚的应变能突然而猛烈地全部释放，致使岩体发生像爆炸一样的脆性断裂。冲击地压造成大量岩石崩落，并产生巨大声响和气浪冲击，不但破坏矿井，而且震动波可危及地面建筑物。

岩爆大都发生在褶皱构造的坚硬岩石中，与断层、节理构造密切相关。当掌子面与断裂或节理走向平行时，极容易触发岩爆。岩体中节理密度和张开度对岩爆有明显的影响。掌子面岩体中有大量岩脉穿插时，也可能发生岩爆。岩爆事故如图 9-5 所示。

地下岩体在被开挖以前，原岩应力处于平衡状态。开挖巷道或进行回采工作时，破坏了原始的应力平衡状态，引起岩体内部的应力重新分布，直至形成新的平衡状态。这种由于矿山开采活动的影响，在周围岩体中形成的和作用在巷硐支护物上的力定义为矿山压力。在矿山压力作用下，会引起各种力学现象，如岩体的变形、破坏、塌落，支护物的变形、破坏、折损，以及在岩体中产生的动力现象。这些由于矿山压力作用使巷道周围岩体和支护物产生的各种力学现象，统称为矿山压力显现。在大多数情况下，矿山压力显现会对采矿工程造成不同程度的危害，其中以冲击地压灾害最为严重。

9.1.6 顶板事故

顶板事故即通常所说的冒顶。冒顶又称顶板冒落，是指采掘工作空间或井下其他工作地点顶板岩石发生坠落的事故。顶板事故对矿井的生产和井下作业人员安全危害很大，轻则影响生产，重则造成人员伤亡。

顶板事故按冒顶范围可分为局部冒顶和大型冒顶。局部冒顶经常发生在上下出口、煤壁线、放顶线、地质构造处及采煤工作面附近。

局部冒顶一般是由于已遭受一定程度破坏的直接顶未被及时支护或支护未能充分发挥作用,甚至失效而造成的。局部冒顶事故的特点是:① 范围和冒顶高度较小,每次事故伤亡的人数不多,对生产的影响不是特别严重;② 局部冒顶事故总是在有人工作的部位发生,预兆不明显,极易造成人身伤亡。据统计,每年局部冒顶事故造成的死亡人数占冒顶事故人数的 60%～70%,而重伤事故则占 80%以上。顶板事故如图 9-6 所示。

大冒顶事故是指采煤工作面大面积冒顶,也叫落大顶、垮面。其特点是垮落面积大,来势凶狠,时间持久,常导致重大人身伤亡和设备、器材损坏,往往造成生产中断。

图 9-5　岩爆事故

图 9-6　顶板事故

9.2　煤矿瓦斯监测与预测

瓦斯灾害监测的信息主要有:瓦斯浓度、煤层瓦斯含量、采掘应力、突出预测指标、钻孔轨迹参数、钻孔动力参数、瓦斯抽采参数、地质构造探测参数、工作面空间位置等。

9.2.1　瓦斯浓度监测

对瓦斯灾害的监测手段主要有气体浓度传感监测、温度传感监测和测氡法等,基本参数通过综合智能传感器采集获取后,需要对危险状态进行分析,为采掘活动中瓦斯涌出灾害发展、演化趋势做出及时有效的预警。

甲烷传感器是监测瓦斯浓度的主要设备,井下使用主要有甲烷传感器、甲烷断电仪、便携式甲烷检测报警仪等,根据《煤矿安全规程》规定,下列地方必须设置甲烷传感器,且甲烷传感器(便携仪)的设置地点,报警、断电、复电浓度和断电范围见表 9-1。

表 9-1　甲烷传感器(便携仪)的设置地点,报警、断电、复电浓度和断电范围

设置地点	报警浓度 %	断电浓度 %	复电浓度 %	断电范围
采煤工作面回风隅角	≥1.0	≥1.5	<1.0	工作面及其回风巷内全部非本质安全型电气设备
低瓦斯和高瓦斯矿井的采煤工作面	≥1.0	≥1.5	<1.0	工作面及其回风巷内全部非本质安全型电气设备

表 9-1(续)

设置地点	报警浓度 %	断电浓度 %	复电浓度 %	断电范围
突出矿井的采煤工作面	≥1.0	≥1.5	<1.0	工作面及其进、回风巷内全部非本质安全型电气设备
采煤工作面回风巷	≥1.0	≥1.0	<1.0	工作面及其回风巷内全部非本质安全型电气设备
突出矿井的采煤工作面进风巷	≥0.5	≥0.5	<0.5	工作面及其进、回风巷内全部非本质安全型电气设备
采用串联通风的被串采煤工作面进风巷	≥0.5	≥0.5	<0.5	被串采煤工作面及进、回风巷内全部非本质安全型电气设备
高瓦斯、突出矿井采煤工作面回风巷中部	≥1.0	≥1.0	<1.0	工作面及其回风巷内全部非本质安全型电气设备
采煤机	≥1.0	≥1.5	<1.0	采煤机电源
煤巷、半煤岩巷和有瓦斯涌出的岩巷掘进工作面	≥1.0	≥1.5	<1.0	掘进巷道内全部非本质安全型电气设备
煤巷、半煤岩巷和有瓦斯涌出的岩巷掘进工作面回风流中	≥1.0	≥1.0	<1.0	掘进巷道内全部非本质安全型电气设备
采用串联通风的被串掘进工作面局部通风机前	≥0.5	≥0.5	<0.5	被串掘进巷道内全部非本质安全型电气设备
	≥0.5	≥1.5	<0.5	被串掘进工作面局部通风机
高瓦斯矿井双巷掘进工作面混合回风流处	≥1.0	≥1.0	<1.0	除全风压供风的进风巷外,双掘进巷道内全部非本质安全型电气设备
高瓦斯和突出矿井掘进巷道中部	≥1.0	≥1.0	<1.0	掘进巷道内全部非本质安全型电气设备
掘进机、连续采煤机、锚杆钻车、梭车	≥1.0	≥1.5	<1.0	掘进机、连续采煤机、锚杆钻车、梭车电源
采区回风巷	≥1.0	≥1.0	<1.0	采区回风巷内全部非本质安全型电气设备
一翼回风巷及总回风巷	≥0.75	—	—	
使用架线电机车的主要运输巷道内装煤点处	≥0.5	≥0.5	<0.5	装煤点处上风流 100 m 内及其下风流的架空线电源和全部非本质安全型电气设备
矿用防爆型蓄电池电机车	≥0.5	≥0.5	<0.5	机车电源
矿用防爆型柴油机车、无轨胶轮车	≥0.5	≥0.5	<0.5	车辆动力
井下煤仓	≥1.5	≥1.5	<1.5	煤仓附近的各类运输设备及其他非本质安全型电气设备
封闭的带式输送机地面走廊内,带式输送机滚筒上方	≥1.5	≥1.5	<1.5	带式输送机地面走廊内全部非本质安全型电气设备
地面瓦斯抽采泵房内	≥0.5			
井下临时瓦斯抽采泵站下风侧栅栏外	≥1.0	≥1.0	<1.0	瓦斯抽采泵站电源

9.2.2　瓦斯突出的预测方法

我国将瓦斯突出危险性预测分为区域突出危险性预测和工作面突出危险性预测两类。区域突出危险性预测，用于预测煤层和煤层区域的突出危险性，并在地质勘探、新井建设、新水平和新采区开拓或者准备时进行。工作面日常预测用于工作面煤层的突出危险性预测。

1. 瓦斯突出的区域性预测技术

(1) 单指标法

某煤层只有全部指标达到或超过其临界值时方可预测为突出煤层。采用煤的破坏类型、瓦斯放散初速度指标、煤的坚固系数和煤层瓦斯压力作为预测指标，各种指标的突出危险临界值应根据实测资料确定，无实测资料可参考表 9-2 所示。

表 9-2　预测煤层突出危险性单项指标临界值

煤层突出危险性	破坏类型	瓦斯放散初速度/mmHg	煤坚固性系数 f	煤层瓦斯压力/MPa
突出危险	Ⅲ，Ⅳ，Ⅴ	≥10	≤0.5	>0.74
无突出危险	Ⅰ，Ⅱ	<10	>0.5	<0.74

(2) 煤层突出危险性综合指标 D 和 K 法

煤炭科学研究总院抚顺分院等研究者提出用综合指标 D 和 K 来预测煤层的突出危险，通过测量及计算得出综合指标 D 和 K，与临界值相比较直接判断煤层是否有突出危险。综合指标计算利用单指标法中瓦斯放散初速度指标、煤的坚固性系数、煤层瓦斯压力，通过公式(9-1)计算得出。综合指标 D 和 K 来预测煤层的突出危险临界值如表 9-3 所示。

$$D = 0.0075H/f - 30(p - 0.74) \tag{9-1}$$

式中，D 为煤层突出危险性综合指标之一；H 为煤层开采深度，m；p 为煤层瓦斯压力，MPa；f 为煤坚固性系数。

表 9-3　综合指标 D 和 K 来预测煤层的突出危险临界值

突出危险性	D	K
无突出危险	<0.25	
无突出危险	≥0.25	<15
突出危险	≥0.25	≥15

(3) 瓦斯地质统计法

瓦斯地质统计法，是根据已开采区域突出点分布与地质构造层的关系，结合未开采区的地质构造条件来大致预测突出可能发生的范围的一种方法。不同矿区控制突出的地质构造因素是不同的，有些矿区的突出主要受断层控制，有些矿区主要受褶皱或煤层厚度变化控制。因此，各矿区可根据已采区域主要控制突出的地质构造因素，来预测未知区域的突出危险性。

(4) 地质指标法

地质指标法是通过测量和计算煤层围岩指标 R^5(5 m 含砂岩率)、地质构造指标 K_f、煤

质指标 K_d 和瓦斯压力 p 进行综合判断。各指标的临界值如下表 9-4 所示。

表 9-4　地质指标临界值

危险性	R^5	K_f	K_d	p
无危险	>0.7	⩽0.25	<1	⩽0.4
过渡性	0.7～0.45	0.25～0.75	1～1.5	0.4～1
危险	<0.45	⩾0.75	⩾1.5	⩾1

2. 工作面预测

工作面预测可分为静态不连续预测和动态连续预测两种预测方法。连续动态预测是指通过动态连续地监测能综合反映含瓦斯煤岩体所处状态的某种指标，来确定工作面附近煤层突出危险性的方法。动态连续不接触预测主要以下几种方法。

(1) 利用声发射技术进行煤与瓦斯突出危险性预测。煤和岩石内部存在大量的裂隙等固有缺陷，煤岩变形及破坏的结果就是裂隙的产生、扩展、汇合贯通。研究表明，裂隙的产生和扩展都以弹性应力波的形式产生能量辐射，这就是声发射。通过声发射技术可以对破裂源进行定位。

(2) 利用煤层中涌出的氡浓度的变化预测突出。氡是自然界中唯一的放射性气体元素，科学研究发现，在煤与瓦斯突出发生前，氡放射强度会急剧升高。氡气具有超强扩散能力和易于检测的特点，将成为采掘工作面预测煤与瓦斯突出最有发展前景的预测方法。HDC 连续测氡仪可以实现对氡气的在线检测。

(3) 利用电磁辐射强度进行煤与瓦斯突出危险性预测。电磁辐射预测的原理是在煤岩层受力变形破坏过程中会产生电磁辐射，电磁辐射强度取决于所受力的大小和煤岩体的物理力学性质。电磁辐射与煤的应力状态及瓦斯状态有关，应力越高、瓦斯压力越大时，电磁辐射信号就越强，电磁辐射脉冲数就越大。

(4) 利用微震技术进行煤与瓦斯突出危险性预测。煤和围岩受力破坏过程中，会发生破裂和震动，从震源传出震波或声波，当震波或声波的强度和频率增加到一定数值时，可能出现煤的突然破坏，发生突出。煤岩内的震动波可以被安设在煤体内的探测仪器(如地音器或拾震器)所接收并被放大记录下来，然后通过运算分析，进行突出危险性预测。研究表明，突出是由连续的、多起断裂引起的，而且异常的微震发射通常在断裂之前 4～45 min 内产生，故微震法作为突出预报方法，具有广阔的应用前景。

9.2.3　瓦斯涌出量预测

传统矿井瓦斯涌出量预测方法主要有：矿山统计法、瓦斯含量法、分源计算法和类比法。随着数学方法和计算机技术的发展，原有的预测方法和应用范围得到了拓展，出现了一些新的或进一步优化的预测方法，如瓦斯地质数学模型法、速度预测法、基于灰色系统理论的预测法、混沌时间序列分析、基于遗传规划的预测法以及人工神经网络预测法等。

基于 BP 神经网络的瓦斯涌出量预测方法是目前比较广泛使用的主要方法之一，根据 BP 神经网络的原理和理论分析，在确定了 BP 网络的结构后，利用瓦斯涌出量输入输出样本集对其进行训练，让网络对权值或阈值进行学习和调整，以使网络实现给定的输入输出映射。具体预测过程如下：

1．设计要素

（1）输入层与输出层节点

输入层节点与输出层节点的个数是由具体问题决定的，为了确保评价的直观性，结果采用单输出，即输出的节点数为 1。

（2）隐含层节点

隐含层节点个数的确定在理论上没有定量的规定，但是适当选取隐含层节点数目的多少对整个网络的性能影响却很大。如果节点数太多，虽然训练精度会提高，但是会增加训练的时间，存在多余的连接，得不到正确的评价结果。如果太少，人工神经网络难以处理较复杂的问题。最理想的节点数目可参考公式(9-2)，经过多次对比后得出数据。

$$L = \sqrt{m+n} + \theta \tag{9-2}$$

式中，m 为输入节点数；n 为输出节点数；θ 为介于 1～10 的常数。

（3）初始权值

初始权值取(1，-1)的随机数，从而保证神经元的权值能够在 Sigmoid 型函数的变化最大处进行调节。

（4）学习速率

学习速率决定每一次循环训练中所产生的权值变化量。学习速率偏大可能引起系统振荡，得不到最期望的输出；偏小则可能导致训练时间较长，收敛速度缓慢，但是能保证网络的误差值最终趋于最小误差值。因而采用变学习率的方法时一般选取小的学习速率，选取范围多在 0.01～0.8。

（5）期望误差

期望误差值是通过对不同期望误差的网络的对比训练来选取的。选取较小的期望误差值需要增加隐含层的节点数和训练的时间，一般所选取期望误差为 0.001。

2．预测模型

神经网络模型根据预测量产生的机理进行选取和优化，将瓦斯涌出量样本标准化、归一化处理后输入神经网络进行学习训练，训练中动态地加入隐含层节点，直到网络收敛，满足精度要求或约定的循环次数为止，最后存储权值和阈值。

3．动态修正网络训练算法

为解决隐含层节点数的问题，在训练过程中动态地加入隐含层神经元节点，具体说就是以标准 BP 算法训练网络，定时(例如 1 000 次或者其他值)判断当前收敛值是否达到一定的要求(例如当前误差的 5%)，若达到要求，则进行下一轮测试，否则就每次再加入一定量隐含层节点。新加入的隐含层节点与相邻层节点采用全连接，然后对新的网络继续训练，同样采用上面的方法，直到网络达到收敛要求。当网络训练结束时，可能添加了多余的隐含层节点，所以，有必要在误差达到要求后，删除多余的隐含层节点和多余的节点之间的连接。

4．预测输出

将待预测的矿井瓦斯信息经过量化处理后，输入训练好的神经网络，并输出瓦斯涌出量预测结果。

9.3 煤矿粉尘监测与预测

在井下巷道环境中,巷道采掘工作面和运输系统的转载点为煤尘粉尘浓度相对较高点。煤尘浓度过高所导致的低可见度井下作业环境,不仅会降低矿工工作效率,还会对生产安全造成影响。并且由于矿工长期吸入粉尘等颗粒物,易患如尘肺病等职业病。此外,爆炸形成的黏焦将会沉积在巷道壁和巷道设备如支架等外壳上,并产生大量的有害气体,间接影响矿工生命安全及设备的使用寿命。因此,在井下环境监测中,采煤工作面及运输系统转折点处必须部署煤尘或粉尘传感器予以监测,对煤尘浓度进行严格控制,降低高浓度带来的隐患及风险。

9.3.1 煤矿粉尘监测

矿井粉尘灾害监测的信息主要包括:粉尘粒度、离散度、浓度、煤矿采掘工程进度、煤层地质赋存和瓦斯涌出等。

在矿井中普遍采用的粉尘检测设备可以分为矿尘采样器、直读式测尘仪和粉尘传感器三类。粉尘监测采样布置见表9-5。作业场中粉尘浓度要求见表9-6。

表9-5 粉尘监测采样点布置

类别	生产工艺	测尘点布置
采煤工作面	司机操作采煤机、打眼、人工落煤及攉煤	工人作业地点
	多工序同时作业	回风巷距工作面10～15 m处
掘进工作面	司机操作掘进机、打眼、装岩(煤)、锚喷支护	工人作业地点
	多工序同时作业(爆破作业除外)	距掘进头10～15 m回风侧
其他场所	翻罐笼作业、巷道维修、转载点	工人作业地点
露天煤矿	穿孔机作业、挖掘机作业	下风侧3～5 m处
	司机操作穿孔机、司机操作挖掘机、汽车运输	操作室内
地面作业场所	地面煤仓、储煤场、输送机运输等处进行生产作业	作业人员活动范围内

表9-6 作业场所空气中粉尘浓度要求

粉尘种类	游离 SiO_2 含量/%	时间加权平均容许浓度/(mg/m³)	
		总尘	呼尘
煤尘	<10	4	2.5
矽尘	10～50	1	0.7
	50～80	0.7	0.3
	≥80	0.5	0.2
水泥尘	<10	4	1.5

注:时间加权平均容许浓度是以时间加权数规定的8 h工作日、40 h工作周的平均容许接触浓度。

(1) 粉尘监测应当采用定点监测、个体监测方法。

(2) 煤矿必须对生产性粉尘进行监测，并遵守下列规定：

① 总粉尘浓度：井工煤矿每月测定 2 次；露天煤矿每月测定 1 次。粉尘分散每 6 个月测定 1 次。

② 呼吸性粉尘浓度每月测定 1 次。

③ 粉尘中游离 SiO_2 含量每 6 个月测定 1 次，在变更工作面时也必须测定 1 次。

④ 开采深度大于 200 m 的露天煤矿，在气压较低的季节应适当增加测定次数。

9.3.2　煤矿粉尘浓度预测

准确的粉尘浓度预测是保障安全的前提和关键，也是近几年的研究热点。预测粉尘浓度最常用的模型是灰色模型和神经网络模型，灰色模型是基于数理统计的方法建立主观模型进行计算预测的，因不具有自适应和自学习的能力而不能保障系统的鲁棒性。神经网络近年来发展迅速，因其并行处理的功能和非线性特性能够逼近连续的非线性函数，在煤矿开采过程中对粉尘浓度的预测有相当广泛的应用。

目前，常采用神经网络预测煤矿粉尘浓度，主要模型有：改进的神经网络、BP 神经网络、熵权法 RBF 神经网络、粒子群优化的 BP 神经网络、时间序列神经网络等。

基于时间序列神经网络模型对矿井中粉尘浓度的预测过程如下：

1. 原始数据准备与处理

原始数据是指筛选时间内对应的粉尘浓度，并对其进行标准化、归一化处理后的数据。

2. 时间序列神经网络模型的建立

(1) 隐含层层数的确定

隐含层负责处理输入特征信息，一般根据实际样本的数量以及是否发生过拟合现象，合理选择隐含层数量。

(2) 激活函数的选择

由于神经网络能够不断学习的本质就是在接收不断训练误差的反馈中，优化自身的模型参数。其中，当前层的误差大小与激活函数的选择有着密切关系。可采用 ReLU 函数作为该研究模型的激活函数，只要采用其导数值为 1 的神经元进行学习，就能有效地规避梯度消失的问题，防止训练提前终止。

(3) 训练算法的选取

在神经网络训练的过程中，选用 Levenberg-Marquardt、贝叶斯正则化和量化共轭梯度 3 种算法进行训练。对于大多数问题，推荐使用 Levenberg-Marquardt，对于一些含噪声小的问题，贝叶斯正则化虽然需要更长的时间，但能获得更好的解。对于数据量比较大的问题，选取量化共轭梯度解决。因为它使用的梯度计算比其他两种算法使用的雅可比矩阵计算更节省内存。

3. 模型训练

模型训练是指将监测粉尘浓度样本标准化、归一化处理后输入建立的神经网络进行学习训练，直到满足精度要求或约定的循环次数为止，然后进行权值和阈值的存储。

4. 预测输出

预测输出是指将待预测的矿井粉尘浓度经过量化处理后，输入训练好的神经网络，并输出粉尘预测结果。

9.4 煤矿火灾监测与预测

9.4.1 煤炭自燃监测

对煤自燃灾害的监测信息主要包括：环境温度、煤自然标志性气体浓度、氧气浓度、浮煤厚度、漏风强度等。开采容易自燃煤层时，必须开展自然发火监测工作，建立自然发火监测系统，确定煤层自然发火标志气体及临界值，健全自然发火预测预报及管理制度。

1. 监测方法

为实现高效防灭火，探测探明矿井内的火区是重要的基础工作，现阶段用于煤炭自燃监测的技术主要包含以下几种：指标气体分析法、测温法、物探分析法等。

（1）指标气体分析法

随着煤体温度的升高会产生 CO、CO_2 以及烷烃类等一系列的气体，这些气体的生成浓度会随着煤温的升高产生规律性的变化且本身具备敏感性高和易于检测的特点。因此，可以根据检测到的指标气体及其浓度变化情况确定火区状况及其大致范围。此外，研究发现烷类气体以及烯类气体浓度的比值在一定程度上也可以用来预报煤炭自燃。

（2）测温法

测温法借助温度传感器对监测点处的温度进行动态监测，传感器可以预埋或者钻孔布置在煤自然发火的隐患区域，根据监测结果对煤层自然发火危险性及其位置和范围进行判定。根据具体测温方法的不同，主要有内置传感器测温法和表面红外测温法。

（3）物探分析法

常用的火区物探分析方法主要有遥感探测方法、电阻率法等。遥感探测法应用卫星遥感等方式对地面的红外遥感数据和图像进行捕捉，根据得到的地表温度分布、地表裂隙及热效应影响的综合因素分析判断火区的大致分布。煤在发生自燃后其结构状态和含水率会发生变化，未发生自燃的煤层在一定方向上其电阻率基本保持不变，因此可以根据这一原理分析测试电阻率的变化情况，从而得出煤火区域位置。目前研究较多的为高密度电法。

（4）其他探测方法

除以上所述之外还有同位素测氡法、气味辨识法、示踪气体定位法及虚拟定位方法等。煤层中天然存在的同位素氡与温度存在一定的关系，温度升高，氡的析出量就随之增大。通过监测煤层中氡的析出量变化可以间接推断煤层的温度变化，进而可以对煤层自然发火状况进行预报预警。

2. 监控系统应用

在井下采空区自然发火区域，常采用束管火灾监测系统、分布式光纤测温等系统，在电气设备、带式输送机等易发生火灾的区域，建设烟雾传感器、一氧化碳传感器、温度传感器等综合火灾监测设备，配备智能喷淋、自动喷粉喷气等自动消防灭火装置，实现火灾参数的智能监测、分析、预测、预警及联动控制。

煤矿自然发火检测方法经历了束管红外监测系统、传感器束管监测系统、气相色谱束管监测系统 3 个阶段。矿井火灾束管监测系统用于各类煤矿火灾预报和防治工作，对于井下任意地点的 CO、CO_2、CH_4、C_2H_4、C_2H_6、C_2H_2、O_2、N_2 等气体含量实现 24 h 连续监测，根据气体变化趋势判断自然发火的程度，预测预报发火点的温度变化。为综合防治煤矿自然火灾，确保安全生产提供科学依据。系统在地面设监测分析中心，利用计算机控制，通过抽气泵将井下工作面、密闭区、采空区的气体经束管抽至地面监测室进行监测分析。可以指导采空区的配风、抽放瓦斯、调压、注浆等工作。通过敷设束管还便于对一些工作人员无法到达或危险大的盲巷等地方的瓦斯等气体浓度进行分析。

束管火灾监测系统主要由束管、采样控制、气体分析、数据采样、数据分析等部分组成。束管是用高压聚乙烯制成的输气管，它具有抗老化、耐腐蚀、防水性好、可任意弯曲等特点。气管既可以单根使用，也可以集中使用。利用气管将井下气体运至井上分析地点，管两端有不同的压差，气体从压力大的一端流向压力小的一端。在井下已选定的采样地点敷设好气管，气管的端口装上滤尘器，以防止井下的煤尘和岩尘进入气管。同时将水分过滤掉。若干根气管通过分路箱(含滤水器)成为束管，连接至井上分析室内，每根管路通过电磁阀汇成一路接到抽气泵上，当抽气泵开始工作时，泵口的压力在抽气泵的作用下变小，产生一个负压，与井下管路的端口形成压差，管路外部压力大于管路内部压力，则外部气体进入管路内部，抽气泵连续不断地工作，使气体由井下源源不断地抽至井上，在微机的控制下，每路气体被顺序送入色谱仪内进行分析。

9.4.2　煤火灾预测

煤火灾预测方法主要有自燃倾向性预测法、综合评判预测法、经验统计预测法、数学模型模拟预测法和神经网络预测法等。

自燃倾向性预测法主要根据煤自燃倾向性不同，划分煤层自然发火等级，以此区分煤层的自燃危险程度，该方法仅能粗略判断出煤层的自然发火危险程度。

综合评判预测法是根据影响煤层自燃危险程度的内、外因素进行主观判断与分析评分，然后应用模糊数学理论，逐步聚类分析，根据标准模式计算聚类中心，对开采煤层自燃危险程度进行综合评判预测，该方法只能定性分析。

统计经验预测法建立在已发生自然发火事故统计资料基础上分析预测巷道松散煤体实际开采条件下的自燃危险性，这种方法只能根据巷道实际情况和自然发火统计资料，粗略判断巷道可能的发火区域和高温点位置。

数学模型模拟预测法是指通过建立煤自然发火数学模型，并进行煤自燃过程的实验模拟和数值解算，得出不同边界条件下煤体的自然发火危险程度值。这种方法的成本较低，但由于模型是建立在一定的假设条件之上的，与实际存在一定偏差。

目前常用的煤火灾预测算法为神经网络预测法，标准 BP 算法存在容易陷入误差局部最小、收敛效果差、极易产生振荡的缺点，可以采用 LM 规则训练前向网络的改进 BP 算法进行改善。

针对具体的矿井煤层，确定出其自燃倾向性，并通过实验测定出指标气体，筛选出各自的临界指标，采用束管监测系统连续获取采空区自燃气体的浓度数据，然后利用建立的神经网络模型对自燃火灾进行预测预报。基于神经网络多参数的自燃火灾超前预测模型如图 9-7所示。

(1) 样本信息选取

选取完备的样本信息，即从矿井火灾案例数据库中选取反映各种不同类型矿井火灾的

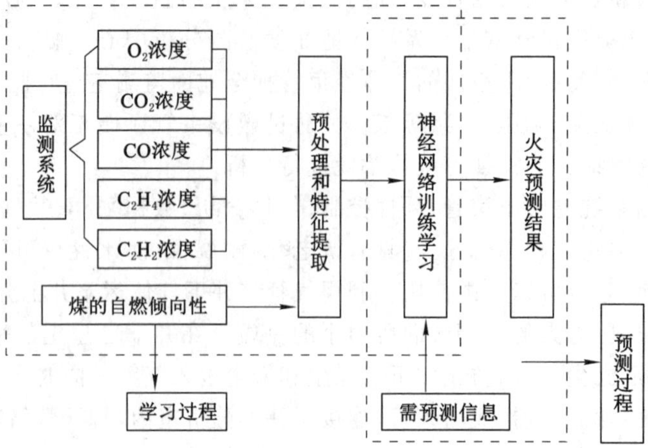

图 9-7 基于神经网络的自然火灾预测模型

典型信息来构成样本集。传统的煤炭自燃火灾的预测往往是基于一元或二元，本节使用的神经网络预测模型，根据煤自燃产物的特性规律，主要对 O_2、CO_2、CO、C_2H_4、C_2H_2 等变量进行多元预测，以提高火灾预测预报的准确率。由于各种煤（褐煤、烟煤、无烟煤）的自燃倾向性不同，其自燃产物的表现特征差异较大，因此，在预测时，将煤层自燃倾向性作为一个重要的指标。

(2) 样本信息量化处理

包括原始数据的标准化、冗余数据的剔除、归一化处理等。

(3) 神经网络运算处理

将量化后的样本集输入神经网络进行学习训练，直到满足精度要求或约定的循环次数为止，并对权值和阈值进行存储。

(4) 诊断与输出

将待预测的矿井信息经过量化处理后，将其输入训练好的神经网络进行诊断，并输出结果，做出是否会引起火灾的预测。

9.5 煤矿水灾监测与预测

在我国随着开采深度、开采速度和开采规模地增加和扩大，矿井突水问题日益严重，制约着煤矿的安全生产。因此，查清矿井水文地质条件，研究矿井突水灾害的监测技术及煤矿突水预测预报方法，采取有效的手段确保煤矿不发生大的水害成为煤炭安全开采的关键工作之一。

9.5.1 矿井水害监测技术

矿井水害的形成和发生都有一个从孕育、发展到发生的变化过程，在这一变化过程的不同阶段都有其对应的前兆，这也为我们对矿山突水的监测及预防预报提供了可能性。顶板或底板水的监测，按照监测环境的不同，可分为地面监测和井下监测；按照监测对象的不同，可分为地下水动态监测和突水监测；按照监测条件的不同，可分为自然条件下监测和采矿条件下监测。

国内已开发了一系列针对特定突水灾害的预警系统。目前，矿山突水监测技术主要集中在矿山压力监测、水文水质监测、微震监测、电位监测及电磁辐射监测等，突水灾害监测信息主要有：水位(水压)、水温、水量(明渠流量)、应力和应变等。

1. 主要监测传感器

(1) 压力传感器

在矿山突水事故发生之前，必然会引起开采相关区地下水的水压变化和岩体的压应力的变化。可以通过在相应位置布置压力传感器，实时监测矿山目的区域的水压变化，然后根据探测的压应力变化情况预测预报突水事故发生的可能性。矿山水压和岩体压力的变化及其相互关系还需要进行研究，以此提高水害监测的技术水平。

目前有水害威胁的煤矿普遍使用的水位动态监测系统主要包括地面钻孔水位监测系统、遥测系统和矿井巷道系统、钻孔内的水压监测系统等。

(2) 位移传感器

矿井水仓的水位是矿井水文监测与自动排水的重要指标，通过矿井地面长期水文观测孔、巷道内水文观测孔及排水系统的水位变化，形成矿井各含水层流场趋势，分析其流场动态变化，可以确定各含水层的水流方向、通道与潜在出水地点，是水文地质预测和监测有效手段。

矿井生产过程中位移传感器还用于顶板、巷帮位移实时监测，根据监测的位移变化情况来预测预报冒顶事故和顶板突水事故发生的可能性。

(3) 温度传感器

由于地下水的导通与流动往往会导致水温的变化，矿用温度传感器就需要实时探测地下水的温度变化，由此预测预报突水事故发生的可能性。

(4) 流速、流量传感器

矿山开采相关区域地下水流量的改变往往是含水层之间导通以及其他导水通道发生改变的直接表现。通过实时监测矿山开采相关区域地下水流量的改变来预测预报突水事故发生具有可行性。

(5) 震动传感器

微震的实时、连续监测，是描述导水通道孕育、发展到最终失稳过程的有效技术手段，微震监测的过程就是对微震波的反演分析过程，微震波蕴含了大量的震源和传播介质的信息。

实际施工中，在目的区打钻安置一定数量的震动传感器，利用震动传感器记录周围震源震动情况(岩石破裂就是震源)，通过震动信息判定发生破裂岩石的位置，然后根据岩层的动态破裂以及破裂区的位置分布与含水层的位置关系，确定突水的危险性，从而对矿山突水起到了预测预报的效果。

(6) 电位传感器

地下空间的采掘过程中，必然有岩石的破裂以及地下水的运移。在目的区布置一定数量的电位传感器，通过测量各位置的自然电位或者在供电情况下测量各位置的激励电位情况，可计算得出各区域的视电阻率、电阻率，结合地质资料、水文资料等进行解释，由此完成对岩层破坏、渗流状态的预测预报。

(7) 水质传感器

根据工作方式可分为便携式水质传感器和在线式水质传感器。便携式水质传感器携带方便,主要用于试验研究、临时测量;在线式水质传感器可实现参数实时监测,通常安装于待测水体中,主要应用于在线自动水质监测系统。通过水质分析可确定突水通道与水源的关系。

2. 监控系统及应用

矿山突水事故的发生,常常会在短时间内淹没坑道,给矿山生产带来严重的危害,造成人员伤亡和财产损失。相比于其他预防突水事故发生的探测手段,在线式监测具有实时、全面、高效的特点,且在线式监测能够很大程度地节约人力物力成本,因此在线式探测装备在近些年得到了长足的发展,且在许多矿区进行了应用并取得了良好的效果。以下对目前应用较为成熟的监测系统的典型设备进行简单介绍。

(1) 矿压位移监测系统

矿压位移监测系统是对矿井下顶板压力、底板压力以及巷道压力进行综合监测的自动化监测系统。该系统主要由压力传感器、位移传感器、数据采集站、无线数据传输设备、报警系统、地面数据综合处理主机组成,系统通过实时监测目的区压应力及位移变化,经矿山通信网络将数据传至地面,然后由地面数据综合处理分析中心完成数据的实时处理,通过分析处理所测压力及位移的数值和变化情况来综合辅助判断突水的危险性,当危险程度提高时,结合水文地质等监测数据,进行综合分析与预警提示,从而可以提前采取相应预防矿山突水事故的措施。

(2) 水文水质监测系统

水文水质监测系统是通过对地下水水位、温度、水质、水压、流量进行综合监测的自动化系统。该系统主要由位移传感器、温度传感器、压力传感器、流速流量传感器、数据采集站、无线数据传输设备、报警系统、地面数据综合处理主机组成,通过实时监测矿山开采相关区地下水水位、温度、水质、水压、流量的变化,经矿山通信网络将数据传至地面,然后由地面数据综合处理分析中心完成数据的实时处理。监测系统采用分布式设计结构,已在部分煤矿推广应用,取得了不错的效果,水文数据观测及时,对水害的预防也及时有效。

(3) 微震监测系统

微震监测系统通过探测到的微小震动,来分析研究并预测预报矿山突水事故的发生。系统主要由传感器、数据采集站、无线数据传输设备、报警系统、地面数据综合处理主机、事件数据定位分析系统组成,系统基本构架采用分布式网络拓扑结构,以太网将采集系统和控制系统连成一体,并可通过无线数据传输模块远程管理设备系统,最后由地面数据综合处理分析中心完成数据的实时处理。通过实时震动信息判定发生破裂岩石的位置,然后根据岩层的动态破裂以及破裂区的位置分布与含水层的位置关系确定突水的危险性,当危险程度提高时,进行预警提示,从而可以提前采取相应预防矿山突水事故的措施。

9.5.2 矿井涌水量预测

在煤矿开采过程中,会有大量的水涌入井巷,单位时间内的涌水量即矿井涌水量。在煤矿排水系统设计之前,需要对矿井涌水量进行精准预测并根据涌水量的大小制定井下排水系统。涌水量的大小也是衡量煤矿安全的重要参数。矿井涌水量受水文地质条件、季节、开采程度及开采条件等诸多不确定或者未知因素影响。研究发现，传统的预测方法如水均衡法、非稳定流定降深法、神经网络以及灰色模型等在对涌水量进行预测时，虽然可以在信息匮乏的情况下对涌水量进行预测，但会过滤掉历史数据的波动性信息，导致预测结果不理想。可以采用灰色模型和马尔科夫结合模型，对井下涌水量进行预测。

(1) 灰色马尔科夫预测模型的理论基础

在控制理论中，信息的明确度不同，有的信息完全未知，而有的信息完全明确，所以需要对信息的明确度进行表示，通常明确的信息用"白"表示，未知的信息用"黑"表示，而介于明确和未知的信息用"灰"表示 。灰色理论便是为研究含有"灰"色信息系统建立的，通过对已知信息进行充分挖掘和分析处理，寻找系统的客观规律。灰色理论对井下涌水量预测这样信息匮乏的问题有着较好的解决效果。灰色方程、灰色矩阵、灰色参数是灰色系统理论的三大基础。

灰色理论是一门系统工程学科，其基础是数学理论。利用少量和不确定的历史数据，可以建立灰色微分预测模型，所以灰色理论适用于解决井下涌水量预测这种小样本问题。单变量差分一阶微分方程模型(GM(1,1))是灰色预测中最常采用的模型，无需对影响问题的主次因素进行分析，只需要对原始数据进行一定的处理，因此适合于对矿井涌水序列的预测。然而涌水量的波动频率和变化幅度都很大，采用单一的 GM(1,1)预测会过滤掉这种随机波动，降低了预测准确性。

涌水量是随机变化的，这种特性表现出随机过程的特点。根据这一特点可以引入马尔科夫过程来显示涌水量的变化特征。与灰色模型相比，马尔科夫过程通过对历史数据的状态进行处理建立状态转移矩阵，揭示系统内部随机波动的特征。将灰色预测模型和马尔科夫过程相结合可以提高对涌水量的预测精度。

马尔科夫模型主要研究系统所处的状态和各状态之间变换关系。通过建立马尔科夫模型对系统当前所处的状态和各状态之间的转移情况进行分析，对未来时刻系统所处的状态进行预测，为决策提供数据支撑。这是建立马尔科夫过程的主要目的。

将上述两种模型结合形成灰色马尔科夫模型，灰色马尔科夫模型对光滑度较好的原始数据有较好的预测，因此为了提高预测精度，采用时间指数对原始数据进行修正。

(2) 灰色马尔科夫预测模型的构建

在构建涌水量预测模型的过程中，首先使用平均法测定各时刻涌水量的时间指数，用来修正原始数据，然后建立灰色模型进行预测，计算预测结果与实际值的平均误差，根据平均误差划分马尔科夫过程的状态区间，根据各状态之间的转移概率建立状态转移矩阵，最后通过状态转移矩阵对灰色预测值进行修正得到最终预测结果。

9.6　煤矿冲击地压监测与预警

冲击地压作为威胁煤矿安全生产的重大动力灾害之一，是矿山井巷和采场周围煤岩体由于变形能释放而产生的以突然、急剧、猛烈的破坏为特征的动力现象，是一种特殊的矿山压力显现形式。

9.6.1 冲击地压监测

围岩在矿山压力作用下会产生许多力学效应，例如煤岩体的变形、应力集中、破裂和电荷迁移等。对表征围岩力学效应的物理量的监测，将有助于了解矿山压力现象的力学特征，探究其突变致灾的机理，实现矿山压力灾害的有效预防和监控。

1. 冲击地压监测类型

根据其监测物理量的不同，矿山压力监控系统可分为围岩体变形监测、围岩体应力监测和煤岩体动态破裂监测。

(1) 煤岩体变形监测

① 巷道围岩变形监测

对于巷道表面位移的监测，可以用测杆或动态仪观测巷道顶底板移近，用钢尺或围岩收敛仪观测巷道两帮的位移，并根据预测结果评价巷道围岩的收敛率和稳定性。顶板离层监测，是在巷道顶板打钻孔，安设顶板离层仪，观测顶板不同层位和高度的深部岩层变形量，依据观测数据分析评价顶板离层的量值和危险程度。巷道围岩松动圈测定，则是在顶板和两帮布置观测钻孔，用超声波测试仪观测孔内不同范围的波速变化，借此评价巷道围岩的强度变化和松动程度，为锚杆锚索的支护参数设计提供依据。

② 巷道支架载荷监测

巷道支架载荷监测主要采用在支架上安装仪器，观测巷道不同地点、时间的支架承受载荷大小，分析支架在整个服务过程中载荷情况，验证支架的安全程度。对于抬棚或砌碹支护巷道可以通过压力盒进行监测，对采用锚杆和锚索支护的情况，则需用测力计实施监测。

(2) 煤岩体压力监测

① 应力在线实时监测

本方法基于钻屑法的基本原理，通过矿压理论、现场监测总结出支承压力分布、钻屑量与钻孔应力三者的关系理论，从而研究预测预报技术和关键阈值的确定。应力在线实时监测系统的理论基础是"当量钻屑量预报矿压灾害的机理"，该机理指出：在有矿压危险的区域，在发生矿压灾害前，采动应力存在逐步增加的过程，且应力必须达到煤体破坏极限时，才有可能发生矿压灾害，而此时钻屑量将超过额定的安全指标。因此，应力增量的变化规律与钻屑量存在相关性，通过监测应力增量的变化规律，相当于间接地得到了钻屑量，故将应力增加称为钻屑量。由于应力增量可以实现实时在线监测，因此，可通过监测应力增量，实现冲击矿压灾害的监测预警。

② 弹性波 CT 层析成像探测

弹性波 CT 层析成像技术，就是地震层析成像技术，是一种采矿地球物理方法之一。其工作原理是利用地震波射线对工作面的煤岩体进行透视，通过弹性波 CT 设备观测地震波走势和能量衰减参数，对工作面的煤岩体进行成像。地震波传播通过工作面煤岩体时，煤岩体上所受的应力越高，震动波传播的速度就越快。通过震动波速的反演，可确定工作面范围内的震动波速度场的分布规律，速度场的分布则反映了工作面范围内应力场的分布，从而划分出高应力区和矿压灾害危险区域，为这种灾害的监测防治提供依据。

(3) 煤岩体动态破裂监测

① 电磁辐射监测法

电磁辐射是指煤岩受载破裂过程中向外辐射电磁能量的过程或现象。研究表明,电磁辐射是煤体等非均质材料在受载情况下发生变形及破裂的结果,是由煤体各部分的非均匀变速变形引起的电荷迁移和裂纹扩展过程中形成的带电粒子的变速运动而形成的。不同类型的煤岩体在载荷作用下变形及破裂过程中都有电磁辐射信号产生。在煤体的受载变形破裂过程中,电磁辐射基本上随着载荷的增大而增强,随着加载及变形速率的增加而增强。煤岩体电磁辐射的脉冲数随着载荷的增大及变形破裂过程的增强而增大。载荷及加载速率越高,煤体的变形破裂越强烈,电磁辐射信号也越强。

② 声发射监测法

矿井中的声发射现象与岩石的动力现象及弹性波的发射有关。这是由于在岩体压力场作用下,岩体结构的非弹性变形或结构产生的非稳定状态的结果。

声发射源与岩石种类、信号的发射水平、塑性变形、微裂缝的形成与增长、已存在的裂缝及微裂缝等有关。对矿山压力灾害危险性的评价来说,主要是根据声发射系统记录到的岩体声发射参数与局部应力场的变化来进行。岩石破坏的不稳定阶段是岩石中裂缝扩展的阶段,而声发射现象则是微扩(岩体中出现的破裂和零量裂隙缝)超过界限的表征,而该现象的进一步发展则表明岩石的最终断裂。根据矿山压力显现特征,最终断裂将引发高能量的震动,对巷道的稳定形成威胁,也可能引发冲击地压灾害。

③ 微震监测法

微震监测技术是利用岩体受力变形和破坏后本身发射出的地震波来进行监测工程岩体稳定性的技术方法。该技术目前被认为是对岩体的动力灾害,特别是对冲击地压预测预报最有效和最有潜力的监测方法之一。

微震法作为区域性监测手段可连续记录煤岩体内出现的动力现象,并对震源进行精确定位和能量计算,所以该方法具有探测潜在大范围矿压灾害危险分布的能力。

通常煤岩体发生冲击地压前一定会在应力作用下产生众多小能量级别的矿震,两者之间具有伴生关系,而这些小矿震则是研究并预警冲击地压或强矿震的重要信息源。利用微震法进行冲击危险或强矿震预警,目前国内外已取得一些研究成果。

2. 冲击地压监控系统应用

现有的冲击地压监控系统,一般都是基于上述某一种监测方法,经过科研人员长期的研究开发出来的。波兰SOS微震监测系统是由波兰矿山研究院、中国矿业大学联合研发的,它是基于微震监测法的冲击地压监测系统,在我国有比较广泛的应用。地面声发射监测系统是近年来由EMAG研究中心开发的一种新的监测系统。后来德国研制的煤粉钻屑法等方法具有较高的国际威望。

目前国产的KJ550-2综合矿压监测系统也得到广泛应用,该监控系统基于"当量钻屑量预警动力灾害的机理",有动力灾害(冲击地压和煤与瓦斯突出)危险的区域,在发生动力灾害之前,应力存在逐步增加的过程,且应力达到煤体破坏极限时,才有可能发生动力灾害,而此时钻屑量将超过额定的安全指标。因此,通过研究、监测确定应力增量的变化规律与钻屑量之间的关系,通过监测应力增量的变化规律便可间接得到钻屑量值,实现利用钻孔应力测量代替钻屑量作为主要的监测指标。

系统设备包括四部分:压力变送器、采显一体仪、以太网光纤通信网络、井上实时监测中心。井下采集仪连接压力变送器,对不同深度煤层的压力进行实时监测,变送器通过组更换随开采面的推进而延伸监测区域。采显一体仪将模拟数据经过采集控制处理中心转换为数字信息，通过以太网和光纤送到井上监测中心，监测中心针对分色预警阈值形成云图并进行危险判断，实现冲击地压的实时监测预警。

该系统可以通过测点颜色显示出该测点的预警情况。蓝色为数据异常，绿色为正常压力范围，黄色为黄色预警压力，红色为红色预警压力，某矿区显示实时预警如图 9-8 所示。还可以根据同组不同深度测点的压力值，在压力云图中生成监测区域的等值线云图，压力较小区域为绿色，压力较大区域为黄色或红色，某应力显示云图如图 9-9 所示。

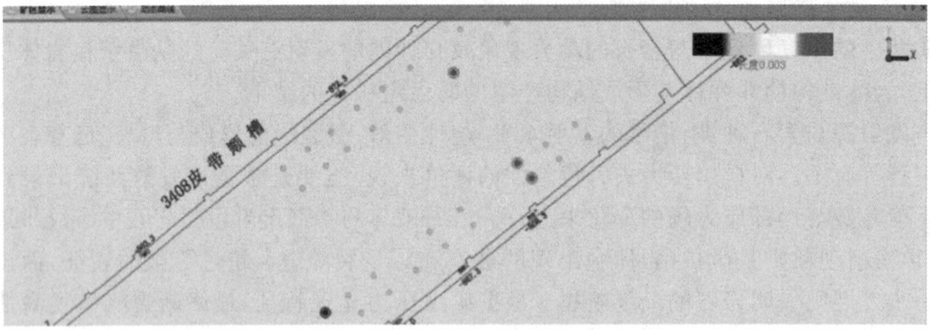

图 9-8　某矿区显示实时预警图

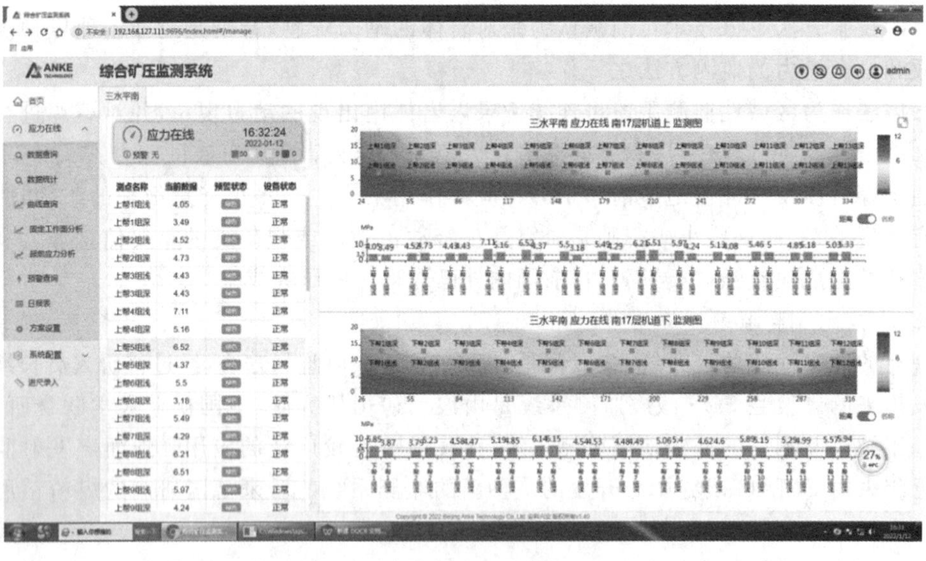

图 9-9　某应力显示云图

9.6.2　冲击地压灾害危险预测

感知台网预警冲击矿压危险的实质是观测某个采掘工作面周围（即分区）矿震参量（矿震频次、矿震能量、震源分布和震动波速）的变化情况，并确定该区域的冲击矿压危险性的大小及危险性变化程度。

（1）分区

煤矿采掘生产区域不止一个，感知台网记录的矿震信号是多个采掘工作面共同影响的结果。由于各个生产区域的地质和开采技术条件不尽相同，即使是同一工作面，在回采过程中地质构造、上覆岩层结构也会发生改变。为区分在不同影响条件下产生的矿震，就要对煤矿中发生矿震的不同区域进行划分，以利于建立独立因素与产生矿震信号特征的关系，例如褶曲、断层等地质因素。

分区的范围一般选取研究分析区域 500 m 的范围。对于掘进工作面，一般选择以掘进工作面为中心、500 m 为半径的区域进行分析研究；对于回采工作面，则选取以上下顺槽、开切眼及停采线为界外延 500 m 范围的矩形区域。分区确定后即可统计一段时间段内的各参量变化规律，研究在不同开采技术与地质条件下微震参量的变化规律，从而应用于冲击危险的监测预警。

(2) 参量选择

① 矿震频次：一定条件下，一段时间（总分析天数）内，相同时间间距（一天或多天）内矿震发生次数的累加值。

② 矿震能量：一定条件下，一段时间（总分析天数）内，相同时间间距（一天或多天）内的矿震能量总和。

③ 震源集中程度指标值：描述震源集中程度变化的指标，认为震源分布越集中或存在线性关系时，发生强矿震的可能性就越大。

冲击危险判断依据为：震动频次升高后，若总是集中在一个较小的区域内释放能量，说明岩体的某个小区域内岩体活动加剧，是强矿震来临的一个前兆。当出现震动集中程度指标值与震动次数曲线在纵向上明显偏离的时段，且与之前的曲线偏离程度相比，震动次数越多，指标值越小，集中程度越高，发生强矿震的可能性就越大。

(3) 冲击危险界定及评价条件

① 冲击危险界定

对掘进巷道：出现能量超过 1×10^4 J 的矿震，即为危险性矿震，说明该区域巷道在掘进过程中开始具有冲击危险。

对采煤工作面：出现能量超过 1×10^5 J 的矿震，即为危险性矿震，说明在该区域工作面回采过程中开始具有冲击危险。

② 冲击危险应对措施

当采掘工作面具有冲击危险性，应采取以下对策：

ⅰ 若为危险性矿震，应及时与震源点附近区域取得联系，询问并记录现场矿压显现、动力现象及震动破坏情况；ⅱ 加强微震法监测与冲击危险性分析，并与其他监测方法结合后综合应用于冲击危险预警；ⅲ 根据冲击危险级别确定相应的防治措施。

③ 冲击危险评价条件

为了达到微震法确定观测区域内冲击矿压危险的目的，应将微震能量、微震频次和震源分布相关指标与下列因素联系起来：ⅰ 采掘工作面是否生产，若停产，微震活动将显著降低；开采技术条件，包括残留煤柱、停采线、相向回采或掘进、工作面见方；ⅱ 开采地质条件，例如断层、褶曲、坚硬顶板；ⅲ 在具有近似开采条件的其他采掘面中的冲击矿压危险状况，一般在掘进期间有冲击显现的地方，回采期间同样会发生。

④ 微震趋势判别冲击危险

通过大量的监测实践，根据微震活动的变化、震源方位和活动趋势可以评价冲击矿压危险，对冲击矿压灾害进行预警。微震参量的每一次变化都是某个区域中应力变形状态变化的征兆，可以说明冲击矿压危险趋势上升或下降。

微震活动一直比较平静，持续保持在较低的能量水平（工作面小于 1×10^4 J，掘进面小于 1×10^3 J），处于能量稳定释放状态，此时采掘区域无冲击危险性。

强矿震发生前，矿震次数和矿震能量迅速增加并维持在较高水平，持续 2～3 天后会出现大的震动，之后矿震次数和矿震能量明显降低。

微震参量变化的原因应通过分析采掘工程条件和参数来识别。ⅰ 对掘进面，当采矿技术与地质条件恶化（例如遇到残留煤柱、断层、褶曲等）时，震动次数增加，并出现超过 1×10^4 J 的矿震是冲击危险大幅度增加的征兆。当采矿地质条件改善，震动频次降低，说明冲击矿压危险下降。ⅱ 对于回采工作面，当采矿技术与地质条件恶化（例如遇到残留煤柱、断层、褶曲、见方等）时，那么矿震能量降低是冲击危险大幅度增加的征兆。

对于回采工作面，岩体中能量的释放总是处于一种波动状态，对应能量积聚和能量释放频繁转换，而在具有冲击危险的情况时，这种波动状态开始加剧。震源总能量变化趋势首先经历一个震动活跃期（活跃期内出现能量超过 1×10^5 J 矿震），之后出现较明显的下降阶段（正常生产条件下），开始具有冲击危险性，而在下降阶段再回升或下降阶段中出现比较长时间的沉寂现象后，或震动频次维持在较高水平时，此时具有强冲击危险性。

如果微震强度参数的变化是在固定的时间内震动次数增加、推进量和工艺循环的增加：ⅰ 在微震能量同时增加的情况下，这是冲击矿压危险上升的征兆；ⅱ 在微震能量同时减少的情况下，这是冲击矿压危险下降的征兆。

如果微震强度参数的变化是在固定的时间内震动次数减少、推进量和工艺循环的减少：ⅰ 当至少在几个生产循环（采煤工作面或巷道最少推进 20 m）中维持这种情况，这是冲击矿压危险下降的征兆；ⅱ 当震动的微震能量增加，这是冲击矿压危险上升的征兆。

震动相对于观测巷道的位置变化：ⅰ 在震源向采煤工作面或巷道迎头接近时，冲击矿压危险上升；ⅱ 当震源向离生产区域较近的断层、遗留煤柱、停采线等区域积聚时，这是冲击危险上升的征兆；ⅲ 在震源向采空区方向远离采煤工作面或巷道迎头时，冲击矿压危险下降；ⅳ 震动频次升高后，若总是集中在一个较小的区域内释放能量，说明岩体的某个小区域内岩体活动加剧，是强矿震来临的又一个前兆。当出现震动集中程度指标值与震动次数曲线在纵向上明显偏离的时段，且与之前的曲线偏离程度相比，震动次数越多，指标值越小，集中程度越高，发生强矿震的可能性就越大。

9.6.3 智能防冲击地压关键技术

智能化防治冲击地压体系依托于煤矿智能化建设和人才培养，在煤矿井下水文地质条件、设备运维状态、煤矿生产信息感知的基础上，经过大数据集成、分析、建模和评估，实现智能化条件下的冲击地压矿井生产状态评估、安全风险评价、设备运维自检、系统智能决策、隐患自主排查与灾害发生后的设备自主联动，达到保障煤矿正常生产、预警冲击地压灾害和科学管理的目的，其核心在于精准的地测感知、全面的数据平台、实时的风险评估和智慧的灾害处置。

1. 煤矿冲击地压智能化监测体系

(1) 体系结构

冲击地压监测预警数据涵盖了微震、在线应力、电磁辐射、电荷、地音、钻屑量及矿压监测等多种类型数据,冲击地压监测已进入数据类型复杂多样、数据量庞大的大数据时代,亟需在冲击地压危险性监测预警正确理论的基础上,应用"互联网+"的云计算技术,研制相应的智能化监测设备和预警软件,实现"以计算机智能预警为主、人工预警为辅"的煤矿冲击地压智能化监测体系。主要包括监测数据的感知与汇集,监测数据的动态分析与危险判别以及实施决策控制与反馈三个模块,监测体系图如图 9-10 所示。

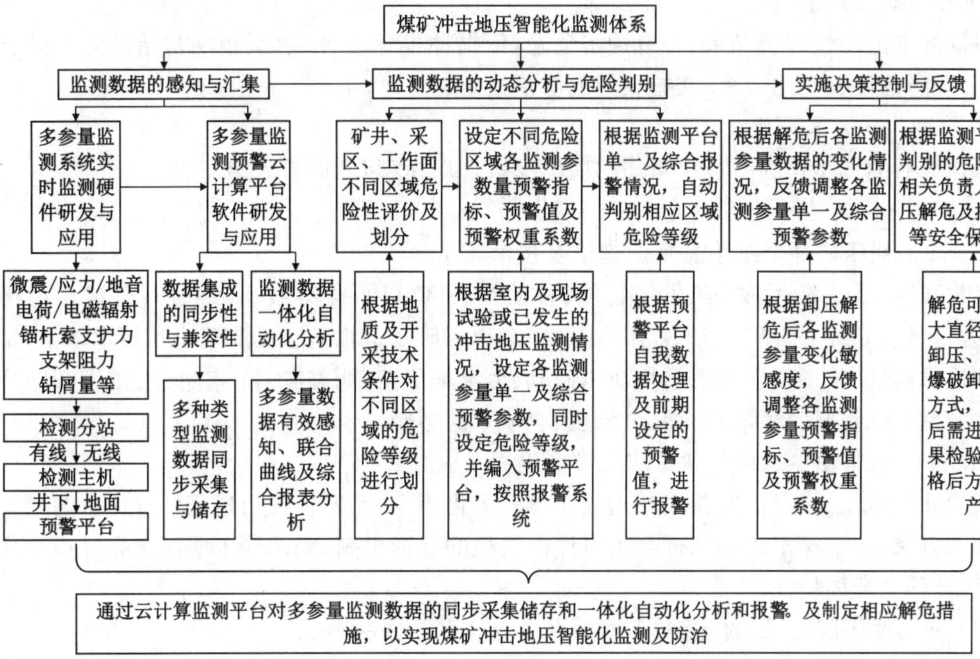

图 9-10　煤矿冲击地压智能化监测体系

(2) 实现流程

智能化系统防治冲击地压系统包括自我感知、动态预警、智能决策、自我学习等模块,将各模块与监测、防治设备结合,便可实现智能化防治冲击地压。智能化防治冲击地压体系实现流程如图 9-11 所示。

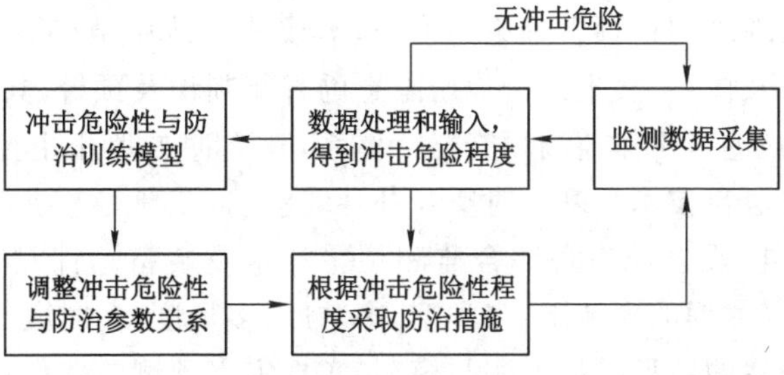

图 9-11　智能化防治冲击地压体系

① 第一步　自我感知

将监测和防治设备与传感器结合，实现设备自我感知能力，如钻屑设备加装扭矩、转速、温度等传感器，在钻屑过程中实时采集数据。

② 第二步　动态预警和自我学习

构建大数据平台，存储传感器传输的数据，采用归一化处理数据，输入训练完成的神经网络，由输出层结果判断冲击危险性程度，实现动态预警。若无冲击危险，转入第一步。同时将冲击危险性程度、防治效果量化指标和防治参数作为样本进行训练，冲击危险性程度、防治效果量化指标作为输入层数据，防治参数作为输出层数据，训练防治学习模型。

③ 第三步　智能决策

根据冲击危险性评价结果，若有冲击危险，依据冲击危险性程度、预期防治效果与防治的关系，对防治设备发出指令，实施相应的防治措施。

④ 第四步　自我调整

将训练后的模型作为智能决策新的防治参数选取模型，之后转入第一步。

2. 智能化防治冲击地压关键技术

(1) 冲击地压矿井全维信息反演理论及技术体系

将物联网、云计算、大数据、人工智能、移动互联网、可视化等技术，结合现代矿山的微震、应力、导航、光纤、光测等传感技术，建立冲击地压矿区全维信息反演理论和技术体系，实现煤矿地质信息、采场覆岩动态结构演化信息、力学场信息、地震波 CT 信息、人员设备路径跟踪、煤岩损伤断裂信息等全方面、全维度、全体系的感知。

(2) 冲击地压发生机理与孕育演化模型建立

揭示冲击地压发生机理，建立冲击地压孕育演化模型，是实现冲击地压精准评价与预警的基础，其关键在于探索采动条件与煤岩冲击失稳的互馈机制，揭示冲击地压孕育过程中能量积聚、转移和释放特征。

(3) 冲击地压前兆采集传感与多网融合传输技术及方法

冲击地压前兆采集传感与多网融合传输技术及方法解决当前传感信息不全面、灵敏度低、可靠性较差、关键区域密集监测传输手段缺乏、异构数据无法融合等问题，研究光纤光栅微震传感、三轴应力传感、非接触供电与数据交互、非在线式检测关键信息快速采集等关键技术，开发具有故障自诊断、高灵敏、标校周期长的前兆信息采集传感技术与装备，研究异构数据融合、自组网、抗干扰等多网融合传输关键技术，开发矿井关键区域人机环参数全面采集、多元信息共网传输新方法、新装备，为冲击地压监测系统可靠运行提供技术保障。

(4) 冲击地压危险性监测评价与预警理论及技术体系

建立冲击地压的综合判识预警理论与模型，形成冲击地压敏感参数选择及其预警判据确定的智能判识技术及体系，实现冲击地压隐患的智能判识及预警，其关键在于基于冲击地压类型及前兆模式的研究，构建监测预警指标体系，建立冲击地压主控因素、灾害风险与前兆信息的智能判识方法与技术。基于时空互补性，建立冲击地压多尺度多参量监测预警理论，研发冲击的压力-电-震多源信息综合监测预警技术及装备。针对时空数据、感知数据、生产数据、灾变数据等数据的大范围、多类型、多维度、多尺度、多时段等特征，建立面向冲击地压前兆信息模态构建的数据挖掘方法与模型，实现灾害预测前兆信息模态的自动更新，实现对冲击地压灾害可能涉及的危险区域进行快速辨识和动态圈定，为冲击地压的监测预警奠定理论基础。

(5) 智慧化冲击地压防冲技术和装备

研发高危环境“人-机-环”多相、多场、多元信息主动调度并自主决策的高速交互防灾治灾智慧机器人与信息化装备。主要针对大直径钻孔卸压、煤体卸压爆破、顶底板爆破卸压、顶板定向水力压裂、支护设备等解危装备进行研发，实现智能化防治冲击地压技术和装备的突破。

9.7　其他煤矿生产环境指标监测

9.7.1　风速监测

矿井巷道的合理通风是环境安全的可靠保证，风量作为通风系统的核心参数，风速过高或过低都将会对人员和设备造成影响。风速太低，矿尘不能及时排散，而且矿工汗水不易蒸发，人体感到燥热不安，影响工作效率；风速过高将会减弱井下新鲜风的流入，使井下污风不能及时稀释，强有力的风会造成落尘飞扬，影响可见度，而且矿工长时间处于该环境易感冒，因此，合理的风速对井下安全生产、保障工作效率和人员生命健康有重要作用。矿井巷道中的允许风速见表 9-7。

表 9-7　矿井巷道中的允许风速

井巷名称	主要进、回风巷	升降物料和人员的井筒	无提升速度的风井和风洞	专为升降物料的井筒	风桥	架线电机车巷道	运输机巷、采区进回风巷	采煤工作面、掘进中的岩巷和半煤岩巷	掘进中的岩巷	其他通风人行巷道
最低风速 /(m/s)	—	—	—	—	—	1.0	0.25	0.25	0.15	0.15
最高风速 /(m/s)	8	8	15	12	10	8	6	4	4	—

《煤矿安全规程》规定：“矿井必须建立测风制度，每 10 天进行一次全面测风，对采掘工作面及其他用风地点记录风速，应根据测风结果采取措施，进行风量调节”。通常井下风速监测使用的是风速传感器，风速传感器设置如下：

(1) 突出煤层采煤工作面进风巷、掘进工作面进风的分风口必须设置风向传感器，当发生风流逆转时，发出声光报警信号。

(2) 突出煤层采煤工作面回风巷和掘进巷道回风流中必须设置风速传感器，当风速低于或者超过《煤矿安全规程》的规定值时，应当发出声光报警信号。

(3) 每一个采区、一翼回风巷及总回风巷的测风站应当设置风速传感器。

(4) 风速传感器应设置在巷道前后 10 m 内无分支风流、无拐弯、无障碍、断面无变化、能准确计算风量的地点。

9.7.2 氧气浓度监测

煤矿井下环境作业中,充足的氧气供给是矿工安全工作的前提,然而随着开采的掘进和采煤工序的开展,极易在巷道的风流中混入可燃性气体和其他毒性气体,使得矿井氧气浓度下降,不同氧气浓度下人体出现不同程度的征兆,见表 9-8。因此,井下环境必须保证氧气供应量充足。

表 9-8 氧气浓度对人体的危害程度

氧气浓度/%	出现的征兆
>23.5%	富氧状态,有强烈爆炸危险
19.5%~20.9%	人体正常
16%~19%	工作效率降低,并可导致头部、肺部循环系统问题
10%~12%	呼吸急促、判断力丧失、嘴唇发紫
8%~10%	智力丧失、昏厥、恶心呕吐、脸色苍白、嘴唇发紫
6%~8%	停留 5 min,经治疗可痊愈,8 min 致命
4%~6%	40 s 内抽搐、呼吸停止

《煤矿安全规程》规定,采掘工作面的进风流中,当氧气浓度低于 20%时,要发出报警信号,并加大氧气供应量,所以井下环境参数的测量应包括氧气参数的测量。此外,通过测量氧气浓度可以间接测定爆炸气体浓度,从而得知井下安全状态。表 9-8 为氧气浓度对人体的危害程度。

9.7.3 CO 浓度监测

在煤矿井下,CO 作为煤矿事故中瓦斯发生爆炸的诱因之一,同时也与瓦斯爆炸产物形成相关。由于煤矿井下是半封闭状态,当煤尘高速氧化时,所需的供氧量就会受限制,此时便会产生大量的 CO。大量的无色无味 CO 存在于井下环境中一经吸入,将会立即与血液中的血红蛋白结合形成碳氧血红蛋白,从而对人体造成极大的伤害,其伤害程度随着 CO 浓度和人员停留于该环境的时间长短有直接关系,如表 9-9 所示。此外,当矿井空气中 CO 含量为 13%~75%时,一旦遇到火苗即发生爆炸,因此 CO 浓度的监测变得越来越重要,实时准确地监测井下 CO 气体的体积分数对保障煤矿安全生产、矿工生命安全具有重要意义。

表 9-9 CO 浓度对人体的危害程度

CO 浓度/%	停留时间	出现症状
0.016	6 h	轻度头痛
0.048	80 min	耳鸣、头晕、头痛、恶心
0.128	50 min	感觉迟钝、肌肉疼痛、呕吐、失去行为能力
0.4	14 min	失去知觉、痉挛、呼吸停顿
0.4	20~30 min	死亡

一氧化碳传感器的设置：

(1) 一氧化碳传感器应垂直吊挂，距顶板（顶梁）不得大于 300 mm，距巷壁不得小于 200 mm，并安装维护方便，不影响行人和行车；

(2) 开采易自燃煤层的采煤工作面应至少设置一个一氧化碳传感器，地点设置在回风隅角距切顶线 0～1 m 的工作面或工作面回风巷；

(3) 容易自燃煤层、自燃煤层采区回风巷、一翼回风巷、总回风巷；

(4) 带式输送机滚筒下风侧 10～15 m 处；

(5) 自然发火观察点，封闭火区防火墙栅栏外；

(6) 使用防爆柴油动力装置处。

以上一氧化碳传感器的报警浓度≥0.002 4%CO。

本章习题

1. 煤矿主要灾害事故有哪些？
2. 什么是瓦斯涌出？什么是瓦斯爆炸？
3. 瓦斯爆炸的三个必备因素是什么？
4. 煤尘爆炸的必备条件有哪些？
5. 什么是顶板事故？
5. 煤炭自燃监测的技术有哪几种？
6. 煤火灾预测方法有哪几种？
7. 什么是矿井突水？
8. 水灾监测主要使用哪几种传感器？
9. 什么是冲击地压？
10. 简述智能化冲击地压的实现流程？

第10章　智慧煤矿监控新技术

绿色智能已经成为世界煤炭工业的发展趋势,“十四五”煤炭行业科技创新发展的主要任务之一就是煤矿智能化发展。将物联网、云计算、大数据、人工智能、自动控制、移动互联网、智能装备等新技术与煤炭开发技术与装备进行深度融合,形成全面自主感知、实时高效互联、智能分析决策、自主学习、动态预测预警、精准协同控制的煤矿智能系统,实现矿井地质保障、煤炭开采、巷道掘进、主辅运输、通风、排水、供电、安全保障、洗选运输、生产经营管理等全过程的安全高效智能运行。新技术的发展使煤矿智能化建设成为可能,新技术的推广应用加快了煤矿智能化进程。

10.1　智慧煤矿与物联网技术

10.1.1　物联网的概念

物联网(IOT,internet of things)即万物相连的互联网,是在互联网基础上延伸和扩展的网络,它将各种信息传感设备与网络结合起来,形成了一个巨大网络,实现任何时间、任何地点,人、机、物的互联互通。这里包含两层意思:第一,物联网的核心和基础仍然是互联网,是在互联网基础上的延伸和扩展的网络;第二,其用户端延伸和扩展到了任何物与物之间,是能实现对物品的智能化识别、定位、跟踪、监控和管理的一种网络。

不难看出,物联网从提出到应用的根本目的就是为了增进人、物、服务之间的联系,让人类能够更轻松地去感知物理世界,从而更好地为人类的生产和生活服务。从本质上说,物联网及各类连接到物联网上的传感器是人类现阶段感知世界的重要手段。

10.1.2　智慧煤矿与物联网

在煤炭工业的特定环境中,全面提升感知、联接能力,让人与人、人与物、物与物在数据构筑的智能环境中进行交互,是实现煤矿智能化的前提。

1. 矿山物联网体系结构

智能矿山建设主要解决“人、机、环、管”四方面的问题。

(1)“人”通过人员定位、安全监测、无线通信、矿井广播等系统的综合应用,全面感知井下作业环境,实时调度、高效管理井下作业人员。

(2)“机”通过在设备上加装智能化数据采集和控制装置,实现设备信息采集全覆盖,不仅可实现设备运行的实时监控,还可以通过分析海量设备运行数据和对设备位置信息的实时监测,实现设备从进场到报废的全生命周期管理。

(3)"环"通过采集矿井各安全监测系统数据，实现井下作业环境实时监测和分析，并与其他智能化系统实时数据共享、联动，及时感知矿山灾害及作业人员作业环境，实现各种灾害的预警和设备联动，为作业人员提供主动式安全保障。

(4)"管"，① 将矿井管理流程数字化、无纸化，实现网上办公；② 基于全矿井海量监控数据的采集、共享、分析，为煤矿管理、决策提供科学的决策依据，提升煤矿管理水平。

矿山物联网泛在特征就是对矿山"人、机、环、管"所有对象乃至关键部件的身份标识和状态感知，是指"人、机、环、管"之间无处不在的连接和交互，是指感知与交互数据的深度利用。

矿山物联网的概念最早由中国矿业大学物联网研究中心提出。其目的是以矿山物联网的"三层应用模型"(应用层、网络层、感知层)为基础，完善矿山现有的监控、监测系统。矿山物联网网络架构如图 10-1 所示。矿山物联网技术的核心是形成对矿山生产过程的整体感知，即对工作人员身体参数、工作环境、位置环境等信息进行主动感知，实现主动式的人员安全保障；对矿山机械、设备的工作状况进行感知，实现设备的预知维修；对矿山常见的灾害风险进行预报预警，实现灾害的主动感知；对矿区的环境信息进行快速提取、即时分析和有效控制，实现矿区生态环境的主动感知；对矿山的运行管理和发展进行信息挖掘与分析，建立动态立体感知、智能信息管理、智慧决策应用为一体的综合服务管理云平台。

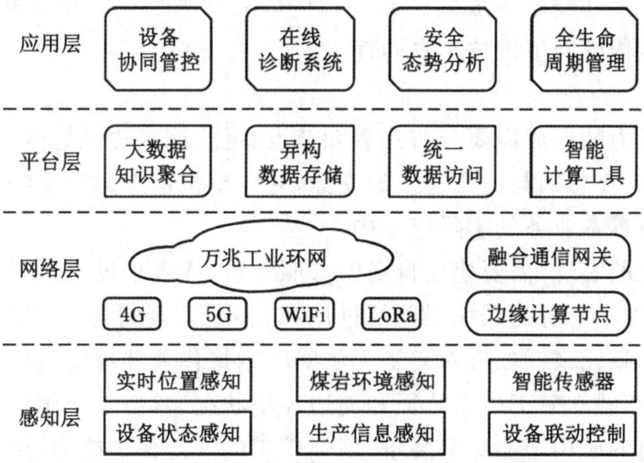

图 10-1　矿山物联网网络架构图

2. 矿山物联网泛在能力建设

各煤矿建设与生产的掘进、采煤、运输、通风、排水、供电等业务因矿井地质条件、开拓方式、采煤工艺、生产规模、管理模式的不同而产生一定差异，不同区域、环节所涉及的环境、人员、设备等管控对象的特征不同。深入应用物联网技术，实现煤矿泛在的感知和连接，进一步驱动应用的单元智能化，再通过云端的大数据和智能分析决策，有助于整体协同的煤矿智慧体系的实现。

(1) 泛在感知

针对矿山"人、机、环、管"所有感知对象，建设形成大样本的全信息元素的泛在感知，需要多种关键技术的支撑。泛在感知的大样本能力需要免标校的无源、无线式传感器的海量部署，而传统传感设备用电缆传输供电，需要定期标校，因而无法大量使用。泛在感知需要微功耗传感技术、无线传输技术和自供电技术的集合。

传感技术可以直接检测或等效出感知对象的状态，是实现泛在感知的要件。泛在感知要求传感器具备低功耗、高精度、高可靠、集成化、微型化特点，基于MEMS的微功耗传感技术发展迅速，形成的传感元件体积小、功耗低，易于集成和实现智能化。

矿山物联网需要每个感知对象的“位置”元素，需要在矿井中建立类似于GPS的支撑体系，直接向感知体系提供感知对象的位置信息。

在煤矿井下，环境中的低速风能、照明微光能、振动能量、热能可转换为感知终端的供电电源，从而实现低功耗终端自供电，进一步提升矿山感知的泛在能力。

在煤矿井下，环境变化、设备磨损的表征信号多数是缓变的，允许感知终端通过间歇工作的方式进行采集和传输，能够进一步降低能量的损耗和传输的压力。

(2) 泛在连接

矿山泛在连接能力的形成需要物联网标准的规范化，需要多种通信技术的融合，更需要通信与信息服务。

在连接标准方面，矿山物联网尚未能够作为一个应用体系真正列入国家标准建设规划，但是一些相关单位已经开始了矿山物联网标准的研制工作并取得了一定进展。

矿井通信方面，以高速工业以太网为主干，以高速无线局域网、低速无线传感网和现场总线为延伸的技术方案已经基本成熟。新一代的5G、WiFi6在矿井也开始开展应用探索，末端现场总线和无线传感网呈现技术多样性。

(3) 泛在智能

矿山泛在智能能力的形成需要分布式感知节点智能、网络边缘智能、区域智能和矿山总体智能的结合，需要泛在感知与泛在连接的支撑，并以单机甚至成套系统的方式充分体现在煤矿采、掘、机、运、通等各业务的实际应用中。

感知终端智能化的实现，需要建立自身的参照元素，或者借助泛在感知与连接获得参照元素，完成外部的干扰和自身的累积误差的过滤和消除，实现自身的故障识别和诊断，并向外提供有效的自身信息元素。如针对矿工无法实时掌握作业环境安全状况和自身健康状况的问题，正在研制能够感知矿工生命特征和周边环境状况，具备定位跟踪、无线交互、边缘计算能力和自供电能力的矿用智能穿戴装备，增强矿工的安全保护能力、单兵作业能力。

边缘智能和区域智能的实现，需要借助边缘计算、云计算技术，将网络边缘区域或整个作业单元区域中的大样本、多参量感知信息进行有机融合。例如，为实现煤矿主运输的经济运行、无人值守，设计了信息支撑系统。在物联网体系中，边缘智能和区域智能将形成可实时描述空间位置、空间对象、空间状态的数字场，为“人、机、环、管”提供直接、有效的信息，也可在空间云端形成直观的数字云图，以此进一步降低煤流线协同经济运行控制的成本和技术难度。并且，自供电的无线式传感器与电机、减速机、滚筒、托辊等部件的制造和使用紧密结合，加强了对机电部件的温度、振动、压力等参量的感知，实现机电部件健康状况的诊断，将进一步提升主运输系统设备自诊断能力和系统无故障运行时间。

物联网技术在智能矿山应用的总体目标是以矿井生产需求为驱动，将生产、机电、安全、调度等信息数字化，大量应用智能传感器技术、智能控制技术、数据传输、处理技术、信息管理技术，结合智能矿井生产实际，形成全矿井人与人、人与物、物与物相连的网络，实现矿井生产全过程的智能化运行。

10.2　智慧煤矿与 5G 技术

10.2.1　5G 技术

第五代移动通信技术(5th generation mobile communication technology,5G)是具有高速率、低时延和广连接特点的新一代宽带移动通信技术,是实现人机物互联的网络基础设施。

2019 年 6 月 6 日,工业和信息化部向中国移动、中国联通、中国电信三大运营商及国家广播电视总局颁发了 5G 商用牌照,这预示着我国正式进入 5G 商用元年。5G 以其大宽带、低延时、广连接的特性将实现万物互联,赋能各行各业,带动整个社会向前发展。因此,随着煤矿智能化建设的快速推进,采用 5G 技术为矿山提供宽带无线连接成为必然选择。

相比于 4G 通信技术,5G 在性能指标方面将会带来质的飞跃,主要体现在如下八个方面:峰值速率从 1 Gbit/s 增强到 20 Gbit/s,提升了 19 倍;体验速率从 10 Mbit/s 增强到 100 Mbit/s,提升了 9 倍;频谱效率提升了 3 倍;支持的移动性从 350 km/h 增强到 500 km/h;时延从 10 ms 降低到 1 ms,提升了 9 倍;每平方公里连接数从 10 万个增加到 100 万个,提升了 9 倍;网络能效提升 100 倍;区域流量提升了 99 倍。

国际电信联盟(ITU)定义了 5G 的三大类应用场景,即增强移动宽带(eMBB)、超高可靠低时延通信(uRLLC)和海量机器类通信(mMTC)。增强移动宽带(eMBB)主要面向移动互联网流量爆炸式增长,为移动互联网用户提供更加极致的应用体验;超高可靠低时延通信(uRLLC)主要面向工业控制、远程医疗、自动驾驶等对时延和可靠性具有极高要求的垂直行业应用需求;海量机器类通信(mMTC)主要面向智慧城市、智能家居、环境监测等以传感和数据采集为目标的应用需求。

5G 不仅融合了现有的无线通信技术,还在高频通信、大规模天线阵列、超密集组网、设备到设备间通信、网络切片以及边缘计算等多个方面进行了关键技术突破。

1. 高频通信

大宽带的高频段对技术标准、处理能力、高频器件、测试仪表等环节提出了更高要求,高频通讯还不具备规模部署条件。当前,我国商用 5G 频段主要采用的是中低频段,中国电信获得的是 3 400～3 500 MHz 共 100 MHz 宽带资源,中国联通获得的是 3 500～3 600 MHz 共 100 MHz 宽带资源,中国移动获得 2 515～2 675 MHz、4 800～4 900 MHz 频段,其中 2 515～2 575 MHz,2 635～2 675 MHz 和 4 800～4 900 MHz 为 5G 新增频段,2 575～2 635 MHz 为中国移动现有的移动 4G 网络制式频段。

2. 大规模天线阵列

面向 5G 的大规模天线系统主要是指位于基站的天线系统。面向 5G 的大规模天线阵列由于采用高频通信技术,能够缩小天线规模,形成三维空间阵列,这些天线阵列上的天线数可以多达上百个。因此,能够将天线阵列划分为天线块,并将波束赋形作为大规模天线的天线块,在块间实现空间增益和空间复用,从而为 5G 无线传输系统带来容量与性能的双层提升。

3. 超密集组网

为满足密集地小区部署需求，采用超密集组网技术，能提高频谱的空间复用率，实现热点覆盖增强、消除盲点，同时，能改善网络覆盖、提高系统容量。超密集组网在大大提升频谱利用率的同时，也会使越区切换频繁发生。为解决该问题，采用了虚拟小区技术，即越区切换的控制通过宏基站小区完成，而实体微基站小区作为实体层，主要承载数据传输。

4. 设备到设备通信

设备到设备通信技术是指数据传输无须经过基站，直接在终端之间进行交互的技术。目前，D2D 技术成为 5G 备选关键技术，主要是出于以下因素：① 由于发生 D2D 通信的终端通常距离比较近，可以以较小的发送和接收功率获得较快的传输速率，同时可以降低端到端的传输时延；② 会话的数据直接在终端之间进行传输，不需要通过基站转发，从而减轻蜂窝基站的负担；③ 可以采用与蜂窝用户共享频率资源的方式进行通信，因此能提升频率资源利用率：④ 具备多跳中继功能，能够扩大网络覆盖范围；⑤ 与蓝牙、WiFi 等设备间通信方式相比，可以工作于授权频段也可以工作于非授权频段，且无需进行繁琐的匹配，时延更小，传输速率更快。当然，为体现上述优势在面向 5G 的 D2D 通信中，也需要 5G 增加新的网络功能，如设备发现、D2D 通信管控等，因此在引入 D2D 通信时，亦需要考虑目前网络架构是否能够支持该功能。

当前，D2D 通信的主要应用场景有两个。

(1) 车联网。由于车辆需要及时获知其周围车辆、行驶道路及周围环境的状态，在车联网中采用 D2D 通信是必然选择。目前，涉及 D2D 通信的场景主要有四种：车与车(V2V)、车与行人(V2P)、车与基础设施(V2I)以及车与网(V2N)。基于上述场景的实现，车辆能够得到更详细、更全面的路况信息，获得更准确的预判，尤其对突发情况的处置能更高效和迅速。

(2) 灾难应急通信。在地震等突发自然灾难的情况下，蜂窝网络基础设施往往处于瘫痪状态。此时，可以采用 D2D 通信，确保发生灾害的地方也能以一定的通信手段进行信息的交互和人员之间的沟通，甚至能够确保其与外界的通信，从而有效引导救援工作，提高救援效率。

5. 网络切片技术

5G 网络需要能够同时支持大带宽、超低延迟、大连接等不同的应用场景煤矿智能开采也同时面临着超高清摄像头的大带宽、远程无人开采的超低时延控制、以及大量传感节点的大连接等多个应用场景。为有效支持这三种不同的服务质量需求，传统采用同一网络架构显然已无法满足需求。在此背景下，网络切片技术(network slicing)应运而生。基于软件定义网络和网络功能虚拟化，5G 网络能够实现网络切片技术，即将一张物理网络中的带宽、计算机存储资源进行逻辑分割，构建多个虚拟化的端到端网络，每个虚拟网络的资源均可独立运营和动态伸缩，从而满足不同应用场景的业务服务质量需求。

网络切片最重要的一个特征就是按需定制，即根据不同的应用场景，虚拟出不同的网络资源，从而满足传输质量需求。但是煤矿的远程无人工作面开采与井下机器人控制所需要的时延可能会不同。因此，5G 应用于智能开采中，需要细化具体业务需求，从而为网络切片的管控提供支撑。

6. 移动边缘计算

5G的三大应用场景和小于1 ms的时延指标，决定了5G业务的终结点不可能都在核心网后端的云平台，而移动边缘计算通过在移动网络边缘提供IT服务环境和云计算能力，以减少网络操作和服务交付的时延，从而能够更好地满足超低时延的工业控制场景及大带宽的传输需求，更好地实现物与物之间的传感、交互和控制。

10.2.2　智慧矿山与5G技术

当前煤矿数据传输存在组网复杂、覆盖性差、上行带宽受限等技术瓶颈。随着煤矿智能化技术的深入，未来煤矿终端数据将以指数级增长，特别是机器视觉、语音识别等高采样频率传感器的应用，现有网络必将难以支撑煤矿智能化的数据传输与处理需求。研究表明，5G传输网络支持大带宽、超低延迟和大连接的特性以及微基站、切片技术端到端的连接关键技术等，可为突破煤矿智能化数据传输处理的瓶颈提供核心技术支撑。

智能化煤矿应建设5G融合一张网，融合多种接入方式，基于一套传输标准，实现平台共享、数据共用、融合高效，5G融合网络图如图10-2所示。在下层建设覆盖整个煤矿的泛在感知网络，实现多场景感知的无缝接入；建设光纤接入骨干网，满足智能化开采的多样承载需求。根据需求设计不同的应用场景切片，满足不同带宽、时延和接入密度的要求，并充分考虑业务安全性以及网络故障不扩散原则，有效支撑基于5G智能开采、智能掘进等的各应用场景，提升监测数据传输可靠性、可维护性，推动矿山行业信息化、自动化、智能化发展。另外，5G通信基站应与井下定位导航基站融合，建立煤矿井下的定位导航服务系统，为人员、车辆、设备等提供精准定位服务。

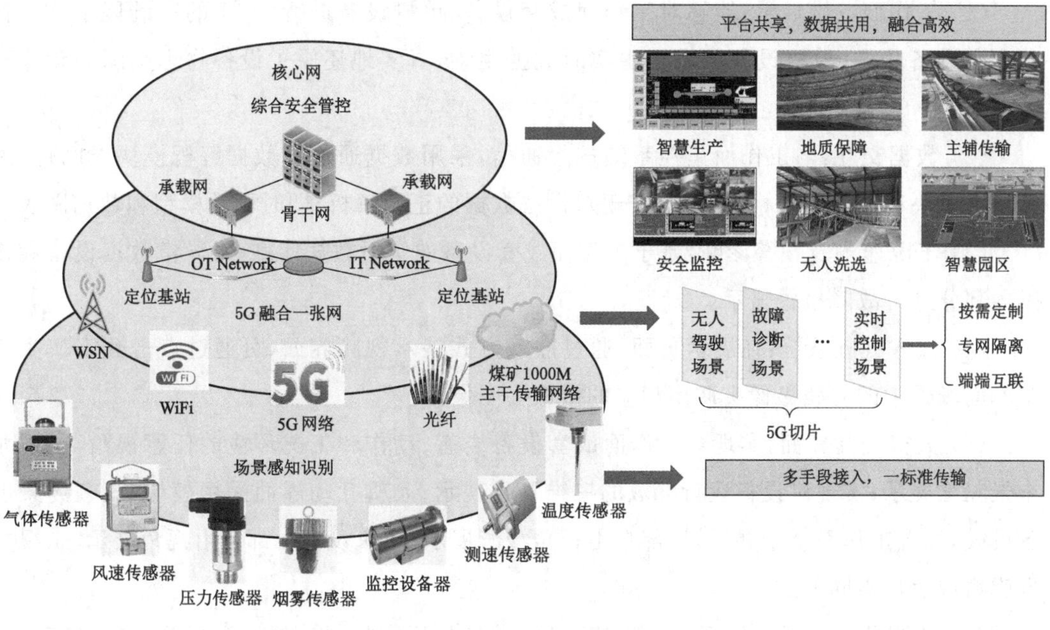

图10-2　5G融合网络

2020年6月18日，中国移动与阳煤集团、华为公司联手打造的全国首座5G智慧煤矿正式落成，阳煤集团新元煤矿依托目前国内地下5G网——“超千兆上行”煤矿5G专用网，实现了煤矿智慧化管理，解决了煤炭行业的诸多痛点问题。

中国移动携手华为开发全链条井下专用通信设备，取得全国首家5G网络设备隔爆认证，在阳煤集团新元煤矿井下534 m建成5G专用网络，推出机电硐室无人巡检、掘进面无人操作、综采面无人操作三项5G应用，帮助煤矿实现了矿井无人化、自动化、可视化运行。其中，机电硐室无人巡检应用，针对解决煤矿企业机电设备在长期运行过程中易发生故障的问题量身定制，降低了工作人员的劳动强度和风险，提高巡检质量与效率。掘进面无人操作应用解决了传统人工作业操作危险系数大、劳动强度高的问题，可进行远程操作截割和支护作业，实现了掘进作业的远程安全精准操控。综采面无人操作解决了井下设备运行过程中线缆维护量大、信号经常缺失等问题，为远程操作人员提供全景高清作业视野，既有效降低危险作业区域安全事故发生率，也节省大量人力物力。

5G智慧矿山基于5G通信技术将工作面数据在集控中心进行汇聚，通过5G网络实现地面对工作面采煤机、液压支架、三机设备的远程操作以及对工作面监控数据、视频的实时回传。工作面数字系统通过集中控制系统的实时数据，驱动工作面设备的1∶1三维模型，实时展示工作面成套装备的姿态和动作；对关键的设备运行参数、工艺数据、生产数据等进行数据或图表曲线展示。通过固定视角多场景模块化组合、分屏展示、自由漫游等不同展示方式，可提供直观、高效的人机交互体验。具体如下：

(1) 工作面三维展示：能够对工作面成套设备、单机设备进行1∶1的三维展示。工作面成套设备状态、单机设备状态均由实时数据驱动，真实地还原了设备物理空间的动作和姿态。

(2) 数据交互：与工作面集控系统进行通信，采用数据通信与数据解析模块中间件，通过设置模块和通讯数据格式，能够实现对设备数据的正确解析、即时驱动模型和数据图表。

(3) 工况监测及预警诊断：基于工作面成套设备的实时数据信息，对异常数据设备和传感器部分进行故障报警显示。

(4) 嵌入视频系统：在展示页面，通过嵌入方式展示视频界面，可通过点击数字孪生中工作面场景中的支架摄像头调用相应的摄像头图像。

(5) 人机交互界面：实现对工作面成套设备姿态、动作和工况环境的任意视角、全视角全景三维展示；实现对设备运行参数的三维融合展示；人机互动界面采用模块化、多场景展示模式，具有工作面全景展示、局部自由视角漫游展示、单机设备局部自由视角展示、工况数据弹窗展示等不同形式。

(6) 监测范围包括工作面顺槽巷道环境、煤壁与顶底板、采煤机、刮板输送机、破碎机、液压支架、顺槽泵站、开关、移变设备等。

10.3　智慧煤矿与人工智能技术

10.3.1　人工智能

人工智能(artificial intelligence,AI),它是研究、开发用于模拟、延伸和扩展人的智能的理论、方法、技术及应用系统的一门新的技术科学。

人工智能技术是研究人类大脑或人类思想方式,使机器能模仿人类大脑理解和运用思维方法的技术。简而言之,人工智能技术就是任何能模拟与人的认知、学习能力相似的技术。

人工智能是近年来发展最为迅速和最为热门的科技领域之一,该领域的研究包括机器人、语言识别、图像识别、自然语言处理和专家系统等。深度学习是人工智能(智慧化)的核心,系统自主更新和升级是人工智能的显著特征。智慧矿山要成为一个数字化智慧体就必须要有深度学习能力。

10.3.2　智慧煤矿与人工智能

新一代人工智能发展在信息感知、信息处理、行为操控等方面取得较大突破,其中在信息感知方面主要有图像识别、语音识别以及智能感知等技术;信息处理方面主要有语言翻译、棋类博弈、医疗诊断、专家系统、智能推荐等技术;行为操控方面主要有仿真机器人、自动驾驶、智能家居、虚拟现实和增强现实等技术。这些技术目前已成功应用于工业生产中。

1. 信息感知技术在煤矿中的应用

目前以图像识别、语音识别、智能感知为代表的人工智能技术在煤矿生产、安全监管等场景中发挥着重要作用。

(1) 图像识别(视频分析)

图像识别在煤矿井下主要实现形式就是智能视频分析。利用安装在煤矿井下的摄像头拍摄巷道内的视频,经过深度学习,实现模式识别。传统的视频监控系统,依靠人的感官和判断发现隐患。但井下点多面广,调度人员难以长时间保持警觉,实现 24 h 实时监控,有时无法及时获取相关隐患信息。也就是说传统视频系统只起到了监视作用,没有起到控制和监管作用。随着精准定位技术、智能化目标识别技术等人工智能技术、无线通信技术、计算机视觉技术有机融入煤矿安全生产各个环节,以及矿井视频监控系统普遍铺设,视频图像分析技术应运而生。

① 智能视频分析技术

智能视频分析系统涉及图像处理、模式识别、人工智能等多个领域,能够对视频区域内出现的运动目标自动识别出目标类型并跟踪,对目标进行标记并画出目标运动轨迹,能够同时监测同一场景里多个目标,可以根据防范目标的特点进行灵活设置;它能够适应不同的环境变化,包括光照、四季、昼夜、晴雨等,并能够很好地抗摄像头抖动。其改变了以往视频"被动"监控的状态,不仅仅局限于提供视频画面,而且能主动对视频信息进行智能分析,识别和区分物体,可自定义事件类型,一旦发现异常情况或者突发事件能及时地发出警报。提高安全管理技术水平和手段。

智能化视频图像分析系统在安防领域的应用有助于克服人力疲惫的局限性。能够代替监控人员，能实时发现各种事故隐患，立即进行预警和发出控制信息，并同时上传到上级主管部门，避免重大事故的发生。智能视频分析技术赋能煤矿安全生产，为智能安全监控系统一体化平台建设提供了新思路。

② 智能视频分析系统主要功能

人员识别：能够监测作业人员出入工作场地和现场活动情况。做到对人员入井、出井识别实时上报；设置电子围栏，根据不同区域可进入的人员类别不同，设置预警区域和报警区域，进入电子围栏区域的人员，系统识别人员后执行相应操作。发生矿难时，如果把智能视频分析系统比作是报警人，可以识别到人员异常数据并及时报警，那么UWB定位技术就像是搜救队，它能知道下井人员位置情况，便于出现事故之后进行及时搜救。

违规行为识别：当井下人员出现违规行为时，系统可自动从摄像头视频流中抓拍图像，自动识别并报警，实时自动统计分析，防止各类人员伤亡事故发生。比如违章乘坐皮带、矿车、在轨道上行走、工作期间疲劳操作、打瞌睡、乘车时工具伸出车外，进入危险地点、在危险地点、场所行走、乘车站点拥挤等。

隐患识别：对各种物体的不安全状态、设备的异常情况进行实时识别，比如可实现皮带跑偏、堆煤、撕裂、皮带上的大煤块、锚杆的识别及报警，必要时紧急停车，可避免由于大块煤、锚杆造成的设备损坏、堆煤等事故。可识别工作面支架护帮不到位、风窗风门没有关闭、岔道红绿灯不亮等安全隐患，并进行广播告警。

环境的不安全因素识别：实现巷道、工作面、掘进头等场所变形、偏帮、冒顶、落石、地鼓等环境不安全因素的实时识别检测，当超过规定数值时，及时记录报警，方便相关人员及时采取措施进行维修维护。

③ 主要应用场景

在主运输系统中，在保证视频实时性和无损性的前提下，对视频监控系统中各个摄像头所获取的视频进行画面组合，将实时视频流解析转码后传送至服务器进行图像识别与分析。智能视频分析系统可以监测带式输送机上的运行状态（如煤流量大小、是否存在异物、皮带是否跑偏、堆煤等），当识别出皮带出现异常情况，联动井下的声光报警装置，发出指令，提示井下相关作业人员进行及时处理。还可以对皮带通廊内人员进行识别，防止出现人员违章行为。主运输区智能视频分析系统如图10-3所示。

在辅助运输中，深度学习与图像处理相结合的实时目标检测方法，可以将车辆周围的各种场景进行区分，识别出人、物以及道路的边、线等参数，并指导机器做出反应。

在煤矸识别方面：实现对矸石形状、光泽、灰度、纹理等特征的辨识，区分煤与矸石。煤矸石识别如图10-4所示。

在安全监管方面，可以识别人的不安全行为，如利用人脸识别技术，实现入井考勤；在重点危险场所，通过设置电子围栏，配合语音系统，防止违法闯入，识别“三违”情况，保障安全。人员行为识别如图10-5所示。

电子封条：国家矿山安全监察局综合司关于《全面开展煤矿“电子封条”推广建设的通知》（矿安综〔2021〕55号）中要求：在全国所有在册煤矿建设“电子封条”，通过在煤矿关键地点安装摄像机、图像分析终端等设备，利用智能化视频识别等技术，实时监测分析矿井出入

（a）大块异物检测

（b）堆煤检测

（c）皮带跑偏

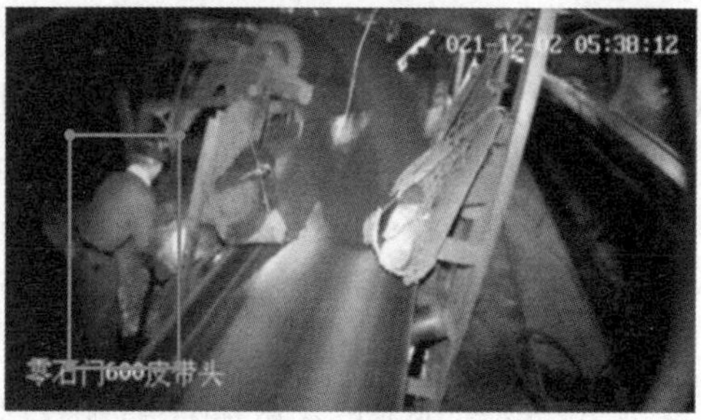

（d）人员检测

图 10-3　皮带运输区智能视频分析系统

（a）煤炭正确检测

（b）煤矸石

图 10-4　煤矸石识别

图 10-5　人员行为识别

井人员、人数变化及煤矿生产作业状态等情况，及时发现煤矿异常动态，自动生成、推送报警信息，实现全天候远程监测，“电子封条”矿端的安装位置为煤矿主副井口、风井口、车辆出入口和调度室等关键地点。

“电子封条”即为基于智能化视频识别技术的监控系统，拥有了“电子封条”，企业可以加强对作业人员的安全监管，国家也方便了对煤矿企业的安全整治，从而实现安全矿山、智慧矿山的建设。

(2) 语音识别

机器的语音识别就是将各种声音转化成数据，然后通过各种复杂的算法实现声音的分辨识别。在放顶煤开采方面，通过在液压支架后方安装声音拾取传感器，对煤和矸石撞击液压支架声波进行采集与分析，辨识出放煤过程煤矸比例的变化；在人机交互方面，通过使用神经网络等先进算法，并使用语音大数据训练，使人机之间的语音交互成为可能。

2. 信息处理技术在煤矿中的应用

在大数据技术、深度学习技术的推动下，可以建构基于大数据的新一代智能专家系统。

(1) 在煤矿设计中的应用

应用专家系统确定开发方案：智能专家系统可将影响矿井开拓开采所涉及的所有因素(例如：市场、交通、电源、地形、地质、煤层赋存、安全条件等)，通过神经网络技术计算得出决策因素的权重系数，最后利用模糊评判技术来确定出最优的矿井开发方案。

用专家系统优化巷道支护参数：专家系统可根据地区差异、使用功能、围岩情况、巷道断面等参数以及历史支护效果进行推理与判断，对巷道支护参数进行优化。

(2) 在煤矿经营生产中的应用

在矿井生产中，利用专家系统将互联网与云端的所有知识联系在一起，形成一个海量数据库，再根据煤矿生产经营涉及的市场、成本、生产、安全等多方面因素，降低矿井生产设备运营成本、提升运行效率，最大限度地节省人力、物力，同时根据市场情况，优化矿井生产。

在矿井环境管理中，利用专家系统进行数据分析，结合生产实际，优化风量调节、矿压监测、水文监测等，使矿井环境长期处于健康状态。

在设备健康管理中，利用人工智能专家系统整合物联网技术、现代传感器技术、无线通信等技术，为矿井设备加装智能监控设施，实时采集设备运行数据，实时监测设备的健康状态，早期发现设备的故障，提前维修，使矿井设备长期处于健康状态。某煤矿智能化设备综合管理系统图如图 10-6 所示。

(3) 在煤矿安全中的应用

在煤矿安全生产中，智能灾害诊断专家系统能够总结煤矿以往的生产过程中出现的安全问题以及提供解决方案，当问题出现时，专家系统便能迅速反应，预测问题所能带来的灾害，给出相应的处置方案，从而降低安全事故的发生，并提高救援系统应对灾害的能力。

3. 行为操控技术在煤矿中的应用

实施煤矿机器人岗位替代，把人彻底从井下解放出来，从而减少井下作业人员数量，从本质上实现安全生产。目前具有代表性机器人主要有：矿井搜救机器人、智能巡检机器人等，井下智能机器人如图 10-7 所示。基于人工智能技术的煤矿机器人，大幅降低了工人的劳动强度，有效保证了工人的安全。

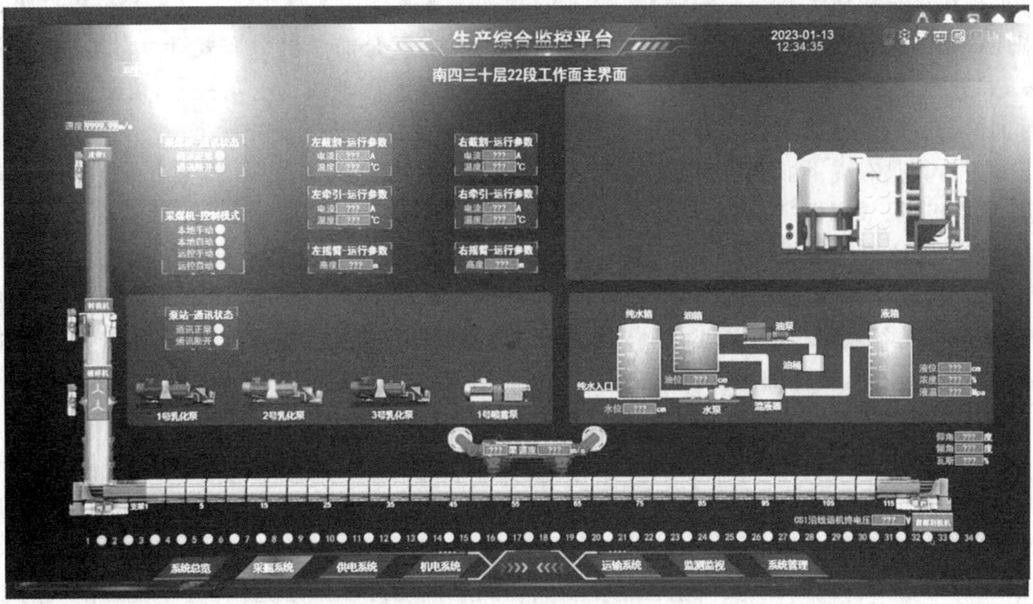

图 10-6　某矿智能化设备综合管理系统图

（a）井下救援机器人

（b）智能巡检机器人

图 10-7　井下智能机器人

10.4　智慧煤矿与云计算、大数据技术

10.4.1　云计算、大数据概述

1. 云计算

(1) 云计算概念

云计算(cloud computing)是分布式计算的一种，指的是通过网络“云”将巨大的数据计

算处理程序分解成无数个小程序，然后，通过多部服务器组成的系统进行处理和分析这些小程序得到结果并返回给用户。云计算早期，简单地说，就是简单的分布式计算，解决任务分发，并进行计算结果的合并。因而，云计算又称为网格计算。通过这项技术，可以在很短的时间内（几秒钟）完成对数以万计的数据的处理，从而达到强大的网络服务。

云计算具有以下显著特点：大规模、虚拟化、高可靠性、高通用性、高可扩展性、按需服务、成本极低、效率极高。

（2）云计算应用模式

目前，云计算的应用形式种类繁多，已渗透到互联网的方方面面，在工业界也有诸多表现，如国外的谷歌在线应用、亚马逊云服务，国内的阿里云梯、百度云盘、腾讯语音等。云应用主要分为三种：软件即服务（SaaS）、平台即服务（PaaS）、基础设施即服务（IaaS）。

2. 大数据

智慧煤矿的核心技术之一便是大数据的挖掘与知识发现。大量传感器的应用必将产生海量的数据，数据的规模效应给存储、管理及分析带来了极大的挑战。需要充分利用大数据处理技术挖掘数据背后的规律和知识，为安全、生产、管理及决策提供及时有效的依据。例如，在矿山安全管理领域，安全监控系统及其监测联网已经相当普遍，构建了完善的灾害监控和预测预警体系，达到了对矿井瓦斯、水害、火灾、冲击地压等事故的防控。

（1）大数据概念

大数据（big data），又称巨量数据，海量数据。麦肯锡全球研究所给出的定义是：一种规模大到在获取、存储、管理、分析方面大大超出了传统数据库软件工具能力范围的数据集合，具有海量的数据规模、快速的数据流转、多样的数据类型和价值密度低等四大特征。

大数据技术的战略意义不在于掌握庞大的数据信息，而在于对这些含有意义的数据进行专业化处理。换而言之，如果把大数据比作一种产业，那么这种产业实现盈利的关键，在于提高对数据的“加工能力”，通过“加工”实现数据的“增值”。

（2）大数据特征

典型的“大数据技术”包括并行处理平台、云数据库、大规模文件系统、基于内存的计算、大规模机器学习等。

大数据的本质特征可概括为“5 个 V”：volume（规模性）、velocity（高速性）、variety（多样性）、veracity（真实性）、value（价值性）。

3. 云计算与大数据关系

云计算技术的关键在于“分布”和“集中”，不管是通过经典的虚拟资源池技术，还是新兴的巨量计算资源整合技术，云计算都是将分布和集中思想贯穿其中，将大量广泛分布的计算资源通过网络进行集中聚合，再通过适合的调度算法分布配额给各种云用户，使得分布在各地的云用户的文档资料和办公研发工作都集中在云端完成。

而大数据技术则是由于云计算的兴起导致海量信息和数据的激增而出现的一种崭新的计算技术，其目的是存储、计算、挖掘和使用互联网络所产生的各种大数据。用个简单而形象的比喻，云计算像个大水池，而大数据便是这池中的水，大数据依靠云计算产生和存在，云计算则由于大数据而变得有价值和活力，两者相辅相成、密不可分，共同铸就了一个崭新的计算时代。

4. 云平台

云计算平台也称为云平台，是指基于硬件资源和软件资源的服务，提供计算、网络和存储能力。云计算平台可以划分为三类：以数据存储为主的存储型云平台，以数据处理为主的计算型云平台以及计算和数据存储处理兼顾的综合云计算平台。云平台一般具备如下特征：

(1) 硬件管理对使用者/购买者高度抽象：用户根本不知道数据是在位于哪里的哪几台机器处理的，也不知道是怎样处理的，当用户需要某种应用时，用户向“云”发出指示，很短时间内，结果就呈现在他的屏幕上。

(2) 使用者/购买者对基础设施的投入被转换为运营成本(OPEX)：企业和机构不再需要规划属于自己的数据中心，也不需要将精力耗费在与自己主营业务无关的IT管理上。他们只需要向“云”发出指示，就可以得到不同程度、不同类型的信息服务。

10.4.2　煤炭行业大数据分析云平台

为解决煤炭行业大数据存储、共享及处理与分析等难题，近年来国家出台多项相关方案和政策，进而提升煤炭行业管理和辅助决策水平，加快了煤炭智能化的建设脚步。

1. 平台架构

以某省煤炭行业为例，其通过文献研究、现场调研、专家咨询等，构建了基于B/S结构设计了由数据采集层、平台支撑层、应用层及访问层组成的煤炭行业大数据分析云平台，包括煤炭分布、煤炭规划、调度统计、预测预警、远程监控、科技创新等六大功能模块，总体设计搭建了煤炭行业大数据分析云平台，实现了对煤炭行业中煤炭分布、规划、调度等进行了全面监测和管理。煤炭行业大数据分析云平台总体架构如图10-8所示。

2. 平台功能

平台功能主要包括煤炭分布、煤炭规划、调度统计、预测预警、远程监控、科技创新等六大功能模块。具体如图10-9所示。

3. 煤矿智能化数据上云

煤矿辅助生产系统智能化实时数据上云，采用矿端采集网关和云端数据配置相结合模式来实现：① 矿端采集网关和云端的数据应用统一结合，矿端MQTT推送数据只包含测点编码和测点数值；② 矿端调用云端的测点描述API对各个测点进行准确描述，其他信息由编码可以获取，云端后台对矿端推送的数据进行解密入库；③ 云端建立流媒体视频流管理平台，实现矿端网关的视频流的推流拉流管理，保证一路通道上传即可在云端进行多客户端的复用，当矿端推送的媒体没有客户端观看时，云端通知矿端不再推送，实现按需要推送，减少带宽的占用。

通过平台的建设使得政府部门、煤炭企业、煤炭行业科研机构及煤炭企业消费者有机地结合起来，有效避免数据孤岛现象，提升了煤炭行业辅助决策和管理水平。

10.4.3　基于云平台的智能煤矿安全管理信息平台

智慧煤矿安全管控信息平台将煤矿基础数据、监测监控数据、生产管理数据、工业视频数据等结构化和非结构化数据进行采集、存储、处理，上传至云平台进行整理后，结合制定的指标体系进行风险分析研判，通过多维度、深层次挖掘风险分析信息，出具风险研判处置建

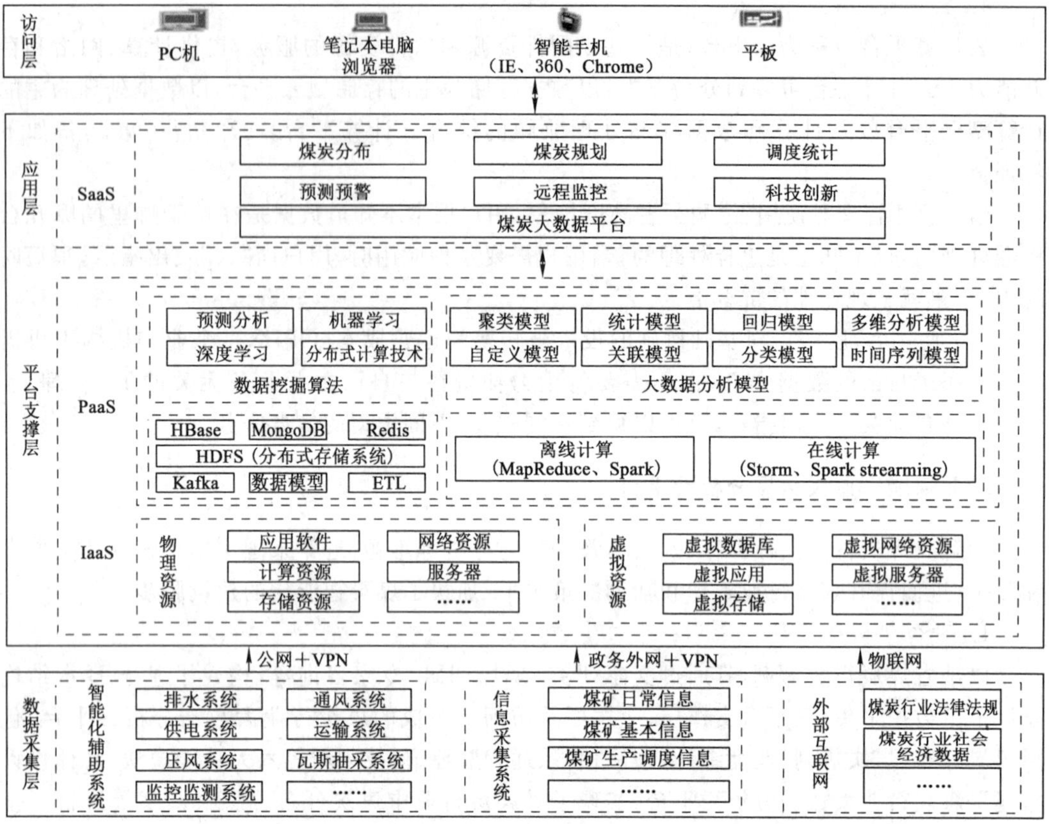

图 10-8　煤炭行业大数据分析云平台总体架构

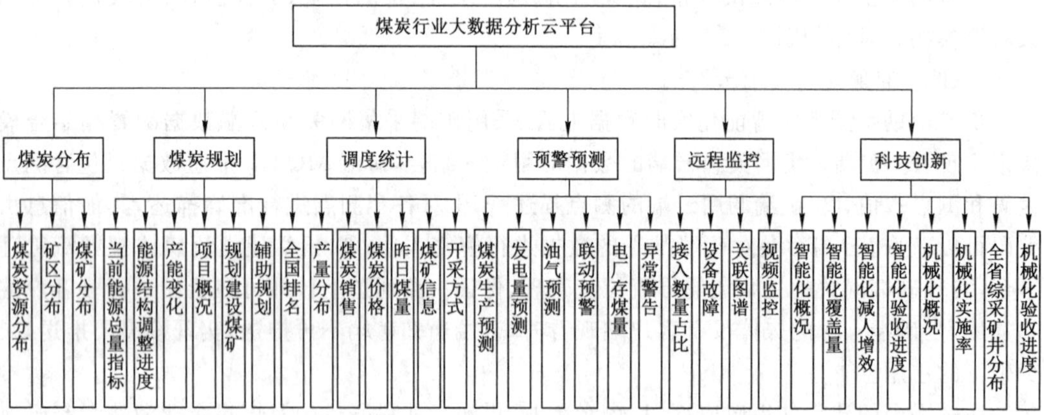

图 10-9　平台功能架构设计

议报告，并实现安全管控信息的可视化展现。

平台架构主要由感知层、平台层、应用层 3 层组成，如图 10-10 所示。

(1) 感知层：主要由现场大量传感器、工业视频前端摄像机、井下防爆终端、电源、定位装置等设备构成，实现作业现场环境安全、生产工况的全面感知，依托井下各传感装置、控制

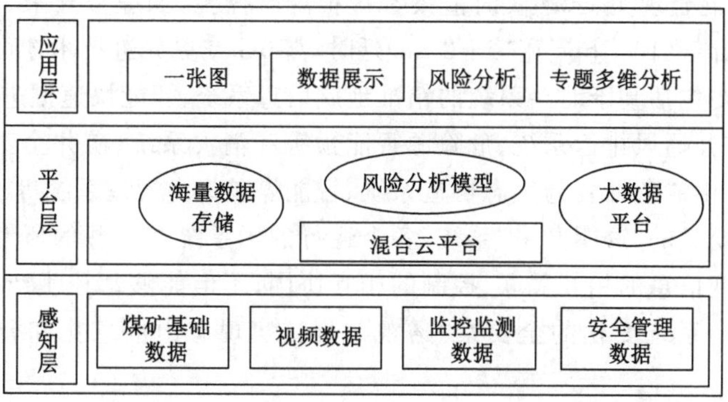

图 10-10　煤矿智慧安全管控信息平台建设总体架构图

装置、定位装置的物联规则，实现各传感器、控制器之间的自动智能识别与就地控制。

(2) 平台层：主要依托于混合云平台，即私有云和公有云混合平台。私有云主要是煤矿集团内部管理，为煤矿涉密数据提供内部存储库；公有云作为扩展使用，主要提供计算资源，两者相结合对采集的海量数据进行清洗、选择、存储、计算、分析。同时，风险分析模型也设计在此部分，将大量风险分析指标数据，利用设计的模型进行风险分析研判。

(3) 应用层：主要是将采集的数据和模型计算结果进行展示，包括基础数据管理、风险分析信息、专题多维分析和基于 GIS 地图的综合展示等。具备统一访问入口、统一身份管理、统一权限管理、个性化展现定制等功能，为煤矿从业人员、安全生产监管部门管理人员、集团公司相关业务人员等提供随时、随地、按需访问的安全生产领域信息的获取渠道。

面对煤矿数据多源异构，增长速度快，数据孤岛，数据存储、传输和处理效率低等问题，构建基于云平台的煤矿安全智能管控信息平台，利用混合云进行数据的存储、计算，减少资源建设，提高数据流转、计算效能；通过风险模型建立，对风险等级进行研判，进而实现安全管控，为煤矿安全生产管理提供了新的思路。

10.5　智慧矿山与 VR/AR 技术

虚拟现实(VR)是指通过计算机模拟生成一个三维虚拟世界，利用人工智能把来自多源的信号虚拟为听觉、视觉和触觉信号，使人们有身临其境之感，从而将数据转化为有质感的可视图形，同时配合远程操控系统，真正实现非下井采煤。增强现实(AR)是利用计算机生成的虚拟物体、场景等信息叠加到真实场景中增强用户对现实世界感知的一种技术。目前煤矿已在设备上应用增强现实技术，实现设备不开盖，即可对内部空间进行展示和模拟处理，为工人培训提供支持。

虚拟现实(VR)与增强现实(AR)是能够彻底颠覆传统人机交互内容的变革性技术，在煤矿的应用未来可期。其应用可分为 3 个阶段：

① 主要用于三维建模和虚拟展示，如现在的裸眼 3D 等技术，其基本需求为 20 Mbps 宽带＋50 ms 延时，现有的 4G＋WiFi 基本可以满足。

② 主要用于互动模拟和可视化设计等，如多人井下培训系统，其基本需求为 40 Mbps 宽带＋20 ms 延时，Pre5G 基本可以满足。

③ 主要用于混合现实、云端实时渲染和虚拟融合操控，如虚拟开采、协同运维等，其基本需求为 100 Mbps～10 Gbps 宽带+2 ms 延时，需 5G 或更先进技术才可满足。

智慧煤矿主要包括基于北斗系统的精准地质信息系统、智能快速掘进和采准系统、智能开采系统、智能矿井通风排运系统、危险源智能预警和消灾系统、矿井全工位设备设施健康智能管理系统、矿山绿色开发与生态再造系统、智能煤矿集中管理系统等子系统。各系统形成了基于四维多变量的“透明开采”系统，各个运行的子系统在矿井的所有空间剖面和时间剖面上都能够实现信息的相互关联、控制的相互协同；不但能够掌控生产过程的状态，而且可实现对开采各个系统变化的全要素“透视”，真正实现矿山信息化和智能化控制的深度融合。

本章习题

1. 简述矿山物联网的概念。
2. 简述智能矿山建设主要解决哪几方面的问题？
3. 矿山物联网泛在能力建设主要为哪几方面？
4. 什么是 5G 技术？
5. 国际电信联盟定义的 5G 应用场景有哪些？
6. 5G 技术在哪些技术上取得了突破？
7. 什么是人工智能技术？
8. 简述人工智能技术在煤矿中应用的其中一种场景。
9. 什么是云计算，什么是大数据，二者的关系是什么？
10. 什么是云平台，云平台主要分为几类？
11. 简述虚拟现实、增强现实的概念。

参考文献

[1] 李国庆. 智能矿山概论 [M]. 北京:冶金工业出版社,2019.

[2] 王国法,刘峰. 中国煤矿智能化发展报告[M]. 北京:科学出版社,2020.

[3] 葛世荣,丁恩杰. 感知矿山理论与应用 [M]. 北京:科学出版社,2017.

[4] 国家发展改革委、国家能源局、应急部、国家煤矿安监局、工业和信息化部、财政部、科技部、教育部. 关于印发《关于加快煤矿智能化发展的指导意见》的通知(发改能源〔2020〕283 号)[R/OL]. https://www.gov.cn/zhengce/zhengceku/2020-03/05/content_5487081.htm.

[5] 国家能源局,国家矿山安全监察局.《煤矿智能化建设指南(2021 年版)》[R/OL]. http://zfxxgk.nea.gov.cn/2021-06/05/c_1310015723.htm.

[6] 中华人民共和国国家质量监督检验检疫总局. 智慧矿山信息系统通用技术规范:GB/T 34679-2017[S/OL]. 北京:中国标准出版社,2018:5.

[7] 中华人民共和国住房和城乡建设部. 煤矿安全生产智能监控系统设计规范:GB 51024-2014[S/OL]. 北京:中国计划出版社,2015:5.

[8]安全生产监督管理总局. 煤矿安全规程 2022[M]. 北京:应急管理出版社,2022.

[9] 李长青. 矿井监控系统[M]. 北京:北京航空航天大学出版社,2018.

[10] 孙继平. 煤矿安全生产综合监测 [M]. 徐州:中国矿业大学出版社,2008.

[11] 秦宪礼. 安全监测监控原理 [M]. 北京:煤炭工业出版社,2015.

[12] 张宏. 煤矿安全监测与监控技术 [M]. 徐州:中国矿业大学出版社,2013.

[13] 李树刚. 安全监测监控技术 [M]. 徐州:中国矿业大学出版社,2008.

[14] 姚向荣,朱云辉. 煤矿安全监测监控技术实训指导 [M]. 北京:冶金工业出版社,2015.

[15] 吴盘龙. 智能传感器技术 [M]. 北京:中国电力出版社,2016.

[16] 国家煤矿安监局. 关于印发《煤矿安全监控系统升级改造技术方案》的通知(煤安监函〔2016〕5 号)[R/OL]. https://www.mem.gov.cn/gk/gwgg/agwzlfl/tz_01/201701/t20170103_235131.shtml.

[17] 张岩松. 基于 UWB 技术的煤矿井下人员精确定位系统研究[D]. 徐州:中国矿业大学,2021.

[18] 施国庆. 基于 ZigBee 技术的井下人员定位跟踪系统设计与实现[D]. 南京:东南大学,2020.

[19] 张亮. 基于 WiFi 的煤矿井下人员定位系统的研究[D]. 淮南:安徽理工大学,2016.

[20] 李昌. 基于 PCA 和 BP 神经网络的人脸识别方法研究[D]. 哈尔滨:哈尔滨理工大学,2017.

[21] 高鑫. 基于深度学习的煤矿场人脸识别系统中关键问题研究[D]. 西安：西京学院，2021.
[22] 赵环帅. 煤矿机电设备管理与维修细节详解 [M]. 北京：化学工业出版社，2015.
[23] 李俊成，郭刚等. 煤矿井下智能设备电气控制实用技术 [M]. 北京：煤炭工业出版社，2013.
[24] 马维绪. 综采及其机电技术 [M]. 北京：煤炭工业出版社，2011.
[25] 崔新跃. 煤矿综合自动化监控技术 [M]. 徐州：中国矿业大学出版社，2013.
[26] 薛鹏遣，潘玉民. 煤矿安全检测技术与监控系统 [M]. 北京：煤炭工业出版社，2011.
[27] 李敬兆. 感控一体异构融合的矿山物联网应用技术 [M]. 北京：人民邮电出版社，2014.
[28] 国家安全生产监督管理总局煤矿智能化开采技术中心，陕西陕煤黄陵矿业有限公司. 第一届煤矿智能化开采黄陵论坛论文集 [M]. 北京：煤炭工业出版社，2017.
[29] 刘志民，潘越等. 矿井排水技术与装备 [M]. 北京：冶金工业出版社，2020.
[30] 张远放. 煤矿井下排水智能控制系统的研究[D]. 徐州：中国矿业大学，2019.
[31] 国家安全生产监督管理总局，信息研究院. 煤矿井下安全避险“六大系统”培训教材[M]. 北京：煤炭工业出版社，2012.
[32] 王建华. 煤矿井下应急救援无线传感器网络设计[D]. 徐州：中国矿业大学，2019.
[33] 来存良，谭得建，胡三省. 煤矿信息化技术 [M]. 北京：煤炭工业出版社，2006.
[34] 中国煤炭工业协会，神华集团有限责任公司. 中国煤炭工业科学技术发展报告[M]. 北京：冶金工业出版社，2016.
[35] 孙继平. 煤矿监控技术装备与标准（上册）监控技术部分 [M]. 北京：煤炭工业出版社，2010.
[36] 孙继平. 煤矿监控技术装备与标准（中册）监控系统部分 [M]. 北京：煤炭工业出版社，2010.
[37] 孙继平. 煤矿监控技术装备与标准（下册）监控标准部分 [M]. 北京：煤炭工业出版社，2010.
[38] 朱明. 无线传感器网络技术与应用[M]. 北京：电子工业出版社，2020.
[39] 张华，李靖锋，魏红磊，等. 基于智能视频识别技术的智能化煤矿安全管理研究与应用[J]. 工矿自动化，2021，47(S1)：10-13.
[40] 田国文. 视频监控系统在煤炭安全生产中的智能化应用[C]//煤矿自动化与信息化--第 28 届全国煤矿自动化与信息化学术会议暨第 9 届中国煤矿信息化与自动化高层论坛论文集，2019：79-82.
[41] 赵小虎，张凯，赵志凯，等. 矿山物联网网络技术发展趋势与关键技术[J]. 工矿自动化，2018，44(04)：1-7.
[42] 马小平，杨雪苗，胡延军，等. 人工智能技术在矿山智能化建设中的应用初探[J]. 工矿自动化，2020，46(05)：8-14.
[43] 田媛媛. 基于 LoRa 的煤矿井下环境监测与灾害预警系统[C]//物联网与无线通信-2018 年全国物联网技术与应用大会论文集，2018：21-23.
[44] 王诚聪. 基于视频分析的煤矿安全生产典型违规行为识别[D]. 唐山：华北理工大学，2021.

[45] 张强. 基于 TDLAS 的煤矿用激光甲烷传感器的设计[J]. 煤炭工程,2019,51(08):165-168.

[46] 丁传宏. 钻屑检测法在防治煤矿冲击地压中的应用研究[J]. 能源与环保,2018,40(06):87-90.

[47] 刘玉龙. JSG8 煤矿自然发火束管监测系统在小峪矿的应用[J]. 煤炭与化工,2021,44(07):95-96+116.

[48] 林逸朋. 基于物联网的井上井下联控体系构建[J]. 陕西煤炭,2021,40(05):62-64+76.

[49] 顾颖诗. 矿井通风机监控系统的设计与实现[D]. 成都:电子科技大学,2012.

[50] 丁恩杰,廖玉波,张雷,等. 煤矿信息化建设回顾与展望[J]. 工矿自动化,2020,46(07):5-11.